Final 총정리
기능강사 기능검정원
기출예상문제

시대에듀

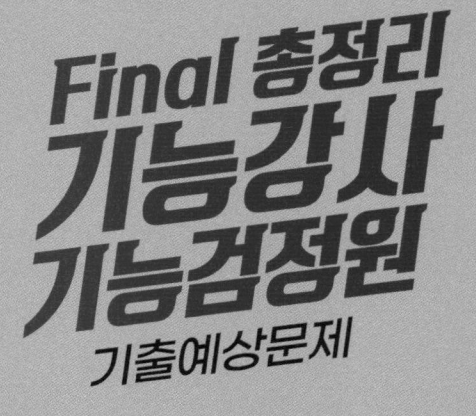

Final 총정리
기능강사 기능검정원
기출예상문제

사람이 길에서 우연하게 만나거나
함께 살아가는 것만이 인연은 아니라고 생각합니다.

책을 펴내는 출판사와 그 책을 읽는 독자의
만남도 소중한 인연입니다.

시대에듀는 항상 독자의 마음을
헤아리기 위해 노력하고 있습니다.

늘 독자와 함께하겠습니다.

I wish you the best of luck!

머리글

오늘날 교통의 발달과 정보화의 급속한 진전으로 자동차가 국민 생활의 중요한 생활필수품으로 자리매김함에 따라 자동차운전면허는 현대를 사는 우리들에게 꼭 필요한 자격증이 되었다. 이러한 시대적 요구에 부응하기 위해 양질의 운전자 양성과 과학적인 운전면허 관리체제 구축, 운전면허 행정 및 면허발급 등의 개선을 위해 자동차운전(전문)학원제도가 도입되었다.

자동차운전(전문)학원이 양질의 운전자 육성이라는 사명을 가진 교육기관으로 지정받기 위해서는 법에서 정한 시설과 설비를 갖추어야 함은 물론 한국도로교통공단에서 주관하는 시험에 합격한 기능강사, 학과강사, 기능검정원을 확보해야 한다.

이에 시대에듀에서는 자동차운전(전문)학원에서 각 분야별 교육을 담당할 예비 강사들의 자격시험 준비에 도움이 되고자 이 책을 출간하게 되었다.

이 책은 단기간에 시험 준비에서 마무리까지 한 권으로 끝낼 수 있도록 핵심이론과 문제를 알차게 구성하였다. 또한, 출제기준과 기존 실제 문제 분석을 통해 적중예상문제를 수록함으로써 수험생 스스로 실력을 점검할 수 있도록 하였다. 그리고 기능강사, 기능검정원 자격시험의 과목인 교통안전수칙, 전문학원 관계법령 등 최근 개정에 따른 내용을 정리하여 수록함은 물론 각 문제마다 명쾌한 해설을 수록해 수험생들의 이해를 돕고자 하였다.

이 책이 자격증 취득의 길잡이가 되어 수험생들이 꼭 합격할 수 있기를 바란다.

편저자 씀

시험안내 INFORMATION

2025년 응시원서 접수 및 시험 일시 · 장소

구분	(1차) 필기시험			(2차) 실기시험
	회차	접수 기간	시험 일자	
기능강사	1회차	1.21 ~ 1.23	2.5 / 2.12 / 2.19	3.12 / 3.19 6.11 / 6.18 10.15 / 10.22 / 10.29
	2회차	4.22 ~ 4.24	5.7 / 5.14 / 5.21	
	3회차	8.19 ~ 8.21	9.10 / 9.17 / 9.24	
기능검정원	1회차	1.21 ~ 1.23	2.6 / 2.13	3.13 / 3.20 6.12 / 6.19 10.16 / 10.23
	2회차	4.22 ~ 4.24	5.15 / 5.22	
	3회차	8.19 ~ 8.21	9.11 / 9.18	

❶ **응시접수** : 평일 09:00 ~ 18:00(토 · 일 · 공휴일은 접수하지 않음)

㉠ 필기 : 온라인(한국도로교통공단 안전운전통합민원 www.safedriving.or.kr) 및 시험장 방문

※ <온라인 접수> PC(홈페이지)만 가능(모바일 불가)
<시험장 방문 접수> 전국 운전면허시험장에서 접수 가능(시스템 운영 관계상 본인이 방문 접수한 시험장 외에 타 시험장 응시 접수 불가)

㉡ 실기 : 필기시험에 응시했던 시험장에서만 접수 가능

※ 응시자는 실기시험 일정을 직접 선택할 수 있으며, 해당 시험일 6일 전까지 접수하여야 함

❷ **(1차) 필기시험** : 전국 27개 운전면허시험장 동시 시행

시험시간 : (오전) 10:00 ~ 11:00 <시험 일부 면제자>
(오후) 13:30 ~ 16:30 <일반 응시자>

❸ **(2차) 실기시험** : 전국 27개 운전면허시험장 시행

응시 관련 제출서류 및 수수료

❶ 응시원서(소정양식), 컬러사진(3.5×4.5cm, 최근 6개월 이내 촬영) 2매

㉠ 응시원서는 자필로 기재하고, 착오 등으로 인한 불이익은 응시자의 책임

❷ 응시수수료 : 필기시험 15,000원, 기능시험(도로주행) 30,000원

㉠ 공단 운전면허수수료 징수 규칙에 따라 연중 수수료 변경 가능

㉡ 응시 취소 시 수수료 반환은 도로교통법령 및 공단 규정에 의함

❸ 기능강사 · 기능검정원 · 학과강사 자격증 사본 1부(자격증 소지자에 한함)

❹ 신분증명서(주민등록증, 여권, 자동차운전면허증 등)

시험안내 INFORMATION

응시자격 (공통)

실기시험 응시 전일까지 도로교통법 제83조 제2항에 규정된 제1종 보통운전면허 도로주행 시험용 차량을 운전할 수 있는 운전면허(연습운전면허 제외) 소지자

※ 제2종 보통 '수동' 면허소지자도 응시 가능(자동변속기 면허 제외)

응시 결격사항 (도로교통법 제106조 및 제107조 적용)

❶ 학과 · 기능강사

㉠ 도로교통법 제106조 제3항에 해당되는 사람은 강사 시험에 응시할 수 없다.

㉡ 기능교육에 사용되는 자동차를 운전할 수 있는 운전면허를 받은 날부터 2년이 지나지 아니한 사람(연수교육 수료일 기준)

❷ 기능검정원

㉠ 도로교통법 제107조 제3항에 해당되는 사람은 기능검정원 시험에 응시할 수 없다.

㉡ 기능검정에 사용되는 자동차를 운전할 수 있는 운전면허를 받지 아니하거나 운전면허를 받은 날부터 3년이 지나지 아니한 사람(연수교육 수료일 기준)

※ 법 시행일 이후 자격시험의 나이 제한은 폐지되나, 실기시험 당일까지 제1종 보통운전면허 소지(연습면허 제외) 요건은 유지(공통)

❸ 공통

㉠ 교통사고처리특례법 제3조 제1항, 특정범죄가중처벌 등에 관한 법률 제5의3, 제5조의11 제1항, 제5조의13에 따른 죄, 성폭력범죄의 처벌 등에 관한 특례법 제2조에 따른 성폭력범죄, 아동청소년의 성보호에 관한 법률 제2조 제2호에 따른 아동 · 청소년 대상의 성범죄 중 하나에 해당하는 죄를 저질러 금고 이상의 형을 선고받고 그 집행이 끝나거나 집행이 면제된 날부터 2년이 지나지 아니한 사람 또는 그 집행유예기간 중에 있는 사람

㉡ 다음의 어느 하나에 해당되어 강사 및 기능검정원의 자격이 취소된 경우에는 그 자격이 취소된 날부터 3년이 지나지 아니한 사람(연수교육 수료일 기준)

- 거짓이나 그 밖의 부정한 방법으로 강사(기능검정원) 자격증을 발급받은 경우
- 교통사고처리특례법 제3조 제1항, 특정범죄가중처벌 등에 관한 법률 제5의3, 제5조의11 제1항, 제5조의13에 따른 죄, 성폭력범죄의 처벌 등에 관한 특례법 제2조에 따른 성폭력범죄, 아동청소년의 성보호에 관한 법률 제2조 제2호에 따른 아동 · 청소년 대상의 성범죄 중 하나에 해당하는 죄를 저질러 금고 이상의 형(집행유예를 포함한다)을 선고받은 경우
- 강사(기능검정원)의 자격정지 기간 중에 교육(검정)을 실시한 경우
- 강사(기능검정원)의 자격증을 다른 사람에게 빌려준 경우 등

❹ 나이 · 학력 : 제한 없음

시험안내 INFORMATION

시험과목

❶ **필기시험 :** 일부 면제자 10:00 ~ 11:00, 일반 응시자 13:30 ~ 16:30 ※ 컴퓨터를 활용한 시험(CBT) 운영

교시(시간)	기능강사	기능검정원
1교시(60분)	교통안전수칙	교통안전수칙
2교시(60분)	전문학원 관계법령	전문학원 관계법령
3교시(60분)	기능교육 실시요령	기능검정 실시요령

※ 기능강사 · 기능검정원 · 학과강사 자격증 중 어느 하나를 받은 사람의 경우, 필기시험 중 1 · 2교시 면제

❷ **실기시험**

㉠ 도로교통법 제83조 제2항에 규정된 제1종 보통운전면허 도로주행시험과 동일(85점 이상 득점 시 합격)

㉡ 필기시험 합격자에 한해 합격일로부터 1년 이내에 2번의 응시 기회 부여(다만, 시험장이 지정한 날에만 응시 가능)

❸ **시험의 일부 면제**

기능강사 · 학과강사 · 기능검정원 중 어느 하나의 자격증을 받은 사람인 경우 1차 필기시험 중 "교통안전수칙" 및 "전문학원 관계법령" 시험 면제

합격기준 (공통)

❶ **필기시험 :** 매 과목 100점 만점으로 하여 매 과목 40점 이상, 전체 평균 60점 이상 득점한 자

❷ **실기시험 :** 제1종 보통운전면허 도로주행시험에서 85점 이상 득점한 자

합격자 발표

❶ **필기시험 :** 필기시험 종료 후 즉시 발표

❷ **실기시험 :** 기능시험 종료 후 즉시 발표

유의사항

❶ 공단은 자격증 취득자에 대하여 취업을 알선하거나 보장하지 않음

❷ 필기 및 실기시험은 각 시험장 수용인원에 따라 응시인원 제한이 있으며(선착순 접수) 응시인원은 회차별 첫 필기시험일 20일 전에 각 시험장 게시판 등 공고

❸ 부정행위자는 불합격으로 처리하고, 당해 시험일로부터 2년간 응시 자격 제한

❹ 응시자는 신분증 · 응시표를 지참하여 필기 및 실기시험 시작 5분 전까지 신분확인 완료

❺ 응시결격 · 시험 진행방법 등은 도로교통법령 등 개정 시 개정법령을 적용할 수 있음

❻ 최종 합격자는 실기시험 합격일로부터 2년 이내에 연수교육을 이수해야 자격증 취득 가능, 교육 및 자격증 교부 비용은 본인 부담

※ 연수교육 접수 문의(033-749-5318)

시험안내 INFORMATION

전국 운전면허시험장 및 주소

서울	강남(강남구 테헤란로114길 23)	강원	춘천(산북읍 신북로 247)
	도봉(노원구 동일로 1449)		강릉(사천면 중앙서로 464)
	강서(강서구 남부순환로 171)		원주(호저면 사제로 596)
	서부(마포구 월드컵로42길 13)		태백(수아밭길 166)
부산	북부(사상구 사상로367번길 35)	충북	청주(상당구 가덕면 교육원로 131-20)
	남부(남구 용호로 16)		충주(대가주1길 16)
대구	대구(북구 태암남로 38)	충남	예산(오가면 국사봉로 500)
인천	인천(남동구 아암대로 1247)	전북	전북(전주시 덕진구 팔복로 359)
울산	울산(울주군 상북면 봉화로 342)	전남	전남(나주시 내영산2길 49)
			광양(광양읍 대학로 11)
대전	대전(동구 산서로1660번길 90)	경북	문경(신기공단1길 12)
경기	용인(기흥구 용구대로 2267)		포항(남구 오천읍 냉천로 656)
	안산(단원구 순환로 352)	경남	마산(마산합포구 진동면 진북산업로 90-1)
	의정부(금오로109번길 55)	제주	제주(제주시 애월읍 평화로 2072)

홈페이지 및 안내 전화번호

면허시험처	고객지원센터	홈페이지	연수교육
052-216-1629	1577-1120	www.koroad.or.kr	033-749-5318

목 차 CONTENTS

★★★

기능강사
기능검정원

★★★

제 1 과목

교통안전수칙

핵심이론 + 적중예상문제

기능강사 기능검정원

기출예상문제

제 1 과목 | 교통안전수칙

01 교통안전수칙의 기초

1 교통안전수칙의 정의 및 제정

1. 교통안전수칙의 정의

교통안전수칙이란 도로상에서 보행자나 운전자가 다 같이 지켜야 할 교통안전에 관한 사항을 쉽게 이해할 수 있도록 경찰청장이 도로교통법 제144조에 근거하여 제정・보급하는 안전수칙을 말한다.

2. 교통안전수칙의 제정

(1) 교통안전수칙의 제정(도로교통법 제144조 제1항)

① 도로교통의 안전에 관한 법령의 규정
② 자동차 등의 취급방법, 안전운전 및 친환경 경제운전에 필요한 지식
③ 긴급자동차에 길 터주기 요령
④ 그 밖에 도로에서 일어나는 교통상의 위험과 장해를 방지・제거하여 교통의 안전과 원활한 소통을 확보하기 위하여 필요한 사항

(2) 교통안전교육에 관한 지침 제정(도로교통법 제144조 제2항)

① 자동차 등의 안전운전 및 친환경 경제운전에 관한 사항
② 교통사고의 예방과 처리에 관한 사항
③ 보행자의 안전한 통행에 관한 사항
④ 어린이・장애인 및 노인의 교통사고 예방에 관한 사항
⑤ 긴급자동차에 길 터주기 요령에 관한 사항
⑥ 그 밖에 교통안전에 관한 교육을 효과적으로 하기 위하여 필요한 사항

(3) 교통안전수칙과 교통안전교육에 관한 지침의 내용(도로교통법 시행규칙 제135조 제1항)

① 보행자와 운전자가 함께 지켜야 하는 사항
② 자전거를 타는 사람이 지켜야 하는 사항
③ 자동차 등의 운전자가 지켜야 하는 사항
④ 국민이 꼭 알아야 하는 교통과 관련되는 제도 또는 규정
⑤ 그 밖에 교통안전 및 교통안전에 관한 교육을 실시하기 위하여 필요한 사항

(4) 교통안전수칙의 발간 및 보급(도로교통법 시행규칙 제135조 제2항)

교통안전수칙과 교통안전교육에 관한 지침은 매년 1회 이상 발간・보급하여야 한다. 다만, 그 내용을 변경할 필요가 없는 때에는 그러하지 아니할 수 있다.

2 교통도덕과 예절

1. 교통도덕과 예절

(1) 교통규칙의 준수

① 도로는 많은 사람과 차량이 통행하는 공간이므로 이러한 공간을 서로 시간차를 두고 효율적으로 이용하는 것은 하나의 기술이다.
② 도로를 같이 사용하는 데 있어서 교통법규를 잘 지키는 사람이 교통문화 사회에서의 훌륭한 민주시민이다.
③ 도로교통에서 규칙을 어길 때에는 생명을 잃을 수 있다.

(2) 교통예절의 준수

① 도로에 물건을 던지거나 제멋대로 방치, 또는 그 밖의 주위 사람의 통행에 방해나 지장을 주는 행동을 하지 않는다.
② 실수를 하면 용서를 구하기도 하고, 또 주위 사람에 괴로움을 주거나 연도에서 생활하는 주민에 대하여 불쾌한 소음 등으로 폐가 되지 않도록 배려한다.

(3) 양보정신

① 도로를 이용하는 모든 사람이 상대방의 입장에서 서로 존중하고 양보하는 마음을 가질 때 비로소 명랑한 교통환경이 이루어진다.
② 자기의 편리만을 위해 무리하게 다니면 교통의 혼란과 위험이 뒤따르게 되어 결국은 나와 모든 사람에게 피해를 주는 결과를 초래한다.
③ 양보를 위해서는 상대방과의 충분하고 정확한 의사소통이 필요하다.

(4) 교통사고의 예방과 안전확보

① 도로교통을 구성하는 사람(운전자, 보행자)과 자동차, 도로환경(도로 및 제반 시설물과 표지들을 포함)의 3가지 요소 중에서 사람만이 능동적으로 행동한다. 즉, 정확한 판단과 행동으로 자신의 안전은 물론 다른 사람의 안전을 위해 노력하는 마음을 가져야 한다.
② 3가지 요소들은 서로 보완관계에 있지만 급속하게 변하는 교통환경 속에서 확인, 판단, 결정, 행동할 수 있는 것은 사람뿐이다.
③ 아무리 훌륭한 교통환경이라 할지라도 사람이 어떻게 사용하느냐에 따라 교통환경의 가치는 달라진다.

2. 지켜야 할 준수사항

(1) 모든 운전자의 준수사항 등(도로교통법 제49조)

① 물이 고인 곳을 운행하는 때에는 고인 물을 튀게 하여 다른 사람에게 피해를 주는 일이 없도록 할 것
② 다음의 어느 하나에 해당하는 경우에는 일시정지할 것
㉠ 어린이가 보호자 없이 도로를 횡단하는 때, 어린이가 도로에서 앉아 있거나 서 있을 때 또는 어린이가 도로에서 놀이를 하는 때 등 어린이에 대한 교통사고의 위험이 있는 것을 발견한 때 일시정지할 것

ⓛ 앞을 보지 못하는 사람이 흰색지팡이를 가지거나 장애인보조견을 동반하는 등의 조치를 하고 도로를 횡단하고 있는 때 일시정지할 것
ⓒ 지하도 또는 육교 등 도로횡단시설을 이용할 수 없는 지체장애인이나 노인 등이 도로를 횡단하고 있는 때 일시정지할 것

③ 자동차의 앞면 창유리와 운전석 좌우 옆면 창유리의 가시광선의 투과율이 대통령령으로 정하는 기준보다 낮아 교통안전 등에 지장을 줄 수 있는 차를 운전하지 아니할 것. 다만, 요인 경호용, 구급용 및 장의용 자동차는 제외

④ 교통단속용 장비의 기능을 방해하는 장치를 한 차나 그 밖에 안전운전에 지장을 줄 수 있는 것으로서 행정안전부령이 정하는 기준에 적합하지 아니한 장치를 한 차를 운전하지 아니할 것. 다만, 자율주행자동차의 신기술 개발을 위한 장치를 장착하는 경우에는 그러하지 아니하다.

⑤ 도로에서 자동차 등(개인형 이동장치는 제외한다. 이하 이 조에서 같다) 또는 노면전차를 세워둔 채 시비·다툼 등의 행위를 함으로써 다른 차마의 통행을 방해하지 아니할 것

⑥ 운전자가 차 또는 노면전차를 떠나는 때에는 교통사고를 방지하고 다른 사람이 함부로 운전하지 못하도록 필요한 조치를 할 것

⑦ 운전자는 안전을 확인하지 아니하고 차 또는 노면전차의 문을 열거나 내려서는 아니되며, 동승자가 교통의 위험을 일으키지 아니하도록 필요한 조치를 할 것

⑧ 운전자는 정당한 사유 없이 다음의 어느 하나에 해당하는 행위를 하여 다른 사람에게 피해를 주는 소음을 발생시키지 아니할 것
㉠ 자동차 등을 급히 출발시키거나 속도를 급격히 높이는 행위
ⓛ 자동차 등의 원동기 동력을 차의 바퀴에 전달시키지 아니하고 원동기의 회전수를 증가시키는 행위
ⓒ 반복적이거나 연속적으로 경음기를 울리는 행위

⑨ 운전자는 승객이 차 안에서 안전운전에 현저히 장해가 될 정도로 춤을 추는 등 소란행위를 하도록 내버려두고 차를 운행하지 아니할 것

⑩ 운전자는 자동차 등 또는 노면전차의 운전 중에는 휴대용 전화(자동차용 전화를 포함한다)를 사용하지 아니할 것. 다만, 자동차 등 또는 노면전차가 정지하고 있는 경우, 긴급자동차를 운전하는 경우, 각종 범죄 및 재해 신고 등 긴급한 필요가 있는 경우, 안전운전에 장애를 주지 아니하는 장치로서 대통령령이 정하는 장치를 이용하는 경우는 제외

⑪ 자동차 등 또는 노면전차의 운전 중에는 방송 등 영상물을 수신하거나 재생하는 장치(운전자가 휴대하는 것을 포함하며, 이하 "영상표시장치"라 한다)를 통하여 운전자가 운전 중 볼 수 있는 위치에 영상이 표시되지 아니하도록 할 것. 다만, 다음의 어느 하나에 해당하는 경우에는 그러하지 아니하다.
㉠ 자동차 등 또는 노면전차가 정지하고 있는 경우
ⓛ 자동차 등 또는 노면전차에 장착하거나 거치하여 놓은 영상표시장치에 다음의 영상이 표시되는 경우
- 지리안내 영상 또는 교통정보안내 영상
- 국가비상사태·재난상황 등 긴급한 상황을 안내하는 영상
- 운전을 할 때 자동차 등 또는 노면전차의 좌우 또는 전후방을 볼 수 있도록 도움을 주는 영상

⑫ 자동차 등 또는 노면전차의 운전 중에는 영상표시장치를 조작하지 아니할 것. 다만, 다음의 어느 하나에 해당하는 경우에는 그러하지 아니하다.
㉠ 자동차 등과 노면전차가 정지하고 있는 경우
ⓛ 노면전차 운전자가 운전에 필요한 영상표시장치를 조작하는 경우

⑬ 운전자는 자동차의 화물 적재함에 사람을 태우고 운행하지 아니할 것

⑭ 그 밖에 시·도경찰청장이 교통안전과 교통질서 유지에 필요하다고 인정하여 지정·공고한 사항에 따를 것

⑮ 경찰공무원은 ③ 및 ④를 위반한 자동차를 발견한 경우에는 그 현장에서 운전자에게 위반사항을 제거하게 하거나 필요한 조치를 명할 수 있다. 이 경우 운전자가 그 명령을 따르지 아니할 때에는 경찰공무원이 직접 위반사항을 제거하거나 필요한 조치를 할 수 있다.

(2) 특정 운전자의 준수사항(도로교통법 제50조)

① 자동차(이륜자동차는 제외한다)의 운전자는 자동차를 운전하는 때에는 좌석안전띠를 매어야 하며, 모든 좌석의 동승자에게도 좌석안전띠(영유아인 경우에는 유아보호용 장구를 장착한 후의 좌석안전띠를 말한다)를 매도록 하여야 한다. 다만, 질병 등으로 인하여 좌석안전띠를 매는 것이 곤란하거나 행정안전부령이 정하는 사유가 있는 때에는 그러하지 아니하다.

② 이륜자동차 및 원동기장치자전거(개인형 이동장치 제외)의 운전자는 행정안전부령으로 정하는 인명보호장구를 착용하고 운행하여야 하며, 동승자에게도 착용하도록 하여야 한다.

③ 자전거 등의 운전자는 자전거도로 및 「도로법」에 따른 도로를 운전할 때에는 행정안전부령으로 정하는 인명보호장구를 착용하여야 하며, 동승자에게도 이를 착용하도록 하여야 한다.

④ 운송사업용 자동차, 화물자동차 및 노면전차 등으로서 행정안전부령이 정하는 자동차 또는 노면전차의 운전자는 다음의 어느 하나에 해당하는 행위를 하여서는 아니 된다. 다만, ⓒ은 사업용 승합차와 노면전차의 운전자에 한정한다.
㉠ 운행기록계가 설치되어 있지 아니하거나 고장 등으로 사용할 수 없는 운행기록계가 설치된 자동차를 운전하는 행위
ⓛ 운행기록계를 원래의 목적대로 사용하지 아니하고 자동차를 운전하는 행위
ⓒ 승차를 거부하는 행위

⑤ 사업용 승용자동차의 운전자는 합승행위 또는 승차거부를 하거나 신고한 요금을 초과하는 요금을 받아서는 아니 된다.

⑥ 자전거 등의 운전자는 행정안전부령으로 정하는 크기와 구조를 갖추지 아니하여 교통안전에 위험을 초래할 수 있는 자전거 등을 운전하여서는 아니 된다.

⑦ 자전거 등의 운전자는 약물의 영향과 그 밖의 사유로 정상적으로 운전하지 못할 우려가 있는 상태에서 자전거 등을 운전하여서는 아니 된다.

⑧ 자전거 등의 운전자는 밤에 도로를 통행하는 때에는 전조등과 미등을 켜거나 야광띠 등 발광장치를 착용하여야 한다.

⑨ 개인형 이동장치의 운전자는 행정안전부령으로 정하는 승차정원을 초과하여 동승자를 태우고 개인형 이동장치를 운전하여서는 아니 된다.

02 자동차의 안전운전

1 안전운전을 위한 준수사항

1. 운전 전 확인사항

자동차를 운전하기 전에는 반드시 휴대서류 및 표시, 자동차 점검, 운행계획, 몸의 조절상태 등을 점검·확인해야 한다.

(1) 휴대서류 및 표시

① 해당 차량 운전면허증
② 자동차등록증
③ 종합보험 가입 영수증
④ 책임보험 가입 영수증

(2) 자동차 점검

① 매일 첫 운행 전의 운전 전 점검 실시
② 기본 휴대공구, 고장표지판, 예비타이어, 경광봉 확인

(3) 운행계획

① 운행 전에는 자신의 능력과 자동차 성능에 맞는 운행계획 수립
② 운행계획에 포함될 내용
㉠ 운행경로
㉡ 휴식(장거리 운전시 2시간마다 휴식) 및 주차장소와 시간
㉢ 구간 및 전체 소요시간
㉣ 사고 다발지점, 공사구간 등의 교통정보

(4) 몸의 상태 조절

피곤한 때, 감기나 몸살 등 병이 난 때, 걱정이나 고민이 있는 때, 불안이나 흥분한 때 등은 기억력과 판단력이 떨어지기 때문에 운전을 삼가야 한다.

2. 운행 중 확인사항

운전자 자신과 승차자의 안전을 위한 조치(안전띠 착용, 급브레이크·급발진 금지 등)와 적재물에 관한 기준을 지켜야 한다.

(1) 승차·적재방법 제한(도로교통법 제39조)

① 모든 차의 운전자는 승차 인원, 적재중량 및 적재용량에 관하여 대통령령으로 정하는 운행상의 안전기준을 넘어서 승차시키거나 적재한 상태로 운전하여서는 아니 된다. 다만, 출발지를 관할하는 경찰서장의 허가를 받은 경우에는 그러하지 아니하다.

승차인원(고속버스·화물차는 제외)		자동차의 승차인원은 승차정원 이내
화물차의 적재중량		구조·성능에 따르는 적재중량의 110% 이내
화물·이륜 및 소형 3륜 자동차의 적재용량	길 이	자동차 길이의 1/10을 더한 길이(이륜 : 승차·적재 장치의 길이에 30cm를 더한 길이)
	너 비	후사경으로 뒤쪽을 확인할 수 있는 범위
	높 이	지상 4m(삼륜 : 지상 2.5m, 이륜 : 지상 2m)

② ① 단서에 따른 허가를 받으려는 차가 「도로법」 제77조 제1항 단서(도로관리청은 도로 구조를 보전하고 도로에서의 차량 운행으로 인한 위험을 방지하기 위하여 필요하면 대통령령으로 정하는 바에 따라 도로에서의 차량 운행을 제한할 수 있다. 다만, 차량의 구조나 적재화물의 특수성으로 인하여 도로관리청의 허가를 받아 운행하는 차량의 경우에는 그러하지 아니하다)에 따른 운행허가를 받아야 하는 차에 해당하는 경우에는 제14조 제4항(경찰서장은 제3항 단서(차로가 설치된 도로를 통행하려는 경우로서 차의 너비가 행정안전부령으로 정하는 차로의 너비보다 넓어 교통의 안전이나 원활한 소통에 지장을 줄 우려가 있는 경우 그 차의 운전자는 도로를 통행하여서는 아니 된다. 다만, 행정안전부령으로 정하는 바에 따라 그 차의 출발지를 관할하는 경찰서장의 허가를 받은 경우에는 그러하지 아니하다)에 따른 허가를 받으려는 차가 「도로법」 제77조 제1항 단서에 따른 운행허가를 받아야 하는 차에 해당하는 경우에는 대통령령으로 정하는 바에 따라 그 차가 통행하려는 도로의 관리청과 미리 협의하여야 하며, 이러한 협의를 거쳐 경찰서장의 허가를 받은 차는 「도로법」 제77조 제1항 단서에 따른 운행허가를 받은 것으로 본다)을 준용한다.
③ 모든 차 또는 노면전차의 운전자는 운전 중 타고 있는 사람 또는 타고 내리는 사람이 떨어지지 아니하도록 하기 위하여 문을 정확히 여닫는 등 필요한 조치를 하여야 한다.
④ 모든 차의 운전자는 운전 중 실은 화물이 떨어지지 아니하도록 덮개를 씌우거나 묶는 등 확실하게 고정될 수 있도록 필요한 조치를 하여야 한다.
⑤ 모든 차의 운전자는 영유아나 동물을 안고 운전장치를 조작하거나 운전석 주위에 물건을 싣는 등 안전에 지장을 줄 우려가 있는 상태로 운전하여서는 아니 된다.
⑥ 시·도경찰청장은 도로에서의 위험을 방지하고 교통의 안전과 원활한 소통을 확보하기 위하여 필요하다고 인정하는 때에는 차의 운전자에 대하여 승차인원이나 적재중량 또는 적재용량을 제한할 수 있다.

(2) 안전기준을 넘는 승차 및 적재의 허가(도로교통법 시행령 제23조)

운행상 안전기준을 넘는 승차·적재를 하고자 할 때 출발지를 관할하는 경찰서장의 허가를 받을 수 있는 경우는 다음과 같다.
① 전신·전화·전기공사, 수도공사, 제설작업 그 밖의 공익을 위한 공사 또는 작업을 위하여 부득이 화물자동차의 승차정원을 넘어서 운행하려는 경우
② 분할할 수 없어 적재중량 및 적재용량의 기준을 적용할 수 없는 화물을 수송하는 경우

(3) 화물적재

① 화물을 실을 때는 낮게 넓게, 앞에서부터 뒤로 고르게 싣도록 한다.
② 화물을 높게 실을 때 급핸들, 급브레이크를 조작하지 말고 속도를 낮춘다.

2 통행의 우선순위와 진로변경

1. 진로 양보의 의무(도로교통법 제20조 제1항)

(1) 모든 차(긴급자동차 제외)의 운전자는 뒤에서 따라오는 차보다 느린 속도로 가려는 경우에는 도로의 우측 가장자리로 피하여 진로를 양보하여야 한다.

(2) 좁은 도로에서의 양보순위(도로교통법 제20조 제2항)

① 비탈진 좁은 도로에서 자동차가 서로 마주보고 진행하는 경우에는 올라가는 자동차가 도로의 우측 가장자리로 피하여 진로 양보

② 비탈진 좁은 도로 외의 좁은 도로에서 사람을 태웠거나 물건을 실은 자동차와 동승자가 없고 물건을 싣지 아니한 자동차가 서로 마주보고 진행하는 경우에는 동승자가 없고 물건을 싣지 아니한 자동차가 도로의 우측 가장자리로 피하여 진로 양보

2. 차로와 진로변경

(1) 지정차로 통행의 원칙(도로교통법 시행규칙 제16조)

① 도로의 중앙에서 오른쪽으로 2 이상의 차로(전용차로가 설치되어 운용되고 있는 도로에서는 전용차로를 제외)가 설치된 도로 및 일방통행도로에 있어서 그 차로에 따른 통행차의 기준은 [별표 9]와 같다.

② 모든 차의 운전자는 통행하고 있는 차로에서 느린 속도로 진행하여 다른 차의 정상적인 통행을 방해할 우려가 있는 때에는 그 통행하던 차로의 오른쪽 차로로 통행하여야 한다.

③ 차로의 순위는 도로의 중앙선 쪽에 있는 차로부터 1차로로 한다. 다만, 일방통행도로에서는 도로의 왼쪽부터 1차로로 한다.

(2) 차로 통행의 예외가 인정되는 경우

① 주 · 정차한 후 출발하는 때의 상당한 거리 동안

② 좌 · 우회전, 횡단, 유턴할 때

③ 도로의 진 · 출입부분에서 진 · 출입하는 때

(3) 진로변경

① 진로변경이 가능한 곳 : 도로상의 백색 점선 또는 황색 점선에서만 진로변경이 가능하다.

② 진로변경이 금지된 곳 : 터널 안, 교차로 직전 정지선, 가파른 비탈길 등 백색 실선이 설치된 곳은 차로 변경이 금지되어 있다.

③ 차로변경 : 좌 · 우회전, 횡단, 후진, 유턴 등의 차로 변경은 사전에 후방과 주위의 안전을 확인하고, 옆차로와 대각선으로 안전 공간을 확보한 후 서서히 진로변경한다.

④ 진로변경 방법

㉠ 진로변경 시에는 뒤차와의 충돌을 피하기 위해 진로변경을 하려는 지점으로부터 30m 이상(고속도로에서는 100m 이상)의 밖에서 신호를 보내고 진로를 변경하여야 한다.

㉡ 진로를 변경하고자 하는 자동차는 그 변경하려는 방향으로 오고 있는 다른 차의 정상적인 통행에 장애를 줄 우려가 있을 때에는 진로를 변경하여서는 아니 된다.

3 신호와 교차로 통행방법

1. 신호 · 지시에 따를 의무(도로교통법 제5조)

(1) 도로를 통행하는 보행자, 차마 또는 노면전차의 운전자는 교통안전시설이 표시하는 신호 또는 지시와 다음의 어느 하나에 해당하는 사람이 하는 신호 또는 지시를 따라야 한다.

① 교통정리를 하는 경찰공무원(의무경찰을 포함한다. 이하 같다) 및 제주특별자치도의 자치경찰공무원(이하 "자치경찰공무원"이라 한다)

② 경찰공무원(자치경찰공무원을 포함)을 보조하는 사람으로서 대통령령으로 정하는 사람(이하 "경찰보조자"라 한다)

(2) 도로를 통행하는 보행자, 차마 또는 노면전차의 운전자는 (1)에 따른 교통안전시설이 표시하는 신호 또는 지시와 교통정리를 하는 경찰공무원 또는 경찰보조자(이하 "경찰공무원 등"이라 한다)의 신호 또는 지시가 서로 다른 경우에는 경찰공무원 등의 신호 또는 지시에 따라야 한다.

2. 교차로 통행방법

(1) 교차로의 위험성

① 전체 교통사고의 20% 이상이 교차로 또는 그 부근에서 일어난다.

② 교차로에서는 신호를 정확하게 확인하여 여유 있고 신중하게 통과하여야 한다.

③ 교차로는 전후, 좌우 등 여러 곳에 걸쳐서 주의를 기울여야 하므로 주의가 산만해지기 쉽다.

(2) 교차로 통행 시 주의사항

① 교통신호의 뜻을 정확히 파악하는 것이 무엇보다도 중요하다.

② 교차로 부근에서는 안전거리를 충분히 유지하고 2~3대 앞차의 상황까지 주의한다.

③ 녹색신호라 하더라도 반드시 안전을 확인한 다음에 출발하고, 신호에 따라 진행하는 경우에도 신호를 무시하고 갑자기 달려드는 차 또는 보행자가 있다는 사실에 유의하여 경계를 게을리하지 않는다.

④ 신호기가 설치되어 있는 교차로에 접근할 때에는 신호가 잘 보이는 위치로 진입한다.

⑤ 좌 · 우회전할 때에는 뒷바퀴가 앞바퀴보다 안쪽으로 도는 내륜차가 작용한다는 것을 이해하여 뒷바퀴에 자전거나 보행자가 치이지 않도록 주의한다.

(3) 안전한 교차로 통행방법(도로교통법 제25조)

① 모든 차의 운전자는 교차로에서 우회전을 하려는 경우에는 미리 도로의 우측 가장자리를 서행하면서 우회전하여야 한다. 이 경우 우회전하는 차의 운전자는 신호에 따라 정지 또는 진행하는 보행자 또는 자전거 등에 주의하여야 한다.

② 모든 차의 운전자는 교차로에서 좌회전을 하려는 경우에는 미리 도로의 중앙선을 따라 서행하면서 교차로의 중심 안쪽을 이용하여 좌회전하여야 한다. 다만, 시 · 도경찰청장이 교차로의 상황에 따라 특히 필요하다고 인정하여 지정한 곳에서는 교차로의 중심 바깥쪽을 통과할 수 있다.

③ ②에도 불구하고 자전거 등의 운전자는 교차로에서 좌회전하고자 하는 때에는 미리 도로의 우측 가장자리로 붙어 서행하면서 교차로의 가장자리 부분을 이용하여 좌회전하여야 한다.
④ 우회전 또는 좌회전을 하기 위하여 손이나 방향지시기 또는 등화로써 신호를 하는 차가 있는 경우에 그 뒤차의 운전자는 신호를 한 앞차의 진행을 방해하여서는 아니 된다.
⑤ 모든 차 또는 노면전차의 운전자는 신호기로 교통정리를 하고 있는 교차로에 들어가려는 때에는 진행하고자 하는 진로의 앞쪽에 있는 차 또는 노면전차의 상황에 따라 교차로(정지선이 설치되어 있는 경우에는 그 정지선을 넘은 부분을 말한다)에 정지하게 되어 다른 차 또는 노면전차의 통행에 방해가 될 우려가 있는 경우에는 그 교차로에 들어가서는 아니 된다.
⑥ 모든 차의 운전자는 교통정리를 하고 있지 아니하고 일시정지나 양보를 표시하는 안전표지가 설치되어 있는 교차로에 들어가려고 할 때에는 다른 차의 진행을 방해하지 아니하도록 일시정지하거나 양보하여야 한다.

(4) 회전교차로 통행방법(도로교통법 제25조의2)

① 모든 차의 운전자는 회전교차로에서는 반시계방향으로 통행하여야 한다.
② 모든 차의 운전자는 회전교차로에 진입하려는 경우에는 서행하거나 일시정지하여야 하며, 이미 진행하고 있는 다른 차가 있는 때에는 그 차에 진로를 양보하여야 한다.
③ ① 및 ②에 따라 회전교차로 통행을 위하여 손이나 방향지시기 또는 등화로써 신호를 하는 차가 있는 경우 그 뒤차의 운전자는 신호를 한 앞차의 진행을 방해하여서는 아니 된다.

(5) 교통정리가 없는 교차로에서의 양보운전(도로교통법 제26조)

① 교통정리를 하고 있지 아니하는 교차로에 들어가려고 하는 차의 운전자는 이미 교차로에 들어가 있는 다른 차가 있을 때에는 그 차에 진로를 양보하여야 한다.
② 교통정리를 하고 있지 아니하는 교차로에 들어가려고 하는 차의 운전자는 그 차가 통행하고 있는 도로의 폭보다 교차하는 도로의 폭이 넓은 경우에는 서행하여야 하며, 폭이 넓은 도로로부터 교차로에 들어가려고 하는 다른 차가 있을 때에는 그 차에 진로를 양보하여야 한다.
③ 교통정리를 하고 있지 아니하는 교차로에 동시에 들어가려고 하는 차의 운전자는 우측도로의 차에 진로를 양보하여야 한다.
④ 교통정리를 하고 있지 아니하는 교차로에서 좌회전하려고 하는 차의 운전자는 그 교차로에서 직진하거나 우회전하려는 다른 차가 있을 때에는 그 차에 진로를 양보하여야 한다.

4 신호기와 안전표지

1. 신호기

(1) 신호기의 기능

신호기는 도로교통에서 문자, 기호 또는 등화를 사용하여 진행, 정지, 방향전환, 주의 등의 신호를 표시하기 위하여 사람이나 전기의 힘으로 조작하는 장치이다.

(2) 신호기의 종류

교통신호기는 운영 측면에 의해 일반신호기와 전자신호기로 구분한다.
① 일반 교통신호기 : 현장의 교통신호제어기 단독으로 또는 인접한 교차로와 연계하여 운영할 수는 있으나 기능적으로 중앙컴퓨터와 연결되어 운영될 수 없는 교통신호제어기이다.
② 전자 교통신호기 : 현장의 교통신호제어기와 중앙컴퓨터와 필요한 정보를 통신망을 통해 교환하여 신호등을 제어할 수 있는 교통신호제어기이다. 전자교통신호제어기라도 중앙컴퓨터와 연결되지 않은 상태에서 독립적으로 일반 교통신호제어기와 같이 운영될 수도 있다.

(3) 신호등의 설치형식

현수식, 옆기둥식 세로형, 옆기둥식 가로형, 중앙주식, 문형식
① 가로형 : 2, 3, 4색등
② 세로형 : 2, 3, 4색등
③ 가변형 가변등, 경고형 경보등, 보행등

(4) 신호등의 신호 순서(도로교통법 시행규칙 [별표 5])

신호등	신호 순서
적색 · 황색 · 녹색화살표 · 녹색의 사색등화로 표시되는 신호등	녹색등화 → 황색등화 → 적색 및 녹색화살표등화 → 적색 및 황색등화 → 적색등화의 순서로 한다.
적색 · 황색 · 녹색(녹색화살표)의 삼색등화로 표시되는 신호등	녹색(적색 및 녹색화살표)등화 → 황색등화 → 적색등화의 순서로 한다.
적색화살표 · 황색화살표 · 녹색화살표의 삼색등화로 표시되는 신호등	녹색화살표등화 → 황색화살표등화 → 적색화살표등화의 순서로 한다.
적색 및 녹색의 이색등화로 표시되는 신호등	녹색등화 → 녹색등화의 점멸 → 적색등화의 순서로 한다.
황색T자형 · 백색가로막대형 · 백색점형 · 백색세로막대형의 등화로 표시되는 신호등	백색세로막대형등화 → 백색점형등화 → 백색가로막대형등화 → 백색가로막대형등화 및 황색T자형등화 → 백색가로막대형등화 및 황색T자형등화의 점멸 순서로 한다.
황색T자형 · 백색가로막대형 · 백색점형 · 백색세로막대형 · 백색사선막대형의 등화로 표시되는 신호등	백색세로막대형등화 또는 백색사선막대형등화 → 백색점형등화 → 백색가로막대형등화 → 백색가로막대형등화 및 황색T자형등화 → 백색가로막대형등화 및 황색T자형등화의 점멸 순서로 한다.

※ 비 고
교차로와 교통 여건을 고려하여 특별히 필요하다고 인정되는 장소에서는 신호의 순서를 달리하거나 녹색화살표 및 녹색등화를 동시에 표시하거나, 적색 및 녹색화살표 등화를 동시에 표시하지 않을 수 있다.

(5) 신호의 종류와 의미

① 차량신호
② 보행자 신호

신호기가 표시하는 신호의 종류 및 신호의 뜻(도로교통법 시행규칙 [별표 2])

구 분		신호의 종류	신호의 뜻
차량신호등	원형등화	녹색의 등화	1. 차마는 직진 또는 우회전할 수 있다. 2. 비보호좌회전표지 또는 비보호좌회전표시가 있는 곳에서는 좌회전할 수 있다.
		황색의 등화	1. 차마는 정지선이 있거나 횡단보도가 있을 때에는 그 직전이나 교차로의 직전에 정지하여야 하며, 이미 교차로에 차마의 일부라도 진입한 경우에는 신속히 교차로 밖으로 진행하여야 한다. 2. 차마는 우회전할 수 있고 우회전하는 경우에는 보행자의 횡단을 방해하지 못한다.

구 분		신호의 종류	신호의 뜻
차량신호등	원형등화	적색의 등화	1. 차마는 정지선, 횡단보도 및 교차로의 직전에서 정지해야 한다. 2. 차마는 우회전하려는 경우 정지선, 횡단보도 및 교차로의 직전에서 정지한 후 신호에 따라 진행하는 다른 차마의 교통을 방해하지 않고 우회전할 수 있다. 3. 2.에도 불구하고 차마는 우회전 삼색등이 적색의 등화인 경우 우회전할 수 없다.
		황색등화의 점멸	차마는 다른 교통 또는 안전표지의 표시에 주의하면서 진행할 수 있다.
		적색등화의 점멸	차마는 정지선이나 횡단보도가 있을 때에는 그 직전이나 교차로의 직전에 일시정지한 후 다른 교통에 주의하면서 진행할 수 있다.
	화살표등화	녹색화살표의 등화	차마는 화살표시 방향으로 진행할 수 있다.
		황색화살표의 등화	화살표시 방향으로 진행하려는 차마는 정지선이 있거나 횡단보도가 있을 때에는 그 직전이나 교차로의 직전에 정지하여야 하며, 이미 교차로에 차마의 일부라도 진입한 경우에는 신속히 교차로 밖으로 진행하여야 한다.
		적색화살표의 등화	화살표시 방향으로 진행하려는 차마는 정지선, 횡단보도 및 교차로의 직전에서 정지하여야 한다.
		황색화살표 등화의 점멸	차마는 다른 교통 또는 안전표지의 표시에 주의하면서 화살표시 방향으로 진행할 수 있다.
		적색화살표 등화의 점멸	차마는 정지선이나 횡단보도가 있을 때에는 그 직전이나 교차로의 직전에 일시정지한 후 다른 교통에 주의하면서 화살표시 방향으로 진행할 수 있다.
	사각형등화	녹색화살표의 등화(하향)	차마는 화살표로 지정한 차로로 진행할 수 있다.
		적색 ×표 표시의 등화	차마는 ×표가 있는 차로로 진행할 수 없다.
		적색 ×표 표시 등화의 점멸	차마는 ×표가 있는 차로로 진입할 수 없고, 이미 차마의 일부라도 진입한 경우에는 신속히 그 차로 밖으로 진로를 변경하여야 한다.
보행신호등		녹색의 등화	보행자는 횡단보도를 횡단할 수 있다.
		녹색등화의 점멸	보행자는 횡단을 시작하여서는 아니 되고, 횡단하고 있는 보행자는 신속하게 횡단을 완료하거나 그 횡단을 중지하고 보도로 되돌아와야 한다.
		적색의 등화	보행자는 횡단보도를 횡단하여서는 아니 된다.
자전거신호등	자전거주행신호등	녹색의 등화	자전거 등은 직진 또는 우회전할 수 있다.
		황색의 등화	1. 자전거 등은 정지선이 있거나 횡단보도가 있을 때에는 그 직전이나 교차로의 직전에 정지하여야 하며, 이미 교차로에 차마의 일부라도 진입한 경우에는 신속히 교차로 밖으로 진행하여야 한다. 2. 자전거 등은 우회전할 수 있고 우회전하는 경우에는 보행자의 횡단을 방해하지 못한다.
		적색의 등화	1. 자전거 등은 정지선, 횡단보도 및 교차로의 직전에서 정지해야 한다. 2. 자전거 등은 우회전하려는 경우 정지선, 횡단보도 및 교차로의 직전에서 정지한 후 신호에 따라 진행하는 다른 차마의 교통을 방해하지 않고 우회전할 수 있다. 3. 2.에도 불구하고 자전거 등은 우회전 삼색등이 적색의 등화인 경우 우회전할 수 없다.
		황색등화의 점멸	자전거 등은 다른 교통 또는 안전표지의 표시에 주의하면서 진행할 수 있다.
		적색등화의 점멸	자전거 등은 정지선이나 횡단보도가 있는 때에는 그 직전이나 교차로의 직전에 일시정지한 후 다른 교통에 주의하면서 진행할 수 있다.
	자전거횡단신호등	녹색의 등화	자전거 등은 자전거횡단도를 횡단할 수 있다.
		녹색등화의 점멸	자전거 등은 횡단을 시작하여서는 아니 되고, 횡단하고 있는 자전거 등은 신속하게 횡단을 종료하거나 그 횡단을 중지하고 진행하던 차도 또는 자전거도로로 되돌아와야 한다.
		적색의 등화	자전거 등은 자전거횡단도를 횡단하여서는 안 된다.

구 분	신호의 종류	신호의 뜻
버 스 신호등	녹색의 등화	버스전용차로에 차마는 직진할 수 있다.
	황색의 등화	버스전용차로에 있는 차마는 정지선이 있거나 횡단보도가 있을 때에는 그 직전이나 교차로의 직전에 정지하여야 하며, 이미 교차로에 차마의 일부라도 진입한 경우에는 신속히 교차로 밖으로 진행하여야 한다.
	적색의 등화	버스전용차로에 있는 차마는 정지선, 횡단보도 및 교차로의 직전에서 정지하여야 한다.
	황색등화의 점멸	버스전용차로에 있는 차마는 다른 교통 또는 안전표지의 표시에 주의하면서 진행할 수 있다.
	적색등화의 점멸	버스전용차로에 있는 차마는 정지선이나 횡단보도가 있을 때에는 그 직전이나 교차로의 직전에 일시정지한 후 다른 교통에 주의하면서 진행할 수 있다.
노면전차 신호등	황색T자형의 등화	노면전차가 직진 또는 좌회전·우회전할 수 있는 등화가 점등될 예정이다.
	황색T자형 등화의 점멸	노면전차가 직진 또는 좌회전·우회전할 수 있는 등화의 점등이 임박하였다.
	백색가로막대형의 등화	노면전차는 정지선, 횡단보도 및 교차로의 직전에서 정지해야 한다.
	백색가로막대형등화의 점멸	노면전차는 정지선이나 횡단보도가 있는 경우에는 그 직전이나 교차로의 직전에 일시정지한 후 다른 교통에 주의하면서 진행할 수 있다.
	백색점형의 등화	노면전차는 정지선이 있거나 횡단보도가 있는 경우에는 그 직전이나 교차로의 직전에 정지해야 하며, 이미 교차로에 노면전차의 일부가 진입한 경우에는 신속하게 교차로 밖으로 진행해야 한다.
	백색점형등화의 점멸	노면전차는 다른 교통 또는 안전표지의 표시에 주의하면서 진행할 수 있다.
	백색세로막대형의 등화	노면전차는 직진할 수 있다.
	백색사선막대형의 등화	노면전차는 백색사선막대의 기울어진 방향으로 좌회전 또는 우회전할 수 있다.

※ 비 고

1. 자전거 등을 주행하는 경우 자전거주행신호등이 설치되지 않은 장소에서는 차량신호등의 지시에 따른다.
2. 자전거횡단도에 자전거횡단신호등이 설치되지 않은 경우 자전거 등은 보행신호등의 지시에 따른다. 이 경우 보행신호등란의 "보행자"는 "자전거 등"으로 본다.
3. 우회전하려는 차마는 우회전 삼색등이 있는 경우 다른 신호등에도 불구하고 이에 따라야 한다.

2. 교통안전표지(도로교통법 시행규칙 [별표 6])

(1) 주의표지

도로 상태가 위험하거나 도로 부근에 위험물이 있을 때 필요한 안전조치와 예비동작을 할 수 있도록 이를 도로 사용자에게 알리는 표지(표지 일람표에서 표지번호 101번으로 시작)

종 류	표시하는 뜻	종 류	표시하는 뜻
 +자형 교차로	+자형 교차로가 있음을 알리는 것	 T자형 교차로	T자형 교차로가 있음을 알리는 것
 Y자형 교차로	Y자형 교차로가 있음을 알리는 것	 ㅏ자형 교차로	ㅏ자형 교차로가 있음을 알리는 것
 ㅓ자형 교차로	ㅓ자형 교차로가 있음을 알리는 것	 우선 도로	우선 도로에서 우선 도로가 아닌 도로와 교차함을 알리는 것

종 류	표시하는 뜻	종 류	표시하는 뜻
우합류 도로	우합류 도로가 있음을 알리는 것	좌합류 도로	좌합류 도로가 있음을 알리는 것
회전형 교차로	회전형 교차로가 있음을 알리는 것	철길건널목	철길건널목이 있음을 알리는 것
노면전차주의	차마와 노면전차가 교차하는 지점이 있음을 알리는 것	우로 굽은 도로	우로 굽은 도로가 있음을 알리는 것
좌로 굽은 도로	좌로 굽은 도로가 있음을 알리는 것	우·좌로 이중굽은 도로	우·좌로 이중굽은 도로가 있음을 알리는 것
좌·우로 이중굽은 도로	좌·우로 이중굽은 도로가 있음을 알리는 것	2방향 통행	2방향 통행이 실시됨을 알리는 것
오르막 경사	오르막 경사가 있음을 알리는 것	내리막 경사	내리막 경사가 있음을 알리는 것
도로 폭이 좁아짐	도로의 폭이 좁아짐을 알리는 것	우측차로 없어짐	우측차로의 없어짐을 알리는 것
좌측차로 없어짐	좌측차로의 없어짐을 알리는 것	우측방 통행	도로의 우측방향으로 통행하여야 할 지점이 있음을 알리는 것
양측방 통행	동일방향 통행도로에서 양측방향으로 통행하여야 할 지점이 있음을 알리는 것	중앙분리대 시작	중앙분리대가 시작됨을 알리는 것
중앙분리대 끝남	중앙분리대가 끝남을 알리는 것	신호기	신호기가 있음을 알리는 것
미끄러운 도로	자동차 등이 미끄러지기 쉬운 곳임을 알리는 것	강변도로	도로의 일변이 강변, 해변, 계곡 등 추락위험지점임을 알리는 것
노면 고르지 못함	노면이 고르지 못함을 알리는 것	과속방지턱, 고원식 횡단보도, 고원식 교차로	과속방지턱, 고원식 횡단보도, 고원식 교차로가 있음을 알리는 것
낙석도로	낙석의 우려가 있는 장소가 있음을 알리는 것	횡단보도	횡단보도가 있음을 알리는 것

종 류	표시하는 뜻	종 류	표시하는 뜻
어린이 보호	• 어린이 또는 유아의 통행로나 횡단보도가 있음을 알리는 것 • 학교, 유치원 등의 통학, 통원로 및 어린이 놀이터 등 어린이 보호지점 및 어린이보호구역이 부근에 있음을 알리는 것	자전거	자전거 등의 통행이 많은 지점이 있음을 알리는 것
도로 공사중	도로상이나 도로변에서 공사나 작업을 하고 있음을 알리는 것	비행기	비행기가 이착륙하는 지점이 있음을 알리는 것
횡 풍	강한 횡풍의 우려가 있는 지점이 있음을 알리는 것	터 널	터널이 있음을 알리는 것
교 량	교량이 있음을 알리는 것	야생동물 보호	야생동물의 보호지역임을 알리는 것
위 험	도로교통상 각종 위험이 있음을 알리는 것	상습정체구간	상습정체구간임을 알리는 것

(2) 규제표지

도로교통의 안전을 위하여 각종 제한, 금지 등의 규제를 하는 경우에 이를 도로 사용자에게 알리는 표지(표지 일람표에서 표지번호 201번으로 시작)

종 류	표시하는 뜻	종 류	표시하는 뜻
통행금지	보행자 및 차마 등의 통행을 금지하는 것	자동차 통행금지	자동차의 통행을 금지하는 것
화물자동차 통행금지	화물자동차의 통행을 금지하는 것	승합자동차 통행금지	승합자동차(승차정원 30명 이상인 것)의 통행을 금지하는 것
이륜자동차 및 원동기장치자전거 통행금지	이륜자동차 및 원동기장치자전거의 통행을 금지하는 것	자동차·이륜자동차 및 원동기장치자전거 통행금지	자동차·이륜자동차 및 원동기장치자전거의 통행을 금지하는 것. 2개 차종의 통행을 금지할 때는 해당 차종을 표시한다.
개인형 이동장치 통행금지	개인형 이동장치의 통행을 금지하는 것	이륜자동차·원동기장치자전거 및 개인형 이동장치 통행금지	이륜자동차·원동기장치자전거 및 개인형 이동장치의 통행을 금지하는 것

종 류	표시하는 뜻	종 류	표시하는 뜻
경운기·트랙터 및 손수레 통행금지	경운기·트랙터 및 손수레의 통행을 금지하는 것	자전거 통행금지	자전거 등의 통행을 금지하는 것
진입금지	차의 진입을 금지하는 것	직진금지	차의 직진을 금지하는 것
우회전금지	차가 우회전하는 것을 금지하는 것	좌회전금지	차가 좌회전하는 것을 금지하는 것
유턴금지	차마의 유턴을 금지하는 것	앞지르기금지	차의 앞지르기를 금지하는 것
정차·주차금지	차의 정차 및 주차를 금지하는 것	주차금지	차의 주차를 금지하는 것
차중량 제한	표지판에 표시한 중량을 초과하는 차의 통행을 제한하는 것	차높이 제한	표지판에 표시한 높이를 초과하는 차(적재한 화물의 높이를 포함)의 통행을 제한하는 것
차폭 제한	표지판에 표시한 폭이 초과된 차(적재한 화물의 폭을 포함)의 통행을 제한하는 것	차간거리 확보	표지판에 표시된 차간거리 이상 확보할 것을 지시하는 것
최고속도제한	표지판에 표시한 속도로 자동차 등의 최고속도를 지정하는 것	최저속도제한	표지판에 표시한 속도로 자동차 등의 최저속도를 지정하는 것
서 행	차가 서행하여야 할 장소임을 지정하는 것	일시정지	차가 일시정지하여야 할 장소임을 지정하는 것
양 보	차가 도로를 양보할 장소임을 지정하는 것	보행자 보행금지	보행자의 보행을 금지하는 것
위험물적재차량 통행금지	위험물 적재차량[별표 9 (주) 제6호 각 목의 어느 하나에 해당하는 위험물 등을 운반하는 자동차를 말한다]의 통행을 금지하는 것		–

(3) 지시표지

도로의 통행방법, 통행구분 등 도로교통의 안전을 위하여 필요한 지시를 도로 사용자에게 알려 이에 따르도록 하는 표지(표지 일람표에서 표지번호 301번으로 시작)

종 류	표시하는 뜻	종 류	표시하는 뜻
자동차 전용도로	자동차 전용도로 또는 전용구역임을 지시하는 것	자전거 전용도로	자전거 전용도로 또는 전용구간임을 지시하는 것
자전거·보행자 겸용 도로	자전거 및 보행자 겸용 도로임을 지시하는 것	노면전차 전용도로	노면전차만 통행할 수 있는 전용도로임을 알리는 것
회전교차로	표지판이 화살표방향으로 자동차가 회전 진행할 것을 지시하는 것	직 진	차가 직진할 것을 지시하는 것
우회전	차가 우회전할 것을 지시하는 것	좌회전	차가 좌회전할 것을 지시하는 것
직진 및 우회전	차가 직진 또는 우회전할 것을 지시하는 것	직진 및 좌회전	차가 직진 또는 좌회전할 것을 지시하는 것
좌·우회전	차가 우회전 또는 좌회전할 것을 지시하는 것	좌회전 및 유턴	차가 좌회전 또는 유턴할 것을 지시하는 것
유 턴	차가 유턴할 것을 지시하는 것	양측방 통행	차가 양측 방향으로 통행할 것을 지시하는 것
우측면 통행	차가 우측면으로 통행할 것을 지시하는 것	좌측면 통행	차가 좌측면으로 통행할 것을 지시하는 것
진행방향별 통행구분	차가 좌회전, 직진 또는 우회전할 것을 지시하는 것	우회로	차의 좌회전이 금지된 지역에서 우회도로로 통행할 것을 지시하는 것
자전거 및 보행자 통행 구분도로	자전거 및 보행자 겸용 도로에서 자전거와 보행자를 구분하여 통행하도록 지시하는 것	자전거 전용차로	자전거만 통행하도록 지시하는 것
주차장	주차장이 있음을 알리는 것	자전거 주차장	자전거 주차장이 있음을 알리고 자전거 주차장에 주차하도록 지시하는 것

종 류	표시하는 뜻	종 류	표시하는 뜻
 개인형 이동장치 주차장	개인형 이동장치 주차장이 있음을 알리고 개인형 이동장치 주차장에 주차하도록 지시하는 것	 어린이 통학버스 승하차	어린이 보호구역에서 어린이 통학버스가 어린이 승하차를 위해 표시판에 표시된 시간 동안 정차 및 주차할 수 있도록 지시하는 것
 어린이 승하차	어린이 보호구역에서 어린이 통학버스와 자동차 등이 어린이 승하차를 위해 표지판에 표시된 시간 동안 정차 및 주차할 수 있도록 지시하는 것	 보행자 전용도로	보행자 전용도로임을 지시하는 것
 보행자 우선도로	보행자 우선도로임을 지시하는 것	 횡단보도	보행자가 횡단보도(대각선 횡단보도를 포함한다)로 통행할 것을 지시하는 것
 노인보호 (노인보호구역 안)	노인보호구역 안에서 노인의 보호를 지시하는 것	 어린이보호 (어린이보호구역 안)	어린이 보호구역 안에서 어린이 또는 영유아의 보호를 지시하는 것
 장애인 보호 (장애인보호구역 안)	장애인보호구역 안에서 장애인의 보호를 지시하는 것	 자전거 횡단도	자전거 등의 횡단도임을 지시하는 것
 일방통행	우측방향으로만 진행할 수 있는 일방통행임을 지시하는 것	 일방통행	좌측방향으로만 진행할 수 있는 일방통행임을 지시하는 것
 일방통행	전방으로만 진행할 수 있는 일방통행임을 지시하는 것	 비보호 좌회전	진행신호 시 반대 방면에서 오는 차량에 방해가 되지 아니하도록 좌회전을 조심스럽게 할 수 있다는 것
 버스 전용차로	버스 전용차로 통행차만 통행할 수 있음을 알리는 것	 다인승차량 전용차로	다인승차량(3인 이상이 승차한 승합자동차 · 승용자동차를 말한다)만 통행할 수 있음을 표시하는 것
 노면전차 전용차로	노면전차만 통행할 수 있는 전용차로임을 알리는 것	 통행우선	백색 화살표 방향으로 진행하는 차량이 우선 통행할 수 있도록 표시하는 것
 자전거 나란히 통행 허용	자전거도로에서 2대 이상 자전거 등의 나란히 통행을 허용하는 것	 도시부	「국토의 계획 및 이용에 관한 법률」 제36조 제1항 제1호에 따른 주거지역 · 상업지역 · 공업지역 내의 도로임을 알리는 것

(4) 보조표지

주의표지, 규제표지 또는 지시표지의 주기능을 보충하여 도로 사용자에게 알리는 표지(표지일람표에서 표지번호 401번으로 시작)

100m 앞부터 거 리	여기부터 500m 거 리	시내전역 구 역	일요일 · 공휴일 제외 일 자
08:00~20:00 시 간	1시간 이내 차 둘 수 있음 시 간	적신호시 신호등화 상태	우회전 신호등 우회전 신호등
버스 전용 신호등 방향	서울역 방향 신호등 방향	보행신호 연장시스템 신호등 보조장치	보행자 작동신호기 신호등 보조장치
앞에 우선도로 전방우선도로	안전속도 30 안전속도	안개지역 기상상태	 노면상태
차로엄수 교통규제	건너가지 마시오 통행규제	승용차에 한함 차량한정	속도를 줄이시오 통행주의
충 돌 주 의 충돌주의	터널길이 258m 표지설명	구간시작 ← 200m 구간 시작	구 간 내 ↔ 400m 구간 내
구 간 끝 → 600m 구간 끝	 우방향	 좌방향	↑ 전방 50M 전 방
3.5t 중 량	▶ 3.5m ◀ 노 폭	100m 거 리	 해 제
 견인지역			

3. 노면표시

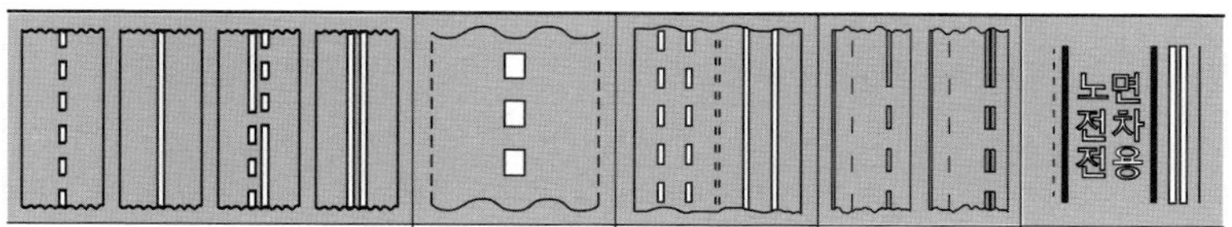

중앙선	유턴구역선	차 선	전용차로	노면전차 전용로

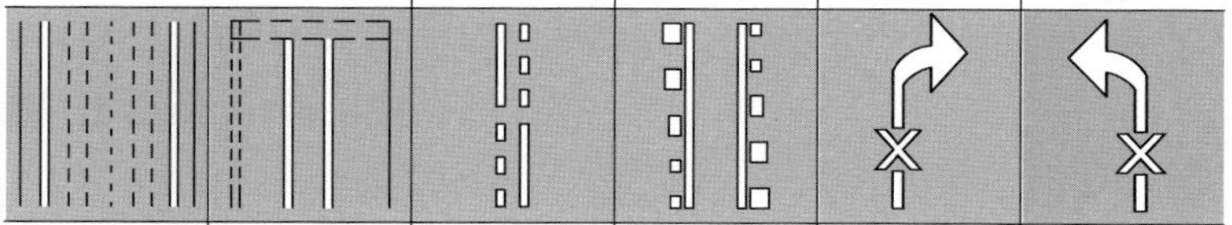

길가장자리 구역선	진로변경 제한선	진로변경 제한선	진로변경 제한선	우회전금지	좌회전금지

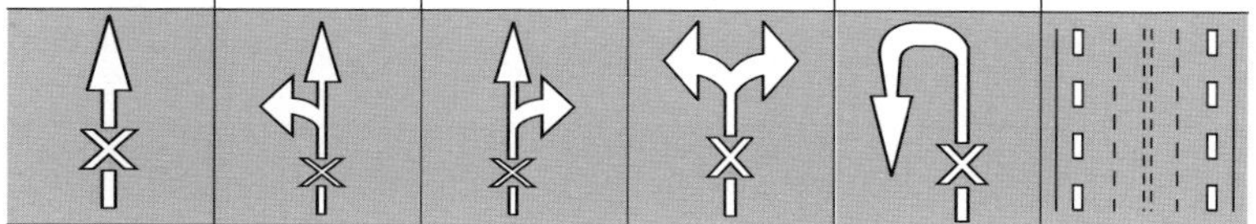

직진금지	직진 및 좌회전금지	직진 및 우회전금지	좌우회전금지	유턴금지	주차금지

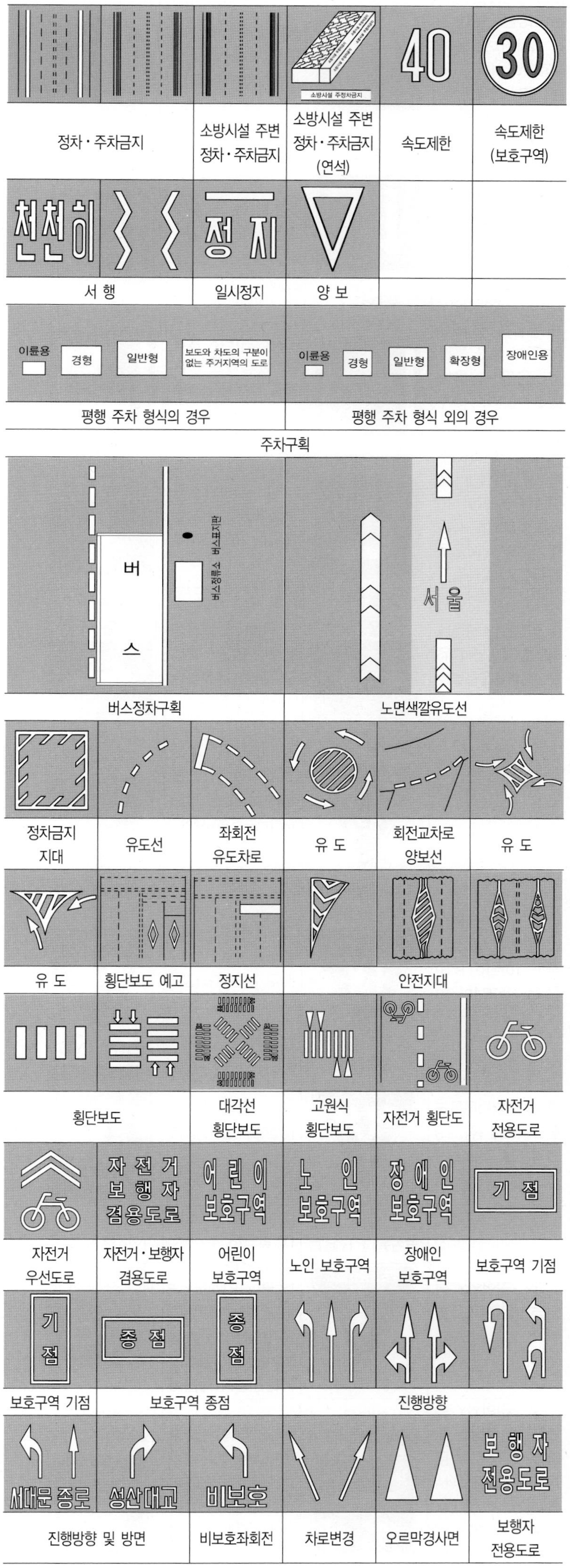

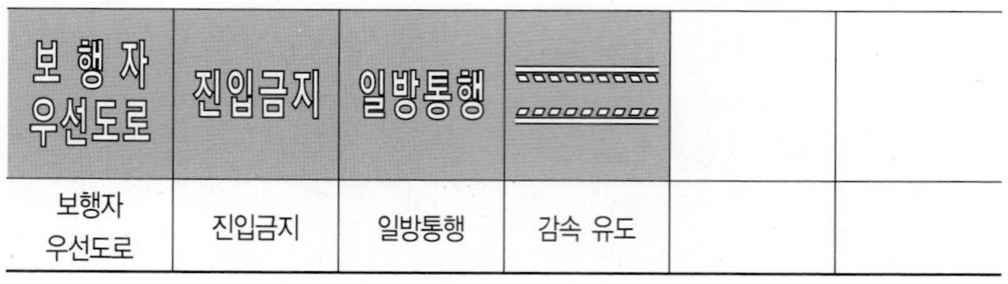

5 속도와 안전거리

1. 법정 속도(도로교통법 시행규칙 제19조 제1항)

도 로	차로 수	최고 및 최저속도
일반도로	편도 1차로	60km/h 이내
	편도 2차로 이상	80km/h 이내
자동차 전용도로	–	최저 30km/h, 최고 90km/h
고속도로	편도 1차로	최저 50km/h, 최고 80km/h
	편도 2차로 이상	최저 50km/h, 최고 100km/h(화물자동차·특수자동차·위험물운반자동차 및 건설기계는 최고 80km/h)

※ 주거지역·상업지역 및 공업지역의 일반도로에서는 50km/h 이내. 다만, 시·도경찰청장이 원활한 소통을 위하여 특히 필요하다고 인정하여 지정한 노선 또는 구간에서는 60km/h 이내

※ 편도 2차로 이상의 고속도로로서 경찰청장이 고속도로의 원활한 소통을 위하여 특히 필요하다고 인정하여 지정·고시한 노선 또는 구간의 최고속도는 120km/h(화물자동차·특수자동차·위험물운반자동차 및 건설기계의 최고속도는 90km/h) 이내, 최저속도는 50km/h

2. 이상기후 시의 감속 속도(도로교통법 시행규칙 제19조 제2항)

(1) 최고속도의 20/100을 줄인 속도가 필요한 경우

① 비가 내려 노면이 젖어 있는 경우

② 눈이 20mm 미만 쌓인 경우

(2) 최고속도의 50/100을 줄인 속도가 필요한 경우

① 폭우, 폭설, 안개 등으로 가시거리가 100m 이내인 경우

② 노면이 얼어붙은 경우

③ 눈이 20mm 이상 쌓인 경우

3. 안전거리의 유지

(1) 안전거리 유지의 중요성

① 추돌사고 방지

② 정보의 인지 및 판단을 통해 사전에 급브레이크나 급핸들 조작을 예방

③ 적은 피로도의 여유 있는 운전 가능

(2) 알맞은 안전거리

① 일반적으로 안전거리는 정지거리와 같은 정도의 거리이다.

② 일반도로의 경우 속도계에 표시되는 수치에서 15를 뺀 수치의 m 정도로 유지하고, 시속 80km 이상이거나 고속도로를 주행하는 때에는 주행속도의 수치를 그대로 m로 나타낸 수치 정도의 거리를 유지하는 것이 적당하다.

예 시속 50km인 때에는 35m 정도, 시속 80km이면 최소한 80m 이상의 안전거리를 유지하여야 한다.

(3) 급제동의 금지(도로교통법 제19조 제4항)

모든 차의 운전자는 위험방지를 위한 경우와 그 밖의 부득이한 경우가 아니면 운전하는 차를 갑자기 정지시키거나 속도를 줄이는 등의 급제동을 하여서는 아니 된다.

6 앞지르기 방법

1. 앞지르기의 위험성

(1) 앞지르기는 의외로 긴 거리와 시간이 필요하다.

(2) 중앙선을 침범해야 하는 경우가 많으므로 마주오는 차와 정면충돌의 위험성이 크다.

(3) 앞차의 옆을 아슬아슬하게 지나가거나 원래 차로로 다시 들어가다가 접촉·추돌사고를 내는 경우가 흔히 있다.

2. 앞지르기 방법(도로교통법 제21조)

(1) 모든 차의 운전자는 다른 차를 앞지르려면 앞차의 좌측으로 통행하여야 한다.

(2) 자전거 등의 운전자는 서행하거나 정지한 다른 차를 앞지르려면 (1)에도 불구하고 앞차의 우측으로 통행할 수 있다. 이 경우 자전거 등의 운전자는 정지한 차에서 승차하거나 하차하는 사람의 안전에 유의하여 서행하거나 필요한 경우 일시정지하여야 한다.

(3) (1)과 (2)의 경우 앞지르고자 하는 모든 차의 운전자는 반대방향의 교통과 앞차 앞쪽의 교통에도 주의를 충분히 기울여야 하며, 앞차의 속도·진로와 그 밖의 도로상황에 따라 방향지시기·등화 또는 경음기를 사용하는 등 안전한 속도와 방법으로 앞지르기를 하여야 한다.

(4) 모든 차의 운전자는 (1)부터 (3)까지 또는 고속도로에서 다른 차를 앞지르기를 하는 차가 있을 때에는 속도를 높여 경쟁하거나 그 차의 앞을 가로막는 등의 방법으로 앞지르기를 방해하여서는 아니 된다.

3. 앞지르기 순서

(1) 앞지르기를 금지하는 장소인지 아닌지를 확인한다.

(2) 전방의 안전을 확인하는 동시에 후사경으로 좌측 및 좌후방을 확인한다.

(3) 좌측의 방향 지시기를 켠다.

(4) 약 3초 후 최고속도의 제한 범위 내에서 가속을 하면서 진로를 천천히 좌측으로 하고, 안전한 간격을 유지하면서 앞차의 좌측을 통과한다.

(5) 충분한 거리가 확보되면 우측 방향 지시기를 켠다.

(6) 앞지르기한 차가 후사경으로 앞지르기 당한 차를 볼 수 있는 거리까지 주행한 후 진로를 서서히 우측으로 바꾼다.

(7) 방향 지시기를 끈다.

4. 앞지르기 금지

(1) 앞지르기 금지 시기(도로교통법 제22조 제1항 · 제2항, 제51조 제3항)

① 모든 차의 운전자는 다음의 어느 하나에 해당하는 경우에는 앞차를 앞지르지 못한다.
　㉠ 앞차의 좌측에 다른 차가 앞차와 나란히 가고 있는 경우
　㉡ 앞차가 다른 차를 앞지르고 있거나 앞지르고자 하는 경우

② 모든 차의 운전자는 이 법이나 이 법에 의한 명령 또는 경찰공무원의 지시를 따르거나 위험을 방지하기 위하여 정지 또는 서행하고 있는 다른 차를 앞지르지 못한다.

③ 모든 차의 운전자는 어린이나 영유아를 태우고 있다는 표시를 한 상태로 도로를 통행하는 어린이통학버스를 앞지르지 못한다.

(2) 앞지르기 금지 장소(도로교통법 제22조 제3항)

① 교차로, 터널 안, 다리 위
② 도로의 구부러진 곳
③ 비탈길의 고갯마루 부근 또는 가파른 비탈길의 내리막
④ 시·도경찰청장이 도로에서의 위험을 방지하고 교통의 안전과 원활한 소통을 확보하기 위하여 필요하다고 인정하는 곳으로서 안전표지로 지정한 곳

7 안전보행

1. 보행자 보호

(1) 보행자에 대한 주의

① 「도로교통법상」으로도 보행자 우선의 원칙을 규정하고 있다.
② 운전자에 비해 보행자는 교통 약자이므로 운전자는 보행자가 스스로 피해갈 것이라는 안이한 생각을 삼간다.
③ 보행자의 행동은 기대하는 만큼 민첩하지 못하므로 보행자가 나타나면 무조건 속도를 낮추어서 진행한다.
④ 보행자는 횡단보도를 안심하고 건너가므로 차가 갑자기 돌진해 들어올 때에는 피할 수 없다.

(2) 보행자의 일반적 행동 특성

① 보행자는 도로로 갑자기 뛰어드는 등 급히 서두르는 경향이 있다.
② 자동차의 통행량이 적다고 해서 무단횡단하는 경우가 있다.
③ 횡단보도를 통행하기보다 현 위치에서 횡단하려 한다.
④ 보행자는 교통법규를 잘 알지 못해서 지키지 못하는 경우가 많다.

(3) 보행자의 보호 운전 요령

① 보행자의 행동 특성을 충분히 이해하고 자신에게 유리한 방향으로 생각하는 추측운전을 삼간다.
② 모든 차는 보행자가 횡단보도를 통행할 때에는 반드시 일시정지해야 한다.
③ 횡단보도가 설치되지 아니한 도로에서는 횡단보행자의 통행을 방해해서는 안 된다.
④ 도로 이외의 곳(주유소, 차고 등)을 출입하기 위하여 보도 또는 길가장자리 구역으로 운행할 때에는 그 직전에서 일시정지하여 안전을 확인한 후 횡단한다.

⑤ 보행자 옆을 통과할 때에는 안전한 거리를 두고 서행하고, 물이 괸 곳을 통행할 때에도 다른 사람에게 물이 튀지 않도록 서행운전한다.
⑥ 어린이나 영유아가 보호자 없이 도로를 횡단하거나, 도로에 앉아 놀이를 하는 등 교통사고의 위험이 있는 것을 발견한 때 일시정지하여야 한다.

(4) 보행자의 통행원칙(도로교통법 제8조)

① 보행자는 보도와 차도가 구분된 도로에서는 언제나 보도로 통행하여야 한다. 다만, 차도를 횡단하는 경우, 도로공사 등으로 보도의 통행이 금지된 경우나 그 밖의 부득이한 경우에는 그러하지 아니하다.
② 보행자는 보도와 차도가 구분되지 아니한 도로 중 중앙선이 있는 도로(일방통행인 경우에는 차선으로 구분된 도로를 포함한다)에서는 길가장자리 또는 길가장자리 구역으로 통행하여야 한다.
③ 보행자는 다음의 어느 하나에 해당하는 곳에서는 도로의 전 부분으로 통행할 수 있다. 이 경우 보행자는 고의로 차마의 진행을 방해하여서는 아니 된다.
　㉠ 보도와 차도가 구분되지 아니한 도로 중 중앙선이 없는 도로(일방통행인 경우에는 차선으로 구분되지 아니한 도로에 한정한다. 이하 같다)
　㉡ 보행자우선도로
④ 보행자는 보도에서는 우측통행을 원칙으로 한다.

(5) 운전자의 보행자 보호(도로교통법 제27조)

① 모든 차 또는 노면전차의 운전자는 보행자(제13조의2 제6항에 따라 자전거 등에서 내려서 자전거 등을 끌거나 들고 통행하는 자전거 등의 운전자를 포함한다)가 횡단보도를 통행하고 있거나 통행하려고 하는 때에는 보행자의 횡단을 방해하거나 위험을 주지 아니하도록 그 횡단보도 앞(정지선이 설치되어 있는 곳에서는 그 정지선을 말한다)에서 일시정지하여야 한다.
② 모든 차 또는 노면전차의 운전자는 교통정리를 하고 있는 교차로에서 좌회전이나 우회전을 하려는 경우에는 신호기 또는 경찰공무원 등의 신호나 지시에 따라 도로를 횡단하는 보행자의 통행을 방해하여서는 아니 된다.
③ 모든 차의 운전자는 교통정리를 하고 있지 아니하는 교차로 또는 그 부근의 도로를 횡단하는 보행자의 통행을 방해하여서는 아니 된다.
④ 모든 차의 운전자는 도로에 설치된 안전지대에 보행자가 있는 경우와 차로가 설치되지 아니한 좁은 도로에서 보행자의 옆을 지나는 경우에는 안전한 거리를 두고 서행하여야 한다.
⑤ 모든 차 또는 노면전차의 운전자는 보행자가 횡단보도가 설치되어 있지 아니한 도로를 횡단하고 있을 때에는 안전거리를 두고 일시정지하여 보행자가 안전하게 횡단할 수 있도록 하여야 한다.
⑥ 모든 차의 운전자는 다음의 어느 하나에 해당하는 곳에서 보행자의 옆을 지나는 경우에는 안전한 거리를 두고 서행하여야 하며, 보행자의 통행에 방해가 될 때에는 서행하거나 일시정지하여 보행자가 안전하게 통행할 수 있도록 하여야 한다.
　㉠ 보도와 차도가 구분되지 아니한 도로 중 중앙선이 없는 도로
　㉡ 보행자우선도로
　㉢ 도로 외의 곳
⑦ 모든 차 또는 노면전차의 운전자는 제12조 제1항에 따른 어린이 보호구역 내에 설치된 횡단보도 중 신호기가 설치되지 아니한 횡단보도 앞(정지선이 설치된 경우에는 그 정지선을 말한다)에서는 보행자의 횡단 여부와 관계없이 일시정지하여야 한다.

2. 도로횡단 방법

(1) 안전한 도로횡단 요령

① 횡단하기에 안전한 장소를 찾는다.
② 차도에 미리 내려서지 않는다.
③ 자동차의 통행 등 주위를 잘 살핀다.
④ 횡단에 걸리는 시간과 접근 차량의 속도, 거리, 방향 등을 정확히 판단하여 신속하게 횡단한다.
⑤ 자동차가 속도를 더 내는지, 줄이는지, 앞지르기나 차로를 바꾸는 중인지, 운전자의 각종 신호(방향 지시등 또는 전조등의 점멸, 수신호)를 주시하면서 횡단한다.
⑥ 횡단 시에는 가장 짧은 거리로 중간에 머물지 말고 건너가고, 다가오고 있는 자동차가 쉽게 발견할 수 있도록 운전자에게 시선을 보내거나 손을 들어 보인다.
⑦ 도로를 충분히 횡단할 수 없는 가까운 거리에서 자동차가 달려오고 있다면 보낸 후에 횡단을 해야 하지만, 이때는 뒤차가 계속 오고 있는 것은 아닌지 다시 확인해야 한다.
⑧ 눈, 비, 안개 등 이상기후 시에는 더 넓은 안전거리를 두어야 하고 길 건너는 중간지점에서 서성이거나, 물러서거나, 갑자기 뛰지 말아야 한다.
⑨ 정지된 버스나 화물차 등 대형차 앞을 지나갈 때에는 그 차 옆을 스쳐 지나가는 다른 자동차가 있을지도 모른다는 생각으로 조심해야 한다.
⑩ 도로횡단 시 음료나 음식을 먹거나 라디오 등을 듣거나 장난을 치는 등의 행동을 하지 말아야 한다.

(2) 횡단할 수 있는 장소

① 횡단장소
　㉠ 횡단보도나 신호기가 설치된 지점에서 횡단한다.
　㉡ 육교나 지하보도가 있는 경우 그 시설을 이용한다.
　㉢ 가드레일이 설치되어 있거나 보행자 횡단금지 표지가 설치된 장소에서 횡단해서는 안 된다.
　㉣ 횡단시설물이나 운전자와 횡단보행자가 서로 잘 볼 수 있는 장소를 이용한다.
　㉤ 횡단시설이 없는 도로에서는 도로 폭이 가장 짧은 곳으로 횡단한다.
② 신호기가 설치된 횡단보도에서의 횡단
　㉠ 보행자용 신호가 녹색인 때만 횡단한다.
　㉡ 보행자용 신호가 녹색인 때에도 좌우의 자동차를 확인하면서 횡단한다.
　㉢ 보행자용 신호가 녹색점멸(깜박거릴 때)인 때에는 횡단 중인 보행자는 신속하게 횡단을 완료하도록 하고, 횡단보도 내 진입을 하지 못한 보행자는 다음 신호까지 기다렸다가 횡단한다.
　㉣ 보행자용 신호가 녹색으로 바뀌는 순간 급하게 뛰어 횡단하는 것은 매우 위험하다. 따라서 2~3초의 여유를 가지고 안전을 확인 후 빠른 걸음으로 횡단한다.

㉤ 버튼식 횡단보도 신호기가 설치된 곳에서는 버튼을 누른 다음 잠시 기다렸다가 녹색 신호로 바뀌면 횡단한다.

③ 신호기가 없는 횡단보도에서의 횡단

㉠ 차도에 내려서지 말고 보도의 연석선 가까이에 서서 좌·우를 살피고 자동차의 접근 여부를 살핀다.

㉡ 자동차가 가까이서 진행해 올 때에는 지나갈 때까지 기다렸다가 자동차가 접근하지 않을 때에 신속히 횡단한다.

㉢ 횡단보도 정지선에 자동차가 멈추고 있을 때에는 그 자동차의 움직임을 확인하면서 횡단해야 한다.

㉣ 횡단보도 정지선에 정차하고 있는 자동차 뒤에서 또 다른 자동차가 갑자기 나오는 일이 있으므로 주의해야 한다.

④ 차량 주변에서의 횡단

㉠ 주차 또는 정차된 차량의 앞뒤로 보행자가 도로를 횡단하는 것은 매우 위험한 일이다. 반드시 고개를 내밀고 소리를 들으면서 진행해 오는 자동차가 없는지 확인한 다음 횡단한다.

㉡ 승객들이 승·하차하거나 화물을 싣거나 또는 내리고 있는 자동차로부터는 좀 떨어진 곳으로 횡단한다.

㉢ 엔진이 걸려 있는 자동차의 바로 앞 또는 뒤를 횡단하는 것은 매우 위험하므로 운전자의 신호가 있을 때에만 횡단한다.

3. 건널목 통행방법

(1) 건널목 앞에서는 반드시 멈춰서서 좌우의 안전을 확인한다. 한 쪽에서 열차가 통과했어도 곧 반대방향에서 열차가 오는 일이 있으므로 주의해야 한다.

(2) 경보기가 울리고 있거나 차단기가 내려오고 있을 때는 건널목에 들어가서는 안 된다. 차단기의 길이가 짧은 경우에도 차단기의 사이를 통과해서는 안 된다.

(3) 경보기가 울리지 않을 때에나 차단기가 내려져 있지 않을 때에도 기계가 고장난 경우가 있으므로 언제나 안전을 확인하고 건너도록 한다.

4. 야간, 눈, 비 올 때 안전보행

(1) 야간에는 보행자가 자동차의 전조등 불빛을 잘 볼 수 있어도 운전자는 보행자를 잘 볼 수 없는 경우가 많다. 특히 비가 와서 아스팔트의 노면이 젖은 때에는 보행자가 잘 보이지 않으므로 조심해야 한다.

(2) 밤이 되면 운전자도 피로하여 주의력이나 시력이 떨어지므로, 졸면서 운전하는 등 위험한 운전이 많아진다. 또한, 보행자도 자동차의 속도나 그 거리를 잘 모르게 되므로 주간에 비하여 더욱 조심해야 한다.

(3) 보행자가 야간에 도로 중앙 부근에 서 있으면 양쪽 자동차의 전조등 불빛으로 인해 순간적으로 운전자에게 보이지 않는 경우가 있으므로(증발현상), 도로의 중앙 부근에 멈추는 일이 없도록 횡단하기 전에 충분히 주의를 해야 한다.

(4) 신호기가 없는 장소에서 횡단할 때에는 횡단하고 있다는 것을 운전자가 알 수 있도록 하고, 도로조명이 있는 곳이나 되도록 밝은 장소를 선택한다.

(5) 야간에 보행자는 가능한 한 운전자가 쉽게 식별할 수 있는 색상의 복장이나 반사체를 휴대하는 것이 좋다.

(6) 비오는 날은 시야가 나쁘므로 비옷을 눈에 잘 띄는 밝은 색상으로 하는 것이 좋다. 우산은 앞을 가리게 하는 경우 전방 상황을 살피기 어려워 조심해야 한다.

(7) 비 또는 눈이 오는 날은 노면이 미끄러워 자동차의 정지거리도 길어지고 보행하기도 불편하여 매우 위험하기 때문에 무단횡단을 절대로 해서는 안 되며, 횡단보도 내에서도 무리한 횡단을 삼가야 한다.

8 등 화

1. 야간 등화조작

(1) 밤에 도로를 통행하는 때의 등화(도로교통법 시행령 제19조 제1항)

구 분	등 화
자동차	전조등, 차폭등, 미등, 번호등, 실내조명등(승합 및 여객자동차운송사업용 승용에 한함)
원동기장치자전거	전조등, 미등
견인되는 차	미등, 차폭등, 번호등
노면전차	전조등, 차폭등, 미등, 실내조명등
그 외	시·도경찰청장이 정하여 고시하는 등화

(2) 밤에 정차·주차하는 때의 등화(도로교통법 시행령 제19조 제2항)

구 분	등 화
자동차	자동차 안전기준에서 정하는 미등, 차폭등
이륜자동차 및 원동기장치자전거	미등(후부반사기 포함)
노면전차	차폭등, 미등
그 외	시·도경찰청장이 정하여 고시하는 등화

2. 야간 운행 시의 등화조작

(1) 마주보고 진행하는 경우 등의 등화 조작(도로교통법 시행령 제20조)

구 분	등 화
서로 마주보고 진행할 때	• 전조등의 밝기를 줄인다. • 빛의 방향을 아래로 향하게 한다. • 전조등을 일시 끈다.
앞차 또는 노면전차의 바로 뒤를 따를 때	전조등 빛의 방향을 아래로 향하게 하며, 함부로 전조등 빛의 밝기를 조작하여 앞차 또는 노면전차의 운전을 방해하지 않도록 한다.
교통이 빈번한 곳	전조등의 불빛을 계속 아래로 향하게 한다.

※ 전조등 불빛의 밝기를 함부로 조작하여 앞차의 운전을 방해하여서는 아니된다.

9 위험한 상황에서 운전

1. 야간운전

(1) 야간운전의 위험성

① 시야의 범위가 좁아져서 특히 조명이 없는 도로에서 운전자의 시야는 전조등이 비추는 범위(보통 위 방향으로는 100m, 아래 방향으로 40m)까지밖에 볼 수 없으므로 보행자나 위험물체의 발견이 늦다.

② 밤중의 보행자는 복장이 검은색일수록 빛이 흡수되어 잘 보이지 않으며, 자기 차와 마주 오는 차의 전조등 불빛이 마주쳐서 눈이 부시거나 증발현상이 발생하여 도로를 횡단하고 있는 보행자가 보이지 않게 되는 현상이 일어날 수 있다.
③ 밤에는 술 취한 사람이 갑자기 도로에 뛰어들거나, 비틀거리며 걸어가는 경우가 많으므로 특히 신경을 써야 한다.
④ 원근감과 속도감이 둔해진다. 특히 조명이 없는 도로에서는 주변의 상황이 보이지 않기 때문에 과속으로 주행하기 쉬워진다.
⑤ 자전거는 밤에 등화 없이 다니는 경우가 많으므로 잘 보이지 않는다.
⑥ 밤에는 장애물이 잘 보이지 않거나 발견이 늦어지는 경우가 많으므로 낮의 경우보다 사망사고의 비율이 높다.

(2) 야간운전의 기초지식

① 낮의 경우보다 낮은 속도로 주행한다.
② 마주 오는 차의 전조등 불빛을 정면으로 보지 않는다.
③ 전조등이 비추는 범위의 앞쪽까지도 살핀다.
④ 장거리 야간운전을 할 때에는 사전에 운전 계획을 세운다.
⑤ 차 실내를 가능한 한 어둡게 하고 주행한다.

(3) 안전한 야간운전 방법

① 중앙선으로부터 조금 떨어져서 주행한다.
② 도로의 상태나 차로 등을 확인하면서 주행한다.
③ 졸음이 올 때에는 곧 운전을 중지하고 휴식을 취하거나 교대운전을 한다.
④ 시야가 나쁜 교차로에 진입할 때나 커브길을 돌 때에는 전조등을 아래위로 번갈아 비추어 자기 차가 접근하고 있음을 알린다.
⑤ 앞차를 따라 주행할 때 전조등은 아래로 비추고 주행한다.
⑥ 밤에 교차로를 통과할 때에는 신호에 따라 진행하더라도 위험하므로 낮의 경우보다 느린 속도로 통과한다.
⑦ 뒤차의 불빛에 현혹되지 않도록 룸미러를 조정한다.
⑧ 해가 저물기 전에 미리 전조등·미등·차폭등을 켜고, 위험이 예견되거나 상대방이 나를 발견하지 못했다고 판단되면 나의 존재를 알려주어 미연에 위험을 방지할 수 있도록 한다.
⑨ 밤에는 신호를 확실하게 하는 것이 안전을 보장한다.

2. 빗길운전

(1) 빗길운전의 위험성

① **시야가 나빠 좌·우의 안전을 확인하기 어려움** : 앞 유리창에 김이 서리거나 물기가 있어서 시야를 방해하고, 시계(視界)는 창닦개의 작동범위에 한정되므로 좌·우의 안전을 확인하기가 쉽지 않다.
② **차바퀴가 미끄러지기 쉬움** : 도로가 미끄러워서 정지거리가 길어지고, 핸들 조작과 브레이크 조작이 잘 안 되어 차를 조종하기가 어렵게 된다.
③ **보행자의 주의력이 약해짐** : 비가 오면 보행자는 우산을 받치고 아래를 내려다보며 걸어가는 데만 신경을 쓰기 때문에 자동차나 신호등에 대해서는 주의하지 않는 경향이 있다.

(2) 빗길운전 시 주의사항

① 보행자 옆을 통과할 때에는 속도를 낮추어서 흙탕물이 튀기지 않도록 한다.
② 낮에도 어두울 때에는 전조등을 켠다.
③ 비가 내리기 시작한 아스팔트 도로의 표면은 흙먼지가 묻어 있어서 미끄러지기 쉬우므로 특히 비가 오기 시작할 때 조심한다.

(3) 안전한 빗길운전 요령

① 비가 오는 날은 시야가 나쁠 뿐 아니라 노면이 미끄러지기 쉽고 정지거리가 길어지므로 맑은 날보다 속도를 20% 정도 줄이고, 충분한 안전거리를 확보하여 운전한다.
② 급출발, 급핸들, 급브레이크 등의 조작은 미끄러짐이나 전복사고의 원인이 되므로 엔진 브레이크를 효과적으로 사용하거나, 브레이크 페달을 여러 번 나누어 밟는 등 기본적인 운전 방법을 잘 지킨다.
③ 노면레일이나 공사현장의 철판, 맨홀의 뚜껑 위 등은 미끄러지기 쉬우므로 가능한 한 피하고, 부득이 그 위를 통과할 때에는 사전에 속도를 늦추어서 천천히 통과하여야 하며, 절대로 급브레이크를 밟지 않는다.
④ 물이 깊게 고인 곳을 지나면 브레이크가 작용하지 않을 때가 있으므로 될수록 피해서 통과한다. 부득이 그곳을 통과할 때에는 정지하지 말고 저속으로 통과한 다음, 즉시 브레이크 테스트를 하고 만일 브레이크 상태가 나쁘면 브레이크 페달을 여러 번 밟아 브레이크 슈의 라이닝을 말리도록 하고, 완전한 상태가 될 때까지는 속도를 내지 않는다.

3. 철길건널목 운전

(1) 철길건널목의 위험성

① 철길건널목 사고는 피해규모가 큰 대형사고이다.
② 사고현장의 복구작업 등으로 중요한 교통의 대동맥이 일시 중단되는 등 교통 소통상의 피해가 크다.
③ **위험한 건널목의 유형**
㉠ 시야가 나빠서 안전의 확인이 어려운 건널목
㉡ 노면이 고르지 못하여 통과 중 엔진이 정지되기 쉬운 건널목
㉢ 비스듬히 사면으로 되어 있는 건널목
㉣ 비탈진 곳의 건널목
㉤ 노면이 좁아서 차바퀴가 밖으로 떨어지기 쉬운 건널목

(2) 안전한 철길건널목 통과 요령

① 모든 차의 운전자는 철길건널목을 통과하고자 하는 때에는 건널목 앞에서 일시정지하여 안전한지의 여부를 확인한 후에 통과하여야 한다. 다만, 신호기 등이 표시하는 신호에 따르는 경우에는 정지하지 아니하고 통과할 수 있다.
② 모든 차의 운전자는 건널목의 차단기가 내려져 있거나 내려지려고 하는 경우 또는 건널목의 경보기가 울리고 있는 동안에는 그 건널목으로 들어가서는 아니 된다.
③ 모든 차의 운전자는 건널목을 통과하다가 고장 등의 사유로 인하여 건널목 안에서 차를 운행할 수 없게 된 경우에는 즉시 승객을 대피시키고 비상신호기 등을 사용하거나 그 밖의 방법으로 철도공무원 또는 경찰공무원에게 이를 알려야 한다.

(3) 철길건널목 통과 시 유의 사항

① 교통정체로 건널목 건너편에 차가 들어갈 공간이 없을 때에는 들어가서는 아니 된다.

② 건널목 통과 시에는 도중에 엔진이 꺼지지 않도록 1단이나 2단기어로 미리 변속한 후 철로와 직각방향으로 통과하여야 한다.

4. 이면도로 운전

(1) 이면도로 운전의 위험성

① 도로의 폭이 좁고, 차도와 보도의 구분이 없다.

② 폭이 좁은 도로의 교차가 많다.

③ 주변에 주택, 점포, 학원 등이 밀집된 지역이므로 보행자, 자전거 등의 횡단통행이 많다.

④ 길에서 어린이들이 뛰어 놀거나, 특히 갑자기 튀어나오는 경우가 많으므로 어린이 사고가 일어나기 쉽다.

(2) 안전한 통행 방법

① 항상 위험을 예상하면서 속도를 낮추고, 마음의 준비를 하고서 운전한다.

② 위험하다고 느껴지는 자동차나 자전거, 손수레, 사람과 그림자 등의 대상물을 발견하였을 때에는 그 움직임을 계속 주시하여 안전하다고 판단될 때까지 시선을 떼지 않는다.

5. 안갯길 운전

(1) 속도 저하

안개는 시야를 나쁘게 하기 때문에 안개등(Fog-lamp ; 황색의 보조 전조등)이 있으면 안개등을 이용하고, 없을 때에는 전조등을 일찍 켜서 중앙선이나 가드레일, 차선, 앞차의 미등 등을 기준으로 하여 속도를 낮춘 후 창을 열고 소리를 들으면서 주행한다.

(2) 경음기 이용

커브길이나 구부러진 길 등에서는 반드시 경음기를 울려서 자신이 주행하고 있다는 것을 알려야 한다.

(3) 앞차 기준

이른 아침 등의 출근길에 짙은 안개가 낀 경우가 있을 때에는 자기 바로 앞에 달리는 차를 기준 삼아 뒤따라가는 것이 효과적이다.

10 주차 및 정차

1. 주 · 정차의 의의

(1) 정의(도로교통법 제2조 제24호 · 제25호)

① 주차 : 운전자가 승객을 기다리거나 화물을 싣거나 차가 고장 나거나 그 밖의 사유로 차를 계속 정지상태에 두는 것 또는 운전자가 차에서 떠나서 즉시 그 차를 운전할 수 없는 상태에 두는 것

② 정차 : 운전자가 5분을 초과하지 아니하고 차를 정지시키는 것으로서 주차 외의 정지상태

(2) 안전한 주 · 정차 요령

① 차도와 보도의 구별이 있는 도로에서는 우측 가장자리에, 차도와 보도의 구별이 없는 도로에서는 도로의 우측 가장자리로부터 중앙으로 50cm 이상 거리를 띄우고 세워야 한다.

② 도로의 우측 · 황색 실선에서는 주 · 정차가 금지되며, 황색 점선인 곳에는 정차가 가능하다.

③ 건널목의 가장자리 또는 횡단보도로부터 10m 이내의 곳은 주 · 정차를 금지한다.

④ 야간 주 · 정차 시에는 차폭등 · 미등을 켜서 사고를 예방하고 안전장치 · 시정장치 등도 확인한다.

⑤ 여객자동차가 승객을 태우거나 내리기 위하여 정류장 등에 정차한 때에는 승객이 타거나 내린 즉시 출발하여 다른 차의 정차를 방해하지 않도록 한다.

⑥ 경사진 장소에서는 가능한 한 주차하지 않도록 한다. 특히 경사진 장소에서 굄목을 받치는 등 필요한 조치를 한 후에도 자동차가 움직일 수 있는 곳은 주차하지 않는다.

2. 주 · 정차의 금지

(1) 주 · 정차 금지 장소(도로교통법 제32조)

모든 차의 운전자는 다음의 어느 하나에 해당하는 곳에서는 차를 정차하거나 주차하여서는 아니 된다. 다만, 이 법이나 이 법에 따른 명령 또는 경찰공무원의 지시를 따르는 경우와 위험방지를 위하여 일시정지하는 경우에는 그러하지 아니하다.

① 교차로 · 횡단보도 · 건널목이나 차도와 보도가 구분된 도로의 보도(차도와 보도에 걸쳐 설치된 노상주차장은 제외)

② 교차로의 가장자리나 도로의 모퉁이로부터 5m 이내인 곳

③ 안전지대가 설치된 도로에서는 그 안전지대의 사방으로부터 각각 10m 이내인 곳

④ 버스여객자동차의 정류지임을 표시하는 기둥이나 표지판 또는 선이 설치된 곳으로부터 10m 이내인 곳(다만, 버스여객자동차의 운전자가 그 버스여객자동차의 운행시간 중에 운행노선에 따르는 정류장에서 승객을 태우거나 내리기 위하여 차를 정차하거나 주차하는 경우에는 그러하지 아니함)

⑤ 건널목의 가장자리 또는 횡단보도로부터 10m 이내인 곳

⑥ 소방용수시설 · 비상소화장치가 설치된 곳, 소방시설로서 대통령령으로 정하는 시설이 설치된 곳으로부터 5m 이내인 곳

⑦ 시 · 도경찰청장이 도로에서의 위험을 방지하고 교통의 안전과 원활한 소통을 확보하기 위하여 필요하다고 인정하여 지정한 곳

⑧ 시장 등이 지정한 어린이 보호구역

(2) 주차금지 장소(도로교통법 제33조)

① 터널 안 및 다리 위

② 도로공사를 하고 있는 경우에는 그 공사 구역의 양쪽 가장자리로부터 5m 이내인 곳

③ 다중이용업소의 영업장이 속한 건축물로 소방본부장의 요청에 의하여 시 · 도경찰청장이 지정한 곳으로부터 5m 이내인 곳

④ 시 · 도경찰청장이 도로에서의 위험을 방지하고 교통의 안전과 원활한 소통을 확보하기 위해 필요하다고 인정하여 지정한 곳

03 고속도로에서의 안전운행

1 고속도로의 통행방법

1. 고속도로의 정의

고속도로라 함은 자동차의 고속운행에만 사용하기 위하여 지정된 도로를 말한다.

2. 고속도로 주행 전 준비와 자세

(1) 무리 없는 운전계획의 수립과 교통정보 확인

① 사전에 도로망·지도 등을 조사하여 운전경로의 선정, 출발 및 도착 시간, 휴식시간 및 장소 등을 고려하여 여유 있는 운전계획을 수립하고, 심신상태를 안정시켜야 한다.

② 고속도로에 들어가기 전에 방송 등 매스컴을 통해 일기예보를 청취하거나 교통관제센터에 문의하여 도로나 교통상황을 확인해 본다.

(2) 자동차의 사전점검

① 연료의 양은 충분한가?
② 냉각장치에서 물이 새는 일은 없는가?
③ 냉각수의 양은 충분한가?
④ 라디에이터의 덮개는 확실한가?
⑤ 엔진 오일의 양은 적당한가?
⑥ 팬벨트의 장력은 적당한가, 손상된 곳은 없는가?
⑦ 타이어의 공기압은 적당한가?(약 10~20% 정도 높인다)
⑧ 타이어의 홈 깊이는 충분한가?

(3) 필요한 기구 및 부품의 지참

① 예비용 타이어, 수리공구
② 퓨즈, 팬벨트
③ 소화기, 손전등, 고장표시 삼각대
④ 기타 구급약품 및 지도 등

(4) 화물의 적재상태 확인

고속으로 주행하게 되면 화물이 떨어지거나 날아갈 위험이 많으므로 고속도로를 통행할 때에는 미리 화물의 적재상태를 점검하여 상태가 좋지 않을 경우 짐을 다시 쌓는 등의 필요한 조치를 하여야 한다.

3. 통행구분 및 속도

(1) 차로에 따른 통행구분

① 차로에 따른 통행차의 기준(도로교통법 시행규칙 [별표 9])

도 로	차로 구분	통행할 수 있는 차종
고속도로 외의 도로	왼쪽 차로	승용자동차 및 경·소·중형승합자동차
	오른쪽 차로	대형승합자동차, 화물자동차, 특수자동차, 건설기계, 이륜자동차, 원동기장치자전거(개인형 이동장치 제외)

도 로		차로 구분	통행할 수 있는 차종
고속도로	편도 2차로	1차로	앞지르기를 하려는 모든 자동차. 다만, 차량통행량 증가 등 도로상황으로 인하여 부득이하게 시속 80km 미만으로 통행할 수밖에 없는 경우에는 앞지르기를 하는 경우가 아니라도 통행할 수 있다.
		2차로	모든 자동차
	편도 3차로 이상	1차로	앞지르기를 하려는 승용자동차 및 앞지르기를 하려는 경·소·중형승합자동차. 다만, 차량통행량 증가 등 도로상황으로 인하여 부득이하게 시속 80km 미만으로 통행할 수밖에 없는 경우에는 앞지르기를 하는 경우가 아니라도 통행할 수 있다.
		왼쪽 차로	승용자동차 및 경·소·중형승합자동차
		오른쪽 차로	대형승합자동차, 화물자동차, 특수자동차, 건설기계

※ 비 고

1. 이 표에서 사용하는 용어의 뜻은 다음과 같다.
   가. "왼쪽 차로"란 다음에 해당하는 차로를 말한다.
      1) 고속도로 외의 도로의 경우 : 차로를 반으로 나누어 1차로에 가까운 부분의 차로. 다만, 차로 수가 홀수인 경우 가운데 차로는 제외한다.
      2) 고속도로의 경우 : 1차로를 제외한 차로를 반으로 나누어 그중 1차로에 가까운 부분의 차로. 다만, 1차로를 제외한 차로의 수가 홀수인 경우 그중 가운데 차로는 제외한다.
   나. "오른쪽 차로"란 다음에 해당하는 차로를 말한다.
      1) 고속도로 외의 도로의 경우 : 왼쪽 차로를 제외한 나머지 차로
      2) 고속도로의 경우 : 1차로와 왼쪽 차로를 제외한 나머지 차로
2. 모든 차는 이 표에서 지정된 차로보다 오른쪽에 있는 차로로 통행할 수 있다.
3. 앞지르기를 할 때에는 이 표에서 지정된 차로의 왼쪽 바로 옆 차로로 통행할 수 있다.
4. 도로의 진·출입 부분에서 진·출입하는 때와 정차 또는 주차한 후 출발하는 때의 상당한 거리 동안은 이 표에서 정하는 기준에 따르지 아니할 수 있다.
5. 이 표 중 승합자동차의 차종 구분은 「자동차관리법 시행규칙」 [별표 1]에 따른다.
6. 다음의 차마는 도로의 가장 오른쪽에 있는 차로로 통행하여야 한다.
   가. 자전거 등
   나. 우마
   다. 「도로교통법」 제2조 제18호 나목에 따른 건설기계 이외의 건설기계
   라. 다음의 위험물 등을 운반하는 자동차
      1) 「위험물안전관리법」 제2조 제1항 제1호 및 제2호에 따른 지정수량 이상의 위험물
      2) 「총포·도검·화약류 등의 안전관리에 관한 법률」 제2조 제3항에 따른 화약류
      3) 「화학물질관리법」 제2조 제2호에 따른 유독물질
      4) 「폐기물관리법」 제2조 제4호에 따른 지정폐기물과 같은 조 제5호에 따른 의료폐기물
      5) 「고압가스 안전관리법」 제2조 및 같은 법 시행령 제2조에 따른 고압가스
      6) 「액화석유가스의 안전관리 및 사업법」 제2조 제1호에 따른 액화석유가스
      7) 「원자력안전법」 제2조 제5호에 따른 방사성물질 또는 그에 따라 오염된 물질
      8) 「산업안전보건법」 제117조 제1항 및 같은 법 시행령 제87조에 따른 제조 등의 금지 유해물질과 「산업안전보건법」 제118조 제1항 및 같은 법 시행령 제88조에 따른 허가대상 유해물질
      9) 「농약관리법」 제2조 제3호에 따른 원제
   마. 그 밖에 사람 또는 가축의 힘이나 그 밖의 동력으로 도로에서 운행되는 것
7. 좌회전 차로가 2차로 이상 설치된 교차로에서 좌회전하려는 차는 그 설치된 좌회전 차로 내에서 이 표 중 고속도로 외의 도로에서의 차로 구분에 따라 좌회전하여야 한다.

② 전용차로의 종류와 통행할 수 있는 차(도로교통법 시행령 [별표 1])

전용차로의 종류	통행할 수 있는 차	
	고속도로	고속도로 외의 도로
버스 전용차로	9인승 이상 승용자동차 및 승합자동차(승용자동차 또는 12인승 이하의 승합자동차는 6인 이상이 승차한 경우에 한정한다)	1. 「자동차관리법」 제3조에 따른 36인승 이상의 대형승합자동차 2. 「여객자동차 운수사업법」 제3조 및 같은 법 시행령 제3조 제1호에 따른 36인승 미만의 사업용 승합자동차 3. 법 제52조에 따라 증명서를 발급받아 어린이를 운송할 목적으로 운행 중인 어린이통학버스 4. 대중교통수단으로 이용하기 위한 자율주행자동차로서 「자동차관리법」 제27조 제1항 단서에 따라 시험 · 연구 목적으로 운행하기 위하여 국토교통부장관의 임시운행허가를 받은 자율주행자동차 5. 1.~4.에서 규정한 차 외의 차로서 도로에서의 원활한 통행을 위하여 시 · 도경찰청장이 지정한 다음의 어느 하나에 해당하는 승합자동차 가. 노선을 지정하여 운행하는 통학 · 통근용 승합자동차 중 16인승 이상 승합자동차 나. 국제행사 참가인원 수송 등 특히 필요하다고 인정되는 승합자동차(지방경찰청장이 정한 기간 이내에 한한다) 다. 「관광진흥법」 제3조 제1항 제2호에 따른 관광숙박업자 또는 「여객자동차 운수사업법 시행령」 제3조 제2호 가목에 따른 전세버스운송사업자가 운행하는 25인승 이상의 외국인 관광객 수송용 승합자동차(외국인 관광객이 승차한 경우에 한한다)
다인승 전용차로	3인 이상 승차한 승용 · 승합자동차(다인승전용차로와 버스전용차로가 동시에 설치되는 경우에는 버스전용차로를 통행할 수 있는 차는 제외한다)	
자전거 전용차로	자전거 등	

※ 비 고
1. 경찰청장은 설날 · 추석 등의 특별교통관리기간 중 특히 필요하다고 인정하는 때에는 고속도로 버스전용차로를 통행할 수 있는 차를 따로 정하여 고시할 수 있다.
2. 시장 등은 고속도로 버스전용차로와 연결되는 고속도로 외의 도로에 버스전용차로를 설치하는 경우에는 교통의 안전과 원활한 소통을 위하여 그 버스전용차로를 통행할 수 있는 차의 종류, 설치구간 및 시행시기 등을 따로 정하여 고시할 수 있다.
3. 시장 등은 교통의 안전과 원활한 소통을 위하여 고속도로 외의 도로에 설치된 버스전용차로로 통행할 수 있는 자율주행자동차의 운행가능 구간, 기간 및 통행시간 등을 따로 정하여 고시할 수 있다.
4. 시장 등은 차도의 일부 차로를 구간과 기간 및 통행시간 등을 정하여 자전거전용차로로 운영할 수 있다.

③ 전용차로 통행차 외에 전용차로를 통행할 수 있는 경우(도로교통법 시행령 제10조)
법 제15조 제3항 단서(법 제61조 제2항에서 준용되는 경우를 포함한다)에서 "대통령령이 정하는 경우"라 함은 다음의 어느 하나에 해당하는 경우를 말한다.
㉠ 긴급자동차가 그 본래의 긴급한 용도로 운행되고 있는 경우
㉡ 전용차로 통행차의 통행에 장해를 주지 아니하는 범위에서 택시가 승객을 태우거나 내려주기 위하여 일시 통행하는 경우. 이 경우 택시운전자는 승객이 타거나 내린 즉시 전용차로를 벗어나야 한다.
㉢ 도로의 파손 · 공사 그 밖의 부득이한 장애로 인하여 전용차로가 아니면 통행할 수 없는 경우

④ 갓길(노견 · 길어깨) 통행금지(도로교통법 제60조 제1항 단서) : 고속도로에서는 긴급자동차와 고속도로 등의 보수 · 유지 등의 작업을 하고 있는 자동차 또는 차량정체 시 신호기 또는 경찰공무원 등의 신호나 지시에 따라 갓길에서 자동차를 운전하는 경우를 제외하고 갓길로 통행하여서는 안 된다.

(2) 자동차 등과 노면전차의 속도(도로교통법 시행규칙 제19조)

「도로교통법」 제17조 제1항에 따른 자동차 등(개인형 이동장치는 제외한다. 이하 이 조에서 같다)과 노면전차의 운행속도는 다음과 같다.

① 일반도로(고속도로 및 자동차전용도로 외의 모든 도로)
㉠ 주거지역 · 상업지역 및 공업지역의 일반도로에서는 50km/h 이내. 다만, 시 · 도경찰청장이 원활한 소통을 위하여 특히 필요하다고 인정하여 지정한 노선 또는 구간에서는 60km/h 이내
㉡ 그 외의 일반도로에서는 60km/h 이내. 다만, 편도 2차로 이상의 도로에서는 80km/h 이내

② 자동차전용도로 : 최고속도는 90km/h, 최저속도는 30km/h

③ 고속도로
㉠ 편도 1차로 고속도로에서의 최고속도는 80km/h, 최저속도는 50km/h
㉡ 편도 2차로 이상 고속도로에서의 최고속도는 100km/h[화물자동차(적재중량 1.5톤을 초과하는 경우에 한한다) · 특수자동차 · 위험물운반자동차(위험물 등을 운반하는 자동차를 말한다) 및 건설기계의 최고속도는 80km/h], 최저속도는 50 km/h
㉢ 편도 2차로 이상의 고속도로로서 경찰청장이 고속도로의 원활한 소통을 위하여 특히 필요하다고 인정하여 지정 · 고시한 노선 또는 구간의 최고속도는 120km/h(화물자동차 · 특수자동차 · 위험물운반자동차 및 건설기계의 최고속도는 90km/h) 이내, 최저속도는 50km/h

4. 고속도로 주행방법

(1) 고속도로에서 주행차로 진입 시의 주의사항

① 가속차로에서는 좌측 방향지시등을 켜고 고속도로 진입신호를 하면서 서서히 가속한다.
② 고속도로 출입구로부터 주행차로로 들어가고자 할 때 주행차로를 따라 주행해 오는 다른 차와의 거리를 확인하여 안전하게 진입할 수 있는 경우에는 충분하게 가속한다. 이때 저속으로 진입하게 되면 주행차로를 주행 중인 차가 추돌하거나 또는 급브레이크, 급핸들을 조작하게 되어 대형사고가 발생하게 될 위험성이 있다.
③ 일반도로에서 고속도로 진입로를 통하여 고속도로로 진입할 경우 시속 40km 이하의 속도로 가속로까지 접근한다.
④ 가속로에 들어서기 전 본선차로의 교통상황과 간선 여부를 확인한 다음 왼쪽방향지시등을 켜고 충분한 가속과 함께 안전하게 주행차로로 진입하여야 한다.

(2) 고속도로 주행상의 주의사항

① **속도계의 확인** : 장시간 또는 야간에 고속으로 주행하게 되면 속도감이 둔해져서 과속하는 경향이 생기므로 주행속도계의 이상 유무와 진행속도를 수시로 확인해야 한다.

② **안전거리 유지** : 고속주행 중에는 브레이크를 밟아도 바퀴의 회전이 정지한 상태로 운동에너지가 없어질 때까지 미끄러져 나가기 때문에 운전자가 생각한 대로 정지할 수 없다. 따라서 충분한 안전거리를 유지해야 한다.

③ **장시간 운전 금지** : 고속도로에서는 도로상태가 단순하면서 상대적으로 양호하여 고속으로 주행하기 때문에, 휴식 없이 2시간 이상 계속 운전을 하여서는 위험하다.

④ **급브레이크의 금지** : 고속으로 주행 중 급브레이크를 걸게 되면 차가 방향을 잃어 회전하거나 정지거리가 길어지므로 매우 위험하다.

⑤ **급핸들의 금지** : 고속도로상에서 일반도로에서와 같이 핸들을 조작하면 차가 도로 밖으로 튀어 나가거나 전도되어 위험하므로 급핸들을 꺾지 말아야 한다.

⑥ **터널 진입 시의 감속** : 고속으로 터널에 들어가면 시력이 급격하게 저하되므로 미리 터널 바로 앞에서 속도를 낮추고 전조등을 켜고 통행하도록 하여야 한다.

(3) 운전자 및 승차자의 고속도로 등에서의 준수사항

① 고속도로 등을 운행하는 자동차 가운데 행정안전부령이 정하는 자동차의 운전자는 모든 승차자에게 좌석안전띠를 매도록 하여야 한다. 다만, 질병 등으로 인하여 좌석안전띠를 매는 것이 곤란하거나 행정안전부령이 정하는 사유가 있는 경우에는 그러하지 아니하다.

② 고속도로 등을 운행하는 자동차의 운전자는 교통의 안전과 원활한 소통을 확보하기 위하여 고장자동차의 표지를 항상 휴대하여야 하며, 고장이나 그 밖의 부득이한 사유로 자동차를 운행할 수 없게 된 때에는 그 자동차를 도로의 우측 가장자리에 정지시키고 행정안전부령이 정하는 바에 따라 고장자동차의 표지를 설치하여야 한다.

5. 고속도로상에서의 고장 시 조치요령

(1) 갓길의 이용

고속도로에서 고장이나 연료가 소진되어 운전할 수 없는 경우에 주차하려 할 때에는 다른 차의 주행을 방해하지 않도록 충분한 공간이 있는 갓길 등에 주차하여야 한다.

(2) 고장차량 표지의 설치

① 자동차의 운전자는 고장이나 그 밖의 사유로 고속도로 또는 자동차전용도로(고속도로 등)에서 자동차를 운행할 수 없게 되었을 때에는 다음의 표지를 설치하여야 한다.

㉠ 규정에 따른 안전삼각대(국토교통부장관이 정하여 고시하는 기준을 충족하도록 제작된 안전삼각대를 포함)

㉡ 사방 500m 지점에서 식별할 수 있는 적색의 섬광신호・전기제등 또는 불꽃신호(단, 밤에 고장이나 그 밖의 사유로 고속도로 등에서 자동차를 운행할 수 없게 되었을 때로 한정)

② 자동차의 운전자는 ①에 따른 표지를 설치하는 경우 그 자동차의 후방에서 접근하는 자동차의 운전자가 확인할 수 있는 위치에 설치하여야 한다.

③ 강한 바람이 불 때에는 고장차량 표지 등이 넘어지지 않도록 필요한 조치를 강구하고, 특히 차체 후부 등에 연결하여 튼튼하게 하여야 한다. 또한, 수리 등이 끝나고 현장을 떠날 때에는 고장차량 표지 등 장비를 챙겨 가는 것을 잊어서는 안 된다.

(3) 차의 이동과 비상전화 이용

고속도로상에서 고장이나 연료가 떨어져서 운전할 수 없을 때에는 비상조치를 끝낸 후 가장 가까운 비상전화로 견인차를 부르거나 가능한 한 빨리 그곳으로부터 차를 이동시켜야 한다.

6. 고속도로에서의 금지사항

(1) 갓길 통행금지 등(도로교통법 제60조)

① 자동차의 운전자는 고속도로 등에서 자동차의 고장 등 부득이한 사정이 있는 경우를 제외하고는 행정안전부령이 정하는 차로에 따라 통행하여야 하며, 갓길로 통행하여서는 아니 된다. 다만, 다음 중 하나에 해당하는 경우에는 그러하지 아니하다.

㉠ 긴급자동차와 고속도로 등의 보수・유지 등의 작업을 하는 자동차를 운전하는 경우

㉡ 차량정체 시 신호기 또는 경찰공무원 등의 신호나 지시에 따라 갓길에서 자동차를 운전하는 경우

② 자동차의 운전자는 고속도로에서 다른 차를 앞지르려면 방향지시기・등화 또는 경음기를 사용하여 행정안전부령이 정하는 차로로 안전하게 통행하여야 한다.

(2) 횡단・유턴・후진금지(도로교통법 제62조)

자동차의 운전자는 그 차를 운전하여 고속도로 등을 횡단하거나 유턴 또는 후진하여서는 아니 된다. 다만, 긴급자동차 또는 도로의 보수・유지 등의 작업을 하는 자동차 가운데 고속도로 등에서의 위험을 방지・제거하거나 교통사고에 대한 응급조치작업에 사용되는 자동차로서 그 목적을 위하여 반드시 필요한 경우에는 그러하지 아니하다.

(3) 자동차 이외의 차마 및 보행자의 통행금지(도로교통법 제63조)

자동차(이륜자동차는 긴급자동차만 해당한다) 외의 차마의 운전자 또는 보행자는 고속도로 등을 통행하거나 횡단하여서는 아니 된다.

(4) 고속도로 등에서의 정차 및 주차의 금지(도로교통법 제64조)

자동차의 운전자는 고속도로 등에서 차를 정차 또는 주차시켜서는 아니 된다. 다만, 다음의 어느 하나에 해당하는 경우에는 그러하지 아니하다.

① 법령의 규정 또는 경찰공무원(자치경찰공무원을 제외한다)의 지시에 따르거나 위험을 방지하기 위하여 일시 정차 또는 주차시키는 경우

② 정차 또는 주차할 수 있도록 안전표지를 설치한 곳이나 정류장에서 정차 또는 주차시키는 경우

③ 고장이나 그 밖의 부득이한 사유로 길가장자리 구역(갓길을 포함한다)에 정차 또는 주차시키는 경우

④ 통행료를 내기 위하여 통행료를 받는 곳에서 정차하는 경우
⑤ 도로의 관리자가 고속도로 등을 보수·유지 또는 순회하기 위하여 정차 또는 주차시키는 경우
⑥ 경찰용 긴급자동차가 고속도로 등에서 범죄수사·교통단속이나 그 밖의 경찰임무를 수행하기 위하여 정차 또는 주차시키는 경우
⑦ 소방차가 고속도로 등에서 화재진압 및 인명 구조·구급 등 소방활동, 소방지원활동 및 생활안전활동을 수행하기 위하여 정차 또는 주차시키는 경우
⑧ 경찰용 긴급자동차 및 소방차를 제외한 긴급자동차가 사용 목적을 달성하기 위하여 정차 또는 주차시키는 경우
⑨ 교통이 밀리거나 그 밖의 부득이한 사유로 움직일 수 없는 때에 고속도로 등의 차로에 일시 정차 또는 주차시키는 경우

2 교통사고 발생 시 조치

1. 교통사고 발생 시 조치요령

(1) 운전자의 의무

① **연속적인 사고의 방지** : 다른 차의 소통에 방해가 되지 않도록 길 가장자리나 공터 등 안전한 장소에 차를 정차시키고 엔진을 끈다.
② **부상자의 구호** : 사고현장에 의사, 구급차 등이 도착할 때까지 부상자에게는 가제나 깨끗한 손수건으로 우선 지혈시키는 등 가능한 응급조치를 한다. 이 경우 함부로 부상자를 움직여서는 안 된다. 특히, 두부에 상처를 입었을 때에는 움직이지 말아야 한다. 그러나 후속사고의 우려가 있을 경우에는 부상자를 안전한 장소로 이동시킨다.
③ **경찰공무원 등에게 신고** : 사고를 낸 운전자는 사고발생 장소, 사상자 수, 부상 정도, 손괴한 물건과 정도, 그 밖의 조치상황을 경찰공무원이 현장에 있는 때에는 그 경찰공무원에게, 경찰공무원이 없을 때에는 가장 가까운 경찰관서에 신고하여 지시를 받는다. 사고발생 신고 후 사고차량의 운전자는 경찰공무원이 현장에 도착할 때까지 대기하면서 경찰공무원이 명하는 부상자 구호와 교통안전상 필요한 사항을 지켜야 한다.

(2) 피해자의 대처 요령

① 가벼운 상처라도 반드시 경찰공무원에게 알려야 한다. 피해자가 피해신고를 태만하게 하면 후일 사고로 인한 후유증의 발생 시 불리하게 될 뿐만 아니라 교통사고 증명서를 받을 수 없게 되는 경우가 있다.
② 가벼운 상처나 외상이 없어도 두부 등에 강한 충격을 받았을 때에는 의사의 진단을 받아 두어야 나중에 후유증이 생겼을 때 선의의 피해를 당하지 않는다.

(3) 사고현장에 있는 사람의 자발적 협조

① 부상자의 구호, 사고차량의 이동 등에 대하여 스스로 협력하는 것이 바람직하다.
② 사고를 내고 뺑소니하는 차는 그 차의 번호, 차종, 색깔, 특징 등을 메모 또는 기억하여 112번으로 경찰공무원에게 신고한다.
③ 특히 사고현장에는 휘발유가 흘러있거나 화물 중에 위험물 등이 있을 수 있으므로 담배를 피우거나 성냥불 등을 버리는 행위는 절대 삼가야 한다.

2. 응급처치 요령

(1) 응급처치의 의의

적절한 응급처치는 상처의 악화나 위험을 줄일 수 있고 심하게 병들거나 다친 사람의 생명을 보호해 주며, 또한 병원에서 치료받는 기간을 길게 하거나 짧게 하는 것을 결정하게 된다.

(2) 응급처치 시 주의사항

① 모든 부상 부위를 찾는다.
② 조그마한 부상까지도 찾는다.
③ 꼭 필요한 경우가 아니면 함부로 부상자를 움직이지 않는다.
④ 부상 정도에 대하여 부상자에게 이야기하지 않는다. 부상자가 물으면 "괜찮다, 별일 아니다."라고 안심시킨다.
⑤ 부상자의 신원을 미리 파악해 둔다.
⑥ 부상자가 의식이 없으면 옷을 헐렁하게 하고, 음료수 등을 먹일 때에는 코로 들어가지 않도록 주의한다.

(3) 응급처치의 순서

① 먼저 부상자를 구출하여 안전한 장소로 이동시킨다.
② 부상자를 조심스럽게 눕힌다.
③ 병원에 신속하게 연락한다.
④ 부상 부위에 대하여 응급처치한다.

(4) 부상자 관찰 및 조치 요령

상 태	관찰 요령	조치 요령
의식상태	• 말을 걸어 본다. • 팔을 꼬집어 본다. • 눈동자를 확인해 본다.	• 의식이 있을 때 : 안심시킨다. • 의식이 없을 때 : 기도를 확보한다.
호흡상태	• 가슴이 뛰는지 살핀다. • 뺨을 부상자의 입과 코에 대어 본다.	• 호흡이 없을 때 : 인공호흡 • 맥박이 없을 때 : 인공호흡과 심장마사지
출혈상태	어느 부위에서 어느 정도 출혈하는지를 살펴본다.	지혈 조치한다.
구토상태	입 속에 오물이 있는지를 확인한다.	기도를 확보한다.
기타상태	• 심한 통증이 있는지를 알아본다. • 신체가 변형된 곳이 있는지 살펴본다.	부상 부위를 확인해 둔 후 의사에게 알린다.

(5) 응급처치 요령

① 기도확보
㉠ 우선 머리를 충분히 뒤로 젖힌다.
㉡ 입 안에 피나 토한 음식물 등이 고여 있으면 손가락으로 긁어내고, 만약 미끈미끈하면 손가락에 손수건을 감아서 닦아낸다.
㉢ 의식이 없거나 구토가 있을 때에는 목에 오물이 막혀서 질식하지 않도록 옆으로 눕힌다.

② 인공호흡
㉠ 부상자의 호흡과 맥이 정지되어 있을 때에는 인공호흡이나 심장마사지를 해 주어야 한다.
㉡ 머리를 뒤로 기울이고 턱을 밀어 올려 기도가 열린 상태로 코를 잡고 매 5초마다 1번의 호흡을 1~1.5초 내에 실시하고 매 분마다 맥박을 다시 검사한다.
㉢ 이러한 마사지는 어느 정도의 기술이 필요하므로 평소 운전자들은 최소한 마사지 실습교육을 받아 둘 필요가 있다.

③ 지 혈

㉠ 출혈이 심할 때에는 출혈 부위보다 심장에 가까운 부위를 헝겊 또는 손수건 등으로 지혈될 때까지 꽉 잡아맨다.

㉡ 출혈이 적을 때에는 거즈나 깨끗한 손수건으로 상처를 꽉 누르며, 부상자가 의식이 완전할 때에는 본인이 누르도록 한다.

④ 골절 조치

㉠ 골절된 부상자는 잘못 다루면 오히려 위험하므로 원상태로 두고 구급차를 기다려야 하며, 골절 부분은 건드리지 않도록 지혈시킨다.

㉡ 팔이 골절되었을 때에는 천 등으로 띠를 만들어 팔을 매달도록 한다.

⑤ 쇼크 증상 시 조치

㉠ 조치사항 : 가슴이나 배가 강하게 부딪혀 내출혈이 되었을 때에는 얼굴이 창백해지며 핏기가 없어지고, 식은땀이 흐르며 호흡이 얕고 빨라지는 증상이 나타나므로 이때에는 다음과 같이 조치한다.

- 단추를 푸는 등 옷을 헐렁하게 하고 하반신을 높게 한다.
- 모포 등을 덮어 춥지 않도록 한다.
- 햇빛을 쪼이지 않도록 한다.

㉡ 눕히는 방법

- 우선 부상자의 한쪽 무릎을 세운다.
- 세운 무릎을 옆으로 하여 땅에 붙이도록 하고 옆으로 눕힌다.
- 머리나 흉부 부상이 없는 단순 쇼크 환자는 다리 부분을 높게 한다.

3 교통사고 발생의 책임

1. 교통사고처리 특례법

(1) 처벌의 특례(제3조)

① 사고야기 운전자의 처벌

차의 운전자가 교통사고로 인하여 「형법」 제268조의 죄를 범한 때에는 5년 이하의 금고 또는 2천만원 이하의 벌금에 처한다.

② 피해자의 의사에 관계없이 처벌할 수 있는 경우

차의 교통으로 ①의 죄 중 업무상과실치상죄 또는 중과실치상죄와 「도로교통법」 제151조의 죄를 범한 운전자에 대하여는 피해자의 명시적인 의사에 반하여 공소(公訴)를 제기할 수 없다. 다만, 차의 운전자가 ①의 죄 중 업무상과실치상죄 또는 중과실치상죄를 범하고도 피해자를 구호하는 등 「도로교통법」에 따른 조치를 하지 아니하고 도주하거나 피해자를 사고 장소로부터 옮겨 유기하고 도주한 경우, 같은 죄를 범하고 「도로교통법」을 위반하여 음주측정 요구에 따르지 아니한 경우(운전자가 채혈 측정을 요청하거나 동의한 경우는 제외)와 다음의 어느 하나에 해당하는 행위로 인하여 같은 죄를 범한 경우에는 그러하지 아니하다.

㉠ 신호기가 표시하는 신호 또는 교통정리를 하는 경찰공무원 등의 신호를 위반하거나 통행금지 또는 일시정지를 내용으로 하는 안전표지가 표시하는 지시를 위반하여 운전한 경우

㉡ 중앙선을 침범하거나 고속도로 등을 횡단, 유턴 또는 후진한 경우

㉢ 제한속도를 시속 20km 초과하여 운전한 경우

㉣ 앞지르기의 방법 · 금지시기 · 금지장소 또는 끼어들기의 금지를 위반하거나 고속도로에서의 앞지르기 방법을 위반하여 운전한 경우

㉤ 철길건널목 통과방법을 위반하여 운전한 경우

㉥ 횡단보도에서의 보행자 보호의무를 위반하여 운전한 경우

㉦ 운전면허 또는 건설기계조종사면허를 받지 아니하거나 국제운전면허증을 소지하지 아니하고 운전한 경우. 이 경우 운전면허 또는 건설기계조종사면허의 효력이 정지 중이거나 운전의 금지 중인 때에는 운전면허 또는 건설기계조종사면허를 받지 아니하거나 국제운전면허증을 소지하지 아니한 것으로 본다.

㉧ 술에 취한 상태에서 운전을 하거나 약물의 영향으로 정상적으로 운전하지 못할 우려가 있는 상태에서 운전한 경우

㉨ 보도(步道)가 설치된 도로의 보도를 침범하거나 보도 횡단방법을 위반하여 운전한 경우

㉩ 승객의 추락 방지의무를 위반하여 운전한 경우

㉪ 어린이 보호구역에서 규정에 따른 조치를 준수하고 어린이의 안전에 유의하면서 운전하여야 할 의무를 위반하여 어린이의 신체를 상해에 이르게 한 경우

㉫ 자동차의 화물이 떨어지지 아니하도록 필요한 조치를 하지 아니하고 운전한 경우

(2) 보험 등에 가입된 경우의 특례(제4조)

① (1) ②의 단서에 해당하는 경우

② 피해자가 신체의 상해로 인하여 생명에 대한 위험이 발생하거나 불구(不具) 또는 불치(不治)나 난치(難治)의 질병에 이르게 된 경우

③ 보험계약 또는 공제계약이 무효 또는 해지되거나 계약상의 면책 규정 등으로 인하여 보험회사, 공제조합 또는 공제사업자의 보험금 또는 공제금 지급의무가 없게 된 경우

2. 도로교통법상의 벌칙

(1) 5년 이하의 징역이나 1천500만원 이하의 벌금(제148조)

규정(제54조 제1항)에 따른 교통사고 발생 시의 조치를 하지 아니한 사람(주 · 정차된 차만 손괴한 것이 분명한 경우에 규정(제54조 제1항 제2호)에 따라 피해자에게 인적 사항을 제공하지 아니한 사람은 제외)

(2) 벌칙(제148조의2)

① 음주운전금지(제44조 제1항 또는 제2항)를 위반(자동차 등 또는 노면전차를 운전한 경우로 한정한다. 다만, 개인형 이동장치를 운전한 경우는 제외한다. 이하 이 조에서 같다)하여 벌금 이상의 형을 선고받고 그 형이 확정된 날부터 10년 내에 다시 같은 조 제1항 또는 제2항을 위반한 사람(형이 실효된 사람도 포함한다)은 다음의 구분에 따라 처벌된다.

㉠ 경찰공무원의 측정에 응하지 아니하는 사람은 1년 이상 6년 이하의 징역이나 500만원 이상 3천만원 이하의 벌금

㉡ 혈중 알코올 농도가 0.2% 이상인 사람은 2년 이상 6년 이하의 징역이나 1천만원 이상 3천만원 이하의 벌금

㉢ 혈중 알코올 농도가 0.03% 이상 0.2% 미만인 사람은 1년 이상 5년 이하의 징역이나 500만원 이상 2천만원 이하의 벌금

② 술에 취한 상태에 있다고 인정할 만한 상당한 이유가 있는 사람으로서 경찰공무원의 측정에 응하지 아니하는 사람(자동차 등 또는 노면전차를 운전한 경우로 한정한다)은 1년 이상 5년 이하의 징역이나 500만원 이상 2천만원 이하의 벌금

③ 술에 취한 상태에서 자동차 등 또는 노면전차를 운전한 사람은 다음의 구분에 따라 처벌

㉠ 혈중 알코올 농도가 0.2% 이상인 사람은 2년 이상 5년 이하의 징역이나 1천만원 이상 2천만원 이하의 벌금

㉡ 혈중 알코올 농도가 0.08% 이상 0.2% 미만인 사람은 1년 이상 2년 이하의 징역이나 500만원 이상 1천만원 이하의 벌금

㉢ 혈중 알코올 농도가 0.03% 이상 0.08% 미만인 사람은 1년 이하의 징역이나 500만원 이하의 벌금

④ 과로운전금지(제45조)를 위반하여 약물로 인하여 정상적으로 운전하지 못할 우려가 있는 상태에서 자동차 등 또는 노면전차를 운전한 사람은 3년 이하의 징역이나 1천만원 이하의 벌금

(3) 벌칙(제148조의3, 시행일 : 2024.10.25.)

① 제50조의3 제4항을 위반하여 음주운전 방지장치를 해체·조작하거나 그 밖의 방법으로 효용을 해친 자는 3년 이하의 징역 또는 3천만원 이하의 벌금에 처한다.

② 제50조의3 제4항을 위반하여 장치가 해체·조작되었거나 효용이 떨어진 것을 알면서 해당 장치가 설치된 자동차 등을 운전한 자는 1년 이하의 징역 또는 300만원 이하의 벌금에 처한다.

③ 제50조의3 제5항을 위반하여 조건부 운전면허를 받은 사람을 대신하여 음주운전 방지장치가 설치된 자동차 등을 운전할 수 있도록 해당 장치에 호흡을 불어넣거나 다른 부정한 방법으로 음주운전 방지장치가 설치된 자동차 등에 시동을 걸어 운전할 수 있도록 한 사람은 1년 이하의 징역 또는 300만원 이하의 벌금에 처한다.

(4) 벌칙(제149조)

① 도로에서의 금지행위 등(제68조 제1항)을 위반하여 함부로 신호기를 조작하거나 교통안전시설을 철거·이전하거나 손괴한 사람은 3년 이하의 징역이나 700만원 이하의 벌금

② ①에 따른 행위로 인하여 도로에서 교통위험을 일으키게 한 사람은 5년 이하의 징역이나 1천500만원 이하의 벌금

(5) 2년 이하의 징역이나 500만원 이하의 벌금(제150조, 시행일 : 2024.7.31.)

① 공동 위험행위를 하거나 주도한 사람

② 수강 결과를 거짓으로 보고한 교통안전교육강사

③ 교통안전교육을 받지 아니하거나 기준에 미치지 못하는 사람에게 교육확인증을 발급한 교통안전교육기관의 장

④ 다른 사람 명의의 모바일운전면허증을 부정하게 사용한 사람

⑤ 거짓이나 그 밖의 부정한 방법으로 학원의 등록을 하거나 전문학원의 지정을 받은 사람

⑥ 전문학원의 지정을 받지 아니하고 수료증 또는 졸업증을 발급한 사람

⑦ 대가를 받고 자동차 등의 운전교육을 한 사람

(6) 2년 이하의 금고나 500만원 이하의 벌금(제151조)

차 또는 노면전차의 운전자가 업무상 필요한 주의를 게을리하거나 중대한 과실로 다른 사람의 건조물이나 그 밖의 재물을 손괴한 경우

(7) 1년 이하의 징역이나 500만원 이하의 벌금(제151조의2)

자동차 등의 운전자가 규정을 위반하여 난폭운전을 한 사람, 최고속도보다 시속 100km를 초과한 속도로 3회 이상 자동차 등을 운전한 사람

(8) 1년 이하의 징역이나 300만원 이하의 벌금(제152조)

① 운전면허(원동기장치자전거면허는 제외. 이하 같다)를 받지 아니하거나(운전면허의 효력이 정지된 경우를 포함) 또는 국제운전면허증 또는 상호인정외국면허증을 받지 아니하고(운전이 금지된 경우와 유효기간이 지난 경우를 포함) 자동차를 운전한 사람

② 조건부 운전면허를 발급받고 음주운전 방지장치가 설치되지 아니하거나 설치기준에 적합하지 아니하게 설치된 자동차 등을 운전한 사람(② 시행일 : 2024.10.25.)

③ 운전면허를 받지 아니한 사람(운전면허의 효력이 정지된 사람을 포함)에게 자동차를 운전하도록 시킨 고용주 등

④ 거짓이나 그 밖의 부정한 수단으로 운전면허를 받거나 운전면허증 또는 운전면허증을 갈음하는 증명서를 발급받은 사람

⑤ 교통에 방해가 될 만한 물건을 함부로 도로에 내버려둔 사람

⑥ 교통안전교육강사가 아닌 사람으로 하여금 교통안전교육을 하게 한 교통안전교육기관의 장

⑦ 유사명칭 등의 사용금지(제117조)를 위반하여 유사명칭 등을 사용한 사람

(9) 벌칙(제153조)

① 다음의 어느 하나에 해당하는 사람은 6개월 이하의 징역이나 200만원 이하의 벌금 또는 구류

㉠ 정비불량차를 운전하도록 시키거나 운전한 사람

㉡ 정비불량차의 점검(제41조), 위험방지를 위한 조치(제47조) 또는 위험방지 등의 조치(제58조)에 따른 경찰공무원의 요구·조치 또는 명령에 따르지 아니하거나 이를 거부 또는 방해한 사람

㉢ 교통단속을 회피할 목적으로 교통단속용 장비의 기능을 방해하는 장치를 제작·수입·판매 또는 장착한 사람

㉣ 교통단속용 장비의 기능을 방해하는 장치를 한 차를 운전한 사람

㉤ 교통사고 발생 시의 조치 또는 신고 행위를 방해한 사람

㉥ 도로에서의 금지행위 등(제68조 제1항)을 위반하여 함부로 교통안전시설이나 그 밖에 그와 비슷한 인공구조물을 설치한 사람

㉦ 운전면허(제80조 제3항 또는 제4항)에 따른 조건을 위반하여 운전한 사람

② 고속도로, 자동차전용도로, 중앙분리대가 있는 도로에서 차마의 통행(제13조 제3항)을 고의로 위반하여 운전한 사람 또는 최고속도보다 시속 100km를 초과한 속도로 자동차 등을 운전한 사람은 100만원 이하의 벌금 또는 구류

(10) 30만원 이하의 벌금이나 구류(제154조)

① 유사 표지의 제한 및 운행금지(제42조)를 위반하여 자동차 등에 도색·표지 등을 하거나 그러한 자동차 등을 운전한 사람
② 무면허운전 등의 금지(제43조)를 위반하여 운전면허(제80조)에 따른 원동기장치자전거를 운전할 수 있는 운전면허를 받지 아니하거나(원동기장치자전거를 운전할 수 있는 운전면허의 효력이 정지된 경우를 포함한다) 국제운전면허증 또는 상호인정외국면허증 중 원동기장치자전거를 운전할 수 있는 것으로 기재된 국제운전면허증 또는 상호인정외국면허증을 발급받지 아니하고(운전이 금지된 경우와 유효기간이 지난 경우를 포함한다) 원동기장치자전거를 운전한 사람(다만, 개인형 이동장치를 운전하는 경우는 제외한다)
③ 과로·질병으로 인하여 정상적으로 운전하지 못할 우려가 있는 상태에서 자동차 등 또는 노면전차를 운전한 사람(다만, 개인형 이동장치를 운전하는 경우는 제외한다)
④ 보호자를 태우지 아니하고 어린이통학버스를 운행한 운영자
⑤ 어린이나 영유아가 하차하였는지를 확인하지 아니한 운전자
⑥ 어린이 하차확인장치를 작동하지 아니한 운전자. 다만, 점검 또는 수리를 위하여 일시적으로 장치를 제거하여 작동하지 못하는 경우는 제외한다.
⑦ 보호자를 태우지 아니하고 운행하는 어린이통학버스에 보호자 동승표지를 부착한 자
⑧ 사고발생 시 조치상황 등의 신고를 하지 아니한 사람
⑨ 고용주 등의 의무(제56조 제2항)를 위반하여 원동기장치자전거를 운전할 수 있는 운전면허를 받지 아니하거나(원동기장치자전거를 운전할 수 있는 운전면허의 효력이 정지된 경우를 포함한다) 국제운전면허증 또는 상호인정외국면허증 중 원동기장치자전거를 운전할 수 있는 것으로 기재된 국제운전면허증 또는 상호인정외국면허증을 발급받지 아니한 사람(운전이 금지된 경우와 유효기간이 지난 경우를 포함한다)에게 원동기장치자전거를 운전하도록 시킨 고용주 등
⑩ 통행 등의 금지(제63조)를 위반하여 고속도로 등을 통행하거나 횡단한 사람
⑪ 도로공사의 신고 및 안전조치 등(제69조 제1항)에 따른 도로공사의 신고를 하지 아니하거나 같은 조 제2항에 따른 조치를 위반한 사람 또는 같은 조 제3항을 위반하여 교통안전시설을 설치하지 아니하거나 같은 조 제4항을 위반하여 안전요원 또는 안전유도 장비를 배치하지 아니한 사람 또는 같은 조 제6항을 위반하여 교통안전시설을 원상회복하지 아니한 사람
⑫ 도로의 위법 인공구조물에 대한 조치(제71조 제1항)에 따른 경찰서장의 명령을 위반한 사람
⑬ 최고속도보다 시속 80km를 초과한 속도로 자동차 등을 운전한 사람

(11) 20만원 이하의 벌금 또는 구류(제155조)

경찰공무원의 운전면허증 등의 제시 요구나 운전자 확인을 위한 진술 요구에 따르지 아니한 사람

(12) 20만원 이하의 벌금이나 구류 또는 과료(제156조, 시행일 : 2024. 9.20.)

① 신호 또는 지시에 따를 의무(제5조), 차마의 통행(제13조 제1항부터 제3항(제3항의 경우 고속도로, 자동차전용도로, 중앙분리대가 있는 도로에서 고의로 위반하여 운전한 사람은 제외)까지 및 제5항), 차로의 설치 등(제14조 제2항·제3항·제5항), 전용차로의 설치(제15조 제3항. 이 경우 제61조 제2항에서 준용하는 경우를 포함), 자전거횡단도의 설치 등(제15조의2 제3항), 노면전차 전용로의 설치 등(제16조 제2항), 자동차 등과 노면전차의 속도(제17조 제3항(제151조의2 제2호, 제153조 제2항 제2호 및 제154조 제9호에 해당하는 사람은 제외)), 횡단 등의 금지(제18조), 안전거리 확보 등(제19조 제1항·제3항 및 제4항), 앞지르기 방법 등(제21조 제1항·제3항 및 제4항), 철길건널목의 통과(제24조), 교차로 통행방법(제25조), 회전교차로 통행방법(제25조의2), 교통정리가 없는 교차로에서의 양보운전(제26조)부터 보행자전용도로의 설치(제28조)까지, 정차 및 주차의 금지(제32조), 주차금지의 장소(제33조), 경사진 곳에서의 정차 또는 주차의 방법(제34조의3), 차와 노면전차의 등화(제37조. 단, 제1항 제2호는 제외), 차의 신호(제38조 제1항), 승차 또는 적재의 방법과 제한(제39조 제1항·제3항·제4항·제5항), 안전운전 및 친환경 경제운전의 의무(제48조 제1항), 모든 운전자의 준수사항 등(제49조. 단, 같은 조 제1항 제1호·제3호를 위반하여 차 또는 노면전차를 운전한 사람과 같은 항 제4호의 위반행위 중 교통단속용 장비의 기능을 방해하는 장치를 한 차를 운전한 사람은 제외), 특정 운전자의 준수사항(제50조 제5항부터 제10항(같은 조 제9항을 위반하여 자전거를 운전한 사람은 제외한다)까지), 어린이통학버스의 특별보호(제51조), 어린이통학버스 운전자 및 운영자 등의 의무(제53조 제1항 및 제2항. 단, 좌석안전띠를 매도록 하지 아니한 운전자는 제외), 횡단 등의 금지(제62조) 또는 교통안전교육(제73조 제2항. 단, 같은 항 제1호는 제외)을 위반한 차마 또는 노면전차의 운전자
② 통행의 금지 및 제한(제6조 제1항·제2항·제4항), 교통 혼잡을 완화시키기 위한 조치(제7조)에 따른 금지·제한 또는 조치를 위반한 차 또는 노면전차의 운전자
③ 앞지르기 금지의 시기 및 장소(제22조), 끼어들기의 금지(제23조), 긴급자동차의 우선 통행(제29조 제4항부터 제6항까지), 보호자가 동승하지 아니한 어린이통학버스 운전자의 의무(제53조의5), 갓길 통행금지 등(제60조), 고속도로 등에서의 정차 및 주차의 금지(제64조), 고속도로 진입 시의 우선순위(제65조) 또는 고장 등의 조치(제66조)를 위반한 사람
④ 서행 또는 일시정지할 장소(제31조), 정차 또는 주차의 방법 및 시간의 제한(제34조) 또는 어린이통학버스의 신고 등(제52조 제4항)을 위반하거나 주차위반에 대한 조치(제35조 제1항)에 따른 명령을 위반한 사람
⑤ 승차 또는 적재의 방법과 제한(제39조 제6항)에 따른 시·도경찰청장의 제한을 위반한 사람
⑥ 좌석안전띠를 매지 아니하거나 인명보호 장구를 착용하지 아니한 운전자(자전거 운전자는 제외한다)

⑦ 자율주행시스템의 직접 운전 요구에 지체 없이 대응하지 아니한 자율주행자동차의 운전자
⑧ 경찰공무원의 운전면허증 회수를 거부하거나 방해한 사람
⑨ 주·정차된 차만 손괴한 것이 분명한 경우에 규정에 따라 피해자에게 인적 사항을 제공하지 아니한 사람
⑩ 술에 취한 상태에서 자전거 등을 운전한 사람
⑪ 술에 취한 상태에 있다고 인정할 만한 상당한 이유가 있는 사람으로서 규정에 따른 경찰공무원의 측정에 응하지 아니한 사람(자전거 등을 운전한 사람으로 한정)
⑫ 무면허운전 등의 금지(제43조)를 위반하여 운전면허(제80조)에 따른 원동기장치자전거를 운전할 수 있는 운전면허를 받지 아니하거나(원동기장치자전거를 운전할 수 있는 운전면허의 효력이 정지된 경우를 포함한다) 국제운전면허증 또는 상호인정외국면허증 중 원동기장치자전거를 운전할 수 있는 것으로 기재된 국제운전면허증 또는 상호인정외국면허증을 발급받지 아니하고(운전이 금지된 경우와 유효기간이 지난 경우를 포함한다) 개인형 이동장치를 운전한 사람
⑬ 다음의 어느 하나에 해당하는 사람(제157조)
　㉠ 제5조, 제8조 제1항, 제10조 제2항부터 제5항까지의 규정을 위반한 보행자
　㉡ 제6조 제1항·제2항·제4항 또는 제7조에 따른 금지·제한 또는 조치를 위반한 보행자
　㉢ 제8조의2 제2항을 위반한 실외이동로봇 운용자
　㉣ 제9조 제1항을 위반하거나 같은 조 제3항에 따른 경찰공무원의 조치를 위반한 행렬 등의 보행자나 지휘자
　㉤ 제68조 제3항을 위반하여 도로에서의 금지행위를 한 사람

(13) 형의 병과(제158조)

「도로교통법」의 벌칙에 관한 죄를 범한 사람에 대하여는 정상에 따라 벌금 또는 구류와 과료형을 병과할 수 있다.

(14) 과태료 규정(제160조)

① 500만원 이하(제1항)
　㉠ 교통안전교육기관 운영의 정지 또는 폐지 신고를 하지 아니한 사람
　㉡ 강사의 인적 사항과 교육과목을 게시하지 아니한 사람
　㉢ 수강료 등을 게시하지 아니하거나 게시된 수강료 등을 초과한 금액을 받은 사람
　㉣ 수강료 등의 반환 등 교육생 보호를 위한 조치를 하지 아니한 사람
　㉤ 학원이나 전문학원의 휴원 또는 폐원신고를 하지 아니한 사람
　㉥ 간판이나 그 밖의 표지물 제거, 시설물의 설치 또는 게시문의 부착을 거부·방해 또는 기피하거나 게시문이나 설치한 시설물을 임의로 제거하거나 못쓰게 만든 사람
　㉦ 어린이통학버스를 신고하지 아니하고 운행한 운영자
　㉧ 요건을 갖추지 아니하고 어린이통학버스를 운영한 운영자

② 20만원 이하(제2항)
　㉠ 제49조 제1항(같은 항 제1호와 제3호만 해당한다)을 위반한 차 또는 노면전차의 운전자

PLUS POINT

49조 제1항 제1호 : 물이 고인 곳을 운행하는 때에는 고인 물을 튀게 하여 다른 사람에게 피해를 주는 일이 없도록 할 것
49조 제1항 제3호 : 자동차의 앞면 창유리 및 운전석 좌우 옆면 창유리의 가시광선의 투과율이 대통령령이 정하는 기준 미만인 차를 운전하지 아니할 것. 다만, 요인경호용·구급용 및 장의용 자동차는 제외한다.

　㉡ 동승자에게 좌석안전띠를 매도록 하지 아니한 운전자
　㉢ 동승자에게 인명보호 장구를 착용하도록 하지 아니한 운전자(자전거 운전자는 제외한다)
　㉣ 어린이통학버스 안에 신고증명서를 갖추어 두지 아니한 어린이통학버스의 운영자
　㉤ 어린이통학버스에 탑승한 어린이나 영유아의 좌석안전띠를 매도록 하지 아니한 운전자
　㉥ 어린이통학버스 안전교육을 받지 아니한 사람
　㉦ 어린이통학버스 안전교육을 받지 아니한 사람에게 어린이통학버스를 운전하게 하거나 어린이통학버스에 동승하게 한 어린이통학버스의 운영자(안전운행기록 미제출 포함)
　㉧ 고속도로 등에서의 준수사항을 위반한 운전자
　㉨ 긴급자동차의 안전운전 등에 관한 교육을 받지 아니한 사람
　㉩ 운전면허증 갱신기간에 운전면허를 갱신하지 아니한 사람
　㉪ 정기적성검사 또는 수시적성검사를 받지 아니한 사람
　㉫ 어린이가 개인형 이동장치를 운전하게 한 어린이의 보호자
　㉬ 자율주행자동차의 안전운행 등에 관한 교육(제56조의3 제1항)을 위반하여 자율주행자동차 안전교육을 받지 아니한 사람(㉬ 시행일 : 2024.9.20.)

③ 과태료 규정의 예외사항
차 또는 노면전차를 도난당하거나 그 밖의 부득이한 사유가 있는 경우, 운전자가 해당 위반행위로 벌칙(제156조)에 따라 처벌된 경우(범칙금의 통고처분(제163조)을 받은 경우를 포함), 규정에 의한 의견제출 또는 이의제기의 결과 위반행위를 한 운전자가 밝혀진 경우, 자동차가 「여객자동차 운수사업법」에 따른 자동차대여사업자 또는 「여신전문금융업법」에 따른 시설대여업자가 대여한 자동차로서 그 자동차만 임대한 것이 명백한 경우

④ 과태료의 부과기준(도로교통법 시행령 [별표 6])

위반행위 및 행위자	과태료 금액
신호 또는 지시를 따르지 않은 차 또는 노면전차의 고용주 등	• 승합자동차 등 : 8만원 • 승용자동차 등 : 7만원 • 이륜자동차 등 : 5만원
통행을 금지하거나 제한한 도로를 통행한 차 또는 노면전차의 고용주 등	• 승합자동차 등 : 6만원 • 승용자동차 등 : 5만원 • 이륜자동차 등 : 4만원
어린이가 개인형 이동장치를 운전하게 한 어린이의 보호자	10만원
보도를 침범한 차의 고용주 등	• 승합자동차 등 : 8만원 • 승용자동차 등 : 7만원 • 이륜자동차 등 : 5만원

위반행위 및 행위자	과태료 금액
다음의 어느 하나에 해당하는 차의 고용주 등 • 중앙선을 침범한 차 • 회전교차로에서 반시계방향으로 통행하지 않은 차 • 고속도로에서 갓길로 통행한 차 • 고속도로에서 전용차로로 통행한 차	• 승합자동차 등 : 10만원 • 승용자동차 등 : 9만원 • 이륜자동차 등 : 7만원
안전지대 등 안전표지에 의하여 진입이 금지된 장소에 들어간 차의 고용주 등	• 승합자동차 등 : 8만원 • 승용자동차 등 : 7만원 • 이륜자동차 등 : 5만원
다음의 어느 하나에 해당하는 차의 고용주 등 • 차로를 따라 통행하지 않은 차 • 시·도경찰청장이 지정한 통행방법에 따라 통행하지 않은 차 • 안전표지가 설치되어 특별히 진로 변경이 금지된 곳에서 진로를 변경한 차 • 진로를 변경하려는 방향으로 오고 있는 다른 차의 정상적 통행에 장애를 줄 우려가 있음에도 진로를 변경한 차 • 방향 전환·진로 변경 및 회전교차로 진입·진출하는 경우에 신호하지 않은 차	• 승합자동차 등 : 4만원 • 승용자동차 등 : 4만원 • 이륜자동차 등 : 3만원
일반도로에서 전용차로로 통행한 차의 고용주 등	• 승합자동차 등 : 6만원 • 승용자동차 등 : 5만원 • 이륜자동차 등 : 4만원
제한속도를 준수하지 않은 차 또는 노면전차의 고용주 등	
• 60km/h 초과	• 승합자동차 등 : 14만원 • 승용자동차 등 : 13만원 • 이륜자동차 등 : 9만원
• 40km/h 초과 60km/h 이하	• 승합자동차 등 : 11만원 • 승용자동차 등 : 10만원 • 이륜자동차 등 : 7만원
• 20km/h 초과 40km/h 이하	• 승합자동차 등 : 8만원 • 승용자동차 등 : 7만원 • 이륜자동차 등 : 5만원
• 20km/h 이하	• 승합자동차 등 : 4만원 • 승용자동차 등 : 4만원 • 이륜자동차 등 : 3만원
다음의 어느 하나에 해당하는 차의 고용주 등	
• 규정을 위반하여 횡단·유턴·후진을 한 차 • 규정을 위반하여 앞지르기를 한 차 • 규정을 위반하여 앞지르기가 금지된 시기 및 장소인 경우에 앞지르기를 한 차	• 승합자동차 등 : 8만원 • 승용자동차 등 : 7만원 • 이륜자동차 등 : 5만원
• 규정을 위반하여 고속도로 등에서 횡단·유턴·후진을 한 차	• 승합자동차 등 : 6만원 • 승용자동차 등 : 5만원 • 이륜자동차 등 : 4만원
규정을 위반하여 끼어들기를 한 차의 고용주 등	• 승합자동차 등 : 4만원 • 승용자동차 등 : 4만원 • 이륜자동차 등 : 3만원
다음의 어느 하나에 해당하는 차 또는 노면전차의 고용주 등 • 규정을 위반하여 우회전을 한 차 • 규정을 위반하여 좌회전을 한 차 • 다른 차 또는 노면전차의 통행에 방해가 될 우려가 있음에도 교차로(정지선이 설치되어 있는 경우에는 그 정지선을 넘은 부분을 말한다)에 들어간 차 또는 노면전차 • 규정을 위반하여 회전교차로에 진입한 차	• 승합자동차 등 : 6만원 • 승용자동차 등 : 5만원 • 이륜자동차 등 : 4만원
다음의 어느 하나에 해당하는 차 또는 노면전차의 고용주 등 • 규정을 위반하여 보행자의 횡단을 방해하거나 위험을 줄 우려가 있음에도 일시정지하지 않은 차 또는 노면전차 • 규정을 위반하여 어린이 보호구역 내의 횡단보도 앞에서 일시정지하지 않은 차 또는 노면전차	• 승합자동차 등 : 8만원 • 승용자동차 등 : 7만원 • 이륜자동차 등 : 5만원

위반행위 및 행위자	과태료 금액
도로의 오른쪽 가장자리에 일시정지하지 않거나 진로를 양보하지 않은 차 또는 노면전차의 고용주 등	• 승합자동차 등 : 8만원 • 승용자동차 등 : 7만원 • 이륜자동차 등 : 5만원
규정을 위반하여 정차 또는 주차를 한 차의 고용주 등	• 승합자동차 등 : 5만원 (6만원) • 승용자동차 등 : 4만원 (5만원)
정차 또는 주차를 한 차의 고용주 등	
• 안전표지가 설치된 곳에 정차 또는 주차를 한 경우	• 승합자동차 등 : 9만원 (10만원) • 승용자동차 등 : 8만원 (9만원)
• 그 외의 곳에 정차 또는 주차를 한 경우	• 승합자동차 등 : 5만원 (6만원) • 승용자동차 등 : 4만원 (5만원)
규정을 위반하여 등화점등·조작을 불이행(안개가 끼거나 비 또는 눈이 올 때는 제외한다)한 차 또는 노면전차의 고용주 등	• 승합자동차 등 : 3만원 • 승용자동차 등 : 3만원 • 이륜자동차 등 : 2만원
다음의 어느 하나에 해당하는 차 또는 노면전차의 고용주 등	
• 규정을 위반하여 승차 인원에 관한 운행상의 안전기준을 넘어선 상태로 운전한 차	• 승합자동차 등 : 8만원 • 승용자동차 등 : 7만원 • 이륜자동차 등 : 5만원
• 규정을 위반하여 적재중량 및 적재용량에 관한 운행상의 안전기준을 넘어선 상태로 운전한 차 • 규정을 위반하여 운전 중 실은 화물이 떨어지지 않도록 덮개를 씌우거나 묶는 등 확실하게 고정될 수 있도록 필요한 조치를 하지 않은 차 • 규정을 위반하여 안전운전의무를 지키지 않은 차 또는 노면전차	• 승합자동차 등 : 6만원 • 승용자동차 등 : 5만원 • 이륜자동차 등 : 4만원
고인 물 등을 튀게 하여 다른 사람에게 피해를 준 차 또는 노면전차의 운전자	• 승합자동차 등 : 2만원 • 승용자동차 등 : 2만원 • 이륜자동차 등 : 1만원
창유리의 가시광선 투과율 기준을 위반한 차의 운전자	2만원
다음의 어느 하나에 해당하는 차 또는 노면전차의 고용주 등 • 규정을 위반하여 운전 중 휴대용 전화를 사용한 차 또는 노면전차 • 규정을 위반하여 운전 중 운전자가 볼 수 있는 위치에 영상을 표시한 차 또는 노면전차 • 규정을 위반하여 운전 중 영상표지장치를 조작한 차 또는 노면전차	• 승합자동차 등 : 8만원 • 승용자동차 등 : 7만원 • 이륜자동차 등 : 5만원
동승자에게 좌석안전띠를 매도록 하지 않은 운전자	
• 동승자가 13세 미만인 경우	6만원
• 동승자가 13세 이상인 경우	3만원
동승자에게 인명보호 장구를 착용하도록 하지 않은 운전자(자전거 운전자는 제외한다)	2만원
규정을 위반하여 운전자 또는 동승자가 인명보호 장구를 착용하지 않은 이륜자동차·원동기장치자전거(개인형 이동장치는 제외한다)의 고용주 등	3만원
어린이통학버스를 신고하지 않고 운행한 운영자	30만원
어린이통학버스 안에 신고증명서를 갖추어 두지 않은 어린이통학버스의 운영자	3만원
어린이통학버스에 탑승한 어린이나 유아의 좌석안전띠를 매도록 하지 않은 운전자	6만원
안전운행기록을 제출하지 아니한 어린이통학버스 운영자	8만원
어린이통학버스 안전교육을 받지 않은 사람	8만원

위반행위 및 행위자	과태료 금액
어린이통학버스의 안전교육을 받지 않은 사람에게 어린이통학버스를 운전하게 하거나 어린이통학버스에 동승하게 한 어린이통학버스의 운영자	8만원
고속도로 등에서 자동차의 고장 등 부득이한 사정이 없음에도 행정안전부령으로 정하는 차로에 따라 통행하지 않은 차의 고용주 등	• 승합자동차 등 : 6만원 • 승용자동차 등 : 5만원
규정을 위반하여 고속도로에서 앞지르기 통행방법을 준수하지 않은 차의 고용주 등	• 승합자동차 등 : 8만원 • 승용자동차 등 : 7만원
고속도로 등에서의 준수사항을 위반한 운전자	• 승합자동차 등 : 2만원 • 승용자동차 등 : 2만원 • 이륜자동차 등 : 1만원
규정을 위반하여 도로를 통행하고 있는 차에서 밖으로 물건을 던지는 행위를 한 차의 고용주 등	6만원
긴급자동차의 안전운전 등에 관한 교육을 받지 않은 사람	8만원
교통안전교육기관 운영의 정지 또는 폐지 신고를 하지 않은 사람	100만원
운전면허증 갱신기간에 운전면허를 갱신하지 않은 사람	2만원
정기적성검사 또는 수시적성검사를 받지 않은 사람	3만원
강사의 인적사항과 교육 과목을 게시하지 않은 사람	100만원
수강료 등을 게시하지 않거나 게시된 수강료 등을 초과한 금액을 받은 사람	100만원
수강료 등의 반환 등 교육생 보호를 위하여 필요한 조치를 하지 않은 사람	100만원
학원이나 전문학원의 휴원 또는 폐원 신고를 하지 않은 사람	100만원
간판이나 그 밖의 표지물의 제거, 시설물의 설치 또는 게시문의 부착을 거부 · 방해 또는 기피하거나 게시문이나 설치한 시설물을 임의로 제거하거나 못 쓰게 만든 사람	100만원

※ 비 고

1. "승합자동차 등"이란 승합자동차, 4톤 초과 화물자동차, 특수자동차, 건설기계 및 노면전차를 말한다.
2. "승용자동차 등"이란 승용자동차 및 4톤 이하 화물자동차를 말한다.
3. "이륜자동차 등"이란 이륜자동차 및 원동기장치자전거(개인형 이동장치는 제외한다)를 말한다.
4. 과태료 금액에서 괄호 안의 것은 같은 장소에서 2시간 이상 정차 또는 주차 위반을 하는 경우에 적용한다.

04 자동차의 점검 · 관리 및 안전운전 요령

1 자동차의 점검 · 관리

1. 점검정비제도

(1) 자동차검사의 유효기간(자동차관리법 시행규칙 [별표 15의2])

구 분				검사 유효기간
차 종	사업용 구분	규 모	차 령	
승용 자동차	비사업용	경형 · 소형 · 중형 · 대형	모든 차령	2년(신조차로서 신규검사를 받은 것으로 보는 자동차의 최초 검사 유효기간은 4년)
	사업용	경형 · 소형 · 중형 · 대형	모든 차령	1년(신조차로서 신규검사를 받은 것으로 보는 자동차의 최초 검사 유효기간은 2년)
승합 자동차	비사업용	경형 · 소형	차령이 4년 이하인 경우	2년
			차령이 4년 초과인 경우	1년
		중형 · 대형	차령이 8년 이하인 경우	1년(신조차로서 신규검사를 받은 것으로 보는 자동차 중 길이 5.5[m] 미만인 자동차의 최초 검사 유효기간은 2년)
			차령이 8년 초과인 경우	6개월
	사업용	경형 · 소형	차령이 4년 이하인 경우	2년
			차령이 4년 초과인 경우	1년
		중형 · 대형	차령이 8년 이하인 경우	1년
			차령이 8년 초과인 경우	6개월
화물 자동차	비사업용	경형 · 소형	차령이 4년 이하인 경우	2년
			차령이 4년 초과인 경우	1년
		중형 · 대형	차령이 5년 이하인 경우	1년
			차령이 5년 초과인 경우	6개월
	사업용	경형 · 소형	모든 차령	1년(신조차로서 신규검사를 받은 것으로 보는 자동차의 최초 검사 유효기간은 2년)
		중형	차령이 5년 이하인 경우	1년
			차령이 5년 초과인 경우	6개월
		대형	차령이 2년 이하인 경우	1년
			차령이 2년 초과인 경우	6개월
특수 자동차	비사업용 및 사업용	경형 · 소형 · 중형 · 대형	차령이 5년 이하인 경우	1년
			차령이 5년 초과인 경우	6개월

(2) 자동차 검사의 종류

① 신규검사
② 튜닝검사
③ 임시검사
④ 정기검사 등

2. 자동차의 일상점검

(1) 일상점검의 필요성

① 일상점검의 의의 : 일상점검이란 매일 그날 최초의 운행을 하기 전 각종 장치의 기능이 정상상태인지를 운전자가 직접 점검하는 것을 말하며, 운전자는 안전을 위해 반드시 일상점검을 실시해야 한다.

② 일상점검의 필요성
㉠ 자동차 고장으로 인한 교통사고의 위험성을 예방할 수 있다.
㉡ 정비비의 과다지출을 막을 수 있다.
㉢ 불의의 고장에 따른 교통 소통상의 혼잡을 막을 수 있다.
㉣ 시간절약으로 업무의 효율성을 높인다.

(2) 일상점검의 내용

일상점검을 실시하는 내용은 다음과 같으며, 점검결과 이상이 있을 때에는 즉시 운전자 자신이 손질을 하거나 정비공장 등에서 수리를 해야 한다.

점검 순서	점검 내용
운전석	• 연료계의 작동 · 연료량 • 클러치 페달의 유격 • 브레이크 페달의 유격, 간격, 작동상태 • 핸들의 유동상태 • 주차 제동레버의 당김 상태 • 경음기 · 유리닦개의 작동 • 속도계 등 각종 계기의 작동 • 등화장치 및 방향지시기의 작동 • 후사경 · 반사경의 비침 상태
엔진룸	• 브레이크 오일의 양 • 냉각수의 양 • 윤활유의 양 • 라디에이터의 누수 • 엔진 오일의 양 • 팬벨트의 장력
자동차의 주위	• 전조등 • 방향 지시기 • 제동등 • 후진등 • 타이어의 공기압, 마모, 균열, 손상 • 휠너트의 조임새 • 스프링 및 연결부의 균열, 손상 • 등록번호표의 오손 • 연료, 오일의 유출 • 전일 운행 시 이상 부분 • 추진축의 진동 및 차축 하우징의 기름 유출

(3) 일상점검의 요령

점검 개소		점검 내용
원동기	기 관	• 시동이 쉽게 되며 연료, 윤활유 및 냉각수가 충분하고 새는 곳이 없어야 한다. • 팬벨트의 장력이 적당하고 손상된 곳이 없어야 한다. • 배기색이 깨끗하고 유독가스, 매연의 발산이 없어야 한다.
동력전달장치	변속기	• 클러치 페달의 유격이 적당하고 페달을 밟았을 때 상판과의 간격이 충분하여 동력의 전달이 양호하여야 한다. • 변속기의 조작이 쉽고 기름이 새는 곳이 없어야 한다.
	추진축 및 후차축	추진축에 심한 진동이나 차축 하우징에서 기름이 새지 않아야 한다.
조향장치	스티어링 휠	• 심한 진동이나 흔들림이 없어야 한다. • 이상하게 잡히거나 무겁지 않아야 한다.
제동장치	제동페달 및 제동레버	• 페달유격이 적당하고 페달을 밟았을 때 페달과 상판과의 간격이 적당하며 제동작용이 양호하여야 한다. • 주차 제동레버의 당겨짐이 적당하여야 한다.
	유압제동장치	기름의 양이 충분하고 새는 곳이 없어야 한다.
	공기제동장치	공기압력의 상승상태가 적당하고 새는 곳이 없어야 한다.
완충장치	스프링	스프링이나 연결 또는 접착부의 균열손상이 없어야 한다.
주행장치	차륜(휠)	• 타이어의 공기압이 적당하여야 한다. • 이상 마모되거나 균열 또는 이상이 없어야 한다. • 휠너트의 조임이 충분하고 이상이 없어야 한다.
기 타	등화장치 및 방향지시기	점멸작용이 확실하고 파손됨이 없어야 한다.
	후사경 및 반사경	비침상태가 양호하여야 한다. • 작용이 완전하여야 한다. • 앞유리 세척액의 양이 충분하여야 한다.
	속도계 등 각종계기	작용이 완전하여야 한다.
	등록번호표	손상되거나 더럽지 아니하여야 한다.
	전일 운행 시 이상했던 부분	해당 부분이 정상이어야 한다.

(4) 장비 등의 점검

① 고속도로나 건널목 등에서 차의 고장에 대비하여 소화기, 공구, 고장차량 표지와 적색의 경광등, 전기제등 또는 발연통, 플래시 등의 비치 여부와 상태를 점검하여야 한다.
② 특히 이상기후 시에 대비하여 삽, 체인, 마대 등의 장비를 비치해야 한다.

3. 주행 중 고장발견 시 조치요령

주행 중인 차의 고장은 경미할 때에 발견하여 적절한 조치를 하지 않으면 중대사고의 요인이 되는 경우가 많다. 그러므로 주행 중에도 눈, 귀, 코 등을 충분히 활용하여 이상한 소리, 이상한 냄새, 진동 등에 주의하면서 고장의 조기발견에 노력하여야 한다.

(1) 이상한 소리

소리의 종류	원 인
이상한 배기음	엔진의 이상, 머플러의 파손 등
브레이크를 걸었을 때의 소리	브레이크 라이닝의 손상
차체에서 나는 소리	문짝이 잘 닫히지 않았음
타이어 부분에서 나는 소리	타이어 홈에 돌이 박혔음

(2) 이상한 냄새

냄새의 종류	원 인
휘발유(디젤, LPG) 냄새	연료 파이프의 파손, 카뷰레터의 고장 등
고무가 타는 냄새	전기관계의 쇼트(단락, 발열)
엔진 오일이 타는 냄새	엔진의 오버히트
에보나이트가 타는 냄새	브레이크 라이닝 또는 클러치판이 타서 부서짐

(3) 진 동

진동의 종류	원 인
핸들의 흔들림	타이어의 펑크, 차바퀴의 불균형
차체의 진동	엔진의 이상

2 안전운전 요령

1. 안전운전의 기초

(1) 계기판 숙지

	**속도계** 속도계는 자동차가 달리는 시간당 주행속도를 나타낸다. 눈금은 보통 0에서 200km/h까지이며, 대개 눈금이 나타내는 속도까지 주행 가능하다.
0000000	**적산 거리계** 자동차가 생산된 직후부터 노면을 주행한 총거리를 km 단위로 나타낸다. 누적 계산되는 거리계에 나타난 주행 총거리는 차의 수명, 폐차 및 신차 구입 시기를 예측 판단하는 기준이 되며, 또한 부품의 교환시기를 파악하는 데에도 이용된다(예 점화플러그, 엔진 오일).
0000	**구간 거리계** 속도계 밑에 설정 버튼이 있는데 이것을 누르면 다시 처음 시작 수치인 0으로 표시된다. 출발시점을 0으로 해두고 주행하며 목적지까지의 구간거리를 알 수 있고 또한 연료 소비율 계산에 참고가 된다.
	**엔진회전 속도계** 엔진 본체의 출력과 연결되어 엔진 회전수를 나타낸다. 공회전 시는 보통 700~1,000rpm 내외이며 적색으로 표시되어 있는 범위(보통 6,000~6,500rpm)에 지침이 들어 있을 때는 엔진의 허용 회전수 초과를 가리키는 것으로 적색 범위에 들어가지 않도록 주의하여 운전해야 한다.
	**연료계** 연료탱크 내 연료의 양을 나타낸다. F(Full) : 연료가 가득 있음, E(Empty) : 연료가 비었음 엔진 스위치를 On으로 하면 시동이 걸려 있지 않아도 잔량을 나타낸다.
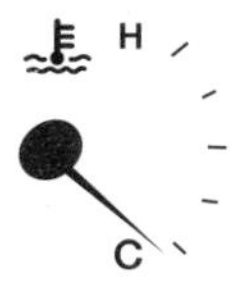	**수온등(냉각수 온도계)** 엔진 냉각장치 내의 냉각수 온도를 나타낸다. 엔진 스위치를 On으로 하면 작동되며 적정온도가 80~95℃이므로 바늘이 중간쯤 있으면 정상이다. 바늘이 적색의 H 표시 범위에 들어가면 과열된 것으로 보닛 내부에 증기가 올라오므로 즉시 안전한 곳에 차를 세우고 적절한 응급조치를 취해야 한다.

	**연료잔량 경고등** 연료가 비어 있음을 나타내는 경고등으로 연료계의 바늘이 E표시를 가리켜도 경고등은 연료탱크 내의 잔량이 8L 이하시 점등된다. 경고등 점등 시 약 30~50km 정도까지는 주행할 수 있지만 즉시 연료를 주입하도록 한다.
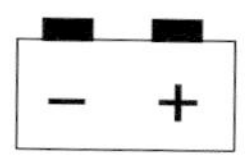	**충전 경고등** 엔진 회전 중 배터리 충전상태를 나타낸다. 엔진 스위치를 On으로 하면 점등되었다가 시동이 걸리면 소등된다. 주행 중 점등이 되었다면 충전상태에 이상이 있는 것으로 즉시 속도를 낮추고 안전한 곳에 세워 점검을 해야 한다.
	**오일압력 경고등** 엔진 내부를 순환하고 있는 엔진 오일의 압력상태를 나타낸다. 엔진 스위치를 On으로 하면 점등되고, 시동이 걸리면 소등된다. 주행 중 점등되면 엔진 오일 부족 또는 오일 압송 압력에 이상이 있는 것으로 즉시 점검한다. 오일량이 적정함에도 불구하고 소등이 되지 않을 경우 그대로 운행을 계속하면 엔진 고장을 일으킬 우려가 있으므로 정비해야 한다.
(!) (P)	**브레이크 경고등** 브레이크 장치의 상태를 나타내는 것으로 엔진 스위치가 On에 있을 때 주차 브레이크가 걸려 있거나 브레이크 오일이 부족할 경우 경고등이 켜진다. 브레이크 오일이 적정 수준임에도 경고등이 들어오면 브레이크 기능의 이상으로 즉시 점검을 받아야 한다.
	**도어 경고등** 도어문이 열려있거나 확실히 닫히지 않았을 때 경고등이 켜진다. 문이 제대로 닫히지 않은 채 운행하는 것은 매우 위험하므로 주행 전 반드시 도어 경고등을 확인하는 습관이 필요하다.
	**상향 표시등** 주간이든 야간이든 전조등(헤드라이트)을 상향등(하이빔)으로 켰을 때 켜지는 표시등이다.
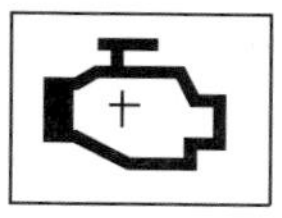	**엔진 경고등** 엔진 회전 중 엔진 전자제어 시스템에 이상이 있으면 점등된다. 엔진 스위치를 On으로 하면 점등되고, 시동이 걸리면 소등된다.
AIR BAG	**에어백 경고등** 엔진 시동 후 점등되었다가 정상 상태인 경우 소등된다.
	**안전벨트 경고등** 엔진 스위치를 켜면 점등되어 운전자에게 안전벨트를 착용할 것을 신호로 알려준다. 착용 후 소등된다.
ABS	**ABS 경고등** 엔진 스위치가 On일 때 점등되었다가 잠시 후 소등된다. 만약 경고등이 점등되면 ABS는 작동되지 않고 브레이크 장치가 작동된다.
O/D OFF	**오버드라이브 표시등(자동 변속기 차량)** 자동 변속기 차량에 있으며 오버드라이브가 Off일 때만 점등된다. On일 경우는 소등된다.
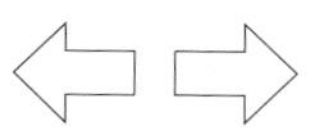	**방향지시 표시등** 엔진 스위치가 On에 있을 때 방향지시등이 점멸될 때마다 표시가 깜빡이면서 점등된다. 점멸속도가 비정상적으로 빠르면 방향지시등의 전구가 끊어졌을 가능성이 크다.

(2) 연료절약 운전기법

① 에너지 절약형 차종 선택 : 자동차는 경제성, 엔진 성능, 안전도, 차량 유지비 등을 종합적으로 고려하여 에너지소비효율(연비)이 높은 차를 선택하는 것이 유리하다. 경차 · 소형 · 중형 · 대형차의 종류에 따라 연료비가 30~60% 차이가 나며, 배기량이 높은 중 · 대형차일수록 연비(km/L)가 낮을 뿐만 아니라 배기 오염물질도 과다 배출하게 된다.

② **급출발, 급가속, 급제동 금지** : 급작스런 출발이나 가속은 정상적인 상황보다 2~3배 정도 연료가 더 소비될 뿐 아니라 타이어의 마모를 촉진시킨다.

③ **불필요한 공회전 금지** : 공회전은 기온에 따라 적절히 해야 하는데 여름철에는 시동을 건 뒤 곧바로 출발해도 되며, 추운 겨울철에는 배출가스를 안정적으로 유지하기 위해 2분 이내의 공회전이 바람직하나 너무 오래 공회전시키거나 쓸데없이 엔진을 가동시키면 연료 소모가 많아진다.

④ **적절한 기어 변속** : 기어 변속은 차량의 속도, 도로의 구배, 교통량 등의 여건에 맞춰 신속히 실시하여야 한다. 주행 도로상에서 엔진이 무리가 없는 한 고단 기어를 사용하여 주행하는 것이 연료가 절약된다.

⑤ **타이어 공기압의 수시 점검** : 타이어 공기압이 과다하면 타이어의 이상 마모, 진동 시 무게 중심의 악화 등을 초래하므로 최소한 1주일에 한 번 정도 점검한다. 공기압이 20% 정도 부족하면 연료는 약 2~3% 정도 더 소비되며, 타이어의 수명은 약 30% 정도 감소된다.

⑥ **불필요한 물건 적재 금지** : 자동차의 중량은 연료 소비에 커다란 영향을 미치므로 가능한 한 가볍게 해야 한다.

⑦ **경제속도의 유지** : 주행 중 급격한 속도 변화는 피하고 가급적 연료가 적게 소비되는 경제속도에서 도로 및 기타 제반 여건이 허용하는 한 정속주행을 한다.

⑧ **에어컨의 적정 가동** : 에어컨을 사용하게 되면 주행속도의 변화에 따라 최대 20% 정도 연료 소비가 증가되므로 오르막길이나 체증이 심한 시내 주행 시에는 가능한 한 에어컨 사용을 줄이고, 장시간 주행 시에는 1시간 간격으로 에어컨을 끄고 창문을 열어 환기시켜 주는 것이 좋다.

(3) 정비사항 일반

① 클러치의 정비사항

㉠ 페달의 자유간극(유격) : 페달을 밟은 후 릴리스 레버에 힘이 작용될 때까지 페달이 움직인 거리

㉡ 작동간극 : 자유간극으로부터 클러치가 완전히 끊어질 때까지의 페달의 작동거리

㉢ 밑판간극 : 클러치가 완전히 끊긴 상태에서 차실 바닥과의 간극

㉣ 고장 진단

- 클러치 접속 시 떨림 : 페이싱의 경화·접촉 불량, 오일의 부착, 릴리스 레버의 높이 불량, 압력판의 마멸, 압력판과 플라이 휠의 변형, 기관과 변속기의 풀림
- 클러치의 미끄러짐 : 자유간극이 없음, 클러치 라이닝의 마멸, 클러치판에 오일 부착, 클러치판의 경화, 압력판의 마멸
- 클러치 차단의 불량 : 과다한 자유간극, 릴리스 베어링의 소손·파손, 유압장치의 오일 누설, 유압장치 내에 공기의 혼입

② 변속기의 정비사항

㉠ 기어식 변속기

- 변속기에서 소리가 날 때 : 축지지 베어링의 마모, 기어 마멸이 지나침, 기어 오일의 부족, 부적합한 오일
- 기어가 잘 물리지 않거나 빠지지 않을 때 : 클러치 차단 불량, 카운터 기어의 축방향 유극의 과다, 클러치 압력판 스프링 장력의 약화, 변속 레버나 시프트 레버 선단부의 마멸
- 중립에서 소리가 날 때 : 윤활유의 부족, 부적합한 윤활유, 시프트포크와 시프트레일의 관계 불량, 부축기어 축방향 유극의 과다

㉡ 오버드라이브 장치 : 변속기의 작동 및 오일을 점검한 뒤 정상 여부를 확인하며, 고장은 기계적인 기구부터 점검한 후 전기 계통을 점검한다.

㉢ 자동변속기

- 전진 또는 후진에서 출발이 안 됨 : 오일의 부족(누설), 토크 컨버터·브레이크 서보·오일 펌프의 결함, 오일 필터의 불량
- D, 1, 2 또는 D와 2에서 차가 움직이지 않을 때 : 스프레그 클러치·브레이크 서보 결함, 킥 다운 밸브 및 슬리브 케이브 조정 불량
- R 위치에서 차가 움직이지 않을 때 : 후진 클러치의 결함, 선택 레버 위치의 불량
- D와 2 레인지에서 1-2 변속이 안 될 때 : 킥 다운 케이블 밸브 슬리브의 불량, 1-2단 변속 밸브 고착
- D 레인지에서 2-3 변속이 안 될 때 : 2-3단 시프트 밸브 고착, 레귤레이터 혹 실링, 하우징 플랜지홈 측면에서 마멸
- 부분 부하 시 1단과 2단 기어가 오래 유지될 때 : 모듈레이터·오일 펌프 불량, 압력조절밸브·브레이크 밴드 이상
- 엔진 가속 후 차량이 덜컹거릴 때 : 스프레그 클러치·오일 필터 불량, 클러치 내부 누유, 서보 피스톤 고착·파손, 레귤레이터 밸브스프링 작동 불량

③ 추진축의 정비사항

㉠ 추진축이 진동할 때 : 니들 롤러 베어링의 마모(파손), 추진축이 굽었거나 평형하지 않음, 스플라인부의 마모, 요크방향이 틀리거나 체결부가 헐거움, 밸런스 웨이트가 떨어짐

㉡ 출발·주행 시 소음이 날 때 : 스플라인부의 마모, 니들 롤러 베어링의 마모, 요크방향이 틀리거나 체결부가 헐거움

④ 차동장치의 정비사항

㉠ 차동기의 소음 : 유량의 부족·오염, 링 기어와 구동피니언의 접촉 불량 및 마모, 구동피니언 베어링의 이완, 축 스플라인의 마모, 차동기 케이스 또는 링 기어의 변형

㉡ 차동기의 이상음

- 기어 케이스 베어링 등의 파손 : 오일의 부족·불량, 무리한 운전, 기어의 조정 불량, 링 기어 체결부의 이완
- 휠의 소음 : 휠 베어링 체결의 풀림, 축 베어링의 마모(손상)

⑤ 조향장치의 정비사항

㉠ 기계식 조향장치의 고장

- 조향핸들의 유격이 크게 됨 : 조향기어의 조정불량 및 마모, 조향링키지의 볼 이음 접속부가 헐거움, 조향너클 베어링의 마모, 조향너클 암이 헐거움
- 조향핸들 조작이 무거울 때 : 낮은 타이어 공기압, 잦은 조향기어의 백래시, 조향너클의 휨, 부(-)의 캐스터가 심함
- 제동 시 조향핸들이 한쪽으로 쏠림 : 타이어 공기압의 불균일, 브레이크 드럼 간극의 불균일, 캐스터의 좌우 값이 다름, 현가스프링의 쇠약(절손), 스태빌라이저 지지점의 풀림

• 조향핸들에 충격이 느껴질 때 : 과다한 타이어 공기압, 앞바퀴 정렬 불량, 조향기어의 조정 불량, 드래그 링크의 스프링 장력 불량
• 주행 중 핸들이 한쪽으로 쏠림 : 타이어 공기압 불균일, 브레이크 조정 불량, 앞바퀴 정렬의 불량, 현가스프링의 쇠약(절손), 쇼크 옵서버의 작동 불량, 좌우 타이어 로드의 길이가 다름, 앞차축 프레임이 휨, 휠 허브 베어링의 마모

㉡ 동력 조향장치의 고장
• 동력 조향핸들이 무거움 : 회로 내에 공기 유입, 규정보다 낮은 유압, 낮은 타이어 공기압, 컨트롤 밸브의 고착, 낮은 오일 수준
• 동력 조향핸들이 복원이 안 됨 : 오일압력 조정밸브의 손상, 호스의 손상, 오일 펌프축 베어링 손상, 타이로드 및 볼 조인트의 손상, 피니언 베어링의 손상
• 오일 펌프에서 소음이 발생 : 오일 부족, 오일 내에 공기 유입, 펌프 설치 볼트 풀림
• 래크와 피니언에서 소음이 남 : 차체와 호스의 접촉, 기어박스 브래킷 풀림, 타이로드와 볼 조인트의 풀림·마모

⑥ 제동장치의 정비사항
㉠ 브레이크 페달의 행정이 크게 됨 : 브레이크 드럼, 라이닝의 마멸과 간격 불량, 링크기구의 각 접속부 마멸, 베이퍼록 발생, 브레이크 오일에 공기 혼입, 브레이크 오일이 샐 때
㉡ 브레이크 페달을 밟았을 때 한쪽으로 쏠림 : 타이어 공기압 불균일, 드럼 간극조정 불량, 한쪽 라이닝에 오일이 묻음, 앞바퀴 정렬의 불량, 패드·라이닝의 접촉 불량
㉢ 베이퍼록 : 드럼의 과열, 불량한 오일, 오일의 변질로 인한 비등점 저하
㉣ 브레이크 회로에 잔압을 두는 이유 : 신속한 제동 작용, 휠 실린더의 오일 누출 방지, 베이퍼록의 방지

⑦ 점화장치의 정비사항
㉠ 단속기 접점면에 오일이 묻거나 소손되었을 때 접점 사이의 저항이 증가함
㉡ 단속기의 접점이 소손되는 원인 : 접점의 얼라이닝이 잘되어 있지 않을 때, 접점이 너무 좁을 때, 축전지 용량이 부적합할 때, 접점의 접촉이 불량할 때, 접점에 오일이 묻었을 때
㉢ 스파크가 일어나지 않는 원인 : 축전지의 용량 부족, 단자의 접촉 불량, 저압회로부의 단선, 점화코일의 불량, 포인트의 개폐 작동 불량
㉣ 점화시기가 너무 빠를 경우 : 기관의 노킹 현상, 기관의 동력 저하, 피스톤 헤드 파손, 커넥팅 로드 및 크랭크축에 변형(→베어링 파손), 기관 수명 단축과 연료 소비량 증대
㉤ 점화시기가 너무 늦을 경우 : 기관의 과열 및 동력 저하, 배기관에 다량의 카본 축적, 기관수명의 단축, 실린더 벽 및 피스톤 스커트부의 손상

2. 방어운전의 요령

방어운전이란 다른 운전자나 보행자가 교통법규를 지키지 않거나 위험한 행동을 하더라도 그에 적절하게 대처하여 사고를 미연에 방지할 수 있도록 하는 적극적인 운전 방법이다.

(1) 안전한 공간 확보

① 브레이크를 밟을 때
㉠ 급제동을 하지 않으면 안 되는 상황을 만들지 않는다.
㉡ 고속주행 중 브레이크를 밟을 때는 여러 번 나누어 밟아 뒤차에 알려 준다.

② 앞차를 뒤따라갈 때
㉠ 가능한 한 4~5대 앞의 상황까지 살핀다.
㉡ 앞차가 급제동하더라도 추돌하지 않도록 안전거리를 충분히 유지한다.
㉢ 적재물이 떨어질 위험이 있는 화물차로부터 가급적 멀리 떨어진다.

③ 차의 옆을 통과할 때 : 상대방 차가 갑자기 진로를 변경하더라도 안전할 만큼 충분한 간격을 두고 진행한다.

④ 교통 정체가 있는 도로를 주행할 때
㉠ 중앙선을 넘어 앞지르기하는 차량이 있으므로 2차로 도로에서는 가급적 중앙선에서 떨어져 주행한다.
㉡ 4차로 도로에서는 가능한 한 우측 차로로 통행한다.
㉢ 길가에 어린이 등 노약자가 있을 때에는 반드시 일시 정지한다.

(2) 양보하는 정신

① 신호등 없는 교차로를 통과할 때 : 우선권을 따지지 말고 양보를 전제로 운전한다.
㉠ 진로를 변경하거나 끼어드는 차량이 있을 때는 속도를 줄이고 공간을 만들어 준다.
㉡ 대형차가 밀고 나오면 즉시 양보해 준다.

② 뒤차가 접근해 올 때
㉠ 가볍게 브레이크 페달을 밟아 주의를 준다.
㉡ 뒤차가 앞지르려고 할 때 도로의 오른쪽으로 다가서서 진행하거나 감속하여 피해 준다.

(3) 미리 예측하여 대응

① 교차로를 통과할 때 : 신호를 무시하고 뛰어드는 차나 사람이 있을 수 있으므로 신호를 절대적인 것으로 믿지 말고 안전을 확인한 뒤에 진행한다.

② 진로를 변경할 때
㉠ 여유있게 신호를 보낸다.
㉡ 이쪽 신호를 이해한 것을 확인한 다음에 천천히 행동한다.
㉢ 횡단하려고 하거나 횡단 중인 보행자가 있을 때 갑자기 뛰어나오거나 뒤로 되돌아갈지 모르므로 감속하고 주의한다.
㉣ 보행자가 차의 접근을 알고 있는지를 확인한다.

③ 밤에 운전할 때
㉠ 일반도로에서는 아무리 한적하다 해도 절대 시속 60~70km 이상으로 주행하지 않는다.
㉡ 교차로나 오르막길 등에서는 전조등을 아래위로 켰다 껐다 하여 자기 차의 존재를 알려 준다.
㉢ 마주 오는 차의 전조등이 불빛을 줄이지 않고 접근해 올 때에는 그 불빛에서 시선을 피하여 서행하거나 일시 정지한다.

3. 안전운전의 요령

(1) 몸에 익혀야 할 안전운전 습관

① 교차로, 건널목, 횡단보도, 차도가 좁아지는 곳에서는 별다른 신호가 없더라도 감속 운전하는 습관을 갖는다.

② 앞차와 충분한 차간거리를 유지하며, 돌발적인 급제동을 하지 말아야 한다.

③ 교차되는 간선도로를 조심한다.

④ 주거밀집 지역에서는 골목에서 뛰어 노는 어린이들, 무심한 보행자, 자전거를 탄 행인을 언제든지 맞닥뜨릴 수 있으므로 우선 감속을 하고 주위 경계에 신경을 써야 한다.

⑤ 고속도로와 자동차 전용도로에서는 주행속도가 실제속도보다 더 낮다고 오판하는 경우가 많으므로, 고속 주행 시 계기판의 속도계를 자주 확인해야 한다.

(2) 안전운전 요령

① 승객 및 운전자의 안전을 위해 운행 중에는 반드시 안전벨트를 착용한다.

② 오토매틱차 변속 시에는 브레이크를 밟고 변속을 한다.

③ 긴 내리막길에서는 엔진 브레이크를 사용한다.

④ 물이 많이 고인 곳은 피하는 것이 가장 바람직하지만 어쩔 수 없이 지났을 때는 바로 뒤에 페달을 가볍게 밟아 브레이크 성능을 확인해 보고 성능이 회복될 때까지 같은 동작을 반복한다.

⑤ 큰 고장이 나기 전에 여러 가지 계기와 램프 등을 점검하고 차 소리와 냄새에도 주의해야 한다.

⑥ 차 안에 어린이만 남겨두지 않는다.

⑦ 눈, 비오는 날에는 속도를 줄여야 한다.

⑧ 비가 내리는 날에는 꼭 밤이 아니더라도 차폭등을 켜고 운행하는 것이 좋고, 때로는 전조등으로 상대방에게 주의를 주어 서로를 경계하며 운행하는 것이 안전하다.

⑨ 물웅덩이에 빠진 후 시동이 꺼지면, 5분 정도 기다린다. 5분 정도만 지나면 순조롭게 시동이 걸릴 수 있을 만큼 마르기 때문이다.

⑩ 눈, 모래, 진흙 등에 빠졌을 때 가속 페달을 밟는 동안 자동변속기는 D와 R 사이를 반복적으로 조작하고, 수동변속기는 1단과 R 사이를 반복적으로 조작한다.

⑪ 안개로 인해 시야의 장애가 발생하면 우선 차간거리를 충분히 확보하고 앞차의 제동이나 방향 전환 등의 신호를 예의주시하며 천천히 주행한다.

⑫ 여름철 비 오는 날 창문에 생긴 서리나 김은 에어컨이나 히터를 작동시키면 간단히 해결된다. 또한, 서리 제거제나 김 방지제로 차창 안쪽을 닦아 주어도 그 효과는 나타난다. 에어컨이나 김 방지제가 없을 때에는 가루비누를 마른 수건에 묻혀 차창 안쪽에 발라 두면 효과가 있다.

(3) 도로 구조를 고려한 안전운전

① 내리막길 안전운전 수칙

㉠ 내리막길을 내려가기 전에는 미리 감속하여 천천히 내려가며 엔진 브레이크로 속도를 조절해야 한다.

㉡ 커브 주행 시와 마찬가지로 내리막길 중간에서 불필요하게 속도를 줄인다든지 급브레이크를 밟는 것은 금물이다.

㉢ 비교적 경사가 가파르지 않은 긴 내리막길을 내려갈 때 눈은 통상적으로 먼 곳을 바라보는 경향이 있기 때문에 가속 페달을 무심코 밟게 되어 자신도 모르게 순간 속도가 높아질 위험이 있으므로 조심해야 한다.

② 오르막길 안전운전 수칙

㉠ 정차할 때는 앞차가 뒤로 밀려 추돌할 가능성을 염두에 두고 충분한 차간거리를 유지한다.

㉡ 오르막길의 정상 부근에서는 마주 오는 차가 바로 앞에 다가올 때까지는 보이지 않으므로 서행하여 위험에 대비한다.

㉢ 정차 시에는 풋 브레이크와 핸드 브레이크를 동시에 사용한다.

㉣ 출발 시에는 핸드 브레이크를 사용하는 것이 안전하다.

㉤ 오르막길에서 앞지르기할 때는 힘과 가속력이 좋은 저단 기어를 사용하는 것이 안전하다.

㉥ 좁은 언덕길에서 대향차와 교차할 때 우선권은 내려오는 차에 있다.

③ 커브길에서의 운전

㉠ 완만한 커브길

- 커브의 경사도나 도로의 폭을 확인하고 가속 페달에서 발을 떼어 엔진 브레이크가 작동되도록 하여 속도를 줄인다.
- 엔진 브레이크만으로 속도가 충분히 떨어지지 않으면 풋 브레이크를 사용하여 실제 커브를 도는 중에 더 이상 감속할 필요가 없을 정도까지 줄인다.
- 커브가 끝나는 조금 앞부터 핸들을 돌려 차량의 모양을 바르게 한다.
- 가속 페달을 밟아 속도를 서서히 높인다.

㉡ 급커브길

- 커브의 경사도나 도로의 폭을 확인하고 가속 페달에서 발을 떼어 엔진 브레이크가 작동되도록 하여 속도를 줄인다.
- 풋 브레이크를 사용하여 충분히 속도를 줄인다.
- 후사경으로 오른쪽 후방의 안전을 확인한다.
- 저단 기어로 변속한다.
- 커브 내각의 연장선에 차량이 이르렀을 때 핸들을 꺾는다.
- 차가 커브를 돌았을 때 핸들을 되돌리기 시작한다.
- 차의 속도를 서서히 높인다.

㉢ 커브길 안전운전 수칙

- 미끄러지거나 전복될 위험이 있으므로 급핸들 조작, 급제동은 하지 않는다.
- 핸들을 조작할 때는 절대로 가속·감속을 하지 않는다.
- 중앙선을 침범하거나 도로의 중앙으로 치우쳐 운전하지 않는다.
- 주간에는 경음기, 야간에는 전조등을 사용하여 내 차의 존재를 알린다.
- 항상 반대 차로에 차가 오고 있다는 것을 염두에 두고 차로를 준수하며 운전한다.
- 커브길에서 앞지르기는 대부분 안전표지로 금지하고 있으나 금지표지가 없더라도 절대로 하지 않는다.
- 겨울철에는 빙판이 그대로 노면에 있는 경우가 있으므로 사전에 조심하여 운전한다.

④ 차도의 폭을 고려한 운전

㉠ 차도의 폭이 넓어지면 운전자가 느끼는 주관적 속도감은 실제 주행속도보다 훨씬 낮아져 자신도 모르는 사이에 제한속도를 초과하여 과속하기 쉽다. 그러므로 폭이 넓은 도로를 주행할 때일수록 주행속도를 결정할 때 자신의 주관적인 감각에 의존하지 말고 계기판의 속도계에 표시되는 객관적인 속도에 따라 운전하는 것이 안전하다.

㉡ 병목현상으로 인한 정체구간을 통과하여 넓은 도로로 나오게 되면, 대부분 정체구간에서의 시간 손실을 보상하려는 '보상심리'로 인해 과속을 하다가 사고로 이어지는 경우가 많다. 따라서 정체구간을 빠져나와서는 정체구간에서 기다릴 때보다 마음의 여유를 더 가지고 운전해야 한다.

㉢ 폭이 좁은 이면도로에서는 속도를 충분히 감속하여 보행자, 자전거, 어린이, 노약자 등에 주의하며, 즉시 정지할 수 있는 안전한 속도로 운전해야 한다.

(4) 교차로에서의 안전운전 수칙

① 추측운전은 절대로 해서는 안 된다.

② 언제든지 정지할 준비 태세를 갖춘다.

③ 교차로 사고의 대부분은 신호가 바뀌는 순간 발생하므로, 반대편 도로 교통 전반을 살피면서 1~2초 정도 늦게 서서히 출발한다.

(5) 긴급상황에서의 대처 요령

① 대향차와 정면충돌의 위험이 있을 때

㉠ 브레이크를 밟아서 속도를 줄인다.

㉡ 경음기와 브레이크를 동시에 사용하면서 핸들을 가능한 한 우측으로 꺾는다.

㉢ 충돌 직전까지 포기하지 말고 핸들과 브레이크를 최대한 조작하여 피하도록 한다.

② 가속 페달에서 발을 떼도 속도가 줄지 않을 때

㉠ 속도를 줄이려고 가속 페달을 놓았는데도 속도가 줄지 않으면 당황하기 쉬운데, 이때에는 무엇보다 침착하게 차를 정지시키는 것이 중요하다.

㉡ 속도가 줄지 않는다고 해서 시동을 바로 끄지 말고 시동이 걸린 상태에서 기어를 저단으로 넣고 브레이크를 밟아 준다.

㉢ 그다음에 주차 브레이크를 당겨서 차를 멈추고 엔진의 시동을 끈다. 이런 현상은 대개 가속 페달의 케이블이 고장나서 일어날 때가 많다.

③ 철길건널목 안에서 고장났을 때

㉠ 건널목 안에서 시동이 꺼진 경우

- 비상경고등을 켠 다음 침착하게 시동을 걸어 본다.
- 시동이 걸리면 기어를 저단에 넣고 신속히 빠져 나온다.
- 시동이 걸리지 않거나 오토매틱 차량의 경우 선택레버를 중립위치에 놓고 주위 사람들에게 도움을 청해서 차를 밖으로 밀어내야 한다.

㉡ 차를 건널목 밖으로 끌어내는 방법

- 경음기 등을 울려 통행자의 협조를 얻어 차를 밀어낸다.
- 대형차여서 움직이기가 곤란할 때에는 다른 차로 견인한다.
- 신호를 보내는 방법 : 휴대용 발연통을 사용한다. 휴대용 발연통이 없는 경우에는 연기가 나기 쉬운 물건을 건널목 부근에서 태우거나 깃발이나 헝겊 등을 흔들어 신호를 보내면서 열차가 오는 방향으로 향하여 뛰어간다.

④ 내리막길에서 브레이크가 작동되지 않을 때

㉠ 신속하게 브레이크 페달을 여러 차례 나누어 밟는다.

㉡ 재빨리 저단변속하고 엔진 브레이크를 건다.

㉢ 핸드 브레이크와 엔진 브레이크를 병용하여도 차가 정지하지 않을 경우에는 최후의 수단으로 벽 쪽으로 차체를 접촉시켜 정지시키거나, 도로 옆의 자갈 또는 토사 등에 뛰어들게 하여 정지시킨다.

⑤ 빗길에서 차가 옆으로 미끄러질 때

㉠ 당황하여 브레이크를 밟아서는 안 된다. 속도가 빠르더라도 그대로 지나가는 편이 오히려 사고위험이 덜하다.

㉡ 침착하게 미끄러지는 방향으로 핸들을 돌린다.

㉢ 천천히 가속 페달을 밟는다.

⑥ 진흙탕에서 차바퀴가 헛돌 때 : 헌 모피나 거적 등을 바퀴 밑에 넣고, 동승자나 부근 사람들의 협조를 얻어 차를 밀어낸다.

4. 음주운전의 금지

(1) 술의 정의

술이란 에틸알코올이 1%(1도) 이상 함유된 음료수를 말한다.

(2) 알코올의 생리적 작용

① 알코올 대사와 개인차

㉠ 알코올 대사 : 술을 마시면 체내로 들어간 알코올 성분은 알코올 탈수소효소(ADH)에 의해 아세트알데히드라는 물질로 변하고 이것이 다시 알코올 분해효소(ALDH)의 작용으로 초산이 되었다가 최종적으로 물과 탄산가스로 분해되어 체외로 배출된다. 이때 아세트알데히드는 인체 내에서 여러 가지 장애를 유발하고, 분해과정에서 많은 독성을 체내에 배출하기 때문에 여러 부작용을 일으키기도 한다.

㉡ 알코올 대사의 개인차

- 알코올 분해효소는 민족 및 개인별에 따라 차이를 보이는데 서양인에 비해 동양인은 알코올 분해효소가 결핍되어 있다.
- 여성의 경우 남성보다 알코올 대사효소의 활성이 낮기 때문에 더 빨리 취한다.

② 알코올이 인체 및 심리에 미치는 영향

혈중 알코올 농도	중독증상		알코올 제거시간
	인 체	심 리	
0.03%	홍조(발적), 근육이완, 현기증 등이 일어난다.	마음이 편하다.	2시간
0.06%	근육조절 능력이 감소된다.	억제감을 탈피한다.	4시간
0.09%	위를 자극하여 구토나 출혈이 있다.	판단력과 이성이 흐려지고 조직적인 사고가 곤란하다.	6시간
0.15%	근육조절 능력이 매우 크게 감소되고 갈지자 걸음걸이가 된다.	정신기능이 현저히 저하되고 사고와 행동에 일관성이 결여된다.	8시간
0.40%	기억상실		10~12시간
0.50%	과용으로 사망(이런 경우는 드물다)		–

(3) 혈중 알코올 농도 산출방법-위드마크(Widmark)법

위드마크법은 사고 당시에 음주측정을 하지 못하고 시간이 경과되어 운전자의 술이 깨어버린 경우, 운전자가 사고 전에 섭취한 술의 종류와 음주한 양, 체중, 성별을 조사하여 사고 당시 혈중 알코올 농도를 계산하는 방법이다.

- $C = \frac{A}{P \times R} \times \frac{1}{10}$
- $Y = C - X$

여기서, C : 혈중 알코올 농도 최고치(%)
A : 섭취한 알코올의 양[음주량 × 술의 농도(%) × 0.7894]
P : 사람의 체중(kg)
R : 성별에 따른 계수(남자 : 0.7, 여자 : 0.6)
Y : 사고 당시 혈중 알코올 농도(%)
X : 사고 이후 감소한 혈중 알코올 농도(1시간당 0.015%씩 감소하므로 경과 시간 × 0.015)

(4) 음주량과 혈중 알코올 농도와의 관계

① 혈중 알코올 농도란 인체 내의 알코올 함유량을 말한다.
② 혈중 알코올 농도는 음주량 외에 사람의 체중이나 성별, 위내 음식물의 종류, 음주 후 측정시간에 따라 달라진다.

음주량 / 기 준	술 1잔	술 2잔	술 3잔	술 4잔
성인남자 (체중 63.5kg)	0.014%	0.050%	0.075%	0.11%
성인여자 (체중 54.5kg)	0.023%	0.066%	0.11%	0.15%

※ 반응 시간 기준 : 1시간 이내, 술 1잔(알코올 12~14g)의 기준 : 맥주 1캔, 양주 1잔, 포도주 1잔, 소주 $1\frac{1}{3}$잔

(5) 음주운전의 기준

① 운전이 금지되는 '술에 취한 상태의 기준'은 혈중 알코올 농도가 0.03% 이상이며, '운전면허 취소기준'은 혈중 알코올 농도가 0.08% 이상이다.
② 일반적으로 혈중 알코올 농도 0.05%는 사람의 체질이나 심신상태 등에 따라 다르지만, 보통의 성인남자가 소주 2잔 반(캔맥주 2캔, 양주 2잔, 포도주 2잔)을 마신 후 1시간 정도가 경과했을 경우에 해당된다.

(6) 음주운전의 위험성

① 음주와 운전행동
㉠ 판단능력이 저하된다.
㉡ 자기 능력을 과대 평가한다.
㉢ 운전이 난폭해지고 조급한 행동이 많아진다.
㉣ 눈의 기능이 저하된다.
㉤ 졸음운전을 할 수 있다.

② 음주운전의 위험성 및 문제점
㉠ 주의력 · 판단력 · 운동능력 등이 저하된 상태의 운전으로 다양한 유형의 사고를 유발한다.
㉡ 음주로 인한 잘못된 운전조작이나 운전조작 생략 등에서 오는 사고가 많다.
㉢ 야간에 비춰지는 대향차의 전조등에 의한 현혹에서 시력회복이 늦어져 사고가 발생한다(시력회복시간 : 음주 전 2.95초, 음주 후 3.61초).
㉣ 대상의 움직임과는 상관없이 주정차된 차량이나 도로상의 정지물체, 운행 중인 다른 차, 보행자 등을 충격할 수 있다.
㉤ 음주운전과 무면허운전이 함께 나타나는 경우가 많다.
㉥ 음주사고로 인한 처벌이 두려워 도주하게 된다(뺑소니 사고 운전자의 절반이 음주운전자임).
㉦ 중앙선침범 등으로 인해 대형사고인 경우가 많아 치사율이 높다.

(7) 음주운전의 예방대책

① 평소 술을 마신 후에는 절대 핸들을 잡지 않는다고 확고한 의지를 갖는다.
② 음주운전은 자신이나 남의 생명을 빼앗을 수 있다는 점에서 자살행위, 살인행위임을 자각한다.
③ 음주운전은 다른 교통법규 위반과는 달리 가중 처벌되기 때문에 자신의 권익을 보호하고 가정의 행복을 지키기 위해 절대 삼간다.
④ 부득이 술을 마셔야 할 경우 버스, 지하철이나 택시 등 대중교통수단을 이용하는 등의 습관을 가진다.

5. 약물복용 운전의 금지

(1) 음주와 약물과의 관계

약물과 알코올의 상호작용으로 중추신경에 영향을 주어 사고력, 판단력, 자제력, 지각 반응능력을 잃게 되어 대형 교통사고의 원인이 되기도 한다.

(2) 음주운전의 처벌

혈중 알코올 농도 / 결 과	0.03%~0.08% 미만	0.08% 이상
• 사고가 없을 때 • 대물사고	• 100일간 면허 정지 • 형사 처벌	• 면허 취소 • 형사 처벌
대인사고	형사 처벌, 면허 취소	–
음주 측정 불응	형사 처벌, 면허 취소(측정결과 불복 시에는 재측정 가능)	–

※ 형사 처벌 시 : 5년 이하의 징역 또는 2천만원 이하의 벌금

(3) 운전에 악영향을 미치는 약물의 종류 및 증세

종 류	증 세
아세트아미노펜 (진통 · 해열제)	간에서 대사되는 약물로서 독성대사물이 증가할 경우 간세포 괴사 및 사망까지 초래하며 만성과음자일 경우 복용량에 주의해야 한다.
아스피린(진통 · 해열 · 소염제)	위장장애를 일으킬 수 있으며 매일 많은 술을 마시는 사람은 알코올의 부작용을 일으킬 수 있다.
페노바르비탈 (수면제)	알코올과 함께 복용했을 경우 서로의 효과를 극대화시켜 혼수상태나 호흡기능의 저하를 초래하며, 복용이 장기화되면 비타민 A의 고갈 및 영양상의 문제도 생긴다.
벤조디아제핀 (수면제)	심한 무기력감을 초래할 수 있으며, 특히 노인의 경우 심장기능과 호흡기능의 저하를 일으킬 수 있다.
간염성 질환 항생제	오심, 구토, 두통, 경련 등을 일으킨다.
그 외 기타(결핵치료제, 항응고제, 혈당강하제 등)	급성 또는 만성알코올 섭취 시 약효가 감소되거나 증가되어 문제를 일으킬 수 있다.

05 운전면허 일반 등

1 운전면허 일반

1. 운전면허제도

(1) 운전면허

자동차를 운전을 하기 위해서는 시·도경찰청장으로부터 운전면허를 취득하여야 한다.

(2) 운전면허의 종류

① 제1종 : 대형, 보통, 소형, 특수
② 제2종 : 보통, 소형, 원동기장치자전거
③ 연습면허(효력기간 1년) : 제1종·제2종 보통연습면허

(3) 운전할 수 있는 차의 종류(도로교통법 시행규칙 [별표 18])

<table>
<tr><th colspan="2">운전면허</th><th colspan="2" rowspan="2">운전할 수 있는 차량</th></tr>
<tr><th>종 별</th><th>구 분</th></tr>
<tr><td rowspan="6">제1종</td><td>대형면허</td><td colspan="2">• 승용자동차
• 승합자동차
• 화물자동차
• 건설기계
– 덤프트럭, 아스팔트살포기, 노상안정기
– 콘크리트믹서트럭, 콘크리트펌프, 천공기(트럭 적재식)
– 콘크리트믹서트레일러, 아스팔트콘크리트재생기
– 도로보수트럭, 3톤 미만의 지게차
• 특수자동차(대형견인차, 소형견인차 및 구난차(이하 "구난차등"이라 한다)는 제외)
• 원동기장치자전거</td></tr>
<tr><td>보통면허</td><td colspan="2">• 승용자동차
• 승차정원 15명 이하의 승합자동차
• 적재중량 12톤 미만의 화물자동차
• 건설기계(도로를 운행하는 3톤 미만의 지게차에 한정)
• 총중량 10톤 미만의 특수자동차(구난차 등은 제외)
• 원동기장치자전거</td></tr>
<tr><td>소형면허</td><td colspan="2">• 3륜화물자동차
• 3륜승용자동차
• 원동기장치자전거</td></tr>
<tr><td rowspan="3">특수면허</td><td>대형
견인차</td><td>• 견인형 특수자동차
• 제2종 보통면허로 운전할 수 있는 차량</td></tr>
<tr><td>소형
견인차</td><td>• 총중량 3.5톤 이하의 견인형 특수자동차
• 제2종 보통면허로 운전할 수 있는 차량</td></tr>
<tr><td>구난차</td><td>• 구난형 특수자동차
• 제2종 보통면허로 운전할 수 있는 차량</td></tr>
<tr><td rowspan="3">제2종</td><td>보통면허</td><td colspan="2">• 승용자동차
• 승차정원 10명 이하의 승합자동차
• 적재중량 4톤 이하의 화물자동차
• 총중량 3.5톤 이하의 특수자동차(구난차 등은 제외)
• 원동기장치자전거</td></tr>
<tr><td>소형면허</td><td colspan="2">• 이륜자동차(운반차를 포함)
• 원동기장치자전거</td></tr>
<tr><td>원동기장치
자전거 면허</td><td colspan="2">원동기장치자전거</td></tr>
<tr><td rowspan="2">연습
면허</td><td>제1종 보통</td><td colspan="2">• 승용자동차
• 승차정원 15명 이하의 승합자동차
• 적재중량 12톤 미만의 화물자동차</td></tr>
<tr><td>제2종 보통</td><td colspan="2">• 승용자동차
• 승차정원 10명 이하의 승합자동차
• 적재중량 4톤 이하의 화물자동차</td></tr>
</table>

2. 운전면허의 취득제한

(1) 결격사유(도로교통법 제82조 제1항)

① 18세 미만(원동기장치자전거의 경우에는 16세 미만)인 사람
② 교통상의 위험과 장해를 일으킬 수 있는 정신질환자 또는 뇌전증 환자로서 대통령령이 정하는 사람
③ 듣지 못하는 사람(제1종 운전면허 중 대형면허·특수면허만 해당), 앞을 보지 못하는 사람(한쪽 눈만 보지 못하는 사람의 경우에는 제1종 운전면허 중 대형면허·특수면허만 해당)이나 그 밖에 대통령령으로 정하는 신체장애인
④ 양쪽 팔의 팔꿈치관절 이상을 잃은 사람이나 양쪽 팔을 전혀 쓸 수 없는 사람. 다만, 본인의 신체장애 정도에 적합하게 제작된 자동차를 이용하여 정상적인 운전을 할 수 있는 경우에는 그러하지 아니하다.
⑤ 교통상의 위험과 장해를 일으킬 수 있는 마약·대마·향정신성의약품 또는 알코올 중독자로서 대통령령으로 정하는 사람
⑥ 제1종 대형면허 또는 제1종 특수면허를 받으려는 경우로서 19세 미만이거나 자동차(이륜자동차는 제외)의 운전경험이 1년 미만인 사람
⑦ 대한민국의 국적을 가지지 아니한 사람 중 「출입국관리법」 제31조에 따라 외국인등록을 하지 아니한 사람(외국인등록이 면제된 사람은 제외한다)이나 「재외동포의 출입국과 법적 지위에 관한 법률」 제6조 제1항에 따라 국내거소신고를 하지 아니한 사람

(2) 결격기간(도로교통법 제82조 제2항)

다음의 어느 하나의 경우에 해당하는 사람은 규정된 기간이 지나지 아니하면 운전면허를 받을 수 없다. 다만, 다음의 사유로 인하여 벌금 미만의 형이 확정되거나 선고유예의 판결이 확정된 경우 또는 기소유예나 보호처분의 결정이 있는 경우에는 규정된 기간 내라도 운전면허를 받을 수 있다.

① 무면허운전금지를 위반하여 자동차 등을 운전한 경우에는 그 위반한 날(운전면허효력 정지기간에 운전하여 취소된 경우에는 그 취소된 날을 말하며, 이하 같다)부터 1년(원동기장치자전거면허를 받으려는 경우에는 6개월로 하되, 공동 위험행위의 금지(제46조)를 위반한 경우에는 그 위반한 날부터 1년). 다만, 사람을 사상한 후 필요한 조치 및 신고를 하지 아니한 경우에는 그 위반한 날부터 5년
② 무면허운전금지를 3회 이상 위반하여 자동차 등을 운전한 경우에는 그 위반한 날부터 2년
③ 다음의 경우에는 운전면허가 취소된 날(무면허운전금지를 함께 위반한 경우에는 그 위반한 날)부터 5년
   ㉠ 음주운전금지, 과로운전금지 또는 공동위험행위의 금지를 위반(무면허운전금지를 함께 위반한 경우도 포함)하여 운전을 하다가 사람을 사상한 후 필요한 조치 및 신고를 하지 아니한 경우
   ㉡ 음주운전금지를 위반(무면허운전금지를 함께 위반한 경우도 포함)하여 운전을 하다가 사람을 사망에 이르게 한 경우
④ 규정에 따른 사유가 아닌 다른 사유로 사람을 사상한 후 필요한 조치 및 신고를 하지 아니한 경우에는 운전면허가 취소된 날부터 4년

⑤ 음주운전금지(제44조 제1항 또는 제2항)를 위반(무면허운전금지를 함께 위반한 경우도 포함)하여 운전을 하다가 2회 이상 교통사고를 일으킨 경우에는 운전면허가 취소된 날(무면허운전금지를 함께 위반한 경우에는 그 위반한 날)부터 3년, 자동차 등을 이용하여 범죄행위를 하거나 다른 사람의 자동차 등을 훔치거나 빼앗은 사람이 무면허운전금지를 위반하여 그 자동차 등을 운전한 경우에는 그 위반한 날부터 3년
⑥ 다음의 경우에는 운전면허가 취소된 날(무면허운전금지를 함께 위반한 경우에는 그 위반한 날)부터 2년
  ㉠ 음주운전금지(제44조 제1항 또는 제2항)를 2회 이상 위반(무면허운전금지를 함께 위반한 경우도 포함)한 경우
  ㉡ 음주운전금지(제44조 제1항 또는 제2항)를 위반(무면허운전금지를 함께 위반한 경우도 포함)하여 운전을 하다가 교통사고를 일으킨 경우
  ㉢ 공동위험행위의 금지를 2회 이상 위반(무면허운전금지를 함께 위반한 경우도 포함)한 경우
  ㉣ 규정의 사유로 운전면허가 취소된 경우
⑦ ①부터 ⑥까지의 규정에 따른 경우가 아닌 다른 사유로 운전면허가 취소된 경우에는 운전면허가 취소된 날부터 1년(원동기장치자전거면허를 받으려는 경우에는 6개월로 하되, 공동위험행위의 금지를 위반하여 운전면허가 취소된 경우에는 1년). 다만, 규정의 사유로 운전면허가 취소된 경우에는 그러하지 아니하다.
⑧ 운전면허효력 정지처분을 받고 있는 경우에는 그 정지기간
⑨ 규정에 따른 국제운전면허증 또는 상호인정외국면허증으로 운전하는 운전자가 운전금지 처분을 받은 경우에는 그 금지기간
⑩ 규정에 따라 음주운전 방지장치를 부착하는 기간(조건부 운전면허의 경우는 제외)(⑩ 시행일 : 2024.10.25.)

(3) 운전면허의 취소·정지대상(도로교통법 제93조 제1항)

① 술에 취한 상태에서 자동차 등의 운전을 한 때
② 음주운전금지를 위반한 사람이 다시 규정을 위반(자동차 등을 운전한 경우로 한정한다. 이하 ②, ③에서 같다)하여 운전면허 정지 사유에 해당된 경우(면허 취소)
③ 술에 취한 상태에 있다고 인정할 만한 상당한 이유가 있음에도 불구하고 경찰공무원의 측정에 응하지 아니한 경우(면허 취소)
④ 약물의 영향으로 인하여 정상적으로 운전하지 못할 우려가 있는 상태에서 자동차 등을 운전한 경우
⑤ 공동 위험행위를 하거나 난폭운전을 한 경우, 최고속도보다 시속 100km 초과하여 3회 이상 자동차 등을 운전한 경우
⑥ 교통사고로 사람을 사상한 후 필요한 조치 또는 신고를 하지 아니한 경우
⑦ 규정에 따라 운전면허를 받을 수 없는 사람에 해당된 경우(면허 취소)(정기적성검사 기간이 지난 경우는 제외)
⑧ 규정에 따라 운전면허를 받을 수 없는 사람이 운전면허를 받거나 운전면허효력의 정지기간 중 운전면허증 또는 운전면허증을 갈음하는 증명서를 발급받은 사실이 드러난 경우(면허 취소)(정기적성검사 기간이 지난 경우는 제외)
⑨ 거짓이나 그 밖의 부정한 수단으로 운전면허를 받은 경우(면허 취소)
⑩ 적성검사를 받지 아니하거나 그 적성검사에 불합격한 경우(면허 취소)(정기적성검사 기간이 지난 경우는 제외)
⑪ 운전 중 고의 또는 과실로 교통사고를 일으키거나 운전면허를 받은 사람이 자동차 등을 이용하여 특수상해, 특수폭행, 특수협박 또는 특수손괴 행위를 한 경우
⑫ 운전면허를 받은 사람이 자동차 등을 범죄의 도구나 장소로 이용하여 다음의 어느 하나의 죄를 범한 경우
  ㉠ 「국가보안법」 중 제4조부터 제9조까지의 죄 및 같은 법 제12조 중 증거를 날조·인멸·은닉한 죄
  ㉡ 형법 중 다음 어느 하나의 범죄
    • 살인·사체유기 또는 방화
    • 강도·강간 또는 강제추행
    • 약취·유인 또는 감금
    • 상습절도(절취한 물건을 운반한 경우에 한정)
    • 교통방해(단체 또는 다중의 위력으로써 위반한 경우에 한정)
  ㉢ 「보험사기방지 특별법」 중 제8조부터 제10조까지의 죄(㉢ 시행일 : 2024.8.14.)
⑬ 다른 사람의 자동차 등을 훔치거나 빼앗은 경우
⑭ 다른 사람이 부정하게 운전면허를 받도록 하기 위하여 운전면허시험에 대신 응시한 경우
⑮ 교통단속 임무를 수행하는 경찰공무원 등 및 시·군공무원을 폭행한 경우(면허 취소)
⑯ 운전면허증을 다른 사람에게 빌려주어 운전하게 하거나 다른 사람의 운전면허증을 빌려서 사용한 경우
⑰ 「자동차관리법」의 규정에 의하여 등록되지 아니하거나 임시운행허가를 받지 아니한 자동차(이륜자동차를 제외)를 운전한 경우(면허 취소)
⑱ 제1종 보통면허 및 제2종 보통면허를 받기 전에 연습운전면허의 취소 사유가 있었던 경우(면허 취소)
⑲ 다른 법률에 따라 관계 행정기관의 장이 운전면허의 취소처분 또는 정지처분을 요청한 경우(면허 취소) 혹은 안전기준을 넘어서 승차·적재하거나 화물이 떨어지지 아니하도록 필요한 조치를 하지 않고 화물자동차를 운전한 경우
⑳ 이 법이나 이 법에 따른 명령 또는 처분을 위반한 경우
㉑ 운전면허를 받은 사람이 자신의 운전면허를 실효(失效)시킬 목적으로 시·도경찰청장에게 자진하여 운전면허를 반납하는 경우. 다만, 실효시키려는 운전면허가 취소처분 또는 정지처분의 대상이거나 효력정지 기간 중인 경우는 제외(면허 취소)

3. 운전면허시험

(1) 시험의 응시접수

응시원서의 유효기간은 최초의 필기시험일로부터 1년으로 하며 제1종·2종 연습면허를 받은 때에는 그 면허의 유효기간으로 한다.

(2) 운전면허시험(도로교통법 제83조 제1항)

① 자동차 등의 운전에 필요한 적성
② 자동차 등 및 도로교통에 관한 법령에 대한 지식
③ 자동차 등의 관리방법과 안전운전에 필요한 점검의 요령
④ 자동차 등의 운전에 필요한 기능
⑤ 친환경 경제운전에 필요한 지식과 기능

(3) 합격기준(100점 만점)

① 필기시험 : 제1종 70점 이상, 제2종은 60점 이상

② 기능시험(실기시험)

자동차 등의 운전에 필요한 기능에 관한 시험은 다음의 사항에 대하여 이를 실시한다(도로교통법 시행령 제48조).

㉠ 운전장치를 조작하는 능력

㉡ 교통법규에 따라 운전하는 능력

㉢ 운전 중의 지각 및 판단능력

기능시험은 전자채점기에 의하여 실시한다. 다만, 행정안전부령으로 정하는 기능시험은 운전면허시험관이 직접 채점할 수 있다. 기능시험에 불합격한 사람은 불합격한 날부터 3일 이상이 지나야 다시 기능시험에 응시할 수 있다.

③ 도로주행시험(제1종과 제2종 보통면허에 한함) : 70점 이상

(4) 시험의 면제사항(도로교통법 제84조 제1항)

① 합격한 시험의 면제(영 제50조 제6항) : 필기시험에 합격한 자는 1년 동안 그 합격한 시험을 면제한다.

② 일부면제

㉠ 대학 · 전문대학 또는 공업계 고등학교의 기계과나 자동차와 관련된 학과를 졸업한 사람으로서 재학 중 자동차에 관한 과목을 이수한 사람

㉡ 「국가기술자격법」 제10조에 따라 자동차의 정비 또는 검사에 관한 기술자격시험에 합격한 사람

㉢ 외국의 권한 있는 기관에서 발급한 운전면허증을 가진 사람 가운데 다음의 어느 하나에 해당되는 사람

- 「주민등록법」에 따라 주민등록이 된 사람
- 「출입국관리법」에 따라 외국인등록을 한 사람 또는 외국인등록이 면제된 사람
- 「난민법」에 따라 난민으로 인정된 사람
- 「재외동포의 출입국과 법적 지위에 관한 법률」에 따라 국내거소신고를 한 사람

㉣ 군 복무 중 자동차 등에 상응하는 군 소속 차를 6개월 이상 운전한 경험이 있는 사람

㉤ 적성검사를 받지 아니하여 운전면허가 취소된 후 다시 면허를 받으려는 사람

㉥ 운전면허를 받은 후 운전할 수 있는 자동차의 종류를 추가하려는 사람

㉦ 규정에 따라 운전면허가 취소된 후 다시 운전면허를 받으려는 사람

㉧ 자동차운전 전문학원의 수료증 또는 졸업증을 소지한 사람

㉨ 군사분계선 이북지역에서 운전면허를 받은 사실이 인정되는 사람

4. 연습운전면허

(1) 연습운전면허의 효력(도로교통법 제81조)

연습운전면허는 그 면허를 받은 날부터 1년 동안 효력을 가진다. 다만, 연습운전면허를 받은 날부터 1년 이전이라도 연습운전면허를 받은 사람이 제1종 보통면허 또는 제2종 보통면허를 받은 경우 연습운전면허는 그 효력을 잃는다.

(2) 연습운전면허를 받은 사람의 준수사항(도로교통법 시행규칙 제55조, [별표 21])

① 운전면허(연습하고자 하는 자동차를 운전할 수 있는 운전면허에 한한다)를 받은 날부터 2년이 경과된 사람(소지하고 있는 운전면허의 효력이 정지기간 중인 사람을 제외한다)과 함께 승차하여 그 사람의 지도를 받아야 한다.

② 「여객자동차 운수사업법」 또는 「화물자동차 운수사업법」에 따른 사업용 자동차를 운전하는 등 주행연습 외의 목적으로 운전하여서는 아니 된다.

③ 주행연습 중이라는 사실을 다른 차의 운전자가 알 수 있도록 연습 중인 자동차에 다음의 표지를 붙여야 한다.

[주행연습표지]

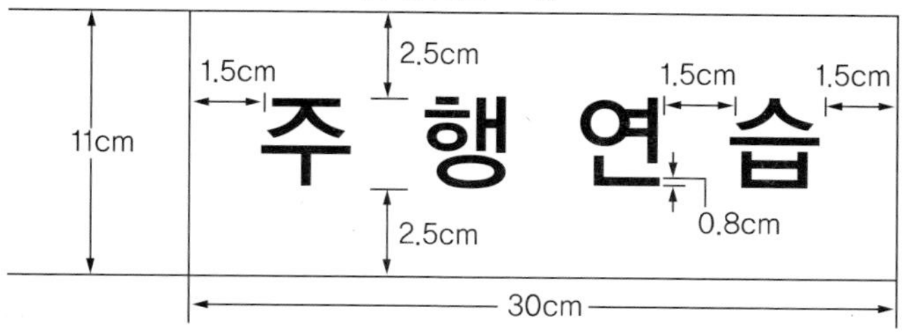

(주) 1. 바탕은 청색, 글씨는 노란색으로 한다.
2. 앞면유리 우측(운전석을 중심으로 한다) 하단 및 뒷면유리 중앙상단(제1종 보통연습면허의 경우에는 뒤 적재함 중앙)에 각각 부착한다.

5. 임시운전증명서와 국제운전면허증

(1) 임시운전증명서(도로교통법 시행규칙 제88조)

유효기간 중 운전면허증과 같은 효력을 가지며, 기간은 20일로 하되 면허의 취소 · 정지처분 대상자는 40일 이내로 할 수 있다. 다만, 1회에 한하여 20일을 연장할 수 있다.

(2) 국제운전면허증(도로교통법 제98조)

① 운전면허를 받은 사람이 국외에서 운전을 하기 위하여 1949년 제네바에서 체결된 「도로교통에 관한 협약」에 따른 국제운전면허증을 발급받으려면 시 · 도경찰청장에게 신청하여야 한다.

② ①에 따른 국제운전면허증의 유효기간은 발급받은 날부터 1년으로 한다.

③ ①에 따른 국제운전면허증은 이를 발급받은 사람의 국내운전면허의 효력이 없어지거나 취소된 때에는 그 효력을 잃는다.

④ ①에 따른 국제운전면허증을 발급받은 사람의 국내운전면허의 효력이 정지된 때에는 그 정지기간 동안 그 효력이 정지된다.

⑤ ①에 따른 국제운전면허증의 발급에 필요한 사항은 행정안전부령으로 정한다.

❷ 적성검사제도

1. 정기적성검사 대상자(도로교통법 제87조 제2항)

제1종 운전면허를 받은 사람, 제2종 운전면허를 받은 사람 중 운전면허증 갱신기간에 70세 이상인 사람은 운전면허증 갱신기간에 대통령령으로 정하는 바에 따라 한국도로교통공단이 실시하는 정기적성검사를 받아야 한다.

2. 운전면허증의 갱신(도로교통법 제87조 제1항)

(1) 최초의 운전면허증 갱신기간은 운전면허시험에 합격한 날부터 기산하여 10년(운전면허시험 합격일에 65세 이상 75세 미만인 사람은 5년, 75세 이상인 사람은 3년, 한쪽 눈만 보지 못하는 사람으로서 제1종 운전면허 중 보통면허를 취득한 사람은 3년)이 되는 날이 속하는 해의 1월 1일부터 12월 31일까지

(2) 그 외의 운전면허증 갱신기간은 직전의 운전면허증 갱신일부터 기산하여 매 10년(직전의 운전면허증 갱신일에 65세 이상 75세 미만인 사람은 5년, 75세 이상인 사람은 3년, 한쪽 눈만 보지 못하는 사람으로서 제1종 운전면허 중 보통면허를 취득한 사람은 3년)이 되는 날이 속하는 해의 1월 1일부터 12월 31일까지

3. 정기적성검사의 연기 등(도로교통법 시행령 제55조)

(1) 정기적성검사의 연기 사유

운전면허증을 갱신하여 발급(정기적성검사를 받아야 하는 경우 정기적성검사를 포함한다)받아야 하는 사람이 다음의 어느 하나에 해당하는 사유로 인하여 운전면허증 갱신기간 이내에 운전면허증을 갱신하여 발급받을 수 없을 때에는 행정안전부령으로 정하는 바에 따라 운전면허증 갱신기간 이전에 미리 운전면허증을 갱신하여 발급받거나 연기사유를 증명할 수 있는 서류를 첨부한 운전면허증 갱신발급 연기신청서를 시·도경찰청장에게 제출하여야 한다.

① 해외에 체류 중이거나 재해 또는 재난을 당한 경우
② 질병이나 부상을 입어 거동이 어려운 경우
③ 법령에 따라 신체의 자유를 구속당한 경우
④ 군복무 중(「병역법」에 따라 의무경찰 또는 의무소방원으로 전환복무 중인 경우를 포함하며, 병으로 한정한다)이거나 「대체역의 편입 및 복무 등에 관한 법률」에 따라 대체복무요원으로 복무 중인 경우
⑤ 그 밖에 사회통념상 부득이한 사유라고 인정할 만한 상당한 이유가 있는 경우

(2) 운전면허증 갱신기간의 연기 등

① 시·도경찰청장은 신청사유가 타당하다고 인정하는 때에는 운전면허증 갱신기간 이전에 미리 운전면허증을 갱신하여 발급하거나 운전면허증 갱신기간을 연기하여야 한다.
② ①에 따라 운전면허증 갱신기간의 연기를 받은 사람은 그 사유가 없어진 날부터 3개월 이내에 운전면허증을 갱신하여 발급받아야 한다.

4. 수시적성검사 대상자(도로교통법 제88조)

(1) 제1종 운전면허 또는 제2종 운전면허를 받은 사람(국제운전면허증 또는 상호인정외국면허증을 받은 사람을 포함한다)이 안전운전에 장애가 되는 후천적 신체장애 등 대통령령으로 정하는 사유에 해당되는 경우에는 한국도로교통공단이 실시하는 수시적성검사를 받아야 한다.

(2) (1)에 따른 수시적성검사의 기간·통지와 그 밖에 수시적성검사의 실시에 필요한 사항은 대통령령으로 정한다.

제 1 과목 | 교통안전수칙

01 도로교통의 3요소에서 사람이 가장 중요한 이유로 보기 힘든 것은?

갑. 사람은 판단, 확인, 결정, 행동 등을 능동적으로 할 수 있으므로
을. 도로시설과 같은 환경은 사람이 사용하기에 따라 가치가 달라지므로
병. 자동차가 파손될 경우 사람의 힘으로 수리·회복이 가능하므로
정. 사고를 미연에 방지할 수 있는 것은 교통환경이므로

해설
사고를 미연에 방지할 수 있는 것은 사람의 역할이 더 중요하다.

02 도로에서 운전자나 보행자의 금지사항으로 틀린 것은?

갑. 신호기 가까이에 네온사인을 설치하는 행위
을. 달리는 자동차에서 뛰어내리거나 매달리는 행위
병. 도로상의 교통장애물을 제거하는 행위
정. 음주운전, 무면허를 하는 행위

해설
도로상 교통장애물을 제거하는 행위는 운전자나 보행자의 준수사항에 해당된다.

03 보도와 차도가 구분된 도로에서 보행자가 차도를 통행할 수 있는 경우는?

갑. 지체장애인용 휠체어를 타고 갈 때
을. 차량의 통행이 없을 때
병. 도로공사 등으로 보도의 통행이 금지된 때
정. 유모차를 끌고 갈 때

해설
도로공사 등으로 차도통행이 부득이한 경우를 제외하고, 보행자는 보도와 차도가 구분된 도로에서는 항상 보도로 통행하여야 한다.

04 보행자의 건널목 통과방법으로 잘못된 것은?

갑. 한쪽 열차가 통과했어도 반대방향으로 열차가 오는 일이 있으므로 주의해야 한다.
을. 차단기가 내려져 있지 않은 때에는 안전확인 없이 통과할 수 있다.
병. 건널목 앞에서는 정지하여 좌우의 안전을 확인한다.
정. 경보기가 울리고 있을 때에는 건널목에 들어가서는 안 된다.

해설
차단기가 내려져 있지 않은 때에도 안전확인은 필수이다.

05 다음 중 신체장애인이 도로를 횡단하는 방법으로 틀린 것은?

갑. 신체장애인이 도로횡단시설을 이용하지 않고 횡단 중 다른 교통에 방해가 된 때에는 책임을 져야 한다.
을. 지하도나 육교를 이용할 수 없는 신체장애인은 이를 이용하지 않고 횡단할 수 있다.
병. 앞을 못 보는 사람은 흰색 지팡이를 가지고 다녀야 한다.
정. 신체장애인의 경우 반드시 육교를 이용하여 횡단하여야 한다.

해설
신체장애인일지라도 다른 교통에 방해가 안 되는 경우에는 도로를 횡단할 수 있다.

06 다음 중 교통신호에 대한 설명으로 틀린 것은?

갑. 가변차로의 가변신호등은 교통신호가 아니다.
을. 운전자는 자기가 가는 방향의 신호를 정확히 확인하여야 한다.
병. 주변 신호만을 보고 전방으로 달려나가지 않도록 한다.
정. 모든 보행자와 운전자는 신호기의 신호에 따라 통행하여야 한다.

해설
가변차로의 가변신호등은 교통신호이다.

07 교차로 내에서 황색신호로 바뀌었을 때 진행하는 방법으로 맞는 것은?

갑. 계속 진행하여 교차로 밖으로 나간다.
을. 일시 정지하여 다음 신호를 기다린다.
병. 속도를 줄여 서행한다.
정. 일시정지하여 좌우를 확인한 후 진행한다.

해설
황색등화 시 차는 교차로 직전에 정지하여야 하나, 이미 교차로에 진입한 차는 신속히 교차로 밖으로 진행한다.

01 정 02 병 03 병 04 을 05 정 06 갑 07 갑 정답

08 신호기가 없는 횡단보도에서의 횡단방법으로 옳지 않은 것은?

갑. 화물을 싣거나 내리는 자동차로부터 조금 떨어진 곳으로 횡단한다.
을. 엔진이 걸려 있는 자동차의 앞뒤는 위험하므로 절대 횡단해서는 안 된다.
병. 승객을 승·하차하는 자동차로부터 조금 떨어진 곳으로 횡단한다.
정. 정지하고 있는 자동차 뒤로 다른 차가 갑자기 나오는 일이 있으므로 주의한다.

해설
엔진이 걸려 있는 자동차의 앞뒤에 위험이 없다는 것을 확인한 후 횡단할 수 있다.

09 다음 안전표지가 의미하는 것은 무엇인가?

갑. 자동차 등의 최고속도를 시속 30km로 지정
을. 자동차 등의 최저속도를 시속 30km로 지정
병. 차간거리를 30m 이상 확보할 것
정. 내리막경사가 30% 있음

해설
최저속도제한표지(제225호)
표지판에 표시한 속도로 자동차 등의 최저속도를 지정하는 것

10 도로안내표지에 대한 설명으로 옳지 않은 것은?

갑. 도로안내표지는 교통안전을 위하여 시·도경찰청장이 설치한다.
을. 경계표지는 시·도·군·읍·면의 행정구역 경계를 나타내는 표지이다.
병. 방향안내표지는 방면 또는 방향을 나타내는 표지이다.
정. 이정표지는 목적지까지의 거리를 알려주는 표지이다.

해설
신호기 등의 설치 및 관리(도로교통법 제3조)
특별시장·광역시장·제주특별자치도지사 또는 시장·군수(광역시의 군수는 제외)는 도로에서의 위험을 방지하고 교통의 안전과 원활한 소통을 확보하기 위하여 필요하다고 인정하는 경우에는 신호기 및 안전표지를 설치·관리하여야 한다.

11 다음 중 자동차의 진행방향을 좌우로 자유로이 변경시키는 장치는?

갑. 전기장치　　을. 현가장치
병. 조향장치　　정. 제동장치

해설
조향장치는 진행방향을 좌우로 자유로이 변경시키는 장치이다.

12 원심력에 관한 설명으로 옳지 않은 것은?

갑. 커브길 운전 시는 커브 직전에서 속도를 충분히 줄인 후 진입한다.
을. 원심력은 커브의 반경이 클수록 커지고 중량이 무거울수록 작아진다.
병. 원심력이 타이어와 노면의 마찰저항보다 크면 밖으로 미끄러지거나 전복한다.
정. 원심력이란 커브길을 돌 때 바깥쪽으로 미끄러지려고 하는 힘이다.

해설
원심력은 속도의 제곱에 비례해서 커지며, 커브의 반경이 작으면 작을수록 또한 중량에 비례해서 커진다.

13 대형 자동차의 특징에 대한 설명으로 올바른 것은?

갑. 차량 중심위치의 이동이 적다.
을. 앞·뒤축의 하중변화가 크다.
병. 차체가 작고 가볍다.
정. 차축의 구성형태가 단순하다.

해설
대형 자동차는 차량 중심위치의 이동이 심하고, 차체가 크고 무게가 무거우며, 차축의 구성형태가 다양하다.

14 안전운전에 관한 설명이 잘못된 것은?

갑. 스파이크 타이어는 포장된 노면을 보호하는 데 적합하다.
을. 커브길을 돌 때에는 항상 반대방향 자동차의 중앙선침범에 대비하는 운전을 해야 한다.
병. 커브길을 과속운전 중 급제동이나 급핸들 조작을 하면 원심력에 의해 자동차가 중앙선을 넘거나 길 밖으로 전복된다.
정. 산길이나 고지대, 터널 입구와 출구 등에서 갑자기 강한 바람이 부는 경우에는 주행 속도를 줄이고 동시에 양손으로 핸들을 꽉 잡아야 한다.

해설
스파이크 타이어는 눈길이나 빙판길 이외에는 포장된 노면을 손상시키거나 분진 발생의 원인이 될 수 있으므로 사용하지 않는다.

15 주행 중 쇠닳는 냄새가 날 때 응급조치 요령으로 적당하지 않은 것은?

갑. 브레이크 계통에 냄새가 나면 위험하므로 즉시 정지 후 정비를 의뢰한다.
을. 브레이크 계통에 냄새가 나면 브레이크 조작에 신중을 가하고 운행 후 정비공장에 정비를 의뢰한다.
병. 브레이크 계통 조작 시 냄새가 나면 라이닝 간극이 맞지 않으므로 브레이크를 신중히 조작해야 한다.
정. 핸드 브레이크 레버가 완전히 아래로 내려가 있는지 확인해야 한다.

08 을　09 을　10 갑　11 병　12 을　13 을　14 갑　15 갑　정답

16 부동액으로 사용하지 않는 것은?

갑. 벤 젠
을. 에틸렌글리콜
병. 메탄올
정. 글리세린

해설

부동액의 종류
- 에틸렌글리콜
- 메탄올
- 글리세린

17 자동차 브레이크 페달의 유격에 대한 설명으로 틀린 것은?

갑. 유격은 일반적으로 10mm 내지 25mm가 적당하다.
을. 유격이 없으면 브레이크 라이닝이 쉽게 마모된다.
병. 유격이 없으면 제동이 민감해진다.
정. 유격은 불필요한 회전에 의한 소손방지에 있다.

18 운전의 3단계 과정에 해당되지 않는 것은?

갑. 조작에 의해 자동차가 구동하는 기동단계
을. 판단된 정보를 실제 운전행동으로 옮기는 조작단계
병. 인지된 정보를 판단하는 판단단계
정. 도로상에서 각종 정보를 받아들이는 인지단계

해설

운전의 3단계 과정
인지단계 → 판단단계 → 조작단계

19 안전거리를 유지하는 방법으로 옳은 것은?

갑. 노면에 습기가 있는 때에는 최소 20m 이상의 거리를 유지하도록 한다.
을. 일방통행도로에서는 안전거리를 유지하지 않아도 된다.
병. 앞차가 급정지하는 경우에도 추돌하지 않도록 필요한 거리를 유지한다.
정. 고속도로에서는 항상 50m 이상 안전거리를 유지해야 한다.

해설

안전거리 확보 등(도로교통법 제19조)
모든 차는 같은 방향으로 가고 있는 앞차의 뒤를 따르는 때에는 앞차가 갑자기 정지하게 되는 경우에 그 앞차와의 충돌을 피할 만한 필요한 거리를 확보하여야 한다.

20 운전자가 운전을 삼가야 하는 이유로 잘못된 것은?

갑. 주차위반으로 범칙금 납부통지서를 받은 경우
을. 걱정이나 흥분·불안한 상태에 있을 경우
병. 피로하거나 감기·몸살 등 병이 났을 경우
정. 졸음이 오는 감기약을 복용하거나 술이 덜 깬 경우

해설

주차위반으로 인한 범칙금 납부통지서를 받은 경우에는 운전을 할 수 있다.

21 자동차에 오르기 전 자동차 외관에 대한 점검사항으로 틀린 것은?

갑. 차체 밑에 냉각수나 오일이 떨어진 흔적의 유무
을. 타이어의 트레드 공기압 및 마모상태
병. 계기반 각종 경고등 및 계기확인
정. 각종 전기 점등장치를 순서대로 점검

해설

계기반 각종 경고등 및 계기확인은 운전석에 대한 점검사항이다.

22 운전자가 보행자에게 물을 튀게 하는 것은 어떤 성향의 운전자인가?

갑. 횡단보도에서 보행자에게 우선권을 양보하는 성향
을. 자기 의도를 상대방에게 정확하게 전달하고 상대방의 의도를 파악한 후 행동하는 성향
병. 자기의 편리만을 위해 무리하게 운전하는 성향
정. 공동으로 이용하는 도로를 상대방의 입장에서 운전하는 성향

해설

물이 고인 곳을 운행하는 때에는 고인 물을 튀게 하여 다른 사람에게 피해를 주는 일이 없도록 하여야 한다.

23 다음 중 경제운전으로 볼 수 있는 경우는?

갑. 워밍업 시간을 10분 이상 시킨다.
을. 공회전을 자주 한다.
병. 짐을 한 번에 많이 싣는다.
정. 엔진에 무리가 없는 한 고단 기어를 사용한다.

해설

불필요한 짐을 싣고 다니지 않으며, 속도에 따라 엔진에 무리가 없는 범위 내에서 고단 기어를 사용한다.

24 버스 또는 택시운전자의 주의사항으로 틀린 것은?

갑. 택시운전자는 승차를 거부할 수는 있으나, 부당요금을 징수해서는 안 된다.
을. 택시운전자는 택시를 타고자 애쓰는 승객이 있더라도 합승을 시킬 수 없다.
병. 승객이 있는 차 안에서는 금연해야 한다.
정. 승무거리 최고 한도가 정해진 택시운전자는 그 최고 한도를 지켜야 한다.

해설

택시운전자는 승차거부 또는 합승행위를 하거나 인가된 요금을 초과해서 받아서는 안 된다.

16 갑 17 병 18 갑 19 병 20 갑 21 병 22 병 23 정 24 갑 정답

25 다음 중 안전운전 요령으로 바르지 못한 내용은?

갑. 오토매틱차의 변속 시에는 브레이크를 밟고 변속을 한다.
을. 비가 내리는 날에는 되도록이면 차폭등을 켜고 운행하는 것이 좋다.
병. 큰 고장이 나기 전에는 여러 가지 계기와 램프를 일일이 점검할 필요는 없다.
정. 후속으로 오는 차가 고속으로 너무 접근하면 우측 차로로 양보하는 것이 좋다.

해설
큰 고장이 나기 전이라도 되도록이면 계기와 램프를 점검하여야 한다.

26 엔진과열 시 조치방법으로 가장 적합하지 못한 것은 어느 것인가?

갑. 냉각계통의 파손으로 냉각수가 분출되면 엔진 시동을 끈다.
을. 가능한 한 바람이 잘 통하는 그늘진 곳에서 보닛을 열어 엔진열을 식힌다.
병. 냉각팬이 돌고 팬벨트에 이상이 없을 때에는 시동을 걸어 놓고 냉각수 온도계기 바늘의 변화에 따라 시동 여부를 결정한다.
정. 냉각팬이 멈추거나 오일이 부족할 경우에는 시동을 걸어 둔다.

해설
냉각팬이 멈추거나 오일이 부족할 때는 엔진 시동을 끈다.

27 다음 중 사고율이 가장 높은 노면은?

갑. 건조노면 을. 습윤노면
병. 눈 덮인 노면 정. 결빙노면

해설
노면의 사고율
결빙노면 > 눈 덮인 노면 > 습윤노면 > 건조노면

28 다음 설명 중 틀린 것은?

갑. 야간에 사고율이 높은 이유는 운전자의 피로 때문이기도 하지만 대부분이 가로조명 때문이다.
을. 노상주차의 방법은 각도주차가 평행주차보다 사고율이 낮다.
병. 경제적인 조명방법으로 많이 사용되는 것은 시간적 또는 공간적으로 조명을 달리하는 방법이다.
정. 도시부의 교차로에서는 조도를 조금만 증가시켜도 보행자 사고가 크게 감소한다.

해설
을 : 각도주차를 하면 주행할 수 있는 도로공간을 많이 차지하기 때문에 평행주차보다 사고율이 높다.

29 주취운전에 대한 위험성에 대해 설명한 것으로 옳은 것은?

갑. 반응동작이 빨라진다.
을. 주의력이 강화된다.
병. 사물식별력이 강화된다.
정. 속도감각이 둔해진다.

해설
주취운전은 사물식별력, 주의력이 약화되고 반응동작이 느려진다.

30 다음 중 혈중 알코올 농도 0.05%부터 0.15%까지의 주취상태로 부적당한 것은?

갑. 운전에 별 영향을 주지 않는다.
을. 말이 많아지고 공격적이다.
병. 지나치게 활동적인 행동양상을 보인다.
정. 근육운동의 조정능력이 줄어든다.

해설
갑 : 혈중 알코올 농도 0.05%까지는 진정효과가 있어 운전에 별 영향을 주지 않으나 0.05%부터는 운전에 주취의 영향을 받게 된다.

31 경쟁의식이 강한 운전자가 범하기 쉬운 것은?

갑. 정차위반 을. 과로운전
병. 과속운전 정. 주취운전

해설
과속운전을 쉽게 하는 것은 경쟁의식이 강한 운전자이다.

32 다음 중 교차로에서의 금지행위로 바르지 않은 것은?

갑. 정 차 을. 서 행
병. 앞지르기 정. 주 차

해설
교차로 통행방법(도로교통법 제25조)
모든 차의 운전자는 교차로에서 우회전을 하려는 경우에는 미리 도로의 우측 가장자리를 서행하면서 우회전하여야 한다. 이 경우 우회전하는 차의 운전자는 신호에 따라 정지하거나 진행하는 보행자 또는 자전거 등에 주의하여야 한다.

33 운전자가 진로를 변경하고자 할 때 방향지시등을 켜야 하는 시점은 언제인가?

갑. 변경하고자 하는 지점의 5m 이상 전의 지점
을. 변경하고자 하는 지점의 30m 이상 전의 지점
병. 특별히 정해져 있지 않고 그때의 교통여건에 따라서 신호
정. 변경하고자 하는 지점의 10m 이상 전의 지점

해설
진로를 변경하고자 하는 경우는 그 행위를 하고자 하는 지점에 이르기 전 30m(고속도로 100m) 이상의 지점에 이르렀을 때부터 신호하여야 한다.

25 병 26 정 27 정 28 을 29 정 30 갑 31 병 32 을 33 을 정답

34 고속도로상에서 버스전용차로로 통행할 수 없는 자동차는?

갑. 관광 전세버스
을. 9인승 승합차에 5명의 승객을 태운 차
병. 12인승 지프형 승합차에 6명의 승객을 승차시킨 차
정. 12인승 승합차에 7명의 승객을 승차시킨 차

해설

전용차로의 종류와 전용차로로 통행할 수 있는 차(도로교통법 시행령 [별표 1])
9인승 이상 승용자동차 및 승합자동차(승용자동차 또는 12인승 이하의 승합자동차는 6인 이상이 승차한 경우에 한한다)

35 좌 · 우회전, 횡단, 후진, 유턴 등 진로를 변경하고자 하는 때에 취할 수 있는 조치사항으로 틀린 것은?

갑. 고속도로에서도 횡단, 후진, 유턴 등을 할 수 있다.
을. 미리 후사경 등으로 안전을 확인한다.
병. 신호를 한 다음 진로를 변경한다.
정. 진로변경이 끝난 경우에는 신속히 신호를 멈춘다.

해설

고속도로에서는 횡단, 후진, 유턴 등을 할 수 없다.

36 고속도로에서의 승용자동차와 고속버스의 통행방법으로 옳지 않은 것은?

갑. 편도 2차로 이상 최고속도 90km/h
을. 편도 2차로 최저속도 50km/h
병. 편도 1차로 이상 최고속도 80km/h
정. 편도 1차로 최저속도 50km/h

해설

자동차 등의 속도(도로교통법 시행규칙 제19조)
편도 2차로 이상 최고속도는 100km/h이다.

37 철길건널목 안에서 차량고장으로 운행할 수 없을 때 우선적으로 취한 조치로 올바른 것은?

갑. 100m 후방에 고장차량표지를 하고 응급 수리를 했다.
을. 철도공무원에게 즉시 신고하여 이동하기 위한 조치를 했다.
병. 비상신호등을 켜고 즉시 철도공무원에게 신고했다.
정. 즉시 승객을 대피시키고 철도공무원에게 신고하고 차량을 밖으로 이동시켰다.

해설

건널목 안에서 차량 고장 시 조치
즉시 승객을 대피시킨다. → 비상신호등을 사용하여 철도공무원에게 알린다. → 차량을 건널목 외의 곳으로 이동시킨다.

38 교통사고처리 특례법의 목적으로 가장 적절한 것은?

갑. 사람을 사망케 한 운전자를 처벌하는 데 있다.
을. 교통사고 피해자에게 신속히 피해보상을 해주려는 데 있다.
병. 중요한 법규위반 사고 야기자에 대한 처벌을 강화하려는 데 있다.
정. 교통사고로 인한 피해를 신속히 회복시키고 국민생활의 편익을 증진하려는 데 있다.

해설

목적(교통사고처리특례법 제1조)
교통사고로 인한 피해를 신속히 회복시키고, 국민생활의 편익을 증진하려는 데 목적이 있다.

39 교통사고처리 특례법 시행령에 의거 교통사고 피해자가 보험회사와의 합의 여부에 관계없이 우선 지급받을 수 있는 손해배상금의 범위로 옳지 않은 것은?

갑. 대물손해의 경우 대물배상액의 100분의 50에 해당하는 금액
을. 후유장애의 경우 위자료 전액과 상실수익액의 100분의 50에 해당하는 금액
병. 부상의 경우 위자료 전액과 휴업손해액의 100분의 70에 해당하는 금액
정. 치료비 전액

해설

우선지급할 치료비외의 손해배상금의 범위(교통사고처리특례법 시행령 제3조)
- 부상의 경우 : 위자료 전액과 휴업손해액의 50/100
- 후유장애의 경우 : 위자료 전액과 상실수익액의 50/100
- 대물손해의 경우 : 대물배상액의 50/100

40 다음 중 교통사고 운전자의 책임이 아닌 것은?

갑. 감독상 책임
을. 행정상 책임
병. 형사상 책임
정. 민사상 책임

해설

운전 중 운전자 잘못으로 교통사고를 내게 되면 운전자는 형사상의 책임과 민사상의 책임, 행정상의 책임을 지게 된다.
- 형사상의 책임(형법 제268조) : 5년 이하의 금고 또는 2천만원 이하의 벌금
- 행정상의 책임 : 운전면허의 취소, 정지처분 및 자동차의 사용정지처분 등
- 민사상의 책임(자동차손해배상보장법 제3조, 민법 제750조) : 손해배상의 책임(금전적인 보상)

34 을 35 갑 36 갑 37 정 38 정 39 병 40 갑 정답

41 교통사고처리 특례법상 중요위반에 속하지 않는 것은?

갑. 법정속도 또는 제한속도를 매시 20km 초과 운전 중 사고
을. 주취 또는 약물의 영향 운전 중 사고
병. 교차로 통행방법 의무위반 사고
정. 보도를 침범하거나 보도 횡단방법위반 사고

해설
병. 교차로 통행방법(도로교통법 제25조) 위반 사고는 교통사고처리 특례법상 중요위반이 아니다.

42 교통사고 및 그 원인과 예방에 대한 설명으로 틀린 것은?

갑. 운전 중에는 자신의 생각을 앞세우는 것이 중요하다.
을. 안전운전은 교통규칙을 잘 지키는 데 있고 무리한 운전은 교통사고로 이어진다.
병. 교통사고의 요인은 사람에 의한 사고, 자동차, 교통환경 등이며 그중 사람에 의한 사고의 비중이 가장 높다.
정. 교통사고에는 물적 피해와 인적 피해가 발생한다.

해설
운전 중에는 자신의 생각보다 먼저 다른 운전자들이 어떤 운전행동을 할 것인지를 미리 예측하고 이에 대비하는 마음자세로 운전한다.

43 응급구조의 4가지 활동원칙으로 옳지 않은 것은?

갑. 응급의료기관에 도움을 요청한 후 2차 조사를 한다.
을. 부상자보다 주변의 위험요소를 찾는 것이 급선무이다.
병. 부상자 상태에 대한 1차 기본조사를 한다.
정. 현장을 조사한다.

해설
을 : 부상자 구호가 무엇보다 우선이다.

44 부상자의 호흡상태 관찰 및 필요한 조치방법으로 옳지 않은 것은?

갑. 맥박이 없을 때에는 인공호흡과 심장마사지를 실시한다.
을. 호흡이 없을 때에는 인공호흡을 실시한다.
병. 뺨을 부상자의 심장에 대어 본다.
정. 가슴이 뛰는지 살펴본다.

해설
뺨을 부상자의 입과 코에 대어 본다.

45 심장마사지의 실시는 언제 하는가?

갑. 환자가 몹시 피곤해 할 경우
을. 맥박이 뛰지 않을 경우
병. 맥박은 뛰나 호흡을 하지 않는 경우
정. 의식이 없을 경우

해설
인공호흡을 2회 실시한 후 경동맥을 짚어 보고, 박동이 없다면 심장마사지를 해야 한다.

46 운전면허에 대한 설명으로 틀린 것은?

갑. 시·도경찰청장은 운전면허에 필요한 조건을 붙일 수 없다.
을. 연습운전면허에는 제1종 보통연습면허와 제2종 보통연습면허가 있다.
병. 2종 운전면허에는 보통, 소형, 원동기장치자전거면허가 있다.
정. 1종 운전면허에는 대형, 보통, 소형, 특수면허가 있다.

해설
운전면허의 조건 등(도로교통법 시행규칙 제54조)
도로교통공단은 적성검사 결과가 운전면허에 조건을 붙여야 하거나 변경이 필요하다고 판단되는 경우에는 그 내용을 시·도경찰청장에게 통보하여야 한다. 도로교통공단으로부터 통보를 받은 시·도경찰청장은 운전면허를 받을 사람 또는 적성검사를 받은 사람에게 자동차 등의 구조를 한정하거나 보조수단을 사용하도록 하는 등의 조건을 붙이거나 바꿀 수 있다.

47 운전면허 효력정지처분을 받고 있는 경우 운전면허시험 응시결격기간은?

갑. 정지처분기간 중 을. 3년
병. 2년 정. 1년

해설
운전면허 효력정지처분을 받고 있는 경우에는 그 정지처분기간 동안 운전면허를 받을 자격이 없다.

48 주취 중 운전으로 2회 이상 교통사고를 일으켜 면허가 취소된 경우 운전면허시험 응시결격기간은?

갑. 5년 을. 2년
병. 3년 정. 1년

해설
운전면허의 결격사유(도로교통법 제82조)
술에 취한 상태에서 운전을 하다가 2회 이상 교통사고를 일으킨 경우에는 운전면허가 취소된 날부터 3년, 자동차 등을 이용하여 범죄행위를 하거나 다른 사람의 자동차 등을 훔치거나 빼앗은 사람이 무면허 상태에서 그 자동차 등을 운전한 경우에는 그 위반한 날부터 3년간 운전면허 효력이 정지되고 응시자격도 정지된다.

49 운전면허 응시자격에 대한 설명 중 알맞은 것은?

갑. 특수면허는 21세가 되면 누구나 응시할 수 있다.
을. 군 운전경력이 있는 사람은 면허시험의 일부를 면제받을 수 있다.
병. 제2종 면허가 점수 초과로 취소되어도 제1종 면허 응시는 언제나 가능하다.
정. 이륜차 면허에 응시할 수 있는 최소 연령은 16세이다.

해설
운전면허시험의 일부 면제 기준(도로교통법 시행령 제51조 [별표 3])
군복무 중 6개월 이상 군의 차량 등을 운전한 경험이 있는 사람은 면허시험의 일부를 면제받을 수 있다.

41 병 42 갑 43 을 44 병 45 을 46 갑 47 갑 48 병 49 을 정답

50 국제운전면허증에 대한 설명으로 틀린 것은?

갑. 도로교통에 관한 국제협약의 규정에 의한 운전면허증이다.
을. 국내에서는 사용할 수 없다.
병. 운전할 수 있는 차종은 기재된 것으로 제한한다.
정. 유효기간은 1년이다.

해설
국제운전면허증 또는 상호인정운전면허증에 의한 자동차 등의 운전(도로교통법 제96조)
- 외국에서 국제운전면허를 발급받은 사람 또는 상호인정외국면허증으로 운전하는 사람은 여객자동차 운수사업법 또는 화물자동차 운수사업법에 의한 사업용 자동차를 운전할 수 없다(다만, 여객자동차 운수사업법에 의한 대여사업용 자동차를 임차하여 운전하는 경우는 예외이다).
- 운전할 수 있는 자동차의 종류는 면허증에 기재된 것으로 제한한다.
- 상호(우리나라와 외국) 간에 인정하는 협약·협정 또는 약정에 의거하여 국내에서 운전할 수 있다.
- 입국일로부터 1년 동안만 운전할 수 있다.

51 도로에서 도로 이용자의 금지사항에 해당하는 행위는?

갑. 얼어붙은 도로에 소금을 뿌리는 행위
을. 도로상에 방치한 물건을 치우는 행위
병. 표지나 신호기 등을 함부로 파괴·이동·조작하는 행위
정. 운전할 사람에게 술을 마시지 못하게 하는 행위

해설
도로에서의 금지행위 등(도로교통법 제68조)
누구든지 함부로 신호기를 조작하거나 교통안전시설을 철거·이전하거나 손괴하여서는 아니 되며, 교통안전시설이나 그와 비슷한 공작물을 도로에 설치하여서는 아니 된다.

52 도로교통법상 영유아로 규정짓는 기준은?

갑. 7세 미만 을. 6세 미만
병. 5세 미만 정. 4세 미만

해설
어린이 등에 대한 보호(도로교통법 제11조)
영유아는 6세 미만의 사람을 말한다.

53 다음 중 보행자가 횡단할 수 있는 곳은 어디인가?

갑. 횡단시설 없는 도로에서 도로 폭이 가장 좁은 지점
을. 가드레일이 설치된 지점
병. 보행자용 신호가 녹색신호인 횡단보도
정. 보행자용 신호가 적색신호인 횡단보도

해설
도로의 횡단(도로교통법 제10조)
보행자는 횡단보도가 설치되어 있지 아니한 도로에서는 가장 짧은 거리로 횡단하여야 한다.

54 다음 중 보행자의 야간 안전보행 요령에 대한 설명으로 옳은 것은?

갑. 야간에 운전자는 전조등 불빛으로 보행자가 잘 보인다.
을. 야간에는 운전자의 시력과 주의력이 높아진다.
병. 도로횡단 중 중앙부근에 멈추는 일이 없도록 주의하고 횡단한다.
정. 야간에는 흰색 옷보다 검은색 옷이 잘 보인다.

해설
갑 : 야간에 운전자는 전조등 불빛으로 보행자가 잘 보이지 않는다.
을 : 야간에는 운전자의 시력과 주의력이 떨어진다.
정 : 야간에는 검은색 옷보다 흰색 옷이 잘 보인다.

55 신호기에 대한 다음 정의 중 옳은 것은?

갑. 교차로에서 볼 수 있는 모든 등화
을. 주의·규제·지시 등을 표시한 표지판
병. 도로교통의 신호를 위하여 사람이나 전기의 힘에 의하여 조작되는 장치
정. 도로의 바닥에 표시된 기호나 문자, 선 등의 표지

해설
신호기의 정의(도로교통법 제2조)
도로교통에서 문자·기호 또는 등화를 사용하여 진행·정지·방향전환·주의 등의 신호를 표시하기 위하여 사람이나 전기의 힘으로 조작하는 장치

56 다음 중 녹색신호에 대한 설명으로 옳은 것은?

갑. 비보호 좌회전 중 교통에 방해가 된 때에는 교차로 신호위반 책임을 진다.
을. 비보호 좌회전 표시가 있는 곳에서는 좌회전할 수 없다.
병. 보행자는 횡단보도를 횡단할 수 없다.
정. 차마는 다른 교통에 방해되지 않도록 천천히 우회전할 수 있다.

해설
녹색신호
- 보행자는 횡단보도를 횡단할 수 있다.
- 차마는 직진 또는 우회전할 수 있다.
- 비보호 좌회전 표시가 있는 곳에서 차마는 신호에 따르는 다른 교통에 방해가 되지 않을 때에는 좌회전할 수 있다. 다른 교통에 방해가 된 때에는 신호위반의 책임을 지지 않는다.

50 을 51 병 52 을 53 갑 54 병 55 병 56 정 정답

57 **다음 중 적색신호 시 통행방법에 대한 설명으로 틀린 것은?**

갑. 보행자는 횡단해서는 안 된다.
을. 차마의 통행이 없을 때 보행자는 횡단할 수 있다.
병. 차마는 신호에 따라 직진하는 측면 교통에 방해되지 않으면 우회전할 수 있다.
정. 차마는 횡단보도 직전 또는 정지선에서 정지하여야 한다.

해설
적색신호 시 통행방법
- 보행자는 횡단하여서는 아니 된다.
- 차마는 정지선이나 횡단보도가 있을 때에는 그 직전 및 교차로 직전에서 정지하여야 한다.
- 차마는 우회전하려는 경우 정지선, 횡단보도 및 교차로의 직전에서 정지한 후 신호에 따라 진행하는 다른 차마의 교통을 방해하지 않고 우회전할 수 있다.

58 **다음의 노면표시 중 규제표시에 해당하는 것은?**

갑. 비보호좌회전표시 을. 평행주차표시
병. 유도표시 정. 정차금지지대표시

해설
갑 · 을 · 병은 노면표시 중 지시표시에 해당한다.

59 **다음 안전표지의 내용은?**

갑. ㅏ형 교차로 있음
을. T자형 교차로가 있음
병. Y자형 교차로 있음
정. +형 교차로가 있음

해설
안전표지의 종류, 만드는 방식 · 설치 · 관리기준(도로교통법 시행규칙 제8조 제2항 및 제11조 제1호 [별표 6])

60 **자동차 섀시(Chassis)에 대한 설명으로 틀린 것은?**

갑. 차체를 제외한 나머지 부분이며, 주행에 필요한 장치가 설치되어 있다.
을. 차대는 동력전달장치, 엔진, 프레임, 조향장치 등으로 구성되어 있다.
병. 냉각장치, 윤활장치, 연료장치는 차체에 해당된다.
정. 제동장치, 현가장치, 전기장치, 주행장치 등 차대의 중요부분이다.

해설
냉각장치, 윤활장치, 연료장치 등은 섀시(Chassis)에 해당된다.

61 **정기적으로 자동차의 엔진 오일 필터를 교환해야 하는 이유는?**

갑. 엔진 내의 유황분을 제거하기 위해
을. 엔진 내의 습기를 제거하기 위해
병. 유압을 알맞게 조정하기 위해
정. 엔진 오일에 불순물이 함유되지 않도록 하기 위해

해설
엔진 오일 필터를 정기적으로 교환하는 것은 엔진 오일에 불순물이 함유되지 않도록 하기 위해서이다.

62 **다음 중 눈길 또는 빙판길에서의 제동방법으로 옳은 것은?**

갑. 엔진 브레이크로 속도를 감속 후 풋 브레이크를 여러 번에 나누어 밟는다.
을. 풋 브레이크를 세게 한 번 밟는다.
병. 평상시 방법과 같이 브레이크 페달을 밟아서 제동한다.
정. 되도록 급브레이크를 밟아 타이어가 눈을 파헤치고 정지하도록 한다.

해설
눈길 또는 빙판길에서는 엔진 브레이크로 속도를 감속 후 풋 브레이크를 여러 번에 나누어 밟아 제동한다.

63 **대형차의 진동특성에 대한 설명으로 맞는 것은?**

갑. 진동각은 차의 원심력이나 중심 높이와 무관하므로 영향을 받지 않는다.
을. 진동각이 작으면 차량이 전도되기 쉽다.
병. 진동각이 작으면 적재한 화물이 손상되거나 무너지는 원인이 된다.
정. 대형차의 진동각은 일반차보다 크다.

해설
대형차는 진동각이 크면 무너지거나 차량이 전도되기 쉬우므로 차의 중심 높이와 원심력에 영향을 크게 받는다.

64 **자동차 타이어가 펑크 났을 때의 상태로 옳지 않은 것은?**

갑. 뒤 타이어가 펑크 나면 좌우로 기우뚱거리면서 헤엄치는 것 같은 느낌을 준다.
을. 냉각수 온도계기 바늘이 적색 눈금까지 올라간다.
병. 오른쪽 앞 타이어가 펑크 나면 핸들이 오른쪽으로 쏠린다.
정. 왼쪽 앞 타이어가 펑크 나면 핸들이 왼쪽으로 쏠린다.

해설
냉각수 온도계기 바늘이 적색 눈금까지 올라가는 것은 엔진의 힘이 떨어질 때이다(오버히트).

57 을 58 정 59 을 60 병 61 정 62 갑 63 정 64 을 정답

65 주행 중 차에서 LPG나 휘발유냄새가 날 때 응급조치 요령으로 옳지 않은 것은?

갑. 휘발유나 가스가 새는 곳은 강력 테이프 등으로 단단히 감아 임시 조치한다.
을. LPG밸브 연결 부분을 비눗물 등으로 확인하고 휘발유 차량은 엔진룸 연료계통 파이프 등을 살펴본다.
병. 트렁크를 열고 냄새가 심하게 나는지를 확인한다.
정. 정비 직후나 가벼운 접촉사고가 있은 후 이런 일이 있을 경우에는 잠시 휴식을 취한 후 다시 출발한다.

해설
가벼운 접촉사고나 정비 직후에 이런 일이 있으면, 연료계통 파이프 연결부위 등을 살펴 강력 접착테이프로 단단히 감아 임시 조치한다.

66 자동차 팬벨트의 점검사항 중 옳지 않은 것은?

갑. 팬벨트의 한가운데를 눌렀을 때 30mm 이상 눌려야 한다.
을. 팬벨트의 측면마찰로 접촉상태 불량 여부
병. 팬벨트가 너무 느슨하거나 팽팽한지의 여부
정. 팬벨트의 손상 여부

해설
팬벨트의 장력이 7~9mm 정도가 되도록 한다.

67 페이드(Fade)와 베이퍼록(Vaper Lock) 현상에 대한 설명으로 옳지 않은 것은?

갑. 내리막길을 내려갈 때에는 반드시 핸드 브레이크만 사용해야 한다.
을. 페이드 현상 등이 발생하면 대형 사고의 원인이 된다.
병. 페이드란 브레이크를 자주 밟아 마찰열이 브레이크 라이닝 재질을 변화시켜 브레이크가 듣지 않거나 밀리는 현상이다.
정. 베이퍼록이란 브레이크를 자주 밟아 마찰열로 인해 브레이크가 듣지 않는 현상이다.

해설
내리막길을 내려갈 때에는 엔진 브레이크와 풋 브레이크를 같이 사용하는 것이 좋다.

68 화물적재량과 실제 제동거리와의 관계를 설명한 것으로 옳은 것은?

갑. 브레이크가 듣기 시작하여 차바퀴가 정지할 때까지의 시간은 차량의 중량에 관계없이 일정하다.
을. 타이어의 공기압과 트레드가 고르지 못해도 제동거리는 같다.
병. 차량의 중량이 커질수록 실제의 제동거리는 길어진다.
정. 하중의 변화에 따른 앞·뒷바퀴의 정지시간은 같다.

해설
화물적재량과 실제 제동거리와의 관계
- 브레이크가 듣기 시작하여 차바퀴가 정지할 때까지의 시간은 차량의 중량에 따라 변한다.
- 타이어 공기압과 트레드가 고르지 못하면 제동거리는 달라진다.
- 하중변화에 따른 앞·뒷바퀴의 정지시간은 다르다.

69 운전자에게 필요한 가치관으로 틀린 것은?

갑. 질서의식　　을. 양보정신
병. 개인주의　　정. 준법정신

해설
개인주의는 준법정신, 양보정신, 질서의식을 해치는 결과를 가져온다.

70 운전과 관련되는 시각의 특성 중 틀린 것은?

갑. 속도가 빨라질수록 시야의 범위가 넓어진다.
을. 속도가 빨라질수록 시력은 떨어진다.
병. 속도가 빨라질수록 전방주시점은 멀어진다.
정. 운전자는 운전에 필요한 정보의 대부분을 시각을 통하여 획득한다.

해설
속도가 빨라질수록 시야의 범위가 좁아진다.

71 시야와 주변시력에 대한 설명으로 틀린 것은?

갑. 정상적인 시력을 가진 사람의 시야범위는 180~200°이다.
을. 주행 중인 운전자는 주시점을 이동시키거나 머리를 움직여서는 안 된다.
병. 어느 특정한 곳에 주의가 집중되었을 경우의 시야범위는 집중의 정도에 비례하여 좁아진다.
정. 정지한 상태에서 눈의 초점을 고정시키고 양쪽 눈으로 볼 수 있는 범위를 시야라고 한다.

해설
주행 중인 운전자는 주시점을 끊임없이 이동시키거나 머리를 움직여 상황에 대응하는 운전을 해야 한다.

72 다음 중 화물적재에 대한 설명으로 틀린 것은?

갑. 위험물을 운반하는 경우에는 포장과 적재를 적당히 하고 운행한다.
을. 화물이 도로에 떨어져 흩어졌을 경우에는 주변 차량이 알아볼 수 있는 조치와 함께 신속히 제거해야 한다.
병. 모래나 흙, 자갈 등을 적재했을 때에는 반드시 화물 덮개를 씌워야 한다.
정. 적재된 화물이 운행 중 흔들리지 않게 튼튼히 묶어야 하며, 운전 중에는 묶은 끈이나 적재화물의 이상 유무를 수시로 확인해야 한다.

해설
승차 또는 적재의 방법과 제한(도로교통법 제39조)
모든 차의 운전자는 운전 중 실은 화물이 떨어지지 않도록 덮개를 씌우거나 묶는 등 확실하게 고정될 수 있게 필요한 조치를 하여야 한다.

65 정　66 갑　67 갑　68 병　69 병　70 갑　71 을　72 갑 정답

73 **다음 중 대중교통 운전자의 바람직한 태도는?**

갑. 운전교대 시 도로나 차의 상태를 인계하고 인계받은 운전자는 핸들, 브레이크, 그 밖의 기능을 점검할 필요가 없다.
을. 건널목에서 고장으로 움직일 수 없는 경우에는 고칠 때까지 여객을 대기시킨다.
병. 운전자가 위험한 장소를 통과할 경우 승객을 먼저 하차시킨다.
정. 사고 발생 시 응급처치나 유류품의 보고 등은 승객 스스로 힘쓴다.

해설
운전자가 위험한 장소를 통과할 경우 승객을 하차시킬 필요가 있다.

74 **다음 중 서행해야 할 장소가 아닌 곳은?**

갑. 고속도로의 가속차로
을. 가파른 비탈길의 내리막
병. 도로가 구부러진 부근
정. 교통정리가 행하여지고 있지 아니하는 교차로

해설
서행할 장소
- 교통정리를 하고 있지 아니하는 교차로
- 도로가 구부러진 부근
- 비탈길의 고갯마루 부근
- 가파른 비탈길의 내리막
- 시·도경찰청장이 도로에서의 위험을 방지하고 교통의 안전과 원활한 소통을 확보하기 위하여 필요하다고 인정하여 안전표지로 지정한 곳

75 **야간등화에 대한 설명으로 적당하지 않은 것은?**

갑. 대향차의 전조등 불빛으로 눈이 부실 경우 시선을 약간 오른쪽으로 돌린다.
을. 시선은 되도록 멀리 하여 전방의 장애물을 빨리 발견하도록 한다.
병. 대향차의 전조등 불빛으로 도로상의 보행자가 보이지 않는 경우가 있다.
정. 보행자 및 자동차의 통행이 빈번한 시가지에서는 전조등을 상향으로 조정한다.

해설
마주보고 진행하는 경우 등의 등화 조작(도로교통법 시행령 제20조)
보행자 및 자동차 통행이 빈번한 시가지에서는 항상 전조등을 하향 조정한다.

76 **엔진에 불이 났을 경우 조치요령으로 옳지 않은 것은?**

갑. 폭발 위험을 무릅쓰고서라도 계속 진화하여 차량피해를 막아야 한다.
을. 휘발유탱크에 불이 인화되면 폭발할 위험이 있다.
병. 부분적으로 소화가 되면 보닛을 열고 완전 진화한다.
정. 차에 비치한 소화기를 라디에이터 앞부분으로 분사해서 부분적으로 소화를 시킨다.

해설
폭발 위험이 있을 경우에는 그 자리를 피하는 것이 최우선이다.

77 **다음 중 주차금지장소가 아닌 것은?**

갑. 터널 안 및 다리 위
을. 경찰서로부터 10m 이내의 곳
병. 소방용 방화물통으로부터 5m 이내의 곳
정. 화재경보기로부터 5m 이내의 곳

해설
주차금지장소(도로교통법 제33조)
- 터널 안 및 다리 위
- 도로공사를 하고 있는 경우에는 그 공사구역의 양쪽 가장자리로부터 5m 이내인 곳
- 다중이용업소의 영업장이 속한 건축물로 소방본부장의 요청에 의하여 시·도경찰청장이 지정한 곳으로부터 5m 이내인 곳
- 시·도경찰청장이 도로에서의 위험을 방지하고 교통의 안전과 원활한 소통을 확보하기 위하여 필요하다고 인정하여 지정한 곳

78 **이상기후 시 차량운행속도로 틀린 것은?**

갑. 노면이 얼어붙은 때 – 1/2 감속
을. 눈이 20mm 이상 쌓인 때 – 1/2 감속
병. 폭우·폭설·안개 등으로 가시거리가 100m 이내인 때 – 1/2 감속
정. 비가 내려 노면이 젖어있는 경우 – 1/2 감속

해설
자동차 등의 속도(도로교통법 시행규칙 제19조)
최고속도의 100분의 50을 줄인 속도로 운행하여야 할 경우
- 폭우·폭설·안개 등으로 가시거리가 100m 이내인 때
- 노면이 얼어붙은 때
- 눈이 20mm 이상 쌓인 때

79 **주취운전금지에 대한 설명이 아닌 것은?**

갑. 운전자는 음주측정 결과에 절대 불복할 수 없다.
을. 운전자의 음주운전은 대형 교통사고로 이어질 수 있는 가능성이 매우 높다.
병. 운전자가 술에 취한 상태의 기준은 혈액 1mL에 대하여 0.3mg(0.03%) 이상이다.
정. 운전자는 술에 취한 상태에서 자동차 등을 운전해서는 안 된다.

해설
술에 취한 상태에서의 운전 금지(도로교통법 제44조)
술에 취하였는지의 여부를 측정한 결과에 불복하는 운전자에 대하여는 그 운전자의 동의를 얻어 혈액채취 등의 방법으로 다시 측정할 수 있다.

73 병 74 갑 75 정 76 갑 77 을 78 정 79 갑 정답

80 좌석안전띠 착용에 대한 설명으로 틀린 것은?

갑. 좌석안전띠를 매지 않으면 사고 시에 충격으로 큰 피해를 입는다.
을. 질병 등 불가피한 이유가 있는 경우를 제외하고는 동승자에게도 좌석안전띠를 착용케 해야 한다.
병. 옆좌석에 유아가 탄 경우는 좌석안전띠를 매지 않아도 된다.
정. 사고 발생 시 피해를 줄여주고 올바른 운전자세를 갖게 한다.

해설

특정운전자의 준수사항(도로교통법 제50조 제1항), 유아보호용 장구(도로교통법 시행규칙 제30조)
모든 좌석의 동승자에게도 좌석안전띠(영유아인 경우에는 유아보호용 장구를 장착한 후의 좌석안전띠를 말한다)를 매도록 하여야 한다. 영유아가 좌석안전띠를 매어야 할 때에는 안전인증을 받은 유아보호용 장구를 착용하여야 한다.

81 운전자가 앞지르기를 할 때 확인할 사항 중 틀린 것은?

갑. 후면교통의 확인
을. 반대방향의 교통 및 앞차의 전방교통 확인
병. 전방의 안전과 후사경으로 좌후방 및 좌측 확인
정. 앞지르기 금지장소인지의 여부

해설

앞지르기 방법 등(도로교통법 제21조)
앞지르고자 하는 모든 차는 반대방향의 교통 및 앞차의 전방교통에도 충분한 주의를 기울여야 한다.

82 다음 중 반드시 일시정지하여야 할 경우는?

갑. 교통정리가 행하여지고 있지 않는 교통이 빈번한 교차로를 통과할 때
을. 폭이 넓은 도로에서 좁은 도로에 진입할 때
병. 모든 차가 좁은 도로에서 보행자 옆을 지나칠 때
정. 모든 차가 교차로에서 우측으로 방향을 바꿀 때

해설

교차로 통행방법(도로교통법 제25조)
교통정리가 행하여지고 있지 아니하고 일시정지 또는 양보를 표시하는 안전표지가 설치되어 있는 교차로에 들어가려는 모든 차는 일시정지하거나 양보하여 다른 차의 진행을 방해하여서는 아니 된다.

83 다음 중 자동차의 말소등록 신청에 따른 구비서류가 아닌 것은?

갑. 도난으로 인한 경우의 도난신고확인서
을. 자동차등록증
병. 폐차인수증
정. 자동차등록원부 등본

해설

보관한 차의 매각 또는 폐차 등(도로교통법 시행령 제14조)
자동차등록원부 등본은 차를 매각하거나 폐차 시 필요한 구비서류이다.

84 다음 중 사고율이 평균 이하인 고속도로의 특징으로 옳지 않은 것은?

갑. 도로변의 연석이 없다.
을. 선형이 비교적 직선이다.
병. 길어깨가 넓게 포장되어 있다.
정. 램프가 넓고 왼편에 접속된다.

해설

사고율이 평균 이하인 고속도로의 특징
- 넉넉한 도로폭을 가진다.
- 도로변의 연석이 없다.
- 넓게 포장된 길어깨를 가진다.
- 상당히 긴 구간 동안 일관된 차선 수를 가진다.
- 램프는 넓으면서도 오른편에 접속된다.
- 선형이 비교적 직선이다.

85 다음 중 고속도로상에서의 법규위반행위는 무엇인가?

갑. 편도 3차로에서 특수자동차가 3차로로 주행하였다.
을. 고속도로를 보수하기 위하여 도로의 관리자가 주·정차하였다.
병. 긴급자동차가 접근하므로 앞지르기 차로로 서행하였다.
정. 고장으로 길가장자리 구역에 주차하여 위험방지조치를 하였다.

해설

진로 양보의 의무(도로교통법 제20조)
통행의 우선순위상 앞순위의 차가 뒤를 따라 오는 때에는 도로의 우측 가장자리로 피하여 진로를 양보하여야 한다.

86 언덕길 안전운전 방법으로 적당하지 않은 것은?

갑. 언덕길을 오를 때에는 오르기 직전에 3단이나 4단으로 변속한 후 중간에 다시 1단이나 2단으로 기어 변속을 해야 한다.
을. 언덕길 정상부근에서는 반대방향 차량의 확인이 어려우므로 서행한다.
병. 오르막길의 경우 앞차와 너무 가깝게 정지해서는 안 된다.
정. 언덕길을 운전할 경우는 경음기와 전조등으로 자기 차의 주행을 반대방향에서 오는 차에게 알려야 한다.

해설

언덕길을 오를 때에는 오르기 직전에 1단이나 2단의 저속 기어로 변속한 후 중간에 다시 변속하거나 정지하지 않고 오르도록 해야 한다.

80 병 81 갑 82 갑 83 정 84 정 85 병 86 갑 정답

87 견인자동차와 견인방법에 대한 설명으로 옳지 않은 것은?

갑. 견인자동차는 긴급자동차의 특례가 인정된다.
을. 고장난 승용차의 앞바퀴 또는 뒷바퀴를 올리지 않고 견인할 때에는 쇠사슬 등으로 단단히 연결한다.
병. 고장차의 뒷바퀴를 올려서 견인할 때에는 승용차의 조향장치를 차체 중심선에 나란히 고정시킨다.
정. 고장난 승용차의 앞바퀴 또는 뒷바퀴를 견인자동차의 뒤 끝부분에 올려서 견인할 때에는 쇠사슬 등으로 고정시켜야 한다.

해설

정의(도로교통법 제2조)
"긴급자동차"라 함은 소방차·구급차, 혈액 공급차량, 그 밖에 대통령령으로 정하는 자동차로서 그 본래의 긴급한 용도로 사용되고 있는 자동차를 말한다.

88 교통사고 발생 시 운전자의 신고 요령으로 옳지 못한 것은?

갑. 신고시한에 관계없이 아무 때나 신고하면 된다.
을. 차만 손괴되고 도로상 위험방지와 소통조치를 한 때에는 신고의무가 없다.
병. 부상 정도, 사고장소, 사상자 수, 피해 정도 등을 신고한다.
정. 사고현장에서 가장 가까운 경찰관서나 경찰공무원에게 신고한다.

해설

사고발생 시의 조치(도로교통법 제54조)
사고를 낸 운전자는 사고발생 장소, 사상자 수, 부상 정도, 손괴한 물건과 정도, 그 밖의 조치 상황을 경찰공무원이 현장에 있는 때에는 그 경찰공무원에게, 경찰공무원이 없을 때에는 가장 가까운 국가경찰관서에 신고하여 지시를 받는다. 사고발생 신고 후 사고차량의 운전자는 경찰공무원이 현장에 도착할 때까지 대기하면서 경찰공무원이 명하는 부상자 구호와 교통안전상 필요한 사항을 지켜야 한다.

89 교통사고 피해자가 가해차량의 책임보험회사에 직접 보험금을 청구할 때 필요한 구비서류에 해당하지 않는 것은?

갑. 보험금지급청구서
을. 치료비 명세서 및 영수증
병. 병원진단서
정. 주민등록증

해설

가해차량의 책임보험회사에 직접 보험금 청구 시 구비서류
치료비 명세서 및 영수증, 주민등록등본, 보험금지급청구서, 병원진단서, 교통사고 사실확인서, 인감증명서

90 교통사고처리 특례법상 피해자의 의사에 반하여 공소를 제기하지 못하는 경우는?

갑. 보도를 침범하여 보행자에게 중상을 입혔으나 종합보험에 가입하였다.
을. 횡단보도 없는 도로를 횡단하는 보행자에게 중상을 입혔으나 합의하였다.
병. 중앙선침범으로 경상 3명의 인명피해 사고를 냈으나 종합보험에 가입하였다.
정. 신호위반으로 경상 2명의 인명피해 사고를 냈으나 피해자와 합의하였다.

해설

교통사고를 일으킨 차가 피해자와 합의(불벌의사)하거나 전액보상보험(종합보험) 또는 공제에 가입된 경우에는 특례의 적용을 받아 '공소권 없음'으로 형사처벌을 받지 않는다.

91 운전에 악영향을 미치는 약물의 종류가 아닌 것은?

갑. 카페인 성분이 들어있는 녹차
을. 트랭퀼라이저(메스암페타민)
병. 마리화나
정. 항히스타민제

해설

운전에 악영향을 미치는 약물의 종류 및 증세

종 류	증 세
마 약	• 중추신경을 진정시키는 작용으로 졸음과 함께 정신이 집중되지 않고 시력장애 또는 나른함을 느끼게 된다. • 일시적인 쾌감, 도취감, 무감동을 일으킨다. • 습관성이 있기 때문에 사용을 중지하면 극심한 고통이 뒤따른다.
대마초(마리화나)	습관성이 있고 극심한 흥분과 공포에 빠지게 하거나 환각을 일으키는데, 차츰 졸음이 오면서 나중에는 혼수상태가 된다.
항히스타민제	감기, 알레르기성 질환에 사용되는 약물로 중추신경의 진정작용과 함께 부주의, 혼란, 졸음 등의 부작용을 일으키며 사람에 따라 환각증세가 나타나기도 한다.
히로뽕	처음에는 신경자극과 함께 작업능률이 높아지는 경향을 보이지만 나중에는 두통, 어지럼, 집중력 감퇴와 함께 극심한 피로를 일으킨다.
트랭퀼라이저	근육 긴장을 풀어 주거나 정신 불안을 해소하는 등 진정작용을 하지만 많이 사용하면 졸음과 함께 어지럼증, 시력감퇴현상이 생기며 습관성 중독증상을 일으킨다.
카페인성분의 약물	신경을 흥분시켜 일시적으로 졸음과 피로를 덜 수 있으나 멍한 상태에서는 주의력이 결핍되어 더욱 피로해진다.
시너·본드 냄새	졸음과 어지럼, 집중력이 감퇴되며, 심하면 혼수, 인사불성, 환각증세가 나타나기도 한다.
진정제, 신경안정제, 수면제	주로 대뇌의 지각, 운동 중추의 병적 흥분을 억제하는 효과의 약물로, 다량 복용하는 경우 정상적인 기능마저 상실한다.

92 다음 사고요인 중 교통사고 기여율이 가장 높은 것은?

갑. 차량요인 을. 인적 요인
병. 환경요인 정. 도로물리요인

해설

교통사고는 사고요인 중에서 인적 요인을 포함하는 것이 거의 대부분이다.

87 갑 88 갑 89 정 90 을 91 갑 92 을 정답

93 도로를 통행하는 운전자나 보행자가 지켜야 할 사항으로 틀린 것은?

갑. 교통사고를 목격하더라도 사고를 당한 사람을 구호하지 않는다.
을. 방어보행과 방어운전으로 도로를 통행한다.
병. 주위의 교통에 주의하면서 통행한다.
정. 주변사람에게 불쾌감을 주는 일이 없도록 한다.

해설
교통사고를 목격했을 때 사고를 당한 사람을 구호하는 것은 바람직한 행동이다.

94 인공호흡 실시방법에 대한 설명으로 옳지 못한 것은?

갑. 먼저 기도를 개방해야 한다.
을. 매회 1~1.5초간의 불어넣기를 4초 간격으로 실시한다.
병. 부상자의 가슴이 올라오는지 지켜본다.
정. 심폐소생법 실시 후 하는 것이 효과적이다.

해설
인공호흡을 2~3회 실시한 후 반응이 없을 때 심폐소생을 시행한다.

95 자동차소유자가 자동차검사유효기간 만료 후에 계속 사용하고자 할 때 받는 검사의 종류는 무엇인가?

갑. 현장검사 을. 수시검사
병. 임시검사 정. 계속검사

해설
자동차의 계속(정기)검사 : 검사유효기간 만료일을 전후로 15일 이내(자동차등록증에 기재된 것)

96 제1종 보통운전면허로 운전할 수 있는 차량은?

갑. 적재중량 4톤 이상의 소방법에 의한 위험물운반차량
을. 승차정원 15인승 이하 승합자동차
병. 구난차
정. 구난차 등을 제외한 특수자동차

해설
제1종 보통운전면허로 운전할 수 있는 차량(도로교통법 시행규칙 제53조 [별표 18])
• 승용자동차
• 승차정원 15명 이하의 승합자동차
• 적재중량 12톤 미만의 화물자동차
• 건설기계(도로를 운행하는 3톤 미만의 지게차에 한한다)
• 총중량 10톤 미만의 특수자동차(구난차 등은 제외한다)
• 원동기장치자전거

97 무면허운전으로 사람을 사상하고 구조 및 신고조치 없이 도주한 죄로 운전면허가 취소된 경우 운전면허시험 응시결격기간은 얼마인가?

갑. 5년 을. 4년
병. 3년 정. 2년

해설
운전면허의 결격사유(도로교통법 제82조)
무면허운전금지를 위반하여 사람을 사상한 후 사상자를 구호하는 등 필요한 조치를 하지 않은 경우에는 그 위반한 날부터 5년으로 한다.

98 무면허운전에 해당하는 내용 중 옳은 것은?

갑. 제1종 대형면허로 덤프트럭을 운전하는 경우
을. 제1종 대형면허로 긴급자동차를 운전하는 경우
병. 제1종 대형면허로 고속버스를 운전하는 경우
정. 연습면허로 400cc 오토바이를 운전하는 경우

해설
400cc 오토바이를 운전할 경우 제2종 면허부터 가능하다.

99 운전면허시험에 합격한 자는 합격일로부터 며칠 이내에 운전면허증을 교부받아야 하는가?

갑. 45일 이내 을. 30일 이내
병. 15일 이내 정. 14일 이내

해설
운전면허증의 발급 등(도로교통법 시행규칙 제77조)
운전면허시험에 합격한 사람은 그 합격일부터 30일 이내에 운전면허시험을 실시한 경찰서장 또는 도로교통공단으로부터 운전면허증을 발급받아야 하며, 운전면허증을 발급받지 아니하고 운전하여서는 아니 된다.

100 제1종 연습운전면허로 운전할 수 없는 자동차는?

갑. 승차정원 15인 이하의 승합자동차
을. 적재중량 12톤 미만의 화물자동차
병. 승용자동차
정. 원동기장치자전거

93 갑 94 정 95 정 96 을 97 갑 98 정 99 을 100 정 정답

101 다음 중 도로교통의 3요소를 설명한 것으로 틀린 것은?

갑. 도로교통의 3가지 요소 중 사람이 가장 중요하다.
을. 훌륭한 교통환경을 조성하거나 나쁘게 만드는 것도 사람이다.
병. 도로교통의 3가지 요소는 도로환경, 자동차, 사람이다.
정. 교통안전의 확보는 사람보다 교통여건이 더 중요하다.

해설
교통안전의 확보는 사람의 역할이 더 중요하다.

102 도로교통법의 목적을 가장 잘 설명한 것은?

갑. 도로라는 공간의 효율적 이용
을. 교통규칙 위반자에 대한 단속과 처벌
병. 도로교통상 위험과 장해의 방지·제거와 원활한 교통확보
정. 자기 또는 타인의 생명과 재산보호

해설
목적(도로교통법 제1조)
도로교통법은 도로에서 일어나는 교통상의 모든 위험과 장해를 방지하고 제거하여 안전하고 원활한 교통을 확보함을 목적으로 한다.

103 무단횡단 보행자 발견 시 적절한 운전방법은?

갑. 일시정지하여 보행자를 먼저 보내고 통과
을. 노약자의 경우만 보호
병. 옆으로 피해서 통과
정. 경음기를 울리면서 통과

해설
보행자의 보호(도로교통법 제27조)
모든 차 또는 노면전차의 운전자는 보행자가 도로를 횡단하고 있는 때에는 안전거리를 두고 일시정지하여 보행자로 하여금 안전하게 횡단할 수 있도록 하여야 한다.

104 어린이에 대한 교통안전 지도요령으로 틀린 것은?

갑. 자동차를 탈 때는 어른이 먼저 타고 내릴 때는 어린이를 먼저 내리게 한다.
을. 어린이의 사고지점은 집으로부터 1km 이내의 지역에서 많이 발생되므로 어린이의 등·하굣길, 골목길, 놀이터로 가는 길 등에서 위험한 장소를 미리 알려 준다.
병. 어린이가 도로나 건널목을 횡단하려고 할 때에는, 주위에 있는 어른들은 어린이가 안전하게 횡단할 수 있도록 도와준다.
정. 어린이가 유치원이나 학교에 갈 때에는 시간적 여유가 있게 보내며, 또한 잊은 물건이 없도록 준비해 준다.

해설
자동차를 탈 경우는 어린이를 먼저 태우고, 내릴 때에는 어른이 먼저 내리도록 한다.

105 신호기의 신호가 정지신호인데, 경찰공무원 등이 진행신호를 한 경우 어떻게 해야 하나?

갑. 경찰공무원 등의 진행신호에 따라 진행한다.
을. 신호기의 신호가 진행신호가 될 때까지 기다린다.
병. 경찰공무원 등의 진행신호나 신호기의 신호 중에 하나를 선택한다.
정. 신호기의 신호에 따른다.

해설
안전표지의 신호나 지시가 경찰공무원의 것과 다른 때는 경찰공무원의 신호나 지시에 따른다.

106 횡단보도 보행자용 신호등이 녹색등화의 점멸일 때 보행자의 통행방법으로 옳지 않은 것은?

갑. 횡단을 중지하고 돌아온다.
을. 횡단을 시작하여야 한다.
병. 횡단을 시작해서는 안 된다.
정. 횡단 중인 자는 신속히 횡단을 완료한다.

해설
신호기가 표시하는 신호의 종류 및 신호의 뜻(도로교통법 시행규칙 제6조 제2항 [별표 2])
보행자는 횡단을 시작해서는 안 되며, 이미 횡단하고 있는 보행자는 신속하게 횡단을 완료하거나 중지하고 보도로 되돌아와야 한다.

107 차량신호등의 신호 순서로 틀린 것은?

갑. 차량등의 사색등화 : 녹색 → 황색 → 적색·녹색화살표 → 적색·황색 → 적색
을. 차량등의 삼색등화 : 녹색 → 적색 → 황색
병. 차량등의 삼색등화 : 녹색화살표 → 황색화살표 → 적색화살표
정. 보행등의 이색등화 : 녹색 → 녹색점멸 → 적색

해설
차량등의 삼색등화 순서(도로교통법 시행규칙 제7조 제2항 [별표 5])
녹색등화(적색 및 녹색화살표) → 황색등화 → 적색등화

108 다음 안전표지 중 주의표지에 해당하는 것은 무엇인가?

갑. 우선도로 표지　　을. 차간거리확보 표지
병. 양보 표지　　정. 좌회전 표지

해설
안전표지의 종류, 만드는 방식, 설치하는 장소·기준 및 표시하는 뜻(도로교통법 시행규칙 제8조 제2항 및 제11조 제1호 [별표 6])
을·병 : 규제표지
정 : 지시표지

정답 101 정 102 병 103 갑 104 갑 105 갑 106 을 107 을 108 갑

109 다음 안전표지의 종류는 무엇인가?

갑. 회전형 교차로 표지
을. 3방향 표지
병. 과속방지턱 표지
정. 내리막경사 표지

해설
안전표지의 종류, 만드는 방식 · 설치 · 관리기준(도로교통법 시행규칙 제8조 제2항 및 제11조 제1호 [별표 6])

110 자동차 엔진 오일의 점검요령으로 틀린 것은?

갑. 오일레벨게이지를 뽑아내어 오일을 닦고 다시 끼운다.
을. 오일량이 감소할 것을 감안하여 L 눈금에 있도록 하면 더욱 좋다.
병. 오일량이 오일레벨게이지의 F와 L 사이에 있으면 정상이다.
정. 오일레벨게이지를 다시 뽑아 오일이 묻은 곳을 확인한다.

해설
엔진 오일은 오일레벨게이지의 L 눈금에 있으면 좋지 않다.

111 자동차 클러치의 필요성을 만족시키는 조건으로 잘못된 것은?

갑. 단속이 확실하며 쉽고 클러치 작용이 원활해야 한다.
을. 방열이 잘 되고 과열되지 말아야 한다.
병. 회전 부분의 평형이 양호해야 한다.
정. 회전관성이 커야 한다.

해설
클러치의 필요성
- 차량의 관성주행을 위한 회전력의 차단
- 엔진을 무부하로 시동시키고 회전력을 천천히 구동차륜에 전달

112 겨울철 빙판길의 안전운전방법이 아닌 것은?

갑. 빙판길이나 눈길을 통행할 때에는 눈길용 타이어를 끼우거나 타이어 체인을 감아야 한다.
을. 응달이나 다리 위 또는 터널 부근은 빙판이 되기 쉬운 장소이므로 주의한다.
병. 차체가 미끄러지면 급핸들 조작을 하여 위험을 방지한다.
정. 커브길에서 기어변속이나 브레이크를 밟는 것은 위험하다.

해설
비에 젖은 노면이나 빙판길에서는 제동력이 낮아지게 되므로 미끄러져 나가는 거리가 더 길어진다. 따라서 급핸들 조작은 더 큰 위험을 불러올 수 있다.

113 자동차의 냉각수 점검요령으로 바르지 못한 것은?

갑. 냉각수가 가득 채워져 있는지 확인한다.
을. 라디에이터 캡을 열고 냉각수의 양을 확인한다.
병. 엔진을 켜 놓은 상태에서 점검하는 것이 좋다.
정. 라디에이터와 연결부위인 상하 2개의 고무가 변형되었는지 확인한다.

해설
냉각수 점검을 할 때에는 엔진을 꺼 놓은 상태에서 하는 것이 좋다.

114 자동차 타이어의 공기압력에 대한 설명으로 적절한 것은?

갑. 규정압력보다 약간 낮은 것이 좋다.
을. 도로상태에 따라 조절하는 것이 좋다.
병. 규정압력이어야 한다.
정. 높을수록 좋다.

해설
타이어의 공기압력은 타이어의 수명과 자동차의 승차감에 큰 영향을 줄 뿐만 아니라 점검 및 취급 상태가 나쁘면 사고와 직결되므로 타이어의 크기나 용도에 따라 규정된 공기압력을 넣어야 한다.

115 교통사고 발생 시 조치 요령으로 적당하지 않은 것은?

갑. 교통사고의 현장에 있는 사람은 부상자 구호나 사고차량 이동에 대해 무관하므로 관여하면 곤란하다.
을. 피해자가 병원 가기를 거부하는 경우에는 상호 연락장소를 기록하여 사후에 대비한다.
병. 인명피해 발생 시는 아무리 경미하더라도 병원으로 옮겨 진단 · 조치한다.
정. 물적 피해만 발생된 사고의 경우 합의가 이루어진 때는 경찰에 신고하지 않아도 된다.

해설
교통사고의 현장에 있는 사람은 사고차량의 이동, 부상자의 구호에 대하여 솔선하여 협력해야 한다.

116 다음 중 충전경고등이 들어왔을 때 조치방법으로 틀린 것은?

갑. 팬벨트에 이상이 없는 데도 경고등이 들어오면 정비공장에 의뢰한다.
을. 팬벨트가 늘어졌을 경우에는 발전기의 조정 볼트 · 너트를 돌려 팬벨트의 늘어짐이 7~9mm 정도가 되도록 한다.
병. 팬벨트가 끊어졌을 경우에는 고무줄 등으로 단단히 묶는다.
정. 라디에이터나 히터 호스에서 냉각수가 샐 때이므로 정비공장에 의뢰한다.

해설
충전경고등이 들어오는 이유는 발전기에서 축전지로 충전이 안 된다는 뜻이다.

109 갑 110 을 111 정 112 병 113 병 114 병 115 갑 116 정 정답

117 자동차 타이어의 이상 마모 시 일어나는 현상으로 틀린 것은?

갑. 소음이 발생한다.
을. 연료가 절감된다.
병. 타이어 한쪽 부분이 마모된다.
정. 진동이 발생한다.

해설
자동차 타이어의 이상 마모 시에는 연료가 많이 소비된다.

118 다음 중 정지거리에 대한 설명으로 옳지 않은 것은?

갑. 자동차의 도로여건 · 무게 · 주행속도에 따라 차이가 있다.
을. 제동거리와 공주거리를 합한 값으로 표시된다.
병. 위험을 발견하고 브레이크 페달을 밟아 차가 완전히 정지한 때까지의 거리
정. 위험을 인지하고 브레이크가 걸리기 직전까지 자동차가 진행한 거리

해설
정 : 공주거리에 대한 설명이다.

119 양보정신에 대한 설명으로 틀린 것은?

갑. 각자 자신의 편리를 위해 운전하는 정신이다.
을. 모든 도로 이용자가 양보정신을 가질 때 명랑한 교통환경이 이루어진다.
병. 도로를 이용하는 사람이 상대방의 입장에서 길을 비켜주는 마음이다.
정. 양보에는 상대방과의 정확한 의사소통이 필요하다.

해설
양보정신이란 상대방 입장에서 교통법규를 이행하고 교통질서를 지키는 마음이다.

120 시각의 특성 중 현혹에 대한 내용으로 맞는 것은?

갑. 현혹상태에서는 속도를 빨리하여 진행해야 한다.
을. 밝은 곳에서 갑자기 어두운 곳으로 이동하면 한순간 시력을 잃었다가 회복되는 현상
병. 어두운 곳에서 갑자기 밝은 곳으로 이동하면 한순간 시력을 잃었다가 회복되는 현상
정. 야간에 마주 오는 차의 불빛을 정면으로 받으면 한순간 시력을 잃어버리는 현상

해설
야간에 마주 오는 차의 전조등을 직접 보게 되면 눈부심 때문에 한순간 시력을 잃어버리는 경우를 '현혹 현상'이라 하며, 뒤따르는 차의 전조등이 룸미러에 반사되어 일어나기도 한다

121 정지시력에 대한 정의로 맞는 것은?

갑. 아주 밝은 상태에서 1/2인치 크기의 글자를 20피트 거리에서 읽을 수 있는 사람의 시력
을. 아주 밝은 상태에서 1/2인치 크기의 글자를 30피트 거리에서 읽을 수 있는 사람의 시력
병. 아주 밝은 상태에서 1/3인치 크기의 글자를 20피트 거리에서 읽을 수 있는 사람의 시력
정. 아주 밝은 상태에서 1/3인치 크기의 글자를 30피트 거리에서 읽을 수 있는 사람의 시력

해설
'정지시력'이란 아주 밝은 상태에서 1/3인치(1.85cm) 크기의 글자를 20피트(6.10m) 거리에서 읽을 수 있는 사람의 시력을 말하며 정상시력은 20/20으로 나타낸다.

122 자동차의 화물적재 요령으로 틀린 것은?

갑. 위험물 운반 시에는 안전하게 적재하고 '위험물운반 중' 표지를 부착한다.
을. 모래 · 흙 · 자갈 등을 적재했을 때에는 화물 덮개를 안 씌워도 된다.
병. 화물이 떨어진 때에는 필요한 안전조치와 함께 신속히 제거한다.
정. 안전기준을 넘는 화물을 수송하는 경우에는 화물의 끝에 빨간 헝겊의 표지를 부착한다.

해설
덮개는 화물이 흔들리지 않도록 묶어야 하며 운전 중 묶은 끈 등을 수시로 확인한다.

123 자동차의 통행방법으로 틀린 것은?

갑. 자동차가 보 · 차도의 구분이 없는 도로에서는 좌측으로 통행할 수 있다.
을. 자동차는 보도를 통행할 수 있다.
병. 자동차는 일방통행로에서는 중앙 좌 · 우측에 관계없이 통행할 수 있다.
정. 자동차는 앞차를 앞지르고자 하는 경우에는 도로의 중앙 좌측으로 통행할 수 있다.

해설
차마의 통행(도로교통법 제13조)
차마의 운전자는 도로(보도와 차도가 구분된 도로에서는 차도)의 중앙(중앙선이 설치되어 있는 경우에는 그 중앙선을 말한다)으로부터 우측 부분을 통행하여야 한다.

117 을 118 정 119 갑 120 정 121 병 122 을 123 갑 정답

124 진행 중 서행하려고 할 때 운전자의 수신호 방법으로 알맞은 것은?

갑. 팔을 차체 밖으로 내어 45° 밑으로 펴서 상하로 흔들 것
을. 팔을 차체 밖으로 내어 수평으로 펼 것
병. 팔을 차체 밖으로 내어 45° 밑으로 펼 것
정. 팔을 차체 밖으로 내어 수평으로 펴고 앞뒤로 흔들 것

125 다음 중 야간에 반드시 켜야 하는 등화로 옳은 것은?

갑. 견인되는 차는 미등·차폭등을 켠다.
을. 승합자동차는 실내조명, 차폭등, 미등, 번호등, 전조등 등을 켠다.
병. 원동기장치자전거는 번호등을 켠다.
정. 자가용 승용차는 실내조명등을 켠다.

해설

밤에 도로에서 차를 운행하는 경우 등의 등화(도로교통법 시행령 제19조)
- 자동차는 자동차안전기준에서 정하는 전조등·차폭등·미등·번호등과 실내조명등(실내조명등은 승합자동차와 여객자동차 운수사업법에 의한 여객자동차운송사업용 승용자동차에 한한다)
- 원동기장치자전거는 전조등 및 미등
- 견인되는 차는 미등·차폭등 및 번호등

126 자동차의 승차기준으로 틀린 것은?

갑. 출발지 경찰서장의 허가를 받은 경우에는 승차인원을 초과할 수 있다.
을. 모든 차의 운전자는 승차인원을 넘어서 운행할 수 없다.
병. 시내버스의 승차인원은 승차정원의 13할 이내이다.
정. 시외버스의 승차인원은 승차정원의 11할 이내이다.

해설

시내버스의 승차인원은 승차정원의 11할 이내이다.

127 주·정차방법에 대한 설명으로 틀린 것은?

갑. 버스가 정류장에 정차한 때에는 3분 내에 출발해야 한다.
을. 안전표지로 주·정차방법을 지정한 때에는 그 방법에 따라야 한다.
병. 보도와 차도의 구별이 없는 도로에서는 도로의 우측 가장자리로부터 50cm 이상 거리를 두고 세운다.
정. 보도와 차도의 구별이 있는 도로에서는 차도의 우측 가장자리에 세운다.

해설

버스가 정류장 등에 정차한 때에는 승객이 타거나 내린 즉시 출발하여야 한다.

128 이상기후 시 최고속도의 100분의 20을 감속해야 하는 경우는?

갑. 노면이 얼어붙는 때
을. 눈이 20mm 이상 쌓인 때
병. 눈이 20mm 미만 쌓인 때
정. 폭우·폭설·안개 등으로 가시거리가 100m 이내일 때

해설

자동차 등의 속도(도로교통법 시행규칙 제19조)
최고속도의 100분의 20을 감속해야 하는 경우는 비가 내려 노면이 젖어 있는 때, 눈이 20mm 미만 쌓인 때이다.

129 술이 취한 상태의 운전과 관련된 설명 중 틀린 것은?

갑. 주취한 상태에서 운전 중 인명피해사고를 내면 운전면허 취소가 된다.
을. 경찰공무원의 측정 요구에 불응하면 무조건 처벌된다.
병. 혈중 알코올 농도가 0.08% 이상이면 면허가 취소된다.
정. 혈중 알코올 농도가 0.03% 이상이면 면허정지의 처분을 받는다.

해설

벌칙(도로교통법 제148조의 2)
술에 취한 상태에 있다고 인정할 만한 상당한 이유가 있는 사람으로서 경찰공무원의 측정에 응하지 아니한 사람(자동차 등 또는 노면전차를 운전한 경우로 한정한다)은 1년 이상 5년 이하의 징역이나 500만원 이상 2천만원 이하의 벌금에 처한다.

130 다음 중 좌석안전띠를 매지 않아도 되는 사유로 알맞지 않은 것은?

갑. 행정공무원이 급한 업무로 차를 운행할 경우
을. 자동차를 후진시키기 위하여 운전할 경우
병. 신체의 상태에 의하여 좌석안전띠의 착용이 적당하지 아니하다고 인정되는 자가 운전을 하거나 승차하는 경우
정. 긴급자동차가 그 본래의 용도로 운행되고 있는 경우

해설

좌석안전띠 미착용 사유(도로교통법 시행규칙 제31조)
- 부상·질병·장애 또는 임신 등으로 인하여 좌석안전띠의 착용이 적당하지 아니하다고 인정되는 자가 자동차를 운전하거나 승차하는 때
- 자동차를 후진시키기 위하여 운전하는 때
- 신장·비만·그 밖의 신체의 상태에 의하여 좌석안전띠의 착용이 적당하지 아니하다고 인정되는 자가 운전하거나 승차하는 때
- 긴급자동차가 그 본래의 용도로 운행되고 있는 때
- 경호 등을 위한 경찰용 자동차에 의하여 호위되거나 유도되고 있는 자동차를 운전하거나 승차하는 때
- 국민투표법 및 공직선거관계법령에 의하여 국민투표운동·선거운동 및 국민투표·선거관리업무에 사용되는 자동차를 운전하거나 승차하는 때
- 우편물의 집배, 폐기물의 수집, 기타 빈번히 승강하는 것을 필요로 하는 업무에 종사하는 자가 해당 업무를 위하여 자동차를 운전하거나 승차하는 때
- 여객자동차 운수사업법에 의한 여객자동차운송사업용 자동차의 운전자가 승객의 주취·약물복용 등으로 좌석안전띠를 매도록 할 수 없거나 승객에게 좌석안전띠 착용을 안내하였음에도 불구하고 승객이 착용하지 않는 때

124 갑 125 을 126 병 127 갑 128 병 129 을 130 갑 정답

131 교통정리가 행하여지고 있지 아니하는 교차로에서의 통행 우선순위는?

갑. 폭넓은 도로차 → 이미 진입한 차 → 우측 도로차
을. 이미 진입한 차 → 폭넓은 도로차 → 우측 도로차
병. 이미 진입한 차 → 우측 도로차 → 폭넓은 도로차
정. 우측 도로차 → 폭넓은 도로차 → 이미 진입한 차

해설
신호등이 없는 교차로에서 통행 우선순위
긴급자동차 등 통행우선권이 있는 차 → 먼저 교차로에 진입한 차 → 폭넓은 도로에서 진입한 차 → 우측 도로에서 진입한 차

132 자동차가 도로 이외의 장소에 출입하기 위해 보도를 횡단하려고 하는 경우는 어떻게 해야 하나?

갑. 보도 직전에 일시정지하여 보행자의 통행을 방해하여서는 안 된다.
을. 보행자가 있어도 차마가 우선 출입한다.
병. 보행자가 없을 경우에는 서행한다.
정. 보행자 유무에 구애받지 않는다.

해설
도로 이외의 장소에 출입하기 위해 보도를 횡단하려고 하는 경우 차마는 보도를 횡단하기 직전에 일시정지하여 보행자의 통행을 방해하지 아니하도록 하여야 한다.

133 다음 중 제1종 운전면허의 종류로 틀린 것은?

갑. 경 형　　을. 소 형
병. 보 통　　정. 대 형

해설
제1종 운전면허(도로교통법 시행규칙 제53조 [별표 18])
- 대형면허
- 보통면허
- 소형면허
- 특수면허

134 제1종 소형면허로 운전할 수 있는 차량이 아닌 것은?

갑. 원동기장치자전거
을. 3륜승용자동차
병. 이륜자동차
정. 3륜화물자동차

해설
제1종 소형면허(도로교통법 시행규칙 제53조 [별표 18])
- 3륜화물자동차
- 3륜승용자동차
- 원동기장치자전거

135 4차로인 중부고속도로에서의 법정속도가 틀린 것은?

갑. 화물자동차, 특수자동차, 건설기계의 최고속도 매시 100km
을. 승용자동차, 고속버스의 최저속도 매시 50km
병. 승용자동차, 고속버스의 최고속도 매시 110km
정. 화물자동차, 특수자동차, 건설기계의 최저속도 매시 50km

해설
자동차 등의 속도(도로교통법 시행규칙 제19조)
편도 2차로 이상인 중부고속도로에서 1.5톤 초과 화물차, 특수차, 위험물운반차, 건설기계의 최고속도는 매시 80km이다.

136 산길이나 언덕 또는 낭떠러지 도로에서의 안전운전 요령으로 틀린 것은?

갑. 산길 주행 시 길가장자리가 내려앉거나 움푹 패인 곳에 접근하지 않도록 한다.
을. 한쪽이 낭떠러지로 된 도로에서는 낭떠러지 쪽의 차가 일시정지하여 양보한다.
병. 언덕길에서는 빈차가 사람 또는 화물을 실은 차에게 양보한다.
정. 언덕길에서는 내려오는 차가 올라가는 차에게 양보한다.

해설
언덕길에서는 올라가는 차가 내려오는 차에게 도로의 우측 가장자리로 피하며 양보해야 한다.

137 택시로 생명이 위급한 환자를 우송할 때 긴급자동차의 우선 및 특례를 적용 받으려면?

갑. 야간에 켜는 등화를 켜고 경음기를 울려야 한다.
을. 택시는 긴급자동차의 우선 및 특례적용을 받을 수 없다.
병. 전조등을 켜거나 사이렌을 울려야 한다.
정. 반드시 제1종 대형면허로 운전해야 한다.

138 교통사고 현장에서 해야 할 일 중 옳지 않은 것은?

갑. 현장보존을 위하여 가능한 한 부상자를 사고현장에 그대로 두어야 한다.
을. 휘발유가 새는지, 엔진이 작동 중인지 살피고 전원스위치를 끈다.
병. 부상자 주변의 위험요소를 제거한다.
정. 비상점멸등을 켜서 전·후방에서 오는 차량에게 사고를 알린다.

해설
후속 사고의 우려가 있을 경우에는 부상자를 안전한 장소로 이동시킨다.

131 을 132 갑 133 갑 134 병 135 갑 136 정 137 병 138 갑 정답

139 교통사고를 야기시킨 운전자가 피해자와 합의하거나 종합보험에 가입 시 처벌되지 않는 경우는?

갑. 중요항목 위반으로 인한 인명피해 사고
을. 운행 중인 차만을 손괴한 경우
병. 사망 사고
정. 뺑소니 사고

140 교통사고처리 특례법상 건널목 통과방법위반 사고로 틀린 것은?

갑. 건널목 직전에서 일시정지하지 않고 진행하다가 일어난 사고
을. 건널목의 경보기가 울리고 있을 때 진행 중 일어난 사고
병. 건널목의 차단기가 내려져 있거나 내려지려고 하는 때 진행 중 일어난 사고
정. 건널목 신호기 또는 간수의 신호에 따라 진행 중 일어난 사고

해설
모든 차는 철길건널목을 통과하고자 하는 때에는 그 건널목 앞에서 일시정지하여 안전함을 확인한 후에 통과하여야 한다.

141 교통사고를 좌우하는 요소가 아닌 것은?

갑. 도로 및 교통조건
을. 교통통제조건
병. 차량을 운전하는 운전자
정. 차량의 이용자

해설
교통사고는 차량을 운전하는 운전자와 도로 및 교통조건, 교통통제조건에 따라 크게 좌우된다.

142 다음에서 운전 중 갖추어야 할 요건이라고 보기 어려운 것은?

갑. 정확한 결정
을. 민첩한 행동
병. 냉철한 판단
정. 운전의 과신

해설
정 : 운전의 과신은 교통사고의 인적 원인이다.

143 다음에서 인공호흡을 실시하는 경우는?

갑. 입이 닫히지 않은 경우
을. 심장의 운동이 멈춘 경우
병. 맥박이 멈춘 상태인 경우
정. 기도를 확보했는데도 호흡하지 않는 경우

해설
기도를 확보했는데도 호흡하지 않을 때에는 즉시 인공호흡을 해야 한다.

144 다음 중 무면허운전에 해당하는 것은?

갑. 임시운전증명서를 소지하고 운전한 경우
을. 면허증을 분실하여 출석지시서를 소지하고 운전한 경우
병. 제1종 보통면허를 소지하고 소형견인차를 운전한 경우
정. 범칙금 납부통고서를 소지하고 운전한 경우

해설
특수면허 소지자는 대형견인차, 소형견인차, 구난차 등을 운전할 수 있는 차량 등을 운전할 수 있다.

145 다음 중 운전면허증 반납에 관한 설명으로 틀린 것은?

갑. 운전면허가 취소된 경우에는 반납한다.
을. 운전면허 분실신고 후 분실된 면허증을 찾았을 때는 반납한다.
병. 면허증이 닳아서 못 쓰게 되면 반납한다.
정. 운전면허의 효력이 정지된 때 반납한다.

해설
운전면허증의 반납(도로교통법 제95조)
- 운전면허가 취소된 때
- 운전면허증을 잃어버리고 다시 발급받은 후 그 잃어버린 운전면허증을 찾은 때
- 연습운전면허증을 받은 사람이 제1종 보통면허증 또는 제2종 보통면허증을 받은 때
- 운전면허의 효력이 정지된 때
- 운전면허증 갱신을 받은 경우

146 다음 중 운전면허 취소사유에 해당되지 않는 경우는?

갑. 단속경찰관을 폭행하여 구속된 때
을. 허위·부정한 수단으로 운전면허증을 교부받은 때
병. 중앙선침범으로 경상 3명의 교통사고를 일으킨 때
정. 등록되지 아니하거나 임시운행허가를 받지 아니한 승용자동차를 운전한 경우

139 을 140 정 141 정 142 정 143 정 144 병 145 병 146 병 정답

교육은 우리 자신의 무지를 점차 발견해 가는 과정이다.

– 윌 듀란트 –

기능강사
기능검정원

제 2 과목

전문학원 관계법령

핵심이론 + 적중예상문제

기능강사
기능검정원

기출예상문제

제 2 과목 | 전문학원 관계법령

01 도로교통법

1 기본개념

1. 도로의 개념

"도로"라 함은 「도로법」에 의한 도로, 「유료도로법」에 의한 유료도로, 「농어촌도로 정비법」에 따른 농어촌도로, 그 밖에 현실적으로 불특정 다수의 사람 또는 차마의 통행을 위하여 공개된 장소로서 안전하고 원활한 교통을 확보할 필요가 있는 장소를 말한다.

(1) 도로법에 의한 도로

일반인의 교통을 위하여 제공되는 도로로서 고속국도, 일반국도, 특별시도·광역시도, 지방도, 시도, 군도, 구도로 그 노선이 지정 또는 인정된 도로를 말하는바, 이러한 요건을 갖추지 못한 것은 「도로법」 상의 도로가 아니다.

(2) 유료도로법에 의한 유료도로

통행료 또는 사용료를 받는 도로를 말한다.

※ "유료도로"라 함은 「유료도로법」 또는 「사회기반시설에 대한 민간투자법」 제26조의 규정에 따라 통행료 또는 사용료를 받는 도로를 말한다.

(3) 그 밖의 일반교통에 사용되는 곳

일반적으로 도로가 되기 위해서는 4가지 조건이 있다.

① 형태성 : 차로의 설치, 비포장의 경우에는 노면의 균일성 유지 등으로 자동차, 기타 운송수단의 통행에 용이한 형태를 갖추고 있는 곳

② 이용성 : 사람의 왕래, 화물의 수송, 자동차 운행 등 공중의 교통영역으로 이용되고 있는 곳

③ 공개성 : 공중교통에 이용되고 있는 불특정 다수인 및 예상할 수 없을 정도로 바뀌는 숫자의 사람을 위해 이용이 허용되고 실제 이용되고 있는 곳

④ 교통경찰권 : 공공의 안전과 질서유지를 위하여 교통경찰권이 발동될 수 있는 곳

2. 차와 자동차의 구분

(1) 자동차와 차의 구분

「도로교통법」은 차와 자동차의 개념을 달리 규정한다. 이는 도로상에서의 운전과 그로 인한 단속, 행정처분, 사고처리 등의 한계를 위해서이다.

(2) 차

"차"라 함은 자동차·건설기계·원동기장치자전거·자전거 또는 사람이나 가축의 힘 그 밖의 동력에 의하여 도로에서 운전되는 것으로, 철길 또는 가설된 선에 의하여 운전되는 것과 유모차, 보행보조용 의자차, 노약자용 보행기 등 행정안전부령으로 정하는 기구·장치는 제외한다.

① 전동차·기차 등 궤도차, 항공기, 선박, 케이블 카, 소아용의 자전거(세발자전거 등), 유모차 그리고 보행보조용 의자차 등은 차에 해당되지 않는다.

② 사람이 끌고 가는 손수레는 사람의 힘으로 운전되는 것으로서 차에 해당한다. 따라서 사람이 끌고 가는 손수레가 보행자를 충격하였을 때는 차에 해당하고, 손수레 운전자를 다른 차량이 충격하였을 때는 보행자로 본다.

(3) 자동차(도로교통법 제2조 제18호)

"자동차"라 함은 철길이나 가설된 선에 의하지 아니하고 원동기를 사용하여 운전되는 차(견인되는 자동차도 자동차의 일부로 본다)로서 「자동차관리법」 제3조의 규정에 의한 승용·승합·화물·특수·이륜자동차 및 「건설기계관리법」 제26조 제1항 단서의 규정에 의한 건설기계를 말한다.

(4) 원동기장치자전거(도로교통법 제2조 제19호)

"원동기장치자전거"라 함은 「자동차관리법」 제3조의 규정에 의한 이륜자동차 중 배기량 125cc 이하(전기를 동력으로 하는 경우에는 최고정격출력 11kW 이하)의 이륜자동차와 그 밖에 배기량 125cc 이하(전기를 동력으로 하는 경우에는 최고정격출력 11kW 이하)의 원동기를 단 차(「자전거 이용 활성화에 관한 법률」 제2조 제1호의2에 따른 전기자전거는 제외한다)를 말한다.

3. 운 전

도로에서 차마 또는 노면전차를 그 본래의 사용방법에 따라 사용하는 것(조종 또는 자율주행시스템을 포함)을 말한다.

2 신호기 및 안전표지

※ 1과목 참조

3 통행구분 및 속도

※ 1과목 참조

4 속도와 안전거리

1. 도로별·차로 수별 속도(도로교통법 시행규칙 제19조 제1항)

※ 1과목 참조

2. 이상기후 시의 운행 속도(도로교통법 시행규칙 제19조 제2항)

※ 1과목 참조

3. 속도의 제한(도로교통법 제17조, 도로교통법 시행규칙 제19조 제3항)

(1) 자동차 등과 노면전차의 도로 통행 속도는 행정안전부령으로 정한다.

(2) 경찰청장이나 시·도경찰청장은 도로에서의 위험을 방지하고 교통의 안전과 원활한 소통을 확보하기 위하여 필요하다고 인정하는 경우에는 다음의 구분에 따라 구역이나 구간을 지정하여 규정에 의하여 정한 속도를 제한할 수 있다.
① 경찰청장 : 고속도로
② 시·도경찰청장 : 고속도로를 제외한 도로

(3) 자동차 등과 노면전차의 운전자는 규정에 의한 최고속도보다 빠르게 운전하거나 최저속도보다 느리게 운전하여서는 아니 된다. 다만, 교통이 밀리거나 그 밖의 부득이한 사유로 최저속도보다 느리게 운전할 수밖에 없는 경우에는 그러하지 아니하다.

(4) 경찰청장 또는 시·도경찰청장이 (2)에 따라 구역 또는 구간을 지정하여 자동차 등과 노면전차의 속도를 제한하려는 경우에는 「도로의 구조·시설기준에 관한 규칙」 제8조에 따른 설계속도, 실제 주행속도, 교통사고 발생 위험성, 도로주변 여건 등을 고려하여야 한다.

5 서행 및 일시정지 등

구 분	의 미	이행 내용
서 행	차가 즉시 정지할 수 있는 느린 속도로 진행하는 것을 의미(위험을 예상한 상황적 대비)	〈서행하여야 하는 경우〉 ① 교차로에서 좌·우회전할 때 각각 서행(법 제25조 제1·2항) ② 모든 차의 운전자는 회전교차로에 진입하려는 경우에는 서행하거나 일시정지(제25조의2 제2항) ③ 교통정리를 하고 있지 아니하는 교차로에 들어가려고 하는 차의 운전자는 그 차가 통행하고 있는 도로의 폭보다 교차하는 도로의 폭이 넓은 경우에는 서행(법 제26조 제2항) ④ 모든 차의 운전자는 도로에 설치된 안전지대에 보행자가 있는 경우와 차로가 설치되지 아니한 좁은 도로에서 보행자의 옆을 지나는 경우에는 안전한 거리를 두고 서행(법 제27조 제4항) 〈서행하여야 하는 장소(법 제31조 제1항)〉 ① 교통정리를 하고 있지 아니하는 교차로 ② 도로가 구부러진 부근 ③ 비탈길의 고갯마루 부근 ④ 가파른 비탈길의 내리막 ⑤ 시·도경찰청장이 필요하다고 인정하여 안전표지로 지정한 곳
정 지	자동차가 완전히 멈추는 상태, 즉 당시의 속도가 0km/h인 상태로서 완전한 정지상태의 이행	① 차량신호등이 황색등화인 경우 차마는 정지선이 있거나 횡단보도가 있을 때에는 그 직전이나 교차로의 직전에 정지(시행규칙 [별표 2]) ② 차량신호등이 적색등화인 경우 차마는 정지선, 횡단보도 및 교차로의 직전에서 정지(시행규칙 [별표 2])
일시 정지	반드시 차가 멈추어야 하되, 얼마간의 시간 동안 정지 상태를 유지해야 하는 교통상황의 의미(정지 상황의 일시적 전개)	① 차마의 운전자는 보도와 차도가 구분된 도로에서 도로 외의 곳을 출입할 때에는 보도를 횡단하기 직전에 일시정지(법 제13조 제2항) ② 모든 차 또는 노면전차의 운전자는 철길건널목(건널목)을 통과하려는 경우에는 건널목 앞에서 일시정지(법 제24조 제1항) ③ 모든 차의 운전자는 회전교차로에 진입하려는 경우에는 서행하거나 일시정지(제25조의2 제2항) ④ 모든 차 또는 노면전차의 운전자는 보행자(자전거 등에서 내려서 자전거 등을 끌거나 들고 통행하는 자전거 운전자를 포함)가 횡단보도를 통행하고 있거나 통행하려고 하는 때에는 보행자의 횡단을 방해하거나 위험을 주지 아니하도록 그 횡단보도 앞(정지선이 설치되어 있는 곳에서는 그 정지선)에서 일시정지(법 제27조 제1항) ⑤ 보행자전용도로의 통행이 허용된 차마의 운전자는 보행자를 위험하게 하거나 보행자의 통행을 방해하지 아니하도록 차마를 보행자의 걸음 속도로 운행하거나 일시정지(법 제28조 제3항) ⑥ 교차로나 그 부근에서 긴급자동차가 접근하는 경우에는 차마와 노면전차의 운전자는 교차로를 피하여 일시정지(법 제29조 제4항) ⑦ 모든 차 또는 노면전차의 운전자는 다음의 어느 하나에 해당하는 곳에서는 일시정지(법 제31조 제2항) ㉠ 교통정리를 하고 있지 아니하고 좌우를 확인할 수 없거나 교통이 빈번한 교차로 ㉡ 시·도경찰청장이 필요하다고 인정하여 안전표지로 지정한 곳 ⑧ 모든 차 또는 노면전차의 운전자는 다음의 어느 하나의 경우에 일시정지할 것(법 제49조 제1항 제2호) ㉠ 어린이가 보호자 없이 도로를 횡단할 때, 어린이가 도로에서 앉아 있거나 서 있을 때 또는 어린이가 도로에서 놀이를 할 때 등 어린이에 대한 교통사고의 위험이 있는 것을 발견한 경우 ㉡ 앞을 보지 못하는 사람이 흰색 지팡이를 가지거나 장애인보조견을 동반하는 등의 조치를 하고 도로를 횡단하고 있는 경우 ㉢ 지하도나 육교 등 도로횡단시설을 이용할 수 없는 지체장애인이나 노인 등이 도로를 횡단하고 있는 경우 ⑨ 차량신호등이 적색등화 점멸인 경우 차마는 정지선이나 횡단보도가 있을 때에는 그 직전이나 교차로의 직전에 일시정지(시행규칙 [별표 2])
일단 정지	반드시 차가 일시적으로 그 바퀴를 완전히 멈추어야 하는 행위 자체에 대한 의미(운행순간 정지)	차마의 운전자는 길가의 건물이나 주차장 등에서 도로에 들어갈 때에는 일단 정지(법 제18조 제3항)

6 교차로 통행방법

1. 교차로 통행방법(도로교통법 제25조)

(1) **좌회전** : 미리 도로의 중앙선을 따라 서행하면서 교차로의 중심 안쪽을 이용하여 좌회전하여야 한다. 다만, 시·도경찰청장이 교차로의 상황에 따라 특히 필요하다고 인정하여 지정한 곳에서는 교차로의 중심 바깥쪽을 통과할 수 있다.

(2) **우회전** : 미리 도로의 우측 가장자리를 서행하면서 우회전하여야 한다. 이 경우 우회전하는 차의 운전자는 신호에 따라 정지하거나 진행하는 보행자 또는 자전거 등에 주의하여야 한다.

(3) (1)에도 불구하고 자전거 등의 운전자는 교차로에서 좌회전하고자 하는 경우에는 미리 도로의 우측 가장자리로 붙어 서행하면서 교차로의 가장자리 부분을 이용하여 좌회전하여야 한다.

(4) (1)부터 (3)까지의 규정에 의하여 우회전 또는 좌회전을 하기 위하여 손이나 방향지시기 또는 등화로써 신호를 하는 차가 있는 경우에 그 뒤차의 운전자는 신호를 한 앞차의 진행을 방해하여서는 아니 된다.

(5) 모든 차 또는 노면전차의 운전자는 신호기에 의하여 교통정리가 행하여지고 있는 교차로에 들어가려는 경우에는 진행하고자 하는 진로의 앞쪽에 있는 차 또는 노면전차의 상황에 따라 교차로(정지선이 설치되어 있는 경우에는 그 정지선을 넘은 부분을 말한다)에 정지하게 되어 다른 차 또는 노면전차의 통행에 방해가 될 우려가 있는 경우에는 그 교차로에 들어가서는 아니 된다.

(6) 모든 차의 운전자는 교통정리를 하고 있지 아니하고 일시정지나 또는 양보를 표시하는 안전표지가 설치되어 있는 교차로에 들어가고자 하는 경우에는 일시정지하거나 양보하여 다른 차의 진행을 방해하여서는 아니 된다.

2. 교통정리가 없는 교차로에서의 양보운전(도로교통법 제26조)

(1) 교통정리를 하고 있지 아니하는 교차로에 들어가려고 하는 차의 운전자는 이미 교차로에 들어가 있는 다른 차가 있을 때에는 그 차에 진로를 양보하여야 한다.

(2) 교통정리를 하고 있지 아니하는 교차로에 들어가려고 하는 차의 운전자는 그 차가 통행하고 있는 도로의 폭보다 교차하는 도로의 폭이 넓은 경우에는 서행하여야 하며, 폭이 넓은 도로로부터 교차로에 들어가려고 하는 다른 차가 있을 때에는 그 차에 진로를 양보하여야 한다.

(3) 교통정리를 하고 있지 아니하는 교차로에 동시에 들어가려고 하는 차의 운전자는 우측도로의 차에 진로를 양보하여야 한다.

(4) 교통정리를 하고 있지 아니하는 교차로에서 좌회전하려고 하는 차의 운전자는 그 교차로에서 직진하거나 우회전하려는 다른 차가 있을 때에는 그 차에 진로를 양보하여야 한다.

7 운전면허 행정처분기준의 감경 (도로교통법 시행령 [별표 8], 시행규칙 [별표 28])

1. 감경사유

(1) 음주운전으로 운전면허 취소처분 또는 정지처분을 받은 경우

운전이 가족의 생계를 유지할 중요한 수단이 되거나, 모범운전자로 처분 당시 3년 이상 교통봉사활동에 종사하고 있거나, 교통사고를 일으키고 도주한 운전자를 검거하여 경찰서장 이상의 표창을 받은 사람으로서 다음의 어느 하나에 해당되는 경우가 없어야 한다.

① 혈중 알코올 농도가 0.1%를 초과하여 운전한 경우
② 음주운전 중 인적피해 교통사고를 일으킨 경우
③ 경찰관의 음주측정 요구에 불응하거나 도주한 때 또는 단속경찰관을 폭행한 경우
④ 과거 5년 이내에 3회 이상의 인적피해 교통사고의 전력이 있는 경우
⑤ 과거 5년 이내에 음주운전의 전력이 있는 경우

(2) 벌점 · 누산점수 초과로 인하여 운전면허 취소처분을 받은 경우

운전이 가족의 생계를 유지할 중요한 수단이 되거나, 모범운전자로서 처분 당시 3년 이상 교통봉사활동에 종사하고 있거나, 교통사고를 일으키고 도주한 운전자를 검거하여 경찰서장 이상의 표창을 받은 사람으로서 다음의 어느 하나에 해당되는 경우가 없어야 한다.

① 과거 5년 이내에 운전면허 취소처분을 받은 전력이 있는 경우
② 과거 5년 이내에 3회 이상 인적피해 교통사고를 일으킨 경우
③ 과거 5년 이내에 3회 이상 운전면허 정지처분을 받은 전력이 있는 경우
④ 과거 5년 이내에 운전면허 행정처분 이의심의위원회의 심의를 거치거나 행정심판 또는 행정소송을 통하여 행정처분이 감경된 경우

(3) 그 밖에 정기적성검사에 대한 연기신청을 할 수 없었던 불가피한 사유가 있는 등으로 취소처분 개별기준 및 정지처분 개별기준을 적용하는 것이 현저히 불합리하다고 인정되는 경우

2. 감경기준

위반행위에 대한 처분기준이 운전면허의 취소처분에 해당하는 경우에는 해당 위반행위에 대한 처분벌점을 110점으로 하고, 운전면허의 정지처분에 해당하는 경우에는 그 처분기준의 2분의 1로 감경한다. 다만, 벌점 · 누산점수 초과로 인한 면허취소에 해당하는 경우에는 면허가 취소되기 전의 누산점수 및 처분벌점을 모두 합산하여 처분벌점을 110점으로 한다.

3. 벌점기준

(1) 사고결과에 따른 벌점기준

구 분		벌 점	내 용
인적피해교통사고	사망 1명마다	90	사고발생 시로부터 72시간 내에 사망한 때
	중상 1명마다	15	3주 이상의 치료를 요하는 의사의 진단이 있는 사고
	경상 1명마다	5	3주 미만 5일 이상의 치료를 요하는 의사의 진단이 있는 사고
	부상신고 1명마다	2	5일 미만의 치료를 요하는 의사의 진단이 있는 사고

(주) 1. 교통사고 발생원인이 불가항력이거나 피해자의 명백한 과실인 때에는 행정처분을 하지 아니한다.
2. 자동차 등 대 사람의 교통사고의 경우 쌍방과실인 때에는 그 벌점을 2분의 1로 감경한다.
3. 자동차 등 대 자동차 등의 교통사고의 경우에는 그 사고원인 중 중한 위반행위를 한 운전자만 적용한다.
4. 교통사고로 인한 벌점산정에 있어서 처분받을 운전자 본인의 피해에 대하여는 벌점을 산정하지 아니한다.

(2) 조치 등 불이행에 따른 벌점기준

불이행 사항	적용 규정(도로교통법)	벌 점	내 용
교통사고 야기 시 조치 불이행	제54조 제1항	15	• 물적 피해 교통사고를 야기한 후 도주한 때
		30	• 교통사고 즉시(그때, 그 자리에서, 곧) 사상자를 구호하는 등 조치를 하지 아니하였으나 그 후 자진신고를 한 때 – 고속도로, 특별시·광역시 및 시의 관할구역과 군(광역시의 군을 제외한다)의 관할구역 중 경찰관서가 위치하는 리 또는 동 지역에서 3시간(그 밖의 지역에서는 12시간) 이내에 자진신고를 한 때
		60	– 위의 규정에 의한 시간 후 48시간 이내에 자진신고를 한 때

(3) 교통법규 위반 시 벌점기준

위반사항	벌 점
• 속도위반(100km/h 초과) • 술에 취한 상태의 기준을 넘어서 운전한 때(혈중 알코올 농도 0.03% 이상 0.08% 미만) • 자동차 등을 이용하여 형법상 특수상해 등(보복운전)을 하여 입건된 때	100
속도위반(80km/h 초과 100km/h 이하)	80
속도위반(60km/h 초과 80km/h 이하)(보호구역에서 위반 시 벌점 2배)	60
• 정차·주차위반에 대한 조치불응(단체에 소속되거나 다수인에 포함되어 경찰공무원의 3회 이상의 이동명령에 따르지 아니하고 교통을 방해한 경우에 한한다) • 공동위험행위로 형사입건된 때 • 난폭운전으로 형사입건된 때 • 안전운전의무위반(단체에 소속되거나 다수인에 포함되어 경찰공무원의 3회 이상의 안전운전 지시에 따르지 아니하고 타인에게 위험과 장해를 주는 속도나 방법으로 운전한 경우에 한한다) • 승객의 차내 소란행위 방치운전 • 출석기간 또는 범칙금 납부기간 만료일부터 60일이 경과될 때까지 즉결심판을 받지 아니한 때	40
• 통행구분위반(중앙선침범에 한함) • 속도위반(40km/h 초과 60km/h 이하)(보호구역에서 위반 시 벌점 2배) • 철길건널목 통과방법위반 • 회전교차로 통행방법위반(통행 방향 위반에 한한다) • 어린이통학버스 특별보호위반 • 어린이통학버스 운전자의 의무위반(좌석안전띠를 매도록 하지 아니한 운전자는 제외한다) • 고속도로·자동차전용도로 갓길통행 • 고속도로 버스전용차로·다인승전용차로 통행위반 • 운전면허증 등의 제시의무위반 또는 운전자 신원확인을 위한 경찰공무원의 질문에 불응	30
• 신호·지시위반(보호구역에서 위반 시 벌점 2배) • 속도위반(20km/h 초과 40km/h 이하)(보호구역에서 위반 시 벌점 2배) • 속도위반(어린이보호구역 안에서 오전 8시부터 오후 8시까지 사이에 제한속도를 20km/h 이내에서 초과한 경우에 한정한다) • 앞지르기 금지시기·장소위반 • 적재 제한 위반 또는 적재물 추락방지위반 • 운전 중 휴대용 전화 사용 • 운전 중 운전자가 볼 수 있는 위치에 영상 표시 • 운전 중 영상표시장치 조작 • 운행기록계 미설치 자동차 운전금지 등의 위반	15
• 통행구분위반(보도침범, 보도 횡단방법위반) • 차로통행 준수의무위반, 지정차로 통행위반(진로변경 금지장소에서의 진로변경 포함) • 일반도로 전용차로 통행위반 • 안전거리 미확보(진로변경방법위반 포함) • 앞지르기 방법위반 • 보행자 보호 불이행(정지선위반 포함)(보호구역에서 위반 시 벌점 2배) • 승객 또는 승하차자 추락방지조치위반 • 안전운전의무위반 • 노상 시비·다툼 등으로 차마의 통행 방해행위 • 자율주행자동차 운전자의 준수사항위반 • 돌·유리병·쇳조각이나 그 밖에 도로에 있는 사람이나 차마를 손상시킬 우려가 있는 물건을 던지거나 발사하는 행위 • 도로를 통행하고 있는 차마에서 밖으로 물건을 던지는 행위	10

(4) 정지처분 기준

위반사항	내 용	벌 점
자동차 등을 다음 범죄의 도구나 장소로 이용한 경우 • 「국가보안법」 중 제5조, 제6조, 제8조, 제9조 및 같은 법 제12조 중 증거를 날조·인멸·은닉한 죄 • 「형법」 중 다음 어느 하나의 범죄 – 살인, 사체유기, 방화 – 강간·강제추행 – 약취·유인·감금 – 상습절도(절취한 물건을 운반한 경우에 한정) – 교통방해(단체 또는 다중의 위력으로써 위반한 경우에 한정)	자동차 등을 법정형 상한이 유기징역 10년 이하인 범죄의 도구나 장소로 이용한 경우	100
다른 사람의 자동차 등을 훔친 경우	다른 사람의 자동차 등을 훔치고 이를 운전한 경우	100

(주) 가. 행정처분의 대상이 되는 범죄행위가 2개 이상의 죄에 해당하는 경우, 실체적 경합관계에 있으면 각각의 범죄행위의 법정형 상한을 기준으로 행정처분을 하고, 상상적 경합관계에 있으면 가장 중한 죄에서 정한 법정형 상한을 기준으로 행정처분을 한다.

나. 범죄행위가 예비·음모에 그치거나 과실로 인한 경우에는 행정처분을 하지 아니한다.

다. 범죄행위가 미수에 그친 경우 위반행위에 대한 처분기준이 운전면허의 취소처분에 해당하면 해당 위반행위에 대한 처분벌점을 110점으로 하고, 운전면허의 정지처분에 해당하면 처분 집행일수의 2분의 1로 감경한다.

4. 범칙행위 및 범칙금액

범칙행위	차종별 범칙금액(만원)			
	승합	승용	이륜	자전거 등 및 손수레 등
• 속도위반(60km/h 초과) • 어린이통학버스 운전자의 의무 위반(좌석안전띠를 매도록 하지 않은 경우는 제외한다)	13	12	8	–
• 인적사항 제공의무 위반(주·정차된 차만 손괴한 것이 분명한 경우에 한정한다)	13	12	8	6
• 개인형 이동장치 무면허 운전 • 약물의 영향과 그 밖의 사유로 정상적으로 운전하지 못할 우려가 있는 상태에서 자전거 등을 운전	자전거 등 : 10			
• 속도위반(40km/h 초과 60km/h 이하) • 승객의 차 안 소란행위 방치 운전 • 어린이통학버스 특별보호 위반	10	9	6	–
• 안전표지가 설치된 곳에서의 주정차금지위반 • 승차정원을 초과하여 동승자를 태우고 개인형 이동장치를 운전	9	8	6	4

범칙행위	차종별 범칙금액(만원)			
	승합	승용	이륜	자전거 등 및 손수레 등
• 신호 · 지시위반 • 중앙선침범 · 통행구분위반 • 자전거횡단도 앞 일시정지의무위반 • 속도위반(20km/h 초과~40km/h 이하) • 횡단 · 유턴 · 후진위반 • 앞지르기 방법위반 • 앞지르기 금지시기 · 장소위반 • 철길건널목 통과방법위반 • 회전교차로 통행방법위반 • 횡단보도 보행자 횡단방해(신호 또는 지시에 따라 도로를 횡단하는 보행자 통행방해, 어린이보호구역에서의 일시정지위반 포함) • 보행자전용도로 통행위반(보행자전용도로 통행방법 위반 포함) • 긴급자동차에 대한 양보 · 일시정지 위반 • 긴급한 용도나 그 밖에 허용된 사항 외에 경광등이나 사이렌 사용 • 승차인원초과 · 승객 또는 승하차자 추락방지조치위반 • 어린이 · 앞을 보지 못하는 사람 등의 보호위반 • 운전 중 휴대용 전화 사용 • 운전 중 운전자가 볼 수 있는 위치에 영상표시 • 운전 중 영상표시장치 조작 • 운행기록계 미설치 자동차 운전금지 등의 위반 • 고속도로 · 자동차전용도로 갓길통행 • 고속도로버스전용차로 · 다인승전용차로 통행위반	7	6	4	3
• 통행금지 · 제한위반 • 일반도로 전용차로 통행위반 • 노면전차 전용로 통행위반 • 고속도로 · 자동차전용도로 안전거리 미확보 • 앞지르기의 방해금지위반 • 교차로 통행방법위반 • 회전교차로 진입 · 진행방법위반 • 교차로에서의 양보운전위반 • 보행자 통행방해 또는 보호불이행 • 정차 · 주차금지위반(안전표지가 설치된 곳 제외) • 주차금지위반 • 정차 · 주차방법위반 • 경사진 곳에서의 정차 · 주차방법위반 • 정차 · 주차위반에 대한 조치 불응 • 적재제한 위반 · 적재물 추락방지위반 또는 영유아나 동물을 안고 운전하는 행위 • 안전운전의무위반 • 도로에서의 시비 · 다툼 등으로 차마의 통행 방해행위 • 급발진 · 급가속 · 엔진 공회전 또는 반복적 · 연속적인 경음기 울림으로 소음 발생 행위 • 화물 적재함에의 승객탑승운행행위 • 개인형 이동장치 인명보호장구 미착용 • 자율주행자동차 운전자의 준수사항위반 • 고속도로 지정차로 통행위반 • 고속도로 · 자동차전용도로 횡단 · 유턴 · 후진위반 • 고속도로 · 자동차전용도로 정차 · 주차금지 위반 • 고속도로 진입위반 • 고속도로 · 자동차전용도로에서의 고장 등의 경우 조치 불이행	5	4	3	2

범칙행위	차종별 범칙금액(만원)			
	승합	승용	이륜	자전거 등 및 손수레 등
• 혼잡완화 조치위반 • 차로통행 준수의무위반 지정차로 통행위반 · 차로 너비보다 넓은 차 통행금지위반(진로변경금지 장소에서의 진로변경을 포함) • 속도위반(20km/h 이하) • 진로변경방법위반 • 급제동금지위반 • 끼어들기금지위반 • 서행의무위반 • 일시정지위반 • 방향전환 · 진로변경 및 회전교차로 진입 · 진출 시 신호 불이행 • 운전석 이탈 시 안전확보 불이행 • 동승자 등의 안전을 위한 조치위반 • 시 · 도경찰청 지정 · 공고 사항위반 • 좌석안전띠 미착용 • 이륜자동차 · 원동기장치자전거(개인형 이동장치는 제외) 인명보호장구 미착용 • 등화점등 불이행 · 발광장치 미착용(자전거 운전자는 제외한다) • 어린이통학버스와 비슷한 도색 · 표지금지 위반	3	3	2	1
• 최저속도위반 • 일반도로 안전거리 미확보 • 등화점등 · 조작 불이행(안개 · 강우 또는 강설 때는 제외한다) • 불법부착장치차 운전(교통단속용 장비의 기능을 방해하는 장치를 한 차의 운전을 제외한다) • 사업용 승합자동차 또는 노면전차의 승차 거부 • 택시의 합승(장기 주 · 정차하여 승객을 유치하는 경우로 한정) · 승차거부 · 부당요금 징수행위 • 운전이 금지된 위험한 자전거의 운전	2	2	1	1
술에 취한 상태에서의 자전거 등 운전	개인형 이동장치 : 10 자전거 : 3			
술에 취한 상태에 있다고 인정할 만한 상당한 이유가 있는 자전거 등 운전자가 경찰공무원의 호흡조사 측정에 불응	개인형 이동장치 : 13 자전거 : 10			
• 돌, 유리병, 쇳조각, 그 밖에 도로에 있는 사람이나 차마를 손상시킬 우려가 있는 물건을 던지거나 발사하는 행위(동승자 포함) • 도로를 통행하고 있는 차마에서 밖으로 물건을 던지는 행위(동승자 포함)	5			
특별교통안전교육의 미이수 • 과거 5년 이내에 법 제44조를 1회 이상 위반하였던 사람으로서 다시 같은 조를 위반하여 운전면허효력 정지처분을 받게 되거나 받은 사람이 그 처분기간이 만료되기 전에 특별 교통안전교육을 받지 아니한 경우 • 위를 제외한 경우	15 10			
경찰관의 실효된 면허증 회수에 대한 거부 또는 방해	3			

※ 비 고

1. 위 표에서 "승합"(승합자동차 등)이란 승합자동차, 4톤 초과 화물자동차, 특수자동차, 건설기계 및 노면전차를 말한다.
2. 위 표에서 "승용"(승용자동차 등)이란 승용자동차 및 4톤 이하 화물자동차를 말한다.
3. 위 표에서 "이륜"(이륜자동차 등)이란 이륜자동차 및 원동기장치자전거(개인형 이동장치는 제외한다)를 말한다.
4. 위 표에서 "손수레 등"이란 손수레, 경운기 및 우마차를 말한다.

02 교통사고처리 특례법

1 처벌의 특례

1. 특례의 적용 및 배제

※ 1과목 참조

2. 처벌의 가중

(1) 사망사고

① 「도로교통법」의 규정에 의한 교통사고로 인한 사망은 피해자가 사고로부터 72시간 내에 사망한 때를 말한다. 그러나 이는 행정상의 구분일 뿐 72시간이 경과된 이후라도 사망의 원인이 교통사고인 때에는 사고운전자에게는 형사적 책임이 부과된다.

② 사망사고는 그 피해의 중대성과 심각성으로 말미암아 사고차량이 보험이나 공제에 가입되어 있더라도 이를 반의사불벌죄의 예외로 규정하여 「형법」 제268조에 의하여 처벌한다.

③ 관계법규

㉠ 「교통사고처리 특례법」 제3조 제1항

차의 운전자가 교통사고로 인하여 「형법」 제268조의 죄를 범한 때에는 5년 이하의 금고 또는 2천만원 이하의 벌금에 처한다.

㉡ 「형법」 제268조(업무상과실 · 중과실 치사상)

업무상 과실 또는 중대한 과실로 인하여 사람을 사상에 이르게 한 자는 5년 이하의 금고 또는 2천만원 이하의 벌금에 처한다.

> PLUS POINT
>
> **도로교통법 제151조(벌칙)**
>
> 차 또는 노면전차의 운전자가 업무상 필요한 주의를 게을리하거나 중대한 과실로 다른 사람의 건조물이나 그 밖의 재물을 손괴한 경우에는 2년 이하의 금고나 500만원 이하의 벌금에 처한다.

(2) 도주사고

① 교통사고를 야기하고 도주하는 경우는 특히 피해자의 생명 · 신체에 중대한 위험을 초래하고 민사적 손해배상의 현저한 곤란을 초래한다는 점에서 「도로교통법」만으로 규율하기에는 미흡하여 이에 대한 가중처벌과 예방적 효과를 위하여 「특정범죄 가중처벌 등에 관한 법률」 제5조의3의 규정을 적용하여 처벌을 가중한다.

② 도주차량 운전자의 가중처벌(특정범죄 가중처벌 등에 관한 법률 제5조의3)

㉠ 「도로교통법」 제2조에 규정된 자동차 · 원동기장치자전거 또는 「건설기계관리법」 제26조 제1항 단서에 따른 건설기계 외의 건설기계의 교통으로 인하여 「형법」 제268조의 죄를 범한 해당 자동차 등의 운전자가 피해자를 구호하는 등의 조치를 취하지 아니하고 도주한 때에는 다음의 구분에 따라 가중처벌한다.

- 피해자를 사망에 이르게 하고 도주하거나, 도주 후에 피해자가 사망한 때에는 무기 또는 5년 이상의 징역에 처한다.
- 피해자를 상해에 이르게 한 경우에는 1년 이상의 유기징역 또는 500만원 이상 3천만원 이하의 벌금에 처한다.

㉡ 사고 운전자가 피해자를 사고장소로부터 옮겨 유기하고 도주한 때에는 다음의 구분에 따라 가중처벌한다.

- 피해자를 사망에 이르게 하고 도주하거나 도주 후에 피해자가 사망한 때에는 사형, 무기 또는 5년 이상의 징역에 처한다.
- 피해자를 상해에 이르게 한 경우에는 3년 이상의 유기징역에 처한다.

(3) 도주(뺑소니) 사고의 성립요건

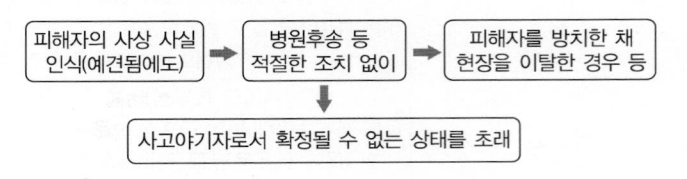

피해자의 사상 사실 인식(예견됨에도) → 병원후송 등 적절한 조치 없이 → 피해자를 방치한 채 현장을 이탈한 경우 등

↓

사고야기자로서 확정될 수 없는 상태를 초래

(4) 도주사고 적용사례

① 사상 사실을 인식하고도 가버린 경우
② 피해자를 방치한 채 사고현장을 이탈 도주한 경우
③ 사고현장에 있었어도 사고사실을 은폐하기 위해 거짓진술 · 신고한 경우
④ 부상피해자에 대한 적극적인 구호조치 없이 가버린 경우
⑤ 피해자가 이미 사망했다고 하더라도 사체 안치 후송 등 조치 없이 가버린 경우
⑥ 피해자를 병원까지만 후송하고 계속 치료받을 수 있는 조치 없이 도주한 경우
⑦ 운전자를 바꿔치기하여 신고한 경우

(5) 도주가 적용되지 않는 경우

① 피해자가 부상 사실이 없거나 극히 경미하여 구호조치가 필요치 않는 경우
② 가해자 및 피해자 일행 또는 경찰관이 환자를 후송 조치하는 것을 보고 연락처를 주고 가버린 경우
③ 교통사고 가해운전자가 심한 부상을 입어 타인에게 의뢰하여 피해자를 후송조치한 경우
④ 교통사고 장소가 혼잡하여 도저히 정지할 수 없어 일부 진행한 후 정지하고 되돌아와 조치한 경우
⑤ 피해자에게 가해자의 연락처를 건네주고 헤어진 경우

2 중대법규 위반항목사고의 개요

1. 신호 · 지시위반 사고

(1) 신호위반의 종류

① 사전출발 신호위반
② 주의(황색)신호에 무리한 진입
③ 신호를 무시하고 진행한 경우

(2) 지시위반 : 12가지로 국한(규제표지 201-210, 224)

(3) 신호 · 지시위반 사고의 성립요건

항 목	내 용	예외사항
장소적 요건	• 신호기가 설치되어 있는 교차로나 횡단보도 • 지시표시판(12가지)이 설치된 구역 내	• 진행방향에 신호기가 설치되지 않은 경우 • 신호기의 고장이나 황색 · 적색 점멸신호 등의 경우 • 기타 지시표지판(12가지 제외)이 설치된 구역
피해자적 요건	신호 · 지시위반 차량에 충돌되어 인적피해를 입은 경우	대물피해만 입은 경우는 공소권 없음으로 처리
운전자의 과실	• 고의적 과실 • 의도적 과실 • 부주의에 의한 과실	• 불가항력적 과실 • 부득이한 과실 • 교통상 적절한 행위는 예외
시설물의 설치요건	「도로교통법」 제3조에 의거 시장 등이 설치한 신호기나 안전표지	아파트단지 등 특정구역 내부의 소통과 안전을 목적으로 자체적으로 설치된 경우는 예외

2. 중앙선침범, 횡단 · 유턴 또는 후진 위반사고

(1) 중앙선의 정의

"중앙선"이라 함은 차마의 통행을 방향별로 명확하게 구분하기 위하여 도로에 황색실선이나 황색점선 등의 안전표지로 설치한 선 또는 중앙분리대나 울타리 등으로 설치한 시설물을 말하며, 「도로교통법」 제14조 제1항 후단에 따라 가변차로가 설치된 경우에는 신호기가 지시하는 진행방향의 제일 왼쪽에 있는 황색점선을 말한다.

(2) 중앙선침범 사고의 성립요건

항 목	내 용	예외사항
장소적 요건	• 황색실선이나 점선의 중앙선이 설치되어 있는 도로 • 자동차 전용도로나 고속도로에서의 횡단, 유턴, 후진	• 중앙선이 설치되어 있지 않은 경우 • 아파트 단지 내나 군부대 내의 사설 중앙선 • 일반도로에서의 횡단, 유턴, 후진
피해자적 요건	• 중앙선침범 차량에 충돌되어 인적피해를 입는 경우 • 자동차 전용도로나 고속도로에서의 횡단, 유턴, 후진차량에 충돌되어 인적 피해를 입는 경우	대물피해만 입은 경우는 공소권 없음으로 처리
운전자의 과실	• 고의적 과실 • 의도적 과실 • 현저한 부주의에 의한 과실	• 불가항력적 과실 • 부득이한 과실
시설물의 설치요건	「도로교통법」 제13조에 의거 시 · 도경찰청장이 설치한 중앙선	아파트단지 등 특정구역 내부의 소통과 안전을 목적으로 자체적으로 설치된 경우는 예외

3. 속도 위반(20km/h 초과) 과속사고

(1) 과속의 개념

일반적으로 과속이란 「도로교통법」 제17조 제1항과 제2항에 규정된 법정속도와 지정속도를 초과한 경우를 말하고, 「교통사고처리 특례법」상의 과속이란 「도로교통법」 제17조 제1항과 제2항에 규정된 법정속도와 지정속도를 20km/h 초과된 경우이다.

PLUS POINT

경찰에서 사용 중인 속도측정방법

1. 운전자의 진술
2. 스피드건
3. 타코그래프(운행기록계)
4. 제동흔적 등

(2) 과속사고(20km/h 초과)의 성립요건

항 목	내 용	예외사항
장소적 요건	도로나 불특정 다수의 사람 또는 차마의 통행을 위하여 공개된 장소로서 안전하고 원활한 교통을 확보할 필요가 있는 장소에서의 사고	도로나 불특정 다수의 사람 또는 차마의 통행을 위하여 공개된 장소로서 안전하고 원활한 교통을 확보할 필요가 있는 장소가 아닌 곳에서의 사고
피해자적 요건	과속차량(20km/h 초과)에 충돌되어 인적피해를 입는 경우	• 제한속도 20km/h 이하 과속차량에 충돌되어 인적피해를 입는 경우 • 제한속도 20km/h 초과 차량에 충돌되어 대물피해만 입은 경우
운전자의 과실	제한속도 20km/h를 초과하여 과속운행 중 사고를 야기한 경우 • 고속도로나 자동차 전용도로에서 제한속도 20km/h를 초과한 경우 • 일반도로 제한속도 60km/h, 4차선 이상 도로 80km/h에서 20km/h를 초과한 경우 • 속도제한 표지판 설치구간에서 제한속도 20km/h를 초과한 경우 • 비가 내려 노면이 젖어 있거나, 눈이 20mm 미만 쌓일 때 최고속도의 20/100을 줄인 속도에서 20km/h를 초과한 경우 • 폭우, 폭설, 안개 등으로 가시거리가 100m 이내이거나, 노면결빙, 눈이 20mm 이상 쌓일 때 최고속도의 50/100을 줄인 속도에서 20km/h를 초과한 경우 • 총중량 2,000kg에 미달하는 자동차를 3배 이상의 자동차로 견인하는 때, 30km/h에서 20km/h를 초과한 경우 • 위 경우 이외의 경우 및 이륜자동차가 견인하는 때, 25km/h에서 20km/h를 초과한 경우	• 제한속도 20km/h 이하 과속차량에 충돌되어 인적피해를 입는 경우 • 제한속도 20km/h 초과 차량에 충돌되어 대물피해만 입은 경우
시설물의 설치요건	「도로교통법」 제3조 및 제17조 제2항에 의거 시 · 도경찰청장이 설치한 안전표지 중 • 규제표지 일련번호 224호(최고속도 제한표지) • 노면표지 일련번호 517호(속도제한 표지)	동(同) 안전표지 중 • 규제표지 226호(서행표지) • 보조표지 409호(안전속도표지) • 노면표지 519호(서행표지)의 위반사고에 대하여는 과속사고가 적용되지 않음

4. 앞지르기의 방법 · 금지시기 · 금지장소 또는 끼어들기 금지 위반사고

(1) 중앙선침범, 차로변경과 앞지르기 구분

① **중앙선침범** : 중앙선을 넘어서거나 걸친 행위

② **차로변경** : 차로를 바꿔 곧바로 진행하는 행위

③ **앞지르기** : 앞차의 좌측 차로로 바꿔 진행하여 앞차의 앞으로 나아가는 행위

(2) 앞지르기 방법 · 금지 위반사고의 성립요건

항 목	내 용	예외사항
장소적 요건	앞지르기 금지장소 • 교차로 · 터널 안 또는 다리 위 • 도로의 구부러진 곳 • 비탈길 고갯마루 부근 또는 가파른 비탈길의 내리막 • 시 · 도경찰청장이 지정한 장소	–
피해자적 요건	앞지르기 방법 · 금지 위반차량에 충돌되어 인적피해를 입은 경우	• 앞지르기 방법 · 금지 위반차량에 충돌되어 대물피해만 입은 경우 • 불가항력적, 부득이한 경우 앞지르기하던 차량에 충돌되어 인적피해를 입은 경우
운전자의 과실	앞지르기 금지 위반행위 • 병진 시 앞지르기 • 앞차의 좌회전 시 앞지르기 • 위험방지를 위한 정지 · 서행 시 앞지르기 • 앞지르기 금지장소에서의 앞지르기 • 실선의 중앙선침범 앞지르기 • 우측 앞지르기 • 2개 차로 사이로 앞지르기	불가항력적, 부득이한 경우 앞지르기 하던 중 사고

5. 철도건널목 통과방법 위반사고

(1) 철도건널목의 종류

신호의 종류	신호의 뜻
1종 건널목	건널목 차단기, 경보기 및 건널목 교통안전표지를 설치하고 차단기를 주야간 계속 작동시키거나 또는 건널목 안내원이 근무하는 건널목
2종 건널목	건널목 경보기와 건널목 교통안전표지만 설치하는 건널목
3종 건널목	건널목 교통안전표지만 설치하는 건널목

(2) 철도건널목 통과방법 위반사고의 성립요건

항 목	내 용	예외사항
장소적 요건	철도건널목(1, 2, 3종 불문)	역구내 철길건널목의 경우
피해자적 요건	철도건널목 통과방법 위반사고로 인적피해를 입은 경우	철도건널목 통과방법 위반사고로 대물피해만을 입은 경우
운전자의 과실	철도건널목 통과방법을 위반한 과실 • 철길건널목 직전 일시정지 불이행 • 안전미확인 통행 중 사고 • 고장 시 승객대피, 차량이동 조치 불이행	철도건널목 신호기, 경보기 등의 고장으로 일어난 사고 ※ 신호기 등이 표시하는 신호에 따르는 때에는 일시정지하지 아니하고 통과할 수 있다.

6. 보행자 보호의무 위반사고

(1) 보행자의 보호

모든 차의 운전자는 보행자가 횡단보도를 통행하고 있는 때에는 그 횡단보도 앞(정지선이 설치되어 있는 곳에서는 그 정지선을 말한다)에서 일시정지하여 보행자의 횡단을 방해하거나 위험을 주어서는 아니 된다.

(2) 횡단보도 보행자 보호의무 위반사고의 성립요건

항 목	내 용	예외사항
장소적 요건	횡단보도 내	보행자신호가 정지신호(적색등화) 때의 횡단보도
피해자적 요건	횡단보도를 건너던 보행자가 자동차와 충돌하여 인적피해를 입은 경우	• 보행자신호가 정지신호(적색등화) 때 횡단보도를 건너던 중 사고 • 횡단보도를 건너는 것이 아니고 드러누워 있거나 교통정리, 싸우던 중, 택시를 잡던 중 등 보행의 경우가 아닌 때
운전자의 과실	• 횡단보도를 건너는 보행자를 충돌한 경우 • 횡단보도 전에 정지한 차량을 추돌, 앞차가 밀려나가 보행자를 충돌한 경우 • 보행신호(녹색등화)에 횡단보도 진입, 건너던 중 주의신호(녹색등화의 점멸) 또는 정지신호(적색등화)가 되어 마저 건너고 있는 보행자를 충돌한 경우	• 보행자가 횡단보도를 정지신호(적색등화)에 건너던 중 사고 • 보행자가 횡단보도를 건너던 중 신호변경되어 중앙선에 서 있던 중 사고 • 보행자가 주의신호(녹색등화의 점멸)에 뒤늦게 횡단보도에 진입하여 건너던 중 정지신호(적색등화)로 변경된 후 사고
시설물의 설치요건	• 횡단보도로 진입하는 차량에 의해 보행자가 놀라거나 충돌을 회피하기 위해 도망가다 넘어져 그 보행자를 다치게 한 경우(비접촉사고) • 「도로교통법」 제10조에 의거 시 · 도경찰청장이 설치한 횡단보도 ※ 횡단보도 노면표시가 있고 표지판이 설치되지 아니한 경우 횡단보도로 간주	아파트 단지나 학교, 군부대 등 특정구역 내부의 소통과 안전을 목적으로 자체 설치된 경우는 제외

7. 무면허운전 사고

(1) 무면허운전에 해당되는 경우

① 면허를 취득치 않고 운전하는 경우
② 유효기간이 지난 운전면허증으로 운전하는 경우
③ 면허 취소처분을 받은 자가 운전하는 경우
④ 면허정지 기간 중에 운전하는 경우
⑤ 시험합격 후 면허증 교부 전에 운전하는 경우
⑥ 면허종별 외 차량을 운전하는 경우
⑦ 위험물을 운반하는 화물자동차가 적재중량 3톤을 초과함에도 제1종 보통 운전면허로 운전한 경우
⑧ 건설기계(덤프트럭, 아스팔트살포기, 노상안정기, 콘크리트믹서트럭, 콘크리트펌프, 트럭적재식 천공기)를 제1종 보통운전면허로 운전한 경우
⑨ 면허있는 자가 도로에서 무면허자에게 운전연습을 시키던 중 사고를 야기한 경우
⑩ 군인(군속인 자)이 군면허만 취득 소지하고 일반차량을 운전한 경우
⑪ 임시운전증명서 유효기간 지나 운전 중 사고 야기한 경우
⑫ 외국인으로 국제 운전면허를 받지 않고 운전하는 경우
⑬ 외국인으로 입국 1년이 지나 국제 운전면허증 또는 상호인정외국면허증을 소지하고 운전하는 경우

(2) 무면허운전 사고의 성립요건

항 목	내 용	예외사항
장소적 요건	도로나 그밖에 현실적으로 불특정 다수의 사람 또는 차마의 통행을 위하여 공개된 장소로서 안전하고 원활한 교통을 확보할 필요가 있는 장소	현실적으로 불특정 다수의 사람 또는 차마의 통행을 위하여 공개된 장소가 아닌 곳에서의 운전(특정인만 출입하는 장소로 교통경찰관이 미치지 않는 장소)
피해자적 요건	• 무면허운전 자동차에 충돌되어 인적사고를 입는 경우 • 대물피해만 입는 경우도 보험면책으로 합의되지 않는 경우	대물피해만 입는 경우로 보험면책으로 합의된 경우
운전자의 과실	무면허상태에서 자동차를 운전하는 경우 • 면허를 취득치 않고 운전하는 경우 • 유효기간이 지난 운전면허증으로 운전하는 경우 • 면허취소처분을 받은 자가 운전하는 경우 • 면허정지기간 중에 운전하는 경우 • 시험합격 후 면허증 교부 전에 운전하는 경우 • 면허종별 외 차량을 운전하는 경우	취소사유상태이나 취소처분(통지) 전 운전
운전자의 과실	• 외국인으로 국제 운전면허를 받지 않고 운전하는 경우 • 외국인으로 입국 1년이 지난 국제운전면허증 또는 상호인정외국면허증을 소지하고 운전하는 경우	취소사유상태이나 취소처분(통지) 전 운전

8. 음주운전 사고의 성립요건

항 목	내 용	예외사항
장소적 요건	도로나 그밖에 현실적으로 불특정 다수의 사람 또는 차마의 통행을 위하여 공개된 장소로서 안전하고 원활한 교통을 확보할 필요가 있는 장소(교통경찰관이 미치는 장소)	현실적으로 불특정 다수의 사람 또는 차마의 통행을 위하여 공개된 장소가 아닌 곳에서의 운전(특정인만 출입하는 장소로 교통경찰관이 미치지 않는 장소)
피해자적 요건	음주운전 자동차에 충돌되어 인적사고를 입는 경우	대물피해만 입는 경우(보험에 가입되어 있다면 공소권 없음으로 처리)
운전자의 과실	• 음주한 상태로 자동차를 운전하여 일정거리 운행한 때 • 음주 한계 수치가 0.03% 이상일 때 음주 측정에 불응한 경우	음주 한계 수치 0.03% 미만일 때 음주 측정에 불응한 경우

9. 보도침범 · 보도횡단방법 위반사고

(1) 보도침범에 해당하는 경우

「도로교통법」 제13조 제1항의 규정에 위반하여 보도가 설치된 도로를 차체의 일부분만이라도 보도에 침범하거나 동법 제13조 제2항의 규정에 의한 보도통행방법에 위반하여 운전한 경우

(2) 보도침범 사고의 성립요건

항 목	내 용	예외사항
장소적 요건	보·차도가 구분된 도로에서 보도 내의 사고 • 보도침범사고(「도로교통법」 제13조 제1항) • 통행방법위반(「도로교통법」 제13조 제2항)	보·차도 구분이 없는 도로
피해자적 요건	보도상에서 보행 중 제차에 충돌되어 인적피해를 입은 경우	자전거, 오토바이를 타고 가던 중 보도침범 통행차량에 충돌된 경우
운전자의 과실	• 고의적 과실 • 의도적 과실 • 현저한 부주의에 의한 과실	• 불가항력적 과실 • 부득이한 과실 • 단순 부주의에 의한 과실
시설물의 설치요건	보도설치 권한이 있는 행정관서(구청토목과 도로관리계)에서 설치·관리하는 보도	학교, 아파트단지 등 특정구역 내부의 소통과 안전을 목적으로 자체적으로 설치된 경우

10. 승객추락 방지의무 위반사고(개문발차 사고)

(1) 개문발차 사고에 해당하는 경우

「교통사고처리 특례법」 제3조 제2항 및 「도로교통법」 제39조 제2항의 규정에 의한 승객의 추락 방지의무를 위반하여 운전한 경우

(2) 개문발차 사고의 성립요건

항 목	내 용	예외사항
장소적 요건	승용, 승합, 화물, 건설기계 등 자동차에만 적용	이륜자동차, 자전거 등은 제외
피해자적 요건	탑승객이 승하차 중 개문된 상태로 발차하여 승객이 추락함으로써 인적피해를 입은 경우	적재되었던 화물이 추락하여 발생한 경우
운전자의 과실	차의 문이 열려있는 상태로 발차한 행위	차량정차 중 피해자의 과실사고와 차량 뒤 적재함에서의 추락사고의 경우

11. 어린이 보호구역의 지정 및 관리

시장 등은 교통사고의 위험으로부터 어린이를 보호하기 위하여 필요하다고 인정하는 때에는 유치원, 초등학교 또는 특수학교, 행정안전부령이 정하는 어린이집 등에 해당하는 시설이나 장소의 주변도로 가운데 일정 구간을 어린이 보호구역으로 지정하여 자동차 등과 노면전차의 통행속도를 시속 30km 이내로 제한할 수 있다.

(1) 유치원, 초등학교 또는 특수학교

(2) 행정안전부령으로 정하는 어린이집

(3) 행정안전부령으로 정하는 학원

(4) 외국인학교 또는 대안학교, 국제학교 및 외국교육기관 중 유치원·초등학교 교과과정이 있는 학교

(5) 그 밖에 어린이가 자주 왕래하는 곳으로서 조례로 정하는 시설 또는 장소

12. 노인 및 장애인 보호구역의 지정 및 관리

시장 등은 교통사고의 위험으로부터 노인 또는 장애인을 보호하기 위하여 필요하다고 인정하는 때에는 (1)부터 (3)까지 및 (4)에 따른 시설의 주변도로 가운데 일정 구간을 노인보호구역으로, (5)에 따른 시설의 주변도로 가운데 일정 구간을 장애인 보호구역으로 각각 지정하여 차마와 노면전차의 통행을 제한하거나 금지하는 등 필요한 조치를 할 수 있다.

(1) 노인복지시설

(2) 자연공원 또는 도시공원

(3) 「체육시설의 설치 · 이용에 관한 법률」에 따른 생활체육시설

(4) (3)의 그 밖에 노인이 자주 왕래하는 곳으로서 조례로 정하는 시설

(5) 장애인복지시설

03 자동차운전학원 제도

1 자동차운전학원 제도 도입

1. 자동차운전학원 제도의 변천과정

(1) 1950년대 후반까지 일제시대의 조선총독부령에 의거 일정한 법적 규제 없이 운영되었고, 한국 전쟁 당시에는 군의 수송군 양성기관으로 크게 공헌하였다.

(2) 1961년 제 94차 상임위원회의결에 따라, 동년 12월 31일 법률 제941호로 「도로교통법」이 제정 · 공포되어 개별법규가 이 법에 통합되었고 이에 따라 시도별로 지정자동차운전교습소 제도가 시행되었다.

(3) 1976년 「도로교통법」 개정으로 지정자동차운전교습소 제도가 폐지되면서 문교부로 이관되었다.

(4) 1982년 「사회교육법」이 제정 · 공포되어 「도로교통법」이 전면 개정되었다. 이에 따라 운영감독권을 시 · 도지사에게 위임하는 근거규정이 마련되었다.

(5) 1985년 내무부치안본부에서는 자동차운전학원 운영지침의 준칙을 제정하여 각 시 · 도 경찰국에서 실질적으로 관장토록 하였다.

(6) 1995년 「도로교통법」을 개정하여 자동차운전학원 제도를 도입 · 시행함에 따라 자동차운전학원 중 일정한 요건을 갖춘 학원에 대하여 운전면허기능시험에 준하는 기능검정을 실시하도록 지정하여 안전한 운전자 양성과 만성적 시험적체해소에 획기적 계기를 마련하였다.

(7) 2001년 자동차학원의 설립 · 운영의 근거법인 「학원의 설립 · 운영에 관한 법률」의 개정으로 자동차운전학원 관련조항이 「도로교통법」에 이관되면서 오늘에 이르게 되었다.

2. 전문학원의 지위

(1) 운전면허라 함은 일반적으로 금지되어 있는 자동차 등의 운전을 일정한 자격이 있는 사람에게 허가하는 것이다. 일정한 자격이란 연령, 운전에 필요한 적성, 기능 및 지식 등이며 이러한 것은 일반적으로 시 · 도경찰청장이 행하는 시험에 의거 선별하는 것으로 되어 있다.

(2) 자동차운전학원은 「도로교통법」 제99조에서 규정한 인적 · 물적 · 운영적 요건을 갖춘 운전학원에 대하여 시 · 도경찰청장이 지정한 학원으로 자동차 등의 운전에 관한 지식 및 기능에 관한 초보자의 교육과 기능검정을 실시하는 등 공공적 성격을 갖는 교육기관을 말한다.

3. 전문학원의 권리와 책임

(1) 전문학원은 자동차 등의 운전에 관한 지식 및 기능에 관하여 종합적이고 체계적으로 초보자의 교육과 기능검정을 실시하는 공공적 성격을 갖는 교육기관으로서 법에 의거한 수료증 또는 졸업증의 발행이 인정되고, 그 수료증 또는 졸업증을 받은 사람은 시 · 도경찰청장이 행하는 기능시험이 면제된다.

(2) 전문학원은 기능시험이 면제되는 반면 그 면제를 받을 만한 적정한 교육 및 기능검정을 실시하여 교통사고를 일으키거나 당하지 않는 안전한 운전자를 양성할 책임이 있다.

4. 전문학원의 역할

(1) 초보운전자는 자동차의 성능이나 자연의 법칙 등에 대한 한계를 잘 모르기 때문에 운전요소에 대한 오차가 크므로 초보자교육을 중요시해야 한다.

(2) 전문학원에 대한 사회의 기대와 신뢰에 부응해야 한다.

(3) 공교육기관으로서의 역할과 영리를 추구하는 기업체이므로 공공성과 기업성의 균형이 유지되어야 한다.

2 자동차운전학원의 등록

1. 학원의 조건부등록

(1) 학원의 조건부등록 및 시설기준 등(도로교통법 제100조, 제101조)

① 시 · 도경찰청장은 규정에 따라 학원 등록을 할 경우 대통령령으로 정하는 기간에 규정에 따른 시설 및 설비 등을 갖출 것을 조건으로 하여 학원의 등록을 받을 수 있다.

② 시 · 도경찰청장은 ①에 따라 등록을 한 자가 정당한 사유 없이 같은 항에 따른 기간에 시설 및 설비 등을 갖추지 아니하면 그 등록을 취소하여야 한다.

③ 학원에는 대통령령이 정하는 기준에 의하여 강의실 · 기능교육장 · 부대시설 등 교육에 필요한 시설(장애인을 위한 교육 및 부대시설을 포함한다) 및 설비 등을 갖추어야 한다.

(2) 조건부등록 시 구비서류(도로교통법 시행규칙 제101조)

학원의 조건부 등록을 신청하고자 하는 자는 자동차운전학원 조건부 등록신청서에 다음의 서류와 학원의 시설 · 설비계획서(조건부 등록 당시 학원건축물이 건축물대장에 등재되지 아니하였거나, 가설건축물로서 건축물사용승인서 또는 임시사용승인서를 첨부하지 아니한 경우에 한한다)를 첨부하여 시 · 도경찰청장에게 제출하여야 한다. 다만, ② · ③ 및 ⑥의 서류는 시설 및 설비 등을 갖춘 날에 제출할 수 있다.

① 학원의 운영 등에 관한 원칙 1부
② 학원카드 1부
③ 건축물사용승인서 또는 임시사용승인서 1부(가설건축물인 경우에 한한다)
④ 기능교육장 등 학원의 시설을 나타내는 축척 400분의 1의 평면도 및 위치도, 현황측량성과도(기능교육장 등 학원 시설의 면적을 증명하기 위하여 공공기관에서 작성하는 서류) 각 1부
⑤ 기능교육용 자동차(기능교육을 실시하기 위한 자동차 등을 말한다)의 경우에는 기능교육용 자동차 확인증 1부
⑥ 강사선임통지서 1부
⑦ 정관 1부(설립자가 법인인 경우에 한한다)
⑧ 학원 시설 등의 사용에 관한 전세 또는 임대차 계약서 사본 1부(학원의 시설 등이 다른 사람의 소유인 경우에 한한다)
⑨ 학사관리전산시스템 설치확인서 1부
※ 전자정부법에 의한 확인에 동의한 경우 다음 서류는 제출하지 않는다.
- 학원 부지의 토지대장 등본 및 건축물대장 등본(가설건축물인 경우를 제외한다)
- 설립·운영자의 주민등록표 초본
- 법인의 등기사항증명서(설립자가 법인인 경우에 한한다)

(3) 조건부 등록 기간(도로교통법 시행령 제62조)

① 시·도경찰청장은 학원의 조건부 등록신청을 받은 경우 그 내용이 시설 및 설비 등의 기준을 갖출 수 있을 것으로 인정되면 1년 이내에 그 기준을 갖출 것을 조건으로 하여 조건부 등록을 받을 수 있다. 이 경우 시·도경찰청장은 1년 이내에 시설 및 설비 등을 갖출 수 없는 부득이한 사유가 있다고 인정되는 경우에는 1회에 한하여 6개월의 범위 내에서 그 기간을 연장할 수 있다.
② 학원의 조건부 등록을 한 자는 ①에 따른 기간만료 후 10일 이내에 시설·설비 완성신고서에 행정안전부령으로 정하는 서류를 첨부하여 시·도경찰청장에게 제출하여야 한다.

2. 학원의 등록

(1) 자동차운전학원 등록신청서에 기재하여야 할 사항(도로교통법 시행령 제60조 제1항)

① 설립·운영자(법인인 경우에는 그 법인의 임원을 말하고, 공동으로 설립·운영하는 경우에는 설립자와 운영자 모두를 말한다)의 인적사항
② 시설 및 설비
③ 강사의 명단·정원 및 배치 현황
④ 교육 과정
⑤ 개원 예정 연월일

(2) 학원의 운영에 관한 원칙에 기재하여야 할 사항(도로교통법 시행령 제60조 제2항)

① 학원의 목적·명칭 및 위치
② 교육생의 교육과정별 정원
③ 교육과정 및 교육시간
④ 교육생의 입원 및 퇴원에 관한 사항
⑤ 교육기간 및 휴강일
⑥ 교육과정 수료의 인정기준
⑦ 수강료 및 이용료
※ 학원은 자동차 등의 운전에 필요한 도로교통에 관한 법령 및 지식 등에 대한 교육(학과교육), 자동차 등의 운전에 관하여 필요한 기능을 익히기 위한 교육(기능교육) 및 도로에서의 운전능력을 익히기 위한 교육(도로주행교육) 중 일부의 교육과정을 분리하여 등록할 수 없다.

(3) 등록증 교부

① 시·도경찰청장은 학원의 등록신청을 받은 경우 그 내용이 시설 및 설비 등의 기준에 적합한 경우에는 등록을 받아야 한다.
② 시·도경찰청장은 학원의 등록을 받은 때에는 행정안전부령이 정하는 바에 따라 등록증을 교부하여야 한다.

3. 학원의 변경등록(도로교통법 시행규칙 제100조)

(1) 설립자(법인인 경우에는 그 법인의 임원을 말한다) 변경의 경우

① 변경사유 설명서 1부
② 인수자의 정관, 재산목록 및 이사회의 회의록 사본 각 1부(인수자가 법인인 경우에 한한다)
③ 인계인수서 사본 1부(전문학원의 경우에는 자동차운전전문학원 인수인계서를 말한다)
④ 인계자의 이사회 회의록 사본 1부(인계자가 법인인 경우에 한한다)
⑤ 자동차운전학원 등록증 원본(전문학원의 경우에는 전문학원 지정증을 말한다)

(2) 명칭 또는 위치 변경의 경우

① 건축물사용승인서 또는 임시사용승인서 1부(학원의 건물이 가설건축물인 경우)
② 위치 변경의 경우 : 기능교육장 등 학원의 시설을 나타내는 축척 400분의 1의 평면도 및 위치도, 현황측량성과도 각 1부와 학원 시설 등의 사용에 관한 전세 또는 임대차 계약서 사본 1부(학원의 시설 등이 다른 사람의 소유인 경우에 한한다)
③ 자동차운전학원 등록증 원본

(3) 시설 및 설비 등 변경의 경우

① 학원의 시설을 나타내는 축척 400분의 1의 평면도 및 현황측량성과도 각 1부(강의실·휴게실·양호실 또는 기능교육장 변경의 경우에 한한다)
② 기능교육용 자동차 확인증(기능교육용 자동차 변경의 경우에 한한다) 1부

(4) 학원의 운영 등에 관한 원칙 변경의 경우

① 학원의 운영 등에 관한 원칙의 신·구조문대비표 1부
② 변경사유 설명서 1부

(5) 운영자의 변경

① 변경사유 설명서 1부
② 자동차운전학원 등록증 원본(전문학원의 경우에는 전문학원 지정증을 말한다)

4. 학원등록 등의 결격사유(도로교통법 제102조)

(1) 학원등록을 할 수 없는 자

① 피성년후견인
② 파산선고를 받고 복권되지 아니한 사람
③ 금고 이상의 형을 선고받고 그 집행이 끝나거나 집행을 받지 아니하기로 확정된 후 3년이 지나지 아니한 사람 또는 금고 이상의 형을 선고받고 그 집행유예기간 중에 있는 사람
④ 법원의 판결에 의하여 자격이 정지 또는 상실된 사람
⑤ 제113조 제1항 제1호, 제5호부터 제12호까지, 같은 조 제2항 및 제4항에 따라 그 등록이 취소된 날부터 1년이 지나지 아니한 학원의 설립·운영자 또는 학원의 등록이 취소된 날부터 1년 이내에 같은 장소에서 학원을 설립·운영하려는 사람
⑥ 임원 중에 제1호부터 제5호까지 중 어느 하나에 해당하는 사람이 있는 법인

(2) 학원등록의 효력 상실

① 학원을 설립·운영하는 자가 학원등록을 할 수 없는 자의 어느 하나에 해당하게 된 경우에는 그 등록은 효력을 잃는다.
② 법인의 임원 중에 그 사유에 해당하는 사람이 있는 경우 그 사유가 발생한 날부터 3개월 이내에 그 임원을 해임하거나 다른 사람으로 바꾸어 임명한 경우에는 그러하지 아니하다.

5. 학원 강사의 자격요건 및 배치기준 등

(1) 학원 강사의 자격요건(도로교통법 시행령 제64조 제1항)

① 학과교육강사는 규정에 따라 학과교육강사자격증을 발급받은 사람
② 기능교육강사는 규정에 따라 기능교육강사자격증을 발급받은 사람

(2) 학원 강사의 정원 및 배치기준(도로교통법 시행령 제64조 제2항)

① 학과교육강사 : 강의실 1실당 1인 이상
② 기능교육강사
㉠ 제1종 대형면허·제1종 보통연습면허 또는 제2종 보통연습면허 : 각각 교육용 자동차 10대당 3명 이상. 다만, 제1종 보통연습면허 또는 제2종 보통연습면허 교육용 자동차가 각각 10대 미만인 경우에는 각각 1명 이상
㉡ 제1종 특수면허 : 각각 교육용 자동차 2대당 1명 이상
㉢ 제2종 소형면허 및 원동기장치자전거면허 : 교육용 자동차 등 10대당 1명 이상
③ 도로주행 기능교육강사 : 교육용 자동차 1대당 1명 이상

(3) 학원 강사 준수 사항(도로교통법 시행령 제64조 제4항)

① 교육자로서의 품위를 유지하고 성실히 교육할 것
② 거짓이나 그 밖의 부정한 방법으로 운전면허를 받도록 알선·교사하거나 돕지 아니할 것
③ 운전교육과 관련하여 금품·향응, 그 밖의 부정한 이익을 받지 아니할 것
④ 수강 사실을 거짓으로 기록하지 아니할 것
⑤ 규정에 따른 연수교육을 받을 것
⑥ 자동차운전교육과 관련하여 시·도경찰청장이 지시하는 사항에 따를 것

6. 학원의 교육운영기준 등

(1) 학원의 교육과정(도로교통법 시행령 제65조)

① 교육과정 : 학과교육, 기능교육 및 도로주행교육으로 구분하여 교육을 실시할 것
② 교육방법
㉠ 교육은 운전면허의 범위별로 구분하여 행정안전부령으로 정하는 최소시간 이상을 교육하고, 교육생 1명에 대한 교육시간은 학과교육의 경우에는 1일 7시간, 기능교육 및 도로주행교육의 경우에는 1일 4시간을 각각 초과하지 아니할 것
㉡ 교육 중 도로주행교육은 행정안전부령으로 정한 기준에 맞는 도로에서 실시할 것
③ 운영기준
㉠ 행정안전부령으로 정하는 정원의 범위 안에서 교육을 실시할 것
㉡ 자동차운전교육생을 모집하기 위한 사무실 등을 학원 밖에서 별도로 운영하지 아니할 것
㉢ 교육생이 학원의 위치, 연락처, 교육시간에 대하여 착오를 일으킬 만한 정보를 표시하거나 광고하지 아니할 것
㉣ 교육시간을 모두 수료하지 않은 교육생에 대하여 운전면허시험에 응시하도록 유도하지 아니할 것
④ ①에서 ③까지 규정한 사항 외에 교육과정별 교육의 과목 및 순서 등 교육방법과 운영기준에 관하여 필요한 사항은 행정안전부령으로 정한다.

(2) 교육과정별 교육과목 및 교육시간 등(도로교통법 시행규칙 [별표 32])

(단위 : 시간)

교육과목 \ 면허종별		보통(연습)면허	대형면허, 대형견인차면허 및 구난차면허	소형견인차면허	소형면허	원동기장치자전거면허
학과교육	운전이론 등	3	3	3	5	5
기능교육	기본조작	4	5	2	5	4
	응용주행		5	2	5	4
	소 계	4	10	4	10	8
도로주행교육(연습면허소지자)		6	·	·	·	·
계		13	13	7	15	13

(3) 교육과정의 운영기준(도로교통법 시행규칙 제107조)

① 학원 또는 전문학원을 설립·운영하는 자의 학과교육 실시 기준

㉠ 운전면허의 종별 교육과목 및 교육시간에 따라 교육을 실시할 것

㉡ 교육시간은 50분을 1시간으로 하되, 1일 1인당 7시간을 초과하지 아니할 것

㉢ 응급처치교육은 응급의학 관련 의료인이나 응급구조사 또는 응급처치에 관한 지식과 경험이 있는 강사로 하여금 실시하게 할 것

② 학원 또는 전문학원을 설립·운영하는 자의 기능교육 실시 기준

㉠ 운전면허의 종별 교육과목·교육시간 및 교육방법 등에 따라 단계적으로 교육을 실시할 것

㉡ 교육시간은 50분을 1시간으로 하되, 1일 1명당 4시간을 초과하지 아니할 것

㉢ 교육생을 2명 이상 승차시키지 아니할 것

③ 학원 또는 전문학원을 설립·운영하는 자의 도로주행교육 실시 기준

㉠ 운전면허 또는 연습운전면허를 받은 사람에 대하여 실시하되, 면허의 종별 교육과목·교육시간 및 교육방법 등에 따라 실시할 것

㉡ 기능교육을 담당하는 강사가 도로주행교육용 자동차에 같이 승차하여 지도하되, 교육생을 2명 이상 승차시키지 아니할 것

㉢ 교육시간은 50분을 1시간으로 하되, 1일 1명당 4시간을 초과하지 아니할 것. 다만, 운전면허를 받은 사람에 대하여는 그러하지 아니하다.

㉣ 지정된 도로에서 기준에 따라 교육을 실시할 것. 다만, 운전면허를 받은 사람에 대하여는 그러하지 아니하다.

㉤ 도로주행교육을 위한 도로의 지정에 관하여는 제124조 제3항 및 제4항의 규정을 준용한다.

3 자동차운전전문학원 지정

1. 개 설

(1) 전문학원의 정의

운전학원 중 인적·물적·운영적 요건을 갖춘 운전학원에 대하여 시·도경찰청장이 지정한 운전학원으로 자동차 등의 운전에 관한 지식 및 기능에 관한 초보자의 교육과 기능검정을 실시하는 등 공공적 성격을 갖는 교육기관을 말한다.

(2) 지정의 목적

① 전문학원에 있어서 교육의 수준을 높이고 준법의식과 예의를 몸에 익힌 양질의 운전자 양성을 목적으로 한다.

② 자동차 운전자로서 필요한 지식과 기능이 전혀 없는 사람을 교통사고를 내거나 당하지 않는 안전한 운전자로 양성하는 교육기관이다.

2. 전문학원의 지정

(1) 전문학원의 지정(도로교통법 제104조 제1항)

① 제105조의 규정에 의한 자격요건을 갖춘 학감(전문학원의 학과 및 기능에 관한 교육과 학사운영을 담당하는 사람을 말한다)을 둘 것. 다만, 학원을 설립·운영하는 자가 자격요건을 갖춘 경우에는 학감을 겸임할 수 있으며 이 경우에는 학감을 보좌하는 부학감을 두어야 한다.

② 대통령령으로 정하는 기준에 따라 강사자격증을 발급받은 강사 및 기능검정원자격증을 발급 받은 기능검정원(기능검정을 실시하는 사람을 말한다)을 둘 것

③ 대통령령으로 정하는 기준에 적합한 시설·설비 및 교통안전교육기관의 지정에 필요한 시설·설비 등을 갖출 것

④ 교육방법 및 졸업자의 운전 능력 등 해당 전문학원의 운영이 대통령령이 정하는 기준에 적합할 것

(2) 전문학원의 지정 신청 시 구비서류(도로교통법 시행규칙 제113조)

① 전문학원의 운영 등에 관한 원칙 1부

② 자동차운전전문학원카드 1부

③ 코스부지와 코스의 종류·형상 및 구조를 나타내는 축척 400분의 1의 평면도와 위치도 및 현황측량성과도 각 1부

④ 전문학원의 부대시설·설비 등을 나타내는 도면 1부

⑤ 건축물사용승인서 또는 임시사용승인서(학원의 건물이 가설건축물인 경우에 한한다) 및 학원 시설 등의 사용에 관한 전세 또는 임대차 계약서(학원의 시설 등이 다른 사람의 소유인 경우에 한한다)에 따른 서류 각 1부

⑥ 전문학원의 직인 및 학감(설립·운영자가 학감을 겸임하는 경우에는 부학감)의 도장의 인영

⑦ 기능검정원의 자격증 사본 1부, 기능검정 합격사실을 증명하기 위한 도장의 인영

⑧ 강사의 자격증 사본

⑨ 강사·기능검정원 선임통지서 1부

⑩ 기능시험전자채점기 설치확인서 1부

⑪ 장애인교육용 자동차의 확보를 증명할 수 있는 서류 1부

⑫ 학사관리전산시스템 설치확인서 1부

※ 전자정부법에 의한 확인에 동의한 경우 다음 서류는 제출하지 않는다.

- 법인의 등기사항증명서(학원을 설립·운영하는 자가 법인인 경우에 한한다)
- 학감(설립·운영자가 학감을 겸임하는 경우에는 부학감)의 주민등록표 초본
- 학원부지의 토지대장 등본 및 건축물대장 등본(가설건축물인 경우를 제외한다)
- 설립·운영자의 주민등록표 초본

(3) 전문학원 지정 결격사유(도로교통법 제104조 제2항)

① 학원 등에 대한 행정처분(제113조 제1항 제2호부터 제4호까지는 제외한다)에 따라 등록이 취소된 학원 또는 전문학원(이하 "학원 등"이라 한다)을 설립·운영하는 자(이하 "학원 등 설립·운영자"라 한다) 또는 학감이나 부학감이었던 자가 등록이 취소된 날부터 3년 이내에 설립·운영하는 학원

② 학원 등에 대한 행정처분(제113조 제1항 제2호부터 제4호까지는 제외한다)에 따라 등록이 취소된 경우 취소된 날부터 3년 이내에 같은 장소에서 설립 · 운영되는 학원

(4) 전문학원 지정 전 운영 평가 등(자동차운전(전문)학원 운영 · 관리 지침)

① 시 · 도경찰청장은 전문학원 지정신청을 받은 때에는 현지를 답사하여 시설 · 설비 및 구비서류의 적정 여부를 '전문학원 지정 전 시설 · 설비 등 점검표'에 의거하여 점검한다.

② 신청이 적정하다고 인정되는 때에는 기준에 준하는 교육계획과 교육방법으로 운영할 것을 조건으로 전문학원 지정 전 운영승인서를 교부한다.

③ 시 · 도경찰청장은 전문학원 지정 전 운영을 승인한 운전학원에 대하여는 다음의 사항을 관리 · 평가한다.

㉠ 승인한 날로부터 6개월간 그 운전학원 수료자의 연습운전면허시험 합격률

㉡ 정원운영 준수 여부

㉢ 교육과목 · 시간 · 방법 등의 운영기준 적정 여부

④ 규정에 의한 수료자의 운전면허시험 합격률 평가는 운전면허사무처리지침의 규정에 준하여 시 · 도경찰청장이 관계 경찰공무원으로 하여금 출장면허시험으로 실시할 수 있으며, ③의 ㉡ 및 ㉢의 규정에 의한 평가는 관계 경찰공무원으로 하여금 그 학원에 출입하여 검사 및 자료확인 등으로 실시한다.

⑤ 평가결과를 '전문학원지정전평가결과통지서'와 지정을 위한 인적 · 물적 요건 중 보완사항을 신청인에게 통지한다.

(5) 평가결과 보완사항과 지정증

① 평가결과 적정판정을 받은 사람은 다음의 인적요건과 구비서류를 보완하여 소재지 관할 시 · 도경찰청장에게 제출하여야 한다.

㉠ 보완해야 할 인적요건 : 학감 및 부학감, 기능검정원 및 강사

㉡ 보완해야 할 구비서류 : 학감의 주민등록등본, 인장의 인영대장 및 자격증, 전문학원의 직원명부(학감, 기능검정원, 학과 및 기능강사)

② 시 · 도경찰청장은 보완서류를 접수한 때에는 '전문학원 지정요건 종합평가표'에 의거 점검 후 적정한 때에는 전문학원으로 지정하고, 전문학원지정증을 교부하고 전문학원지정대장에 기록하여야 한다.

③ 전문학원으로 지정받은 학원의 설립자는 전문학원지정증을 전문학원 사무실의 보기 쉬운 곳에 게시하고 전문학원간판을 제작하여 정문 또는 현관문 우측에 게시하여야 한다.

3. 인적기준

(1) 학 감

① 학감 또는 부학감 선임(도로교통법 제104조, 시행규칙 제117조)

㉠ 제105조의 규정에 의한 자격요건을 갖춘 학감을 둘 것. 다만, 학원을 설립 · 운영하는 자가 자격요건을 갖춘 경우에는 학감을 겸임할 수 있으며 이 경우에는 학감을 보좌하는 부학감을 두어야 한다.

㉡ 학감은 전문학원의 학과교육 및 기능교육과 학사운영을 담당하는 사람이다.

㉢ 학감은 전문학원의 교육수준향상에 노력하여야 할 의무와 기능검정의 공정성을 확보할 의무가 부과되어 있다.

㉣ 전문학원을 설립 · 운영하는 자는 법 제104조 제1항 제1호에 따른 학감 또는 부학감을 선임하고자 하거나 해임한 때에는 학감 · 부학감(선임 · 해임)통지서에 근무경력사실증명서(선임하는 경우에 한정한다)를 첨부하여 그 사실을 시 · 도경찰청장에게 통지하여야 한다.

㉤ 시 · 도경찰청장은 학감 또는 부학감의 선임에 관한 통지를 받은 때에는 학감 또는 부학감이 법 제105조의 규정에 해당되는 사람인지의 여부를 심사하여 그 결과를 해당 전문학원을 설립 · 운영하는 자에게 통보하여야 한다.

② 학감 또는 부학감의 자격기준(도로교통법 제105조)

㉠ 도로교통에 관한 업무에 3년 이상 근무한 경력(관리직 경력만 해당한다)이 있는 사람 또는 학원 등의 운영 · 관리에 관한 업무에 3년 이상 근무한 경력이 있거나 학원 등의 교육 · 검정 등 대통령령으로 정하는 업무에 5년 이상 근무한 경력이 있는 사람으로서 다음의 어느 하나에 해당되지 아니하는 사람(㉠ 시행일 : 2024.8.14.)

- 미성년자 · 피성년후견인
- 파산선고를 받고 복권되지 아니한 사람
- 이 법 또는 다른 법의 규정을 위반하여 금고 이상의 실형을 선고를 받고 그 형의 집행이 종료(종료된 것으로 보는 경우를 포함한다)되거나 집행을 받지 아니하기로 확정된 날부터 2년(제150조 각 호의 어느 하나의 규정을 위반한 경우에는 3년)이 경과되지 아니한 사람
- 제150조 각 호의 어느 하나의 규정을 위반하여 벌금형의 선고를 받고 3년이 지나지 아니한 사람
- 금고 이상의 형을 선고받고 그 집행유예기간 중에 있는 사람
- 금고 이상의 형의 선고유예를 받고 그 유예기간 중에 있는 사람
- 법률 또는 판결에 의하여 자격이 상실 또는 정지된 사람
- 「국가공무원법」 또는 「경찰공무원법」 등 관련 법률에 따라 징계면직처분을 받은 날부터 2년이 지나지 아니한 사람

㉡ 제113조 제1항 제1호, 제5호부터 제12호까지, 같은 조 제2항 및 제4항에 따라 등록이 취소된 학원 등을 설립 · 운영한 자, 학감 또는 부학감이었던 경우에는 등록이 취소된 날부터 3년이 지난 사람

(2) 강사 등

① 강사의 지도와 자격요건(도로교통법 제106조 제1항 · 제2항)

㉠ 전문학원의 강사가 되려는 사람은 행정안전부령으로 정하는 강사자격시험에 합격하고 경찰청장이 지정하는 전문기관에서 자동차운전교육에 관한 연수교육을 수료하여야 한다.

㉡ 경찰청장은 ㉠에 따른 자격을 갖춘 사람에게 행정안전부령으로 정하는 바에 따라 강사자격증을 발급하여야 한다.

② 전문학원의 강사 결격요건(도로교통법 제106조 제3항)
㉠ 20세 미만인 사람(㉠ 삭제, 시행일 : 2024.8.14.)
㉡ 「교통사고처리 특례법」 제3조 제1항(업무상과실 · 중과실치사상) 또는 「특정범죄 가중처벌 등에 관한 법률」 제5조의3(도주차량 운전자의 가중처벌)을 위반하여 금고 이상의 형을 선고받고 그 집행이 끝나거나 집행이 면제된 날부터 2년이 지나지 아니한 사람
㉢ 「교통사고처리 특례법」 제3조 제1항 또는 「특정범죄 가중처벌 등에 관한 법률」 제5조의3을 위반하여 금고 이상의 형을 선고받고 그 집행유예기간 중에 있는 사람(㉢ 삭제, 시행일 : 2024.8.14.)
㉣ 규정에 따라 강사자격증이 취소된 날부터 3년이 지나지 아니한 사람
㉤ 자동차 등의 운전에 필요한 기능과 도로에서의 운전 능력을 익히기 위한 교육(이하 "기능교육"이라 한다)에 사용되는 자동차 등을 운전할 수 있는 운전면허를 받지 아니하거나 기능교육에 사용되는 자동차를 운전할 수 있는 운전면허를 받은 날부터 2년이 지나지 아니한 사람

③ 강사의 자격취소 · 정지기준(도로교통법 제106조 제4항)
시 · 도경찰청장은 강사자격증을 교부받은 사람이 다음의 어느 하나에 해당하는 때에는 행정안전부령이 정하는 기준에 의하여 그 강사의 자격을 취소하거나 1년 이내의 범위에서 기간을 정하여 그 자격의 효력을 정지시킬 수 있다. 다만, ㉠ 내지 ㉤의 어느 하나에 해당하는 경우에는 그 자격을 취소하여야 하며, ㉤ 및 ㉥은 규정에 의한 자동차 등의 운전에 필요한 지식 등을 얻기 위한 교육을 담당하는 강사에게는 적용하지 아니한다.
㉠ 거짓이나 그 밖의 부정한 방법으로 강사자격증을 발급받은 경우
㉡ 「교통사고처리 특례법」 제3조 제1항에 따른 죄, 「특정범죄 가중처벌 등에 관한 법률」 제5조의3, 제5조의11 제1항 및 제5조의13에 따른 죄, 「성폭력범죄의 처벌 등에 관한 특례법」 제2조에 따른 성폭력범죄, 「아동 · 청소년의 성보호에 관한 법률」 제2조 제2호에 따른 아동 · 청소년 대상 성범죄를 저질러 금고 이상의 형(집행유예를 포함한다)을 선고받은 경우(㉡ 시행일 : 2024.8.14.)
㉢ 강사의 자격정지기간 중에 교육을 한 경우
㉣ 강사의 자격증을 다른 사람에게 빌려준 경우
㉤ 기능교육에 사용되는 자동차를 운전할 수 있는 운전면허가 취소된 경우
㉥ 기능교육에 사용되는 자동차를 운전할 수 있는 운전면허의 효력이 정지된 경우
㉦ 강사의 업무에 관하여 부정한 행위를 한 경우
㉧ 무등록 유상 운전교육의 금지규정을 위반하여 대가를 받고 자동차운전교육을 한 경우
㉨ 그 밖에 이 법이나 이 법에 따른 명령 또는 처분을 위반한 경우

④ 강사의 선임 서류(도로교통법 시행규칙 제120조)
학원 또는 전문학원을 설립 · 운영하는 자가 강사 또는 기능검정원을 선임하고자 하는 때에는 강사 등 선임통지서에 다음의 서류를 첨부하여 시 · 도경찰청장에게 제출하여야 한다.
㉠ 강사 등의 운전면허증 사본 1부
㉡ 이력서 1부(학원 강사의 경우에 한한다)
㉢ 운전경력증명서 1부(학원 강사의 경우에 한한다)
㉣ 강사자격증 사본 1부(전문학원 강사의 경우에 한한다)
㉤ 기능검정원 자격증 사본 1부(전문학원 기능검정원의 경우에 한한다)
※ 이 경우 담당 공무원은 「전자정부법」 제36조 제1항에 따른 행정정보의 공동이용을 통하여 신청인의 주민등록등(초)본이나 운전면허정보를 확인하여야 하며 신청인이 확인에 동의하지 아니하는 경우에는 그 사본을 첨부하도록 하여야 한다.

⑤ 강사업무의 겸임(도로교통법 시행규칙 제122조)
㉠ 학원 또는 전문학원의 강사가 다른 종류의 강사자격증을 가지고 있는 경우에는 해당 강사의 업무에 지장이 없는 범위 내에서 다른 종류의 강사업무를 겸임할 수 있다. 이 경우 겸임하는 강사는 강사의 정원산출과 배치기준에 있어서 중복하여 적용되어서는 아니 된다.
㉡ 기능검정원이 강사자격증을 가지고 있는 경우에는 기능검정의 업무에 지장이 없는 범위 내에서 강사의 업무를 겸임할 수 있다. 이 경우 기능검정원은 자신이 교육한 교육생에 대하여 교육이 종료된 날부터 1년이 지나지 아니하면 도로주행검정을 실시할 수 없으며, 겸임하는 기능검정원은 영 제67조 제1항 제2호에 따른 강사의 정원산출과 배치기준에 있어서 교육용 자동차 10대당 1명에 한하여 중복하여 적용할 수 있다.
㉢ 학감 또는 부학감은 강사 또는 기능검정원 업무를 겸임할 수 없다. 다만, 학감 또는 부학감이 학과교육에 대한 강사자격증이 있는 경우로서 업무에 지장이 없는 범위 내에서 학과교육 과정표상의 첫 1교시의 강의를 하는 경우에는 그러하지 아니하다.
㉣ 전문학원의 설립 · 운영자는 기능검정원을 겸임할 수 없다.
㉤ 전문학원의 설립 · 운영자는 기능교육의 효율적인 실시를 위하여 기능교육보조원을 둘 수 있다. 이 경우 기능교육보조원은 강사를 대신하여 교육을 담당할 수 없다.

⑥ 자동차운전전문학원 강사의 배치기준(도로교통법 시행령 제67조)
㉠ 학과교육강사 : 1일 학과교육 8시간당 1명 이상
㉡ 기능교육강사
- 제1종 대형면허 : 교육용 자동차 10대당 3명 이상
- 제1종 보통연습면허 또는 제2종 보통연습면허 : 각각 교육용 자동차 10대당 5명 이상
- 제1종 특수면허 : 각각 교육용 자동차 2대당 1명 이상
- 제2종 소형면허 및 원동기장치자전거면허 : 교육용 자동차 등 10대당 1명 이상

㉢ 도로주행 기능교육강사 : 교육용 자동차 1대당 1명 이상

(3) 기능검정원

① 기능검정원의 뜻(도로교통법 제107조 제1항 · 제2항)

㉠ 기능검정원이 되려는 사람은 행정안전부령이 정하는 기능검정원 자격시험에 합격하고 경찰청장이 지정하는 전문기관에서 자동차운전 기능검정에 관한 연수교육을 수료하여야 한다.

㉡ 경찰청장은 ㉠의 규정에 의한 연수교육을 수료한 사람에게 행정안전부령이 정하는 바에 의하여 기능검정원 자격증을 발급하여야 한다.

② 기능검정원의 결격사유(도로교통법 제107조 제3항)

㉠ 「교통사고처리 특례법」 제3조제1항 또는 「특정범죄 가중처벌 등에 관한 법률」 제5조의3을 위반하여 금고 이상의 형을 선고받고 그 집행이 끝나거나 집행이 면제된 날부터 2년이 지나지 아니한 사람

㉡ 「교통사고처리 특례법」 제3조제1항 또는 「특정범죄 가중처벌 등에 관한 법률」 제5조의3을 위반하여 금고 이상의 형을 선고받고 그 집행유예기간 중에 있는 사람(㉡ 삭제, 시행일 : 2024.08.14.)

㉢ 기능검정원의 자격이 취소된 경우에는 그 자격이 취소된 날부터 3년이 지나지 아니한 사람

㉣ 기능검정에 사용되는 자동차를 운전할 수 있는 운전면허를 받지 아니하거나 운전면허를 받은 날부터 3년이 지나지 아니한 사람

③ 기능검정원의 자격취소 · 정지기준(도로교통법 제107조 제4항)

㉠ 거짓으로 제108조 제4항에 따른 기능검정의 합격 사실을 증명한 경우

㉡ 거짓이나 그 밖의 부정한 방법으로 기능검정원 자격증을 발급받은 경우

㉢ 「교통사고처리 특례법」 제3조제 1항에 따른 죄, 「특정범죄 가중처벌 등에 관한 법률」 제5조의3, 제5조의11 제1항 및 제5조의13에 따른 죄, 「성폭력범죄의 처벌 등에 관한 특례법」 제2조에 따른 성폭력범죄, 「아동 · 청소년의 성보호에 관한 법률」 제2조 제2호에 따른 아동 · 청소년 대상 성범죄를 저질러 금고 이상의 형(집행유예를 포함한다)을 선고받은 경우(㉢ 시행일 : 2024.8.14.)

㉣ 기능검정원의 자격정지기간 중에 기능검정을 한 경우

㉤ 기능검정원의 자격증을 다른 사람에게 빌려준 경우

㉥ 기능검정에 사용되는 자동차를 운전할 수 있는 운전면허가 취소된 경우

㉦ 기능검정에 사용되는 자동차를 운전할 수 있는 운전면허의 효력이 정지된 경우

㉧ 기능검정원의 업무에 관하여 부정한 행위를 한 경우

㉨ 그 밖에 이 법이나 이 법에 따른 명령 또는 처분을 위반한 경우

④ 기능검정원의 배치기준(도로교통법 시행령 제67조) : 교육생 정원 200명당 1명 이상

(4) 강사 또는 기능검정원의 자격취소 · 정지(도로교통법 시행규칙 [별표 34])

① 강사(개별기준)

위반사항	처분기준		
	1차 위반	2차 위반	3차 위반
1. 허위 또는 부정한 방법으로 강사자격증을 교부받은 때	자격취소	–	–
2. 「교통사고처리 특례법」 제3조 제1항 또는 「특정범죄 가중처벌 등에 관한 법률」 제5조의3의 규정에 위반하여 금고 이상의 형을 선고받은 때(집행유예를 포함한다)	자격취소	–	–
3. 강사의 자격정지기간 중에 교육을 실시한 때	자격취소	–	–
4. 강사의 자격증을 다른 사람에게 빌려준 때	자격취소	–	–
5. 기능교육에 사용되는 자동차를 운전할 수 있는 운전면허가 취소된 때	자격취소	–	–
6. 기능교육에 사용되는 자동차를 운전할 수 있는 운전면허의 효력이 정지된 때	운전면허 정지기간 중 자격정지	운전면허 정지기간 중 자격정지	운전면허 정지기간 중 자격정지
7. 강사의 업무에 관하여 부정한 행위를 한 때			
가. 교육생에게 금품 등을 강요하거나 이를 받았을 때	자격정지 6개월	자격취소	–
나. 교육생의 출석사항을 조작한 때	자격정지 6개월	자격취소	
다. 교육 중 교육생에게 폭언 · 폭행 등으로 물의를 일으킨 때	자격정지 3개월	자격정지 6개월	자격취소
라. 안전사고의 예방을 위하여 필요한 조치를 게을리한 때	자격정지 1개월	자격정지 2개월	자격정지 3개월
마. 강사자격증을 달지 아니하는 등 품위를 손상한 때	시정명령	자격정지 1개월	자격정지 2개월
바. 기능시험 전자채점기를 조작하는 등 부정한 운전면허 취득행위를 도울 때	자격정지 6개월	자격취소	–
사. 동승교육을 하여야 하는 교육생에게 동승교육을 하지 아니한 때	자격정지 1개월	자격정지 2개월	자격정지 3개월
8. 법 제116조의 규정에 위반하여 대가를 받고 자동차운전교육을 한 때	자격정지 6개월	자격취소	–

② 기능검정원(개별기준)

위반사항	처분기준		
	1차 위반	2차 위반	3차 위반
1. 허위로 기능검정 합격사실을 증명한 때	자격취소	–	–
2. 허위 또는 부정한 방법으로 기능검정원자격증을 교부받은 때	자격취소	–	–
3. 「교통사고처리 특례법」 제3조 제1항 또는 「특정범죄 가중처벌 등에 관한 법률」 제5조의3의 규정에 위반하여 금고 이상의 형의 선고를 받은 때(집행유예 포함)	자격취소	–	–
4. 자격정지기간 중에 기능검정을 실시한 때	자격취소	–	–
5. 기능검정원의 자격증을 다른 사람에게 빌려준 때	자격취소	–	–
6. 기능검정에 사용되는 자동차를 운전할 수 있는 운전면허가 취소된 때	자격취소	–	–
7. 기능검정에 사용되는 자동차를 운전할 수 있는 운전면허의 효력이 정지된 때	운전면허 정지기간 중 자격정지	운전면허 정지기간 중 자격정지	운전면허 정지기간 중 자격정지

위반사항	처분기준		
	1차 위반	2차 위반	3차 위반
8. 기능검정원의 업무에 관하여 부정한 행위를 한 때			
가. 교육생에게 금품 등을 강요하거나 이를 받았을 때	자격정지 6개월	자격취소	–
나. 장내기능시험 전자채점기를 조작한 때	자격정지 6개월	자격취소	
다. 검정 도중 교육생에게 합격을 유도하는 등 검정의 공정성을 결여하는 행위를 한 때	자격정지 3개월	자격정지 6개월	자격취소
라. 검정 도중 폭언·폭행 등으로 물의를 일으킨 때	자격정지 3개월	자격정지 6개월	자격취소
마. 기능검정원의 자격증을 달지 아니하는 등 품위를 손상한 때	시정명령	자격정지 1개월	자격정지 2개월
바. 부정한 운전면허 취득행위를 도운 때	자격정지 6개월	자격취소	–
사. 기능검정 응시자격이 없는 사람임을 알면서 기능검정을 실시한 때	자격정지 6개월	자격취소	–

③ 강사 · 기능검정원의 자격취소 · 정지의 기준(일반기준)

㉠ 위반행위가 둘 이상인 경우로서 그에 해당하는 각각의 처분기준이 다른 경우에는 그중 중한 처분기준에 따른다. 다만, 둘 이상의 처분기준이 동일한 자격정지인 경우에는 각 처분기준을 합산한 기간을 넘지 아니하는 범위에서 중한 처분기준의 2분의 1의 범위에서 가중할 수 있다.

㉡ 위반행위의 횟수에 따른 행정처분의 기준은 최근 2년간 같은 위반행위로 행정처분을 받은 경우에 적용한다. 이 경우 행정처분기준의 적용은 같은 위반행위에 대하여 최초로 행정처분을 한 날(행정처분 결정일을 말한다)을 기준으로 한다.

㉢ 시 · 도경찰청장은 위반행위의 동기 · 내용 · 횟수 및 위반의 정도 등 다음에 해당하는 사유를 고려하여 그 처분을 가중하거나 감경할 수 있다. 이 경우 그 처분이 자격정지인 경우에는 그 처분기준의 2분의 1의 범위에서 가중하거나 감경할 수 있고, 자격취소인 경우에는 6개월 이상의 자격정지처분으로 감경(「도로교통법」 제106조 제4항 제1호부터 제5호까지, 「도로교통법」 제107조 제4항 제1호부터 제6호까지는 제외)할 수 있다.

- 가중 사유
  - 학원 등에 불이익을 줄 목적으로 고의로 위반한 경우
  - 위반의 내용 · 정도가 중대하여 교육생에게 미치는 피해가 크다고 인정되는 경우
- 감경 사유
  - 위반행위가 고의나 중대한 과실이 아닌 사소한 부주의나 오류로 인한 것으로 인정되는 경우
  - 위반의 내용 · 정도가 경미하여 교육생에게 미치는 피해가 적다고 인정되는 경우
  - 위반행위자가 처음 해당 위반행위를 한 경우로서 3년 이상 학원 등에서 모범적으로 근무해 온 사실이 객관적으로 인정되는 경우
  - 위반행위자가 해당 위반행위로 인하여 검사로부터 기소유예처분을 받거나 법원으로부터 선고유예의 판결을 받은 경우

㉣ 시 · 도경찰청장은 강사 등이 해당 위반행위로 인하여 사법경찰관 또는 검사로부터 불송치 또는 불기소(해당 사건이 다시 수사 및 기소되어 유죄가 확정된 경우는 제외)를 받거나 법원으로부터 무죄판결을 받아 확정된 경우 처분을 감면할 수 있다.

㉤ 강사 또는 기능검정원이 전문학원의 설립 · 운영자의 지시에 따라 다음의 구분에 따른 위반행위를 하고 시 · 도경찰청장이 그 사실을 인지하기 전까지 스스로 신고한 때에는 자격취소는 자격정지 3개월로, 그 밖의 자격정지는 그 처분기준의 2분의 1까지 감경할 수 있다.

- 강사의 경우에는 ①표 위반사항란 7.의 나. 및 바.의 위반행위
- 기능검정원의 경우에는 ②표 위반사항란 8.의 나. · 다. · 바. 및 사.의 위반행위

4. 학원 및 전문학원의 시설 및 설비 등의 기준

(1) 기능교육장 및 부대 시설 확보(도로교통법 시행령 [별표 5])

① 강의실

㉠ 학과교육 강의실의 면적은 $60m^2$ 이상 $135m^2$ 이하로 하되, $1m^2$당 수용인원은 1명을 초과하지 않을 것

㉡ 도로교통에 관한 법령 · 지식과 자동차의 구조 및 기능에 관한 강의를 위하여 필요한 책상 · 의자와 각종 보충교재를 갖출 것

② 사무실

사무실에는 교육생이 제출한 서류 등을 접수할 수 있는 창구와 휴게실을 설치할 것

③ 화장실 및 급수시설

학원 또는 전문학원의 규모에 맞는 적절한 화장실 및 급수시설을 갖추되, 급수시설의 경우 상수도를 사용하는 경우 외에는 그 수질이 「먹는 물 관리법」 제5조 제3항에 따른 기준에 적합할 것

④ 채광시설, 환기시설, 냉 · 난방시설 및 조명시설

보건위생상 적절한 채광시설, 환기시설 및 냉 · 난방시설을 갖추되, 야간교육을 하는 경우 그 조명시설은 책상면과 칠판면의 조도가 150lx 이상일 것

⑤ 방음시설 및 소방시설

「소음 · 진동관리법」 제21조 제2항에 따른 생활소음의 규제기준에 적합한 방음시설과 소방시설 설치 및 관리에 관한 법률」에 따른 방화 및 소방에 필요한 시설을 갖출 것

⑥ 휴게실 및 양호실

교육생의 정원이 500인 이상인 경우에는 ②에 따른 사무실 안의 휴게실 외에 면적이 $15m^2$ 이상인 휴게실과 면적이 $7m^2$(전문학원의 경우에는 $16.5m^2$) 이상으로서 응급처치시설이 포함된 양호실을 갖출 것

⑦ 기능교육장

㉠ 면적이 $2,300m^2$ 이상(전문학원의 경우에는 $6,600m^2$ 이상)인 기능교육장을 갖출 것. 다만, 기능교육장을 2층으로 설치하는 경우 전체 면적 중 1층에 확보하여야 하는 부지의 면적은 $2,300m^2$(1종 대형면허 교육을 병행하는 경우에는 $4,125m^2$) 이상이어야 하며, 상 · 하 연결차로의 너비를 7m(상 · 하 연결차로를 분리할 경우에는 각각 3.5m) 이상으로 하여야 한다.

㉡ 제1종 보통면허 및 제2종 보통면허 교육 외의 교육을 하고자 하는 경우에는 다음의 구분에 따라 부지를 추가로 확보할 것
- 제1종 대형면허 교육 : 8,250m^2(전문학원의 경우에는 2,000 m^2) 이상
- 제2종 소형면허 및 원동기장치자전거면허 교육 : 1,000m^2 이상
- 소형견인차면허 및 구난차면허 교육 : 2,330m^2 이상
- 대형견인차면허 교육 : 1,610m^2 이상

㉢ 기능교육장은 콘크리트나 아스팔트로 포장하고, ㉠에 해당하는 기능교육장에는 다음과 같은 시설을 갖추어야 한다.
- 너비가 3m 이상인 1개 이상의 차로를 설치할 것
- 10~15cm 너비의 중앙선 또는 차선을 표시하고, 도로 중앙으로부터 3m 되는 지점에 10~15cm 너비의 길가장자리선을 설치할 것
- 연석은 길가장자리선으로부터 25cm 이상 간격으로 높이 10cm 이상, 너비 10cm 이상으로 설치할 것

㉣ 기능교육장 안에는 기능시험코스 등 기능교육시설, 기능검정을 통제하는 시설, 기능검정에 응시하는 사람이 대기하는 장소 및 조경시설 외에 다른 시설을 설치하지 않을 것

⑧ 정비장 및 주차시설
㉠ 교육용 자동차의 일상점검에 필요한 정비장을 갖출 것
㉡ 포장된 주차시설을 갖출 것

⑨ 교육용 자동차(전문학원의 기능검정용 자동차를 포함한다)
㉠ 기능 및 도로주행교육용 자동차의 공통기준
- 교육생이 교육 중 과실로 인하여 발생한 사고에 대하여 손해를 전액 보상받을 수 있는 보험에 가입할 것
- 강사가 위험을 방지할 수 있는 별도의 제동장치 등 필요한 장치를 갖출 것
- 전문학원의 경우 자동변속기, 수동가속 페달, 수동 브레이크, 왼쪽 보조 엑셀러레이터, 오른쪽 방향지시기, 핸들선회장치 등이 장착된 장애인 기능교육용 자동차 및 도로주행교육용 자동차를 각각 1대 이상 확보할 것
- 제2종 소형 또는 원동기장치자전거 운전교육 시 필요한 안전모, 안전장갑, 관절보호대 등 보호장구를 갖출 것

㉡ 기능교육용 자동차의 기준
- 교육생이 기능교육을 받는 데 지장이 없을 정도의 대수를 확보할 것. 또한, 대수의 확보에 있어서 기능교육장의 면적 300m^2당 1대를 초과하지 않도록 할 것
- 「자동차관리법」 제44조에 따른 자동차검사대행자 또는 동법 제45조에 따른 지정정비사업자가 행정안전부령으로 정하는 바에 따라 실시하는 검사를 받은 자동차를 사용할 것

㉢ 도로주행교육용 자동차의 기준
- 학원 등 설립 · 운영자의 명의로 학원 등의 소재지를 관할하는 행정기관에 등록된 자동차일 것. 다만, 관할 행정기관 외의 행정기관에 등록된 자동차의 경우에는 관할 시 · 도경찰청장의 승인을 얻어 사용할 수 있다.
- 도로주행교육용 자동차의 대수는 해당 학원 등 기능교육장에서 동시에 교육이 가능한 최대 자동차 대수의 3배를 초과하지 아니할 것
- 「자동차관리법」 제43조 제1항 제2호에 따른 정기검사를 받은 자동차를 사용할 것

⑩ 학사관리 전산시스템
학사관리의 능률과 공정을 위하여 경찰청장이 정하는 학사관리 전산시스템(지문 등으로 본인 여부를 확인할 수 있는 장치를 포함한다)을 설치 · 운영할 것

⑪ ①부터 ⑩까지의 시설 및 설비 등은 하나의 학원 또는 전문학원 부지 내에 설치할 것. 다만, ⑩의 학사관리 전산시스템 중 서버는 경찰청장이 정하는 바에 따라 학원 또는 전문학원 부지 밖에 설치할 수 있다.

⑫ 강의실 및 부대시설 등을 가설건축물로 설치할 경우에는 「건축법」 제20조 제1항 및 동법 시행령 제15조 제1항에 따른 기준에 적합할 것

⑬ 전문학원은 경찰청장이 고시한 규격에 적합한 전자채점기를 설치 · 관리할 것

(2) 기능교육자동차의 확보(도로교통법 시행규칙 제70조, 제71조)

① 기능시험 또는 도로주행시험에 사용되는 자동차 등의 종별
㉠ 제1종 대형면허의 경우에는 다음의 기준을 모두 갖춘 승차정원 30명 이상의 승합자동차
- 차량길이 1,015cm 이상
- 차량너비 246cm 이상
- 축간거리 480cm 이상
- 최소회전반경 798cm 이상

㉡ 제1종 보통연습면허 및 제1종 보통면허의 경우에는 다음의 기준을 모두 갖춘 화물자동차
- 차량길이 465cm 이상
- 차량너비 169cm 이상
- 축간거리 249cm 이상
- 최소회전반경 520cm 이상

㉢ 제1종 소형면허의 경우에는 3륜화물자동차

㉣ 제1종 특수면허 중 대형견인차면허의 경우에는 다음의 구분에 따른 기준을 갖춘 견인자동차와 피견인자동차
- 견인자동차 : 기준 없음
- 피견인자동차
  - 차량길이 1,200cm 이상
  - 차량너비 240cm 이상
  - 축간거리 890cm 이상

㉤ 제1종 특수면허 중 소형견인차면허의 경우에는 다음의 구분에 따른 기준을 갖춘 견인자동차 또는 피견인자동차
- 견인자동차 : ㉡에 따른 자동차
- 피견인자동차 : 다음의 기준을 모두 갖춘 피견인자동차
  - 차량길이 : 385cm 이상
  - 차량너비 : 167cm 이상
  - 연결장치에서 바퀴까지 거리 : 200cm 이상
  - 차량무게 : 총중량 750kg 이상

㉥ 제1종 특수면허 중 구난차면허의 경우에는 다음의 구분에 따른 기준을 갖춘 견인자동차와 피견인자동차
- 견인자동차
  - 차량길이 643cm 이상

– 차량너비 219cm 이상
– 축간거리 379cm 이상
• 피견인자동차 : ⓛ에 따른 자동차

ⓢ 제2종 보통연습면허의 경우에는 다음의 기준을 모두 갖춘 승용자동차(일반형 또는 승용겸화물형에 한한다) 또는 3톤 이하의 화물자동차(외관이 일반형 승용자동차와 유사한 밴형으로 한정한다)
• 차량길이 397cm 이상
• 차량너비 156cm 이상
• 축간거리 234cm 이상
• 최소회전반경 420cm 이상

ⓞ 제2종 보통면허의 경우에는 ⓢ의 기준을 모두 갖춘 일반형 승용자동차

ⓙ 제2종 소형면허의 경우에는 이륜자동차(200cc 이상에 한한다)

ⓒ 원동기장치자전거면허의 경우에는 배기량 49cc 이상인 이륜의 원동기장치자전거(다륜형 원동기장치자전거만을 운전하는 조건의 면허의 경우에는 삼륜 또는 사륜의 원동기장치자전거)

② 제1종 보통연습면허 및 제2종 보통연습면허의 기능시험에 있어서 응시자가 소유하거나 타고 온 차가 자동차의 구조 및 성능이 ①에 따른 기준에 적합한 경우에는 그 차로 응시하게 할 수 있다.

③ 경찰서장 또는 도로교통공단은 조향장치나 그 밖의 장치를 뜻대로 조작할 수 없는 등 정상적인 운전을 할 수 없다고 인정되는 신체장애인에 대하여는 차의 구조 및 성능이 ①에 따른 기준에 적합하고, 자동변속기, 수동가속 페달, 수동 브레이크, 좌측 보조 엑셀러레이터, 우측 방향지시기 또는 핸들선회장치 등이 장착된 자동차 등이나 응시자의 신체장애 정도에 적합하게 제작・승인된 자동차 등으로 기능시험 또는 도로주행시험에 응시하게 할 수 있다.

④ 교육용 자동차의 확보기준
도로주행시험에 사용되는 자동차의 요건
㉠ 시험관이 위험을 방지하기 위하여 사용할 수 있는 별도의 제동장치 등 필요한 장치를 할 것
㉡ 「교통사고처리 특례법」 제4조 제2항에 따른 요건을 충족하는 보험에 가입되어 있을 것
㉢ 규정에 따른 도색과 표지를 할 것

5. 교육운영의 기준

(1) 운전교육의 수강신청 등(도로교통법 시행규칙 제105조)

① 운전교육을 받으려는 사람은 다음의 서류를 첨부한 수강신청서와 수강료를 해당 학원 또는 전문학원에 납부하여야 한다. 다만, [별표 32] 제1호 (주) 제4호 나목 또는 다목에 해당하는 사람은 제129조의2에 따른 운전경력증명서를 별도로 제출하여야 한다.
㉠ 주민등록증 사본 1부
㉡ 증명사진(3.5×4.5cm) 4매
㉢ 운전면허시험응시표 사본 1부 또는 운전경력증명서 1부(해당하는 사람에 한한다)

② 학원 또는 전문학원을 설립・운영하는 자는 교육생으로부터 수강신청을 받은 때에는 학사관리 전산시스템을 이용하여 교육생원부에 이를 등록하여야 한다.

③ 학원 또는 전문학원을 설립・운영하는 자는 수강신청 및 수강료를 받은 때에는 수강증과 수강료 영수증을 교부하고 수강일자를 지정하여야 한다.

(2) 교육과목・교육시간 등(도로교통법 시행규칙 제106조)

① 학원 또는 전문학원을 설립・운영하는 자는 수강신청의 접수순서에 따라 교육반을 편성하여야 한다.

② 전문학원을 설립・운영하는 자는 장애인이 수강신청을 하는 때에는 장애인 교육반을 편성하고 장애인교육용 자동차로 교육하여야 한다.

(3) 학과교육의 실시(도로교통법 시행규칙 제107조 제1항)

① 교육과목 및 교육시간
㉠ 규정에 따른 운전면허의 종별 교육과목 및 교육시간에 따라 교육을 실시할 것
㉡ 교육시간은 50분을 1시간으로 하되, 1일 1명당 7시간을 초과하지 아니할 것
㉢ 응급처치교육은 응급의학 관련 의료인이나 응급구조사 또는 응급처치에 관한 지식과 경험이 있는 강사로 하여금 실시하게 할 것

② 교육시간의 확보
㉠ 강사가 갑작스러운 질병이나 기타 사정으로 교육 도중에 수업을 중단한 경우에는 그 교육시간을 이수한 것으로 인정하여서는 아니 된다.
㉡ 교육생이 교육 시작 후 10분 이상 지각한 경우에는 그 시간에 대한 교육을 받지 않은 것으로 한다.
㉢ 교육을 위한 강사의 기자재 준비시간 등을 교육시간으로 인정하여서는 아니 된다.
㉣ 학과강사는 교육기자재, 교육내용, 교육방법 등을 고려하여 교육이 원활하게 진행될 수 있도록 사전에 교육준비를 하여야 한다.

③ 교육실시 방법
㉠ 전문학원의 원칙에 의하여 교육반을 편성하되, 교육내용이 동일한 경우에는 반별 구분 없이 교육을 실시할 수 있다.
㉡ 교육과정표에 의한 교육을 실시하되, 교육여건에 따라 교육단계 및 교육시간 순서에 관계없이 교육을 실시할 수 있다.
㉢ 의사, 간호사, 인명구조원 등의 자격증을 소지한 사람은 응급처치 과목에 대한 교육시간을 이수한 것으로 본다.
㉣ 학과강사는 교육을 받은 교육생에 대하여 본인여부를 매시간 확인 후 교육생원부에 날인하고 일일 교육실시사항을 학감에게 보고하여야 한다.

(4) 기능교육 실시(도로교통법 시행규칙 제107조 제2항)

① 교육과목 및 교육시간
㉠ 규정에 따른 종별 교육과목・교육시간 및 교육방법 등에 따라 단계적으로 교육을 실시할 것
㉡ 교육시간은 50분을 1시간으로 하되, 1일 1명당 4시간을 초과하지 아니할 것
㉢ 교육생을 2명 이상 승차시키지 아니할 것

② 전문학원의 기능교육방법 등의 기준

㉠ 동승교육 : 「도로교통법」 시행규칙 [별표 32] 제2호의 전문학원의 기능교육 중 1단계 과정에 있는 경우 또는 2단계 과정이나 최소교육시간 외의 교육과정에 있는 교육생이 원하는 경우로서 기능교육강사가 기능교육용 자동차의 운전석 옆자리에 승차하여 운전석에서 수강하는 교육생 1명에 대하여 실시하는 교육

㉡ 단독교육

- 교육생이 「도로교통법」 시행규칙 [별표 32] 제2호의 전문학원의 기능교육 중 2단계 과정 또는 최소교육시간 외의 교육과정에 있는 경우로서 기능교육강사가 기능교육용 자동차에 함께 승차하지 않고 교육생 단독으로 실시하는 운전연습
- 단독교육을 실시하는 때에는 교육용 자동차 대수를 고려하여 기능교육강사를 배치하여야 하며, 담당 기능교육강사는 교육생에게 안전사고 예방에 대한 교육을 실시하여야 한다. 이 경우 기능교육보조원(기능교육강사를 보조하는 사람을 말한다)을 배치하여 강사를 보조하게 할 수 있다.

㉢ 개별코스교육 : 보통연습면허 이외의 면허의 1단계 과정에 있어서 교육생의 운전능력이 부족하다고 판단되는 코스에 대하여 4시간의 범위에서 3명 이내의 교육생과 함께 실시하는 교육

㉣ 모의운전장치교육

- 1단계 과정 중 운전장치조작의 경우 2시간을 초과하지 않는 범위에서 다음 기준에 따라 모의운전장치로 실시하는 교육으로 제1종 보통연습면허 및 제2종 보통연습면허의 경우에는 기능교육의 최소교육시간 이외의 교육과정에서만 모의운전장치로 교육
- 모의운전장치 1대당 교육할 수 있는 인원은 1시간당 1명으로 하고, 강사 1명이 동시에 지도할 수 있는 인원은 5명 이내로 한다.

(5) 도로주행교육의 실시

① 교육과목 및 교육시간(도로교통법 시행규칙 제107조 제4항)

㉠ 운전면허 또는 연습운전면허를 받은 사람에 대하여 실시하되, [별표 32]의 운전면허의 종별 교육과목 · 교육시간 및 교육방법 등에 따라 실시할 것

㉡ 기능교육을 담당하는 강사가 도로주행교육용 자동차에 같이 승차하여 지도하고, 교육생을 2명 이상 승차시키지 아니할 것

㉢ 교육시간은 50분을 1시간으로 하되, 1일 1명당 4시간을 초과하지 아니할 것. 다만, 운전면허를 받은 사람에 대하여는 그러하지 아니하다.

㉣ 지정된 도로에서 「도로교통법」 시행규칙 [별표 32]의 기준에 따라 교육을 실시할 것. 다만, 운전면허를 받은 사람에 대하여는 그러하지 아니하다.

㉤ 도로주행교육을 위한 도로의 지정에 관하여는 「도로교통법」 시행규칙 제124조 제3항 및 제4항의 규정을 준용한다.

② 도로주행교육 실시방법

㉠ 기능강사는 도로주행교육을 실시하는 때에 반드시 본인 여부를 확인하고 교육생원부 및 수강증에 서명날인을 하여야 한다.

㉡ 도로주행교육은 반드시 기능강사가 동승하여야 한다.

㉢ 기능강사는 교육생이 교통법규를 준수하여 안전하게 운전할 수 있도록 지도하여야 한다.

㉣ 예측하지 못한 상황이 발생하는 경우 교육생이 당황하지 않도록 신속히 대처하여야 한다.

㉤ 도로주행교육은 교육생과 기능강사의 1 : 1 단독교육을 원칙으로 하며 교육에 장애가 없을 경우 수강생 1명을 동승시킬 수 있다.

6. 기능검정

(1) 기능검정 실시(도로교통법 제108조)

① 시 · 도경찰청장은 전문학원의 학감으로 하여금 대통령령으로 정하는 바에 따라 해당 전문학원의 교육생을 대상으로 규정에 따른 운전기능 또는 도로에서 운전하는 능력이 있는지에 관한 검정을 하게 할 수 있다.

② 전문학원의 학감은 기능검정원으로 하여금 다음의 어느 하나에 해당하는 사람을 대상으로 행정안전부령으로 정하는 바에 따라 기능검정을 하게 하여야 한다.

㉠ 학과교육과 규정에 따른 자동차 등의 운전에 관하여 필요한 기능을 익히기 위한 기능교육을 수료한 사람

㉡ 규정에 따른 도로에서 운전하는 능력을 익히기 위한 기능교육을 수료한 사람

③ 전문학원의 학감은 기능검정원이 아닌 사람으로 하여금 기능검정을 하게 하여서는 아니 된다.

④ 기능검정원은 자기가 실시한 기능검정에 합격한 사람에게 그 합격 사실을 행정안전부령으로 정하는 바에 따라 서면으로 증명하여야 한다.

⑤ 전문학원의 학감은 규정에 따라 기능검정원이 합격 사실을 서면으로 증명한 사람에게는 기능검정의 종류별로 행정안전부령으로 정하는 바에 따라 수료증 또는 졸업증을 발급하여야 한다.

(2) 기능검정의 신청

① 전문학원에서 학과교육 및 기능교육을 이수한 날부터 6개월이 경과하지 아니한 사람으로서 기능검정을 받고자 하는 사람은 기능검정신청서에 기능검정수수료를 첨부하여 학원에 제출하여야 한다.

② 전문학원이 기능검정신청서를 접수한 때에는 기능검정접수대장에 등재함과 동시에 그 순서에 따라 수험번호를 부여하고 검정일시 · 장소 등을 지정한 기능검정신청접수증을 교부하여야 한다.

(3) 장내기능검정 실시

① 장내기능검정은 설치된 장내기능검정 채점기에 의하여 기능검정원이 행한다.

② 장내기능검정은 장내기능검정 실시 전에 수검자를 일정한 장소에 집합시켜 다음 사항에 대한 확인 및 교육을 철저히 실시하여 기능검정이 공정하고 안전하게 이루어지도록 하여야 한다.

㉠ 장내기능검정 시작 전에는 검정대상자의 수강증 또는 기타 신분증 및 기능검정신청서 등을 상호 대조하여 대리응시 등 부정 응시자인지 여부를 면밀히 조사 · 확인하여야 한다.

㉡ 장내기능검정 코스장의 진행방향과 시험과제 등에 대한 사전교육으로서 수집자가 장내기능검정 도중에 착오를 일으키는 일이 없도록 하여야 한다.

㉢ 수검자에 대하여 안전거리의 확보와 탈락 시의 조치요령 등에 관한 교육을 실시하여 수검자가 당황하거나 안전사고를 일으키는 일이 없도록 한다.

③ 기능검정원은 장내기능검정 채점기에 의한 채점결과에 의하여 판정하되 합격한 사람에 대하여는 장내기능검정 합격증을 교부한다.

④ 기능검정원은 기능검정 채점기의 채점결과에 의하여 판정하되 합격자에게는 장내기능검정 합격증을 교부하고 수료증 발급대장에 등재하여야 한다.

⑤ 시・도경찰청장은 장내기능검정 결과보고서의 시험일시일에는 경찰공무원으로 하여금 장내기능검정이 적정하게 실시되도록 지도・점검하게 할 수 있다.

(4) 도로주행기능검정

① 도로주행기능검정 실시기준

㉠ 도로주행검정실시용 도로는 「도로교통법」 시행규칙 [별표 24]의 도로주행시험을 실시하기 위한 도로의 기준에 따라 지정된 도로에서 실시하여야 한다.

㉡ 도로주행기능검정용 자동차는 「도로교통법」 시행규칙 제70조에 규정한 장내기능시험 및 도로주행시험에 사용되는 자동차의 종류에 적합한 자동차로 실시하여야 한다.

㉢ 도로주행검정의 채점 및 합격기준은 「도로교통법」 시행규칙 [별표 26]의 도로주행시험의 시험과목・채점기준 및 합격기준에 준하여 실시하여야 한다.

㉣ 도로주행검정의 채점은 도로주행시험채점표에 도로주행기능검정원이 도로주행검정용 자동차에 동승하여 수기로 채점한다.

② 도로주행기능검정 실시방법

㉠ 학감은 수검대상자 수, 졸업예정일 등을 감안하여 주 2회 이상 도로주행기능검정을 실시하도록 배려하여야 한다.

㉡ 학감은 기능검정원이 기능강사를 겸하는 경우 해당 기능검정원이 교육을 담당한 교육생에 대한 도로주행기능검정을 실시하지 않도록 하여야 한다.

㉢ 기능검정원은 도로주행기능검정 시 공정성을 확보하기 위하여 다음 번호의 수검자를 동승시켜야 하며, 검정대상자의 수강증 또는 기타 신분증 및 기능검정신청서 등을 상호 대조하여 대리응시 등 부정응시자인지 여부를 면밀히 조사・확인하여야 한다.

㉣ 기능검정원은 수검자의 옆좌석에 동승하여 주행방향에 대해 지시를 하거나 위험방지를 위한 조언을 하는 등 수검이 원활하게 진행되도록 하여야 하고, 그 외의 조언은 삼가야 한다.

㉤ 기능검정원은 도로주행시험 과제 및 합격기준에 준하여 도로주행시험채점표에 감점사항 확인 시마다 수기로 기록하거나 전자기록기에 의하여 기록하여야 한다.

㉥ 기능검정원은 도로주행기능검정 실시 후에는 도로주행기능검정 합격 여부를 판단하여 합격한 사람에게는 도로주행기능검정 합격증을 교부하고 도로주행기능 검정 결과보고서에 서명날인 후 학감에게 보고하여야 한다.

㉦ 학감이 기능검정원으로부터 도로주행기능검정 결과보고를 받은 때에는 졸업증을 작성교부하고 졸업증발급대장에 이를 기재하여야 한다.

(5) 수료증 또는 졸업증의 발급・재발급(도로교통법 시행규칙 제125조)

① 학감은 장내기능검정 결과 기능검정원이 합격사실을 증명한 때에는 교육생에게 수료증을 교부하고, 수료증발급대장에 이를 기재하여야 한다.

② 학감은 도로주행기능검정 결과 기능검정원이 합격사실을 증명한 때에는 교육생에게 졸업증을 교부하고, 졸업증발급대장에 이를 기재하여야 한다.

③ 수료증 또는 졸업증은 장내기능검정 또는 도로주행기능검정 합격일을 기준으로 발급한다.

④ 수료증 또는 졸업증을 잃어버렸거나 헐어 못 쓰게 된 때에는 학감에게 신청하여 다시 발급받을 수 있다.

⑤ 학감이 수료증 또는 졸업증을 재발급한 때에는 그 사실을 수료증 발급대장 또는 졸업증발급대장에 각각 기재하여야 한다.

7. 수강료의 징수・반환과 휴원・폐원 신고

(1) 수강료 등의 징수와 게시(도로교통법 제110조)

① 학원 등 설립・운영자는 교육생으로부터 수강료나 기능검정에 드는 경비 또는 이용료 등을 받을 수 있다.

② 학원 등 설립・운영자는 교육내용 및 교육시간 등을 고려하여 수강료 등을 정하고 행정안전부령으로 정하는 바에 따라 학원 등에 그 내용을 게시하여야 한다.

③ 학원 등 설립・운영자는 게시한 수강료 등을 초과한 금액을 받아서는 아니 된다.

④ 시・도경찰청장은 수강료 등의 과도한 인하 등으로 인하여 학원 교육의 부실화가 우려된다고 인정하는 경우에는 대통령령으로 정하는 바에 따라 이를 조정할 것을 명할 수 있다.

(2) 수강료의 반환 등(도로교통법 제111조)

① 학원 등 설립・운영자는 교육생이 수강을 계속할 수 없는 경우와 학원 등의 등록취소・이전・운영정지 또는 지정취소 등으로 교육을 계속할 수 없는 경우에는 교육생으로부터 받은 수강료 등을 반환하거나 교육생이 다른 학원 등에 편입할 수 있도록 하는 등 교육생의 보호를 위하여 필요한 조치를 하여야 한다.

② ①에 따른 수강료 등의 반환 사유 및 반환 금액과 교육생 편입조치 등에 필요한 사항은 대통령령으로 정한다.

③ ①에 따라 교육생이 다른 학원 등에 편입한 경우에 종전의 학원 등에서 이수한 교육시간은 편입한 학원 등에서 이수한 것으로 본다.

(3) 휴원・폐원신고(도로교통법 제112조)

학원 등 설립・운영자가 해당 학원을 폐원하거나 1개월 이상 휴원하는 경우에는 행정안전부령으로 정하는 바에 따라 휴원 또는 폐원한 날부터 7일 이내에 시・도경찰청장에게 그 사실을 신고하여야 한다.

8. 학원 등에 대한 행정처분(도로교통법 제113조)

(1) 시·도경찰청장은 학원 등이 다음의 어느 하나에 해당하면 행정안전부령으로 정하는 기준에 따라 등록을 취소하거나 1년 이내의 기간을 정하여 운영의 정지를 명할 수 있다. 다만, ①에 해당하는 경우에는 등록을 취소하여야 한다.
① 거짓이나 그 밖의 부정한 방법으로 등록을 하거나 지정을 받은 경우
② 규정에 따른 시설기준에 미달하게 된 경우
③ 정당한 사유 없이 개원 예정일부터 2개월이 지날 때까지 개원하지 아니한 경우
④ 정당한 사유 없이 계속하여 2개월 이상 휴원한 경우
⑤ 등록한 사항에 관하여 변경등록을 하지 아니하고 이를 변경하는 등 부정한 방법으로 학원을 운영한 경우
⑥ 강사의 배치기준 또는 기능검정원 및 강사의 배치기준을 위반한 경우
⑦ 교육과정, 교육방법 및 운영기준 등을 위반하여 교육을 하거나 교육 사실을 거짓으로 증명한 경우
⑧ 학원 등 설립·운영자가 연수교육을 받지 아니하거나 학원 등의 강사 및 기능검정원이 연수교육을 받을 수 있도록 조치하지 아니한 경우
⑨ 자료제출 또는 보고를 하지 아니하거나 거짓으로 자료제출 또는 보고한 경우
⑩ 관계 공무원의 출입·검사를 거부·방해 또는 기피한 경우
⑪ 시설·설비의 개선이나 그 밖에 필요한 사항에 대한 명령을 따르지 아니한 경우
⑫ 이 법이나 이 법에 의한 명령 또는 처분을 위반한 경우

(2) 시·도경찰청장은 전문학원이 다음의 어느 하나에 해당하면 행정안전부령으로 정하는 기준에 따라 학원의 등록을 취소하거나 1년 이내의 기간을 정하여 운영의 정지를 명할 수 있다.
① 교통안전교육을 하지 아니하는 경우
② 교통안전교육기관 지정취소 또는 운영의 정지처분 사유에 해당하는 경우
③ 전문학원의 운영이 기준에 적합하지 아니한 경우
④ 중요사항의 변경에 대한 승인을 받지 아니한 경우
⑤ 법 제106조 제6항의 규정을 위반하여 학감이 강사가 아닌 사람으로 하여금 학과교육 또는 기능교육을 하게 한 경우(⑤ 시행일 : 2024.9.20.)
⑥ 자동차운전에 관한 학과 및 기능교육을 수료하지 아니한 사람 또는 도로주행교육을 수료하지 아니한 사람에게 기능검정을 받게 한 경우
⑦ 학감이 기능검정원이 아닌 사람으로 하여금 기능검정을 하도록 한 경우
⑧ 기능검정원이 거짓으로 기능검정시험의 합격사실을 증명한 경우
⑨ 학감이 기능검정에 합격하지 아니한 사람에게 수료증 또는 졸업증을 발급한 경우

(3) 시·도경찰청장은 전문학원이 다음의 어느 하나에 해당하는 경우에는 행정안전부령이 정하는 기준에 의하여 지정을 취소할 수 있다.
① 지정기준에 적합하지 아니하게 된 경우
② 전문학원의 운영이 정지된 경우

(4) 시·도경찰청장은 학원 등이 (1)이나 (2)에 따른 운영정지 명령을 위반하여 계속 운영 행위를 하는 경우에는 행정안전부령으로 정하는 기준에 따라 등록을 취소하거나 1년 이내의 기간을 정하여 추가로 운영의 정지를 명할 수 있다.

자동차운전학원·전문학원에 대한 행정처분의 기준(도로교통법 시행규칙 [별표 35])

Ⅰ. 일반기준
1. 위반행위가 둘 이상인 경우로서 그에 해당하는 각각의 처분기준이 다른 경우에는 그중 중한 처분기준에 따른다. 다만, 둘 이상의 처분기준이 동일한 운영정지인 경우에는 각 처분기준을 합산한 기간을 넘지 아니하는 범위에서 중한 처분기준의 2분의 1의 범위에서 가중할 수 있다.
2. 위반행위의 횟수에 따른 행정처분의 기준은 최근 2년간 같은 위반행위로 행정처분을 받은 경우에 적용하며, 같은 위반행위가 4회 이상인 경우 최종 운영정지 처분기간의 2분의 1의 범위에서 가중하여 행정처분하거나(이 경우 1년을 초과할 수 없다), 학원의 등록 또는 전문학원의 지정을 취소할 수 있다. 이 경우 행정처분기준의 적용은 같은 위반행위에 대하여 최초로 행정처분을 한 날(행정처분 결정일을 말한다)을 기준으로 한다.
3. 시·도경찰청장은 위반행위의 동기·내용 및 위반의 정도 등 다음에 해당하는 사유를 고려하여 그 처분을 가중하거나 감경할 수 있다. 이 경우 그 처분이 운영정지인 경우에는 그 처분기준의 2분의 1의 범위에서 가중하거나 감경할 수 있고, 등록취소·지정취소인 경우에는 180일 이상의 운영정지처분으로 감경(법 제113조 제1항 제1호는 제외한다)할 수 있다.
 가. 가중 사유
  1) 위반행위가 사소한 부주의나 오류가 아닌 고의나 중대한 과실에 의한 것으로 인정되는 경우
  2) 위반의 내용·정도가 중대하여 교육생에게 미치는 피해가 크다고 인정되는 경우
 나. 감경 사유
  1) 위반행위가 고의나 중대한 과실이 아닌 사소한 부주의나 오류로 인한 것으로 인정되는 경우
  2) 위반의 내용·정도가 경미하여 교육생에게 미치는 피해가 적다고 인정되는 경우
  3) 해당 학원 등이 처음 해당 위반행위를 한 경우로서 3년 이상 학원 등을 모범적으로 운영해 온 사실이 객관적으로 인정되는 경우
  4) 위반행위자가 해당 위반행위로 인하여 검사로부터 기소유예처분을 받거나 법원으로부터 선고유예의 판결을 받은 경우
  5) 학원 등의 설립·운영자가 위반행위 사실을 시·도경찰청장이 인지하기 전까지 스스로 신고한 경우
4. 학원 등의 종사자가 학원 등에 불이익을 주기 위한 목적으로 위반한 경우 또는 제3자가 위반행위를 유도한 경우에는 처분을 감면할 수 있다. 학원 등이 해당 위반행위로 인하여 사법경찰관 또는 검사로부터 불송치 또는 불기소(해당 사건이 다시 수사 및 기소되어 유죄가 확정된 경우는 제외)를 받거나 법원으로부터 무죄판결을 받아 확정된 경우도 또한 같다.
5. 시·도경찰청장은 전문학원이 시설 및 설비 등의 기준과 지정기준에 적합하지 아니하여 Ⅱ.의 33.에 따른 필요한 명령을 하는 때에는 기능검정을 중단하게 할 수 있다.

Ⅱ. 개별기준

위반항목	세부 내용	구 분	처분기준 1차 위반	처분기준 2차 위반	처분기준 3차 위반
등록·지정	1. 허위·부정한 방법으로 학원을 등록한 때	학원	등록취소		
		전문학원	지정취소·등록취소		
	2. 허위·부정한 방법으로 전문학원의 지정을 받은 때	전문학원	지정취소		
변경등록·중요사항변경	3. 등록한 사항에 관하여 변경등록을 하지 아니하고 이를 변경하는 등 부정한 방법으로 학원을 운영한 때	학원	1개월 이내 시정명령	운영정지 10일	운영정지 20일
		전문학원	1개월 이내 시정명령	운영정지 10일	운영정지 20일
	4. 법 제104조 제3항을 위반하여 전문학원이 승인을 받지 아니하고 중요사항을 변경한 때	전문학원	운영정지 10일	운영정지 20일	운영정지 30일

위반항목	세부 내용	구 분	처분기준 1차 위반	처분기준 2차 위반	처분기준 3차 위반
조건부	5. 정당한 사유 없이 개원 예정일로부터 2개월이 지날 때까지 개원하지 아니한 때	학원	등록취소		
등록·휴원	6. 정당한 사유 없이 계속하여 2개월 이상 휴원한 때	학원	3개월 이내 시정명령	등록취소	
		전문학원	3개월 이내 시정명령	등록취소·지정취소	
인적 배치 기준 위반	7. 법 제103조 제1항에 따른 강사 배치기준 또는 법 제104조 제1항 제2호에 따른 기능검정원 및 강사의 배치기준을 위반한 때	학원	운영정지 20일	운영정지 40일	운영정지 60일
		전문학원	운영정지 20일	운영정지 40일	운영정지 60일
시설·설비 기준 위반	8. 교육용 자동차에 관한 규정을 위반한 때 가. 교육용 자동차의 구조 기준에 관한 규정을 위반한 때 나. 사용유효기간이 지난 기능교육용 자동차 또는 정기검사 유효기간이 지난 도로주행교육용 자동차로 교육을 한 때 다. 사용연한이 지난 교육용자동차로 교육을 한 때(이륜자동차 또는 원동기장치자전거의 경우에 한정한다) 라. 영 [별표 5] 제9호 가목(1)에 따른 보험에 가입되도록 하지 아니한 때	학원	1개월 이내 시정명령	운영정지 10일	운영정지 20일
	마. 영 [별표 5] 제9호 가목(3)에 따른 장애인교육용 자동차를 갖추지 아니한 때(전문학원의 경우에 한정한다)	전문학원	1개월 이내 시정명령	운영정지 10일	운영정지 20일
	9. 학원을 설립·운영하는 자의 명의로 등록되지 아니한 자동차 또는 시·도경찰청장의 확인을 받지 아니한 자동차로 교육을 실시한 때	학원	운영정지 20일	운영정지 40일	운영정지 60일
		전문학원	운영정지 20일	운영정지 40일	운영정지 60일
교육방법	10. 교육시간을 지키지 아니한 때 가. 1일 1명당 교육시간을 초과한 것이 확인된 때 나. 매 교시당 교육시간을 지키지 아니한 때	학원	운영정지 10일	운영정지 20일	운영정지 30일
		전문학원	운영정지 10일	운영정지 20일	운영정지 30일
	11. 학원 등에서 법 제103조 제1항 또는 법 제106조 제5항을 위반하여 강사가 아닌 사람이 자동차 운전에 관한 교육을 한 때	학원	운영정지 20일	운영정지 40일	운영정지 60일
		전문학원	운영정지 20일	운영정지 40일	운영정지 60일
	12. 교재를 사용하지 않고 교육을 실시한 경우	학원	1개월 이내 시정명령	운영정지 10일	운영정지 20일
		전문학원	1개월 이내 시정명령	운영정지 10일	운영정지 20일

위반항목	세부 내용	구 분	처분기준 1차 위반	처분기준 2차 위반	처분기준 3차 위반
교육방법	13. 기능교육 방법 위반 가. 면허의 종류에 따라 단계적으로 교육을 실시하지 않은 경우	전문학원	1개월 이내 시정명령	운영정지 10일	운영정지 20일
	13. 기능교육 방법 위반 나. 동승하여야 하는 기능교육용 자동차에 기능교육강사가 동승하지 않거나 동승교육 요구를 거부한 경우	학원	운영정지 10일	운영정지 20일	운영정지 30일
		전문학원	운영정지 10일	운영정지 20일	운영정지 30일
	14. 도로주행 교육방법 위반 가. 연습면허를 받지 않은 사람에게 도로주행 교육을 실시한 경우 나. 강사가 동승하지 않고 교육을 실시한 경우	학원	운영정지 20일	운영정지 40일	운영정지 60일
	14. 도로주행 교육방법 위반 다. 시·도경찰청장이 지정한 노선 외의 도로에서 교육(연습면허 소지자에 대한 교육만 해당한다)을 실시한 경우	전문학원	운영정지 20일	운영정지 40일	운영정지 60일
전문학원 교육방법	15. 전문학원의 운영이 제104조 제1항 제4호에 따른 기준에 적합하지 않은 경우 가. 1명당 2시간을 초과하여 모의운전장치에 의한 기본조작교육을 실시한 것이 확인된 경우(보통연습면허의 경우는 제외한다) 나. 보통연습면허의 기능교육의 최소교육시간에 모의운전장치로 교육을 실시한 경우 다. 학과교육, 기능교육 및 도로주행교육을 각각 3개월이 경과하여 수료되도록 한 것이 확인된 경우	전문학원	운영정지 10일	운영정지 20일	운영정지 30일
운영기준	16. 수강신청에 관한 규정에 위반한 때	학원	운영정지 20일	운영정지 40일	운영정지 60일
		전문학원	운영정지 20일	운영정지 40일	운영정지 60일
	17. 출석사항을 조작하는 등 교육사실을 허위로 확인한 때	학원	운영정지 180일	등록취소	
		전문학원	운영정지 180일	등록취소·지정취소	
	18. 교육생 정원을 위반한 때 가. 일시 수용능력 인원을 초과한 때 나. 1일 최대 교육횟수를 초과한 때 다. 도로주행교육을 받는 교육생의 정원이 기능교육을 받는 교육생의 정원을 초과한 때	학원	운영정지 10일	운영정지 20일	운영정지 30일
		전문학원	운영정지 10일	운영정지 20일	운영정지 30일
	19. 강사 등의 선임·해임 시의 조치에 관한 규정에 위반한 때 20. 강사가 지켜야 하는 사항을 위반한 때 21. 자동차 운전교육생을 모집하기 위한 연락사무소 등을 설치한 때	학원	운영정지 10일	운영정지 20일	운영정지 30일

위반항목	세부 내용	구 분	처분기준 1차 위반	처분기준 2차 위반	처분기준 3차 위반
운영기준	22. 교육생이 학원 등의 위치·연락처·교육시간에 대해 오인할 만한 정보를 표시·광고한 때	전문학원	운영정지 10일	운영정지 20일	운영정지 30일
운영기준	23. 교육시간을 모두 수료하지 않은 교육생에 대하여 운전면허 시험 응시를 유도한 때	전문학원	운영정지 10일	운영정지 20일	운영정지 30일
운영기준	24. 갖추어 두어야 하는 장부 또는 서류를 갖추어 두지 아니하거나 기록을 유지하지 아니한 때	학원	1개월 이내 시정명령	시정명령	운영정지 20일
운영기준	25. 강사 또는 기능검정원이 신분증명서 또는 자격증을 달지 아니하고 교육을 실시한 때	전문학원	1개월 이내 시정명령	시정명령	운영정지 20일
전문학원의 기능검정	26. 법 제108조 제2항을 위반하여 자동차운전에 관한 학과교육·기능교육을 수료하지 아니한 사람 또는 도로주행교육을 수료하지 아니한 사람에게 기능검정을 실시한 때	전문학원	운영정지 180일	지정취소·등록취소	
전문학원의 기능검정	27. 법 제108조 제3항을 위반하여 기능검정원이 아닌 사람으로 하여금 기능검정을 실시하게 한 때	전문학원	운영정지 180일	지정취소·등록취소	
전문학원의 기능검정	28. 기능검정원이 법 제108조 제4항을 위반하여 허위로 기능검정의 합격사실을 증명한 때	전문학원	운영정지 180일	지정취소·등록취소	
전문학원의 기능검정	29. 법 제108조 제5항을 위반하여 기능검정에 합격하지 아니한 사람에게 수료증 또는 졸업증을 교부한 때	전문학원	운영정지 180일	지정취소·등록취소	
연수교육	30. 법 제109조 제1항 후단을 위반하여 학원 등의 설립·운영자가 연수교육에 응하지 아니하거나 학원 등의 강사 및 기능검정원이 연수교육을 받을 수 있도록 조치하지 아니한 때	학원	1개월 이내 시정명령	운영정지 10일	운영정지 20일
		전문학원	1개월 이내 시정명령	운영정지 10일	운영정지 20일
자료미제출 및 출입·검사방해	31. 법 제141조 제2항에 따른 자료제출 또는 보고를 하지 아니하거나 허위의 자료를 제출 또는 보고한 때	학원	운영정지 10일	운영정지 20일	운영정지 30일
		전문학원	운영정지 10일	운영정지 20일	운영정지 30일
	32. 법 제141조 제2항에 따른 관계공무원의 출입·검사를 거부 방해 또는 기피한 때	학원	운영정지 20일	운영정지 40일	운영정지 60일
		전문학원	운영정지 20일	운영정지 40일	운영정지 60일
명령위반	33. 법 제141조 제2항에 따른 시설·설비의 개선 기타 필요한 명령에 따르지 아니한 때	학원	3개월 이내 시정명령	운영정지 10일	운영정지 20일
		전문학원	3개월 이내 시정명령	운영정지 10일	운영정지 20일
교통안전교육	34. 교통안전교육을 실시하지 아니한 때	전문학원	운영정지 10일	운영정지 20일	운영정지 30일
교통안전교육	35. 법 제79조에 따라 교통안전교육기관의 지정취소 또는 운영정지의 사유에 해당하는 때 — 가. 제76조 제6항의 규정을 위반하여 교통안전교육강사가 연수교육을 받을 수 있도록 조치하지 아니한 때	전문학원	1개월 내 시정명령	운영정지 5일	운영정지 10일
교통안전교육	35. 법 제79조에 따라 교통안전교육기관의 지정취소 또는 운영정지의 사유에 해당하는 때 — 나. 제77조 제2항을 위반하여 교통안전교육과정을 이수하지 아니한 사람에게 교육확인증을 교부한 때	전문학원	운영정지 10일	운영정지 20일	운영정지 30일

위반항목	세부 내용	구 분	처분기준 1차 위반	처분기준 2차 위반	처분기준 3차 위반
기타	36. 법 제113조 제1항 또는 제2항에 따른 학원의 운영정지 명령에 위반하여 학원의 운영행위를 계속하는 때	학원	운영정지 180일	등록취소	
		전문학원	운영정지 180일	등록취소·지정취소	

제 2 과목 | 전문학원 관계법령

01 운전면허제도에 대한 설명이 아닌 것은?

갑. 운전면허시험은 시・도경찰청장이 실시 후 합격자에게 운전면허증 교부
을. 운전면허시험은 자동차운전전문학원에서 학감 책임하에 실시
병. 운전면허시험 합격자에게만 운전을 허가하여 교통안전과 원활한 소통 확보
정. 운전지식・기능이 없는 사람의 운전은 위험하므로 일반적으로 금지

해설
운전면허시험 등(도로교통법 제83조)
운전면허시험(제1종 보통면허시험 및 제2종 보통면허시험을 제외한다)은 한국도로교통공단이 규정에 의한 구분에 따라 실시한다. 다만, 원동기장치자전거 운전면허시험은 대통령령이 정하는 바에 의하여 시・도경찰청장이나 도로교통공단이 실시한다.

02 다음 중 자동차 등의 관리방법 및 안전운전에 필요한 점검요령에 관한 시험에 해당하지 않는 것은?

갑. 경미한 고장의 분별
을. 자동차 등의 점검요령
병. 유류절약운전방법 등을 포함한 운전장치의 취급방법
정. 운전 중의 지각 및 판단능력

해설
정 : 자동차 등의 운전에 관하여 필요한 기능에 관한 시험에 해당된다.

03 다음 중 운전면허를 받을 자격이 있는 사람은?

갑. 간질병자
을. 제1종 대형면허 또는 제1종 특수면허를 받고자 하는 사람이 20세 미만이거나 자동차 등의 운전경험이 1년 미만인 사람
병. 듣지 못하는 사람이 제2종 보통면허를 취득할 경우
정. 18세 미만인 사람

해설
운전면허의 결격사유(도로교통법 제82조)
듣지 못하는 사람일 경우 제1종 운전면허 중 대형면허・특수면허에 해당된다.

04 다음에서 제2종 보통면허로 운전할 수 없는 차량은?

갑. 적재중량 4톤 이하의 화물자동차
을. 승용자동차
병. 승차정원 15인 이하의 승합자동차
정. 원동기장치자전거

해설
운전할 수 있는 차의 종류(도로교통법 시행규칙 제53조 [별표 18])
제2종 보통면허로 운전할 수 있는 차량
- 승용자동차
- 승차정원 10인승 이하의 승합자동차
- 적재중량 4톤 이하의 화물자동차
- 총중량 3.5톤 이하의 특수자동차(구난차 등은 제외한다)
- 원동기장치자전거

05 필기시험에 합격한 사람이 그 합격일로부터 운전면허학과시험 면제를 받을 수 있는 기간은?

갑. 5년 이내　　을. 3년 이내
병. 2년 이내　　정. 1년 이내

해설
운전면허시험의 방법과 합격기준 등(도로교통법 시행령 제50조)
필기시험에 합격한 사람은 합격한 날부터 1년 이내에 실시하는 운전면허시험에 한하여 그 합격한 필기시험을 면제한다.

06 운전면허효력 정지의 처분을 받은 때에는 그 사유가 발생한 날부터 며칠 이내에 시・도경찰청장에게 운전면허증을 반납하여야 하는가?

갑. 5일　　을. 7일
병. 10일　　정. 15일

해설
운전면허증의 반납(도로교통법 제95조)
운전면허증을 받은 사람이 다음의 어느 하나에 해당하면 그 사유가 발생한 날부터 7일 이내에 주소지를 관할하는 시・도경찰청장에게 운전면허증을 반납하여야 한다.
- 운전면허 취소처분을 받은 경우
- 운전면허효력 정지처분을 받은 경우
- 운전면허증을 잃어버리고 다시 발급받은 후 그 잃어버린 운전면허증을 찾은 경우
- 연습운전면허증을 받은 사람이 제1종 보통면허증 또는 제2종 보통면허증을 받은 경우
- 운전면허증 갱신을 받은 경우

01 을　02 정　03 병　04 병　05 정　06 을　정답

07 **연습운전면허를 받은 사람의 준수사항이 아닌 것은?**

갑. 운전면허 정지기간 중이라도 동승자가 운전면허를 받은 날부터 1년이 경과된 사람이면 동승자 요건으로 합당하다.
을. 주행연습 중이란 사실을 다른 차의 운전자가 알 수 있도록 “주행연습” 표지를 부착한다.
병. 사업용 자동차를 운전할 수 없다.
정. 운전면허를 받은 날부터 2년이 경과된 사람과 동승하여 그의 지도를 받아야 한다.

해설
연습운전면허를 받은 사람의 준수사항(도로교통법 시행규칙 제55조)
운전면허(연습하고자 하는 자동차를 운전할 수 있는 운전면허에 한한다)를 받은 날부터 2년이 경과된 사람(소지하고 있는 운전면허의 효력이 정지기간 중인 사람을 제외한다)과 함께 승차하여 그 사람의 지도를 받아야 한다.

08 **자동차운전전문학원으로 지정받기 위해서는 일정한 요건을 갖추어야 하는 것으로 틀린 것은?**

갑. 운영적 요건　　을. 재정적 요건
병. 물적 요건　　정. 인적 요건

09 **자동차운전전문학원 직원이 양식있는 사회인이 되어야 하는 이유가 아닌 것은?**

갑. 전체 교육생을 운전면허시험에 합격시켜야 하기 때문이다.
을. 양식 없는 직원은 교육자로서의 권위가 떨어져 실효성 있는 교육이 어렵기 때문이다.
병. 양식을 결여한 언동은 교육생을 실망시키고 신뢰를 잃게 되기 때문이다.
정. 업무의 성질상 각계 각층의 사람들과 접하기 때문이다.

10 **운전면허와 자동차운전전문학원의 관계를 설명한 것 중 옳지 않은 것은?**

갑. 기능검정 합격증명만 있으면 운전면허 기능시험이 면제된다.
을. 기능검정은 운전면허 기능시험과 같이 엄정·공평하게 실시한다.
병. 전문학원에서 실시하는 기능검정은 운전면허 기능시험에 준하여 실시한다.
정. 전문학원 수료증 또는 졸업증을 받은 사람은 운전면허 기능시험이 면제된다.

해설
전문학원은 자동차운전에 관한 지식 및 기능에 관하여 종합적이고 체계적으로 초보자의 교육과 기능검정을 실시하는 공공적 성격을 갖는 교육기관으로서 법에 의거한 수료증 또는 졸업증의 발행이 인정되고, 그 수료증 또는 졸업증을 받은 사람은 시·도경찰청장이 행하는 기능시험이 면제된다.

11 **다음 중 전문학원의 관리와 책임에 대한 설명으로 맞지 않는 것은?**

갑. 전문학원의 수료증을 받은 사람은 시·도경찰청장이 행하는 기능시험이 면제된다.
을. 전문학원은 학과시험이 면제되는 반면, 그 면제를 받을 만한 적정한 교육을 실시하여 모범운전자를 양성할 책임이 있다.
병. 법에 의거한 수료증의 발행이 인정된다.
정. 공공적 성격을 갖는 교육기관이다.

해설
전문학원은 기능시험이 면제되는 반면, 그 면제를 받을 만한 적정한 교육 및 기능검정을 실시하여 교통사고를 일으키거나 당하지 않는 안전한 운전자를 양성할 책임이 있다.

12 **다음은 자동차운전전문학원 연합회에 대한 설명이다. 옳지 않은 것은?**

갑. 전문학원의 설립자는 자동차운전전문학원 연합회를 설립할 수 있다.
을. 연합회는 법인으로 한다.
병. 연합회의 정관은 경찰청장의 인가를 받아야 하며, 정관을 변경하는 경우에도 또한 같다.
정. 연합회에 관하여 도로교통법에 규정된 것을 제외하고는 재단법인에 관한 규정을 준용한다.

해설
자동차운전전문학원 연합회(도로교통법 제119조)
연합회에 관하여 도로교통법에 규정된 것을 제외하고는 민법 중 사단법인에 관한 규정을 준용한다.

13 **다음 중에서 학감이 추진하여야 할 업무가 아닌 것은?**

갑. 수료증 발급에 대한 시간 엄수
을. 교육진도 및 교육실시 상황파악과 창의적인 교육방법의 연구·개선
병. 법령에서 정한 전문학원 교육과정 및 교육시간 엄수
정. 직원 자질향상을 위한 자체교육

해설
학감이 추진해야 할 업무
- 직원 자질향상을 위한 자체교육
- 법령에서 정한 전문학원 교육과정 및 교육시간 엄수
- 교육진도 및 교육실시 상황파악과 창의적인 교육방법의 연구·개선
- 기능검정 기준에 따른 공정한 기능검정 관리
- 수료증 발급에 대한 책임인식과 엄격한 관리

07 갑 08 을 09 갑 10 갑 11 을 12 정 13 갑 정답

14 **학감이 질병 및 기타 부득이한 사유로 업무수행을 할 수 없게 된 때 그 업무수행을 대신할 수 있는 사람은?**

갑. 설립자
을. 기능검정원
병. 학과강사
정. 기능강사

해설

설립자는 학감이 질병 및 기타 부득이한 사유로 업무수행을 할 수 없게 된 때에는 즉시 기능검정원 중에서 그 업무대행자를 지정하고 시·도경찰청장에게 보고하여야 하며, 1개월 이상 업무를 수행할 수 없을 때에는 유자격자로 업무대행자를 선임하고 학감업무대행자 선임신고를 하여야 한다.

15 **기능검정원 또는 강사의 자격시험에 대한 설명이 아닌 것은?**

갑. 제1차 시험은 매과목 100점을 만점으로 하여 평균 70점 이상 득점한 자를 합격자로 한다.
을. 제2차 시험은 제1차 시험 합격자를 대상으로 실시하되, 90점 이상 득점한 자를 합격자로 한다.
병. 자격시험의 실시기관 및 실시절차 등 자격시험의 실시에 관하여 필요한 구체적인 사항은 경찰청장이 정한다.
정. 제1차 시험과 제2차 시험으로 구분하여 실시한다.

해설

전문학원 강사 및 기능검정원의 자격시험(도로교통법 시행규칙 제118조)
제2차 시험은 제1차 시험 합격자를 대상으로 실시하되, 100점을 만점으로 하여 85점 이상 득점한 사람을 합격자로 한다.

16 **다음 중 기능검정업무에 관하여 형법, 기타 법률에 의한 벌칙의 적용에 있어서 공무원 신분으로 보지 않는 사람은?**

갑. 강 사
을. 기능검정원
병. 부학감
정. 학 감

해설

갑 : 전문학원의 학감·부학감은 기능검정 및 수강사실 확인업무에 관하여, 기능검정원은 기능검정업무에 관하여, 형법, 기타 법률에 의한 벌칙의 적용에 있어서 이를 공무원으로 본다.

17 **자동차운전전문학원의 변경신청에서 중요사항이 아닌 것은?**

갑. 기능검정원 및 강사의 변경
을. 전문학원 위치의 변경
병. 학감의 변경
정. 전문학원 원칙의 변경

해설

자동차운전전문학원 중요 변경사항(도로교통법 시행령 제68조)
- 학감의 변경
- 전문학원의 명칭 또는 위치의 변경
- 강의실, 휴게실, 양호실, 기능교육장 또는 교육용 자동차에 관한 사항의 변경
- 전문학원의 운영 등에 관한 원칙의 변경

18 **전문학원의 중요 변경사항이 있을 때, 전문학원 변경승인신청서를 작성하여 누구에게 제출하는가?**

갑. 국토교통부장관
을. 시·도경찰청장
병. 경찰청장
정. 자동차운전전문학원 연합회장

해설

전문학원 중요사항의 변경(도로교통법 시행규칙 제116조)
전문학원이 중요사항을 변경하고자 하는 때에는 자동차운전전문학원 변경승인신청서에 관련 서류를 첨부하여 시·도경찰청장에게 제출하여야 한다.

19 **자동차운전전문학원 교육생의 신원을 확인할 수 있는 증명서가 아닌 것은?**

갑. 의료보험증 을. 주민등록증
병. 학생증 정. 여 권

해설

신원확인은 주민등록증, 운전면허증, 여권, 학생증, 공무원증, 기타 국가기관에서 발행하는 자격증 등으로 사진을 대조할 수 있는 것으로 한다. 다만, 외국인인 경우는 거주지 확인 및 외국인 등록증명서로 한다.

20 **야간교육을 하는 경우 조명시설은 책상 면과 흑판 면의 조도가 몇 lx 이상으로 규정되어 있는가?**

갑. 50lx 을. 100lx
병. 150lx 정. 200lx

해설

보건위생상 적절한 채광시설, 환기시설 및 냉·난방시설을 갖추되, 야간교육을 하는 경우 그 조명시설은 책상 면과 칠판 면의 조도가 150lx 이상일 것

14 을 15 을 16 갑 17 갑 18 을 19 갑 20 병 **정답**

21 특수면허 합격기준에 대한 설명으로 옳은 것은?

갑. 시험항목별 감점기준에 따라 감점한 결과 100점 만점에 85점 이상을 얻은 때에 합격으로 한다.
을. 특별한 사유 없이 30초 이내에 출발하지 못한 때는 실격으로 처리한다.
병. 시험과제를 한 가지 이상 이행하지 아니한 때는 실격으로 처리한다.
정. 시험 중 안전사고를 일으키거나 코스를 벗어난 때는 실격으로 처리한다.

해설
갑 : 시험항목별 감점기준에 따라 감점한 결과 100점 만점에 90점 이상을 얻은 때에 합격으로 한다.
을 : 특별한 사유 없이 20초 이내에 출발하지 못한 때는 실격으로 처리한다.
병 : 시험과제를 어느 하나라도 이행하지 아니한 때는 실격으로 처리한다.

22 자동차운전전문학원의 원동기장치자전거 면허반의 교육시간은?

갑. 기능교육 8시간, 학과교육 5시간
을. 기능교육 20시간, 학과교육 20시간
병. 기능교육 15시간, 학과교육 10시간
정. 기능교육 10시간, 학과교육 20시간

해설
운전면허의 종별 교육과목 · 교육시간 및 교육방법 등(도로교통법 시행규칙 제106조 제1항 [별표 32])
원동기장치자전거면허
- 학과교육 : 5시간
- 기능교육 : 8시간

23 기능시험 또는 도로주행시험에 사용되는 제1종 대형면허의 자동차 기준으로 틀린 것은?

갑. 차량길이 1,015cm 이상
을. 차량너비 246cm 이상
병. 축간거리 480cm 이상
정. 최소 회전반경 520cm 이상

해설
정 : 최소 회전반경 798cm 이상(도로교통법 시행규칙 제70조)

24 학원 등 설립 · 운영자가 해당 학원을 폐원하거나 1월 이상의 기간 동안 휴원하는 경우에는 휴원 또는 폐원한 날부터 며칠 이내에 시 · 도경찰청장에게 해지신고를 하여야 하는가?

갑. 30일 이내　　을. 10일 이내
병. 7일 이내　　정. 5일 이내

해설
휴원 · 폐원의 신고(도로교통법 제112조)
학원 등 설립 · 운영자가 해당 학원을 폐원하거나 1개월 이상의 기간 동안 휴원하는 경우에는 행정안전부령이 정하는 바에 의하여 휴원 또는 폐원한 날부터 7일 이내에 시 · 도경찰청장에게 이를 신고하여야 한다.

25 자동차운전전문학원의 기능교육용 자동차 확보기준으로 옳은 것은?

갑. 기능교육장 면적 250m²당 1대
을. 기능교육장 면적 350m²당 1대
병. 기능교육장 면적 300m²당 1대
정. 기능교육장 면적 200m²당 1대

해설
학원 및 전문학원의 시설 및 설비 등의 기준(도로교통법 시행령 제63조 제1항 및 제67조 제2항 [별표 5])
자동차운전전문학원의 기능교육용 자동차는 기능교육장 면적 300m²당 1대를 초과하지 않아야 한다.

26 기능교육용 이륜자동차 및 원동기장치자전거의 사용연한은?

갑. 1년　　을. 2년
병. 3년　　정. 10년

해설
기능교육용 자동차의 검사 등(도로교통법 시행규칙 제103조)
기능교육용 이륜자동차 및 원동기장치자전거의 사용연한은 10년으로 한다.

27 자동차운전전문학원의 기능검정에 대한 설명으로 틀린 것은?

갑. 기능검정원은 기능검정 합격자에게 기능검정 합격증명서를 교부해야 한다.
을. 기능검정은 필요시 학감이 직접 행할 수 있다.
병. 기능검정은 전문학원의 기능검정원이 행한다.
정. 기능검정은 전문학원에서 소정의 교육을 이수한 사람에 대하여 행한다.

해설
기능검정(도로교통법 제108조)
전문학원의 학감은 기능검정원이 아닌 사람으로 하여금 기능검정을 실시하게 하여서는 아니 된다.

28 운전조작 및 안전운전능력에 대한 기능시험 항목이 아닌 것은?

갑. 횡단보도 서행
을. 방향전환코스의 전 · 후진
병. 굴절코스의 전진 · 통과
정. 곡선코스의 전진 · 통과

해설
갑 : 횡단보도 일시정지

정답 21 정 22 갑 23 정 24 병 25 병 26 정 27 을 28 갑

29 다음 중 연습운전면허를 받은 사람이 도로에서 주행연습을 할 때 지켜야 할 사항으로 틀린 것은?

갑. 운전면허를 받은 날부터 2년이 경과된 사람과 함께 타서 그의 지도를 받아야 한다.
을. 자동차운수사업법에서 규정한 사업용 자동차도 운전할 수 있다.
병. 사업용 자동차는 주행연습 외의 목적으로 운전할 수 없다.
정. 주행연습 중이란 사실을 다른 차의 운전자가 알 수 있도록 연습 중인 자동차에 "주행연습"이라는 표지를 부착해야 한다.

해설
을 : 여객자동차 운수사업법 또는 화물자동차 운수사업법에서 규정한 사업용 자동차를 운전하는 등 주행연습 외의 목적으로 운전하여서는 아니 된다.

30 다음은 전문학원 관련용어에 대한 해설로 틀린 것은?

갑. 전문학원의 교육과 학사운영을 담당하는 사람을 학감이라 한다.
을. 전문학원을 지정받아 경영하는 사람을 설립자라 한다.
병. 전문학원에서 도로교통에 관한 법령 및 안전운전지식 등의 교육을 실시하는 사람은 학과강사이다.
정. 기능검정을 실시하는 사람은 기능강사다.

해설
기능검정을 실시하는 사람은 기능검정원이며, 기능강사는 전문학원에서 자동차 등의 운전에 필요한 기능교육을 실시하는 사람이다.

31 장내기능시험의 채점방식에 대한 설명으로 바른 것은?

갑. 전자채점기에 의하여 감점방식으로 채점한다.
을. 채점방식은 득점방식으로 채점한다.
병. 감점방식과 득점방식으로 혼용하여 채점한다.
정. 기능시험관 또는 기능검정원이 동승하여 채점한다.

해설
장내기능시험의 채점방식은 전자채점기에 의한 감점방식이다.

32 기능교육장 또는 기능교육용 자동차에 설치하는 기능검정 채점기의 규격·설치 등에 관한 사항을 정하는 사람은?

갑. 시·도경찰청장
을. 전문학원 연합회장
병. 경찰청장
정. 안전행정부장관

해설
자동차 등의 운전에 필요한 기능에 관한 시험(도로교통법 시행령 제48조)
기능검정을 실시하는 기능교육장 또는 기능교육용 자동차에는 기능검정을 위하여 전자채점기를 설치하여야 하며, 전자채점기의 규격·설치 등에 관하여 필요한 사항은 경찰청장이 정한다.

33 다음 중 기능강사가 될 수 없는 자는?

갑. 교통사고처리 특례법에 위반하여 금고 이상의 형의 선고를 받고 그 집행유예기간이 경과한 사람
을. 교통사고처리 특례법에 위반하여 금고 이상의 형의 선고를 받고 그 집행이 종료되거나 집행이 면제된 날부터 2년이 지난 사람
병. 20세 이상인 사람
정. 기능교육에 사용되는 자동차를 운전할 수 있는 운전면허를 받은 지 2년이 지나지 아니한 자

해설
전문학원의 강사(도로교통법 제106조)
기능교육에 사용되는 자동차를 운전할 수 있는 운전면허를 받은 지 2년이 지나지 아니한 사람은 기능강사가 될 수 없다.

34 도로주행교육에 대한 설명이 아닌 것은?

갑. 도로주행교육용 자동차에는 기능강사가 동승하지 않아도 된다.
을. 1일 1인당 4시간을 초과하여서는 안 된다.
병. 면허종별에 따라 단계적으로 교육을 실시하여야 한다.
정. 연습운전면허를 받은 사람에 대하여 실시한다.

해설
교육과정의 운영기준 등(도로교통법 시행규칙 제107조)
기능교육을 담당하는 강사가 도로주행교육용 자동차에 같이 승차하여 지도하여야 한다.

35 자동차운전전문학원이 갖추어야 할 기능교육장 이외의 시설기준으로 적절하지 않은 것은?

갑. 주차장 면적은 $75m^2$ 이상으로 하되 포장되어 있어야 한다.
을. 정비장 면적은 $66m^2$ 이상으로 일상점검기구를 갖추어야 한다.
병. 사무실 면적은 $99m^2$ 이상으로 접수창구와 휴게실을 설치해야 한다.
정. 학과교육을 위한 강의실 면적은 $66m^2$ 이상, $100m^2$ 이내이어야 한다.

해설
학원 및 전문학원의 시설 및 설비 등의 기준(도로교통법 시행령 제63조 제1항 및 제67조 제2항 [별표 5])
학과교육을 위한 강의실 면적은 $60m^2$ 이상, $135m^2$ 이내이어야 하며 $1m^2$당 수용인원은 1인이 초과되지 아니하여야 한다.

29 을 30 정 31 갑 32 병 33 정 34 갑 35 정 정답

36 자동차운전 전문학원의 기능교육장의 부지면적으로 옳은 것은?

갑. 6,400m²
을. 6,600m²
병. 7,000m²
정. 7,500m²

해설

학원 및 전문학원의 시설 및 설비 등의 기준(도로교통법 시행령 제63조 제1항 및 제67조 제2항 [별표 5])

전문학원 기능교육장의 면적은 6,600m² 이상이다. 다만, 기능교육장을 2층으로 설치하는 경우 1층에 확보해야 하는 부지의 면적은 2,300m²(제1종 대형면허 교육을 병행하는 경우에는 4,125m²) 이상이어야 하며, 상·하 연결차로 너비를 7m(상·하 차로를 분리할 경우에는 각각 3.5m) 이상으로 설치하여야 한다.

37 자동차운전전문학원의 기능교육방법이 아닌 것은?

갑. 동승교육
을. 단독교육
병. 개별코스교육
정. 합동교육

해설

기능교육방법(도로교통법 시행규칙 제106조 제1항 [별표 32])

동승교육, 단독교육, 개별코스교육, 모의운전장치교육

38 1차 위반 시 강사에 대한 자격취소기준이 아닌 것은?

갑. 강사의 자격정지기간 중에 교육을 실시한 때
을. 기능교육에 사용되는 자동차를 운전할 수 있는 운전면허가 취소된 때
병. 강사자격증을 달지 아니하는 등 품위를 손상한 때
정. 허위 또는 부정한 방법으로 강사자격증을 교부받은 때

해설

강사자격증을 달지 아니하는 등 품위를 손상한 때(도로교통법 시행규칙 제123조 제1항 [별표 34])

- 1차 위반 : 시정명령
- 2차 위반 : 자격정지 1개월
- 3차 위반 : 자격정지 2개월

39 학과교육은 1인당 1일 최대 몇 시간까지 교육할 수 있는가?

갑. 3시간
을. 4시간
병. 5시간
정. 7시간

해설

교육과정의 운영기준 등(도로교통법 시행규칙 제107조)

학과교육시간은 50분을 1시간으로 하되, 1일 1인당 7시간을 초과하지 않아야 한다.

40 도로주행기능검정 코스에 대한 설치기준이 아닌 것은?

갑. 운전면허시험장당 2개소 이상의 도로를 확보하여야 한다.
을. 차로변경이 가능한 편도 2차로 이상 일부 구간으로 가능하다.
병. 매시 40km 이상 속도로 주행이 가능한 지시속도구간 300~500m 내외로 있어야 한다.
정. 교차로 또는 단일로의 횡단보도에서 실시할 수 있다.

해설

갑 : 운전면허시험장당 4개소 이상의 도로를 확보하여야 한다.

41 강사의 선임에 대한 설명 중 옳은 것은?

갑. 학감은 학과 및 기능교육과 기능검정을 실시하기 위하여 경찰청장으로부터 자격증을 받은 강사를 선임하여야 한다.
을. 자격증을 받은 강사라 하더라도 그 업무에 1년 이상 종사한 사실이 없어 지식·기능이 저하된 사람은 시·도경찰청장이 일정기간 필요한 교육을 실시한 후 선임하여야 한다.
병. 기능검정원은 강사의 자격이 있더라도 강사의 업무를 겸임할 수 없다.
정. 강사 선임 시 그 사람의 지식 및 기능의 확인은 기능검정원이 한다.

해설

을 : 학감이 일정기간 필요한 교육업무를 실시한 후 선임해야 한다.
병 : 기능검정원은 강사의 자격이 있는 경우에는 기능검정에 지장이 없는 범위 내에서 강사의 업무를 겸임할 수 있다.
정 : 강사의 지식·기능을 확인하는 것은 학감이다.

42 3차 위반 시 강사에 대해 자격취소를 할 수 있는 경우는?

갑. 교육생에게 금품 등을 강요하거나 이를 수수한 때
을. 교육 중 폭언·폭행으로 물의를 야기한 때
병. 출석사항을 조작한 때
정. 안전사고 예방을 위한 필요한 조치를 태만히 한 때

해설

교육 중 교육생에게 폭언·폭행 등으로 물의를 일으킨 때(도로교통법 시행규칙 제123조 [별표 34])

- 1차 위반 시 : 자격정지 3개월
- 2차 위반 시 : 자격정지 6개월
- 3차 위반 시 : 자격취소

36 을 37 정 38 병 39 정 40 갑 41 갑 42 을 정답

43 자동차운전전문학원에서 기능검정원의 임무가 아닌 것은?

갑. 기능검정에 합격한 사람에 대하여 그 합격사실을 서면으로 증명한다.
을. 기능검정에 합격한 사람에 대하여 수료증 또는 졸업증을 교부한다.
병. 기능검정은 운전면허 기능시험방법과 채점기준에 따라 엄정·공평하게 행한다.
정. 학감의 지시·명령에 따라 교육을 종료한 사람에 대하여 기능검정을 실시한다.

해설

기능검정(도로교통법 제108조)
전문학원의 학감은 기능검정원이 합격사실을 서면으로 증명한 사람에게는 기능검정의 종류별로 행정안전부령으로 정하는 바에 따라 수료증 또는 졸업증을 발급하여야 한다.

44 1차 위반 시 기능검정원에 대한 자격취소기준이 아닌 것은?

갑. 합격을 유도하는 등 기능검정의 공정성을 결여한 때
을. 기능교육에 사용되는 자동차를 운전할 수 있는 운전면허가 취소된 때
병. 자격증을 타인에게 대여한 때
정. 자격정지기간 중 기능검정을 실시한 때

해설

검정 도중 교육생에게 합격을 유도하는 등 검정의 공정성을 결여하는 행위를 한 때(도로교통법 시행규칙 제123조 제1항 [별표 34])
- 1차 위반 : 자격정지 3개월
- 2차 위반 : 자격정지 6개월
- 3차 위반 : 자격취소

45 다음 중 자동차운전전문학원의 지정취지로 가장 적절한 것은?

갑. 교육생에 대한 학과시험 면제
을. 자동차운전에 필요한 단순 지식과 기능교육 함양
병. 운전자의 기능교육 위주의 학습만을 도모하기 위한 재사회화의 기능 담당
정. 자동차운전에 관한 교육수준 향상과 운전자의 자질향상 도모

해설

자동차운전전문학원의 지정 등(도로교통법 제104조)
시·도경찰청장은 자동차운전에 관한 교육수준을 높이고 운전자의 자질을 향상시키기 위하여 등록된 학원으로서 다음의 기준에 적합한 학원을 대통령령으로 정하는 바에 따라 자동차운전전문학원으로 지정할 수 있다.

46 다음 중 자동차운전전문학원의 부대시설 및 설비의 설치기준이 부적합한 것은?

갑. 강의실의 면적은 $60m^2$ 이상 $135m^2$ 이하로 한다.
을. 소형견인차면허의 경우 $2,330m^2$ 이상의 부지가 추가로 필요하다.
병. 대형견인차면허의 경우 $1,830m^2$ 이상의 부지가 추가로 필요하다.
정. $16.5m^2$ 이상으로서 응급처치시설이 포함된 양호실이 필요하다.

해설

병 : 대형견인차면허의 경우 $1,610m^2$ 이상의 부지가 추가로 필요하다(도로교통법 시행령 제63조 관련 [별표 5]).

47 등록이 취소된 전문학원의 설립자가 설립·운영하는 자동차운전학원은 취소된 날로부터 몇 년이 지나야 다시 전문학원으로 지정받을 수 있는가?

갑. 2년　　을. 3년
병. 4년　　정. 5년

해설

자동차운전전문학원의 지정 등(도로교통법 제104조)
등록이 취소된 학원 또는 전문학원을 설립·운영하는 자, 학감 또는 부학감이었던 자가 그 등록이 취소된 날부터 3년 이내에 설립·운영하는 학원은 전문학원으로 지정받을 수 없다.

48 자동차운전전문학원의 인적기준에 대한 설명으로 가장 적절한 것은?

갑. 전문학원 학감은 기능검정원을 겸임할 수 있다.
을. 전문학원 설립자는 학감을 겸임할 수 없다.
병. 전문학원에는 학감, 기능검정원, 강사를 두어야 한다.
정. 전문학원에는 학감, 부학감, 학과강사, 기능강사를 두어야 한다.

49 함부로 신호기를 조작하거나 교통안전시설을 철거·이전하거나 손괴한 사람에 대한 벌칙은?

갑. 1년 이하의 징역이나 500만원 이하의 벌금에 처한다.
을. 2년 이하의 징역이나 600만원 이하의 벌금에 처한다.
병. 3년 이하의 징역이나 700만원 이하의 벌금에 처한다.
정. 5년 이하의 징역이나 1,000만원 이하의 벌금에 처한다.

해설

벌칙(도로교통법 제149조)
함부로 신호기를 조작하거나 교통안전시설을 철거·이전하거나 손괴한 사람은 3년 이하의 징역이나 700만원 이하의 벌금에 처하고 이에 의한 행위로 인하여 도로에서 교통위험을 일으키게 한 사람은 5년 이하의 징역이나 1천 500만원 이하의 벌금에 처한다.

43 을 44 갑 45 정 46 병 47 을 48 병 49 병 정답

50 제2종 보통연습면허를 받은 사람이 운전할 수 있는 차량은?

갑. 승차정원 15인 이하의 승합자동차
을. 적재중량 12톤 미만의 화물자동차
병. 승용자동차
정. 이륜자동차

해설
운전할 수 있는 차의 종류(도로교통법 시행규칙 제53조 [별표 18])
제2종 보통연습면허
- 승용자동차
- 승차정원 10명 이하의 승합자동차
- 적재중량 4톤 이하의 화물자동차
- 총중량 3.5톤 이하의 특수자동차(구난차 등은 제외)
- 원동기장치자전거

51 원동기장치자전거 운전면허를 취득할 수 있는 최소연령기준은?

갑. 16세 이상
을. 17세 이상
병. 18세 이상
정. 19세 이상

해설
운전면허의 결격사유(도로교통법 제82조)
원동기장치자전거 운전면허를 취득할 수 있는 연령은 16세 이상이다.

52 다음 중 전문학원 지정 신청 시 구비해야 서류가 아닌 것은?

갑. 전문학원의 운영 등에 관한 원칙 1부
을. 전문학원의 부대시설·설비 등을 나타내는 도면 1부
병. 전문학원의 직인 및 학감의 호적등본
정. 기능시험전자채점기 설치확인서

해설
병 : 전문학원의 직인 및 학감의 도장 인영(도로교통법 시행규칙 제113조)

53 제2종 운전면허의 적성검사로 틀린 것은?

갑. 두 눈을 뜨고 잰 시력이 0.5 이상인 사람이어야 한다.
을. 청력에 관계없이 허용된다.
병. 한쪽 눈을 보지 못하는 사람은 다른 쪽 눈의 시력이 0.8 이상이고, 시야가 120° 이상인 사람이어야 한다.
정. 적·황·녹색의 색채식별이 가능한 사람이어야 한다.

해설
자동차 등의 운전에 필요한 적성의 기준(도로교통법 시행령 제45조)
두 눈을 동시에 뜨고 잰 시력이 0.5 이상일 것. 다만, 한쪽 눈을 보지 못하는 사람은 다른 쪽 눈의 시력이 0.6 이상이어야 한다.

54 운전면허증을 잃어버렸을 때 누구에게 신청하여 다시 교부받아야 하는가?

갑. 시·도경찰청장　　을. 경찰청장
병. 운전면허시험장장　　정. 학 감

해설
운전면허증의 재발급(도로교통법 제86조)
운전면허증을 잃어버렸거나 헐어 못 쓰게 되었을 때에는 행정안전부령으로 정하는 바에 따라 시·도경찰청장에게 신청하여 다시 발급받을 수 있다.

55 운전면허의 취소 또는 정지처분 대상자의 경우 임시운전증명서의 유효기간은?

갑. 유효기간은 20일이며, 1회에 한하여 기간을 연장할 수 있다.
을. 유효기간은 20일이며, 기간을 연장할 수 없다.
병. 유효기간은 30일이며, 1회에 한하여 기간을 연장할 수 있다.
정. 유효기간은 40일이며, 1회에 한하여 20일의 범위 안에서 연장할 수 있다.

해설
임시운전증명서(도로교통법 시행규칙 제88조)
임시운전증명서의 유효기간은 20일 이내로 하되, 운전면허의 취소 또는 정지처분 대상자의 경우에는 40일 이내로 할 수 있다. 이 경우 경찰서장이 필요하다고 인정하는 때에는 그 유효기간을 1회에 한하여 20일의 범위 안에서 연장할 수 있다.

56 연습운전면허의 효력은 그 면허를 받은 날로부터 언제까지인가?

갑. 3개월　　을. 6개월
병. 1년　　정. 3년

해설
병 : 연습운전면허는 그 면허를 받은 날부터 1년의 효력을 가진다. 다만, 그 이전이라도 연습운전면허를 받은 사람이 제1종 보통면허 또는 제2종 보통면허를 받은 경우에는 연습운전면허의 효력이 상실된다.

57 자동차운전전문학원이 공공성을 무시하고 기업성 위주로 운영하게 될 때의 결과는?

갑. 면허취득 후 사고를 내거나 당하지 않는 우수한 운전자를 양성한다.
을. 지정의 효과에 부응하는 교육을 행하여 국민의 신뢰와 기대에 부응한다.
병. 교육기술과 지식연구에 노력하여 교육수준의 향상에 기여한다.
정. 사회의 비판을 받아 전문학원제도를 스스로 파괴하는 결과를 초래한다.

50 병 51 갑 52 병 53 병 54 갑 55 정 56 병 57 정 **정답**

58 자동차운전전문학원 직원의 공평한 지도방법은?

갑. 교육생의 태도에 따라 교육시간을 단축하거나 연장한다.
을. 교육생에게 동정하고 타협해서 본래의 교육을 생략한다.
병. 교육생 개개인의 성격, 능력을 잘 파악하여 그에 맞는 지도를 한다.
정. 교육생의 성별, 연령, 사회적 지위 등이 천차만별이나 획일적으로 취급한다.

59 자동차운전학원을 설립·운영하고자 하는 자는 누구에게 등록하여야 하는가?

갑. 시·도지사　　을. 안전행정부장관
병. 국토교통부장관　　정. 시·도경찰청장

해설
정 : 자동차운전학원을 설립·운영하고자 하는 자는 시설 및 설비 등을 갖추어 시·도경찰청장에게 등록하여야 한다. 등록한 사항 중 대통령령이 정하는 사항을 변경하고자 하는 경우에도 또한 같다.

60 자동차운전전문학원에 대한 행정처분의 내용이 아닌 것은?

갑. 기능검정의 정지기간은 2년을 넘지 않는 범위 내에서 실시한다.
을. 시정지시는 지정기준에 적합하지 아니한 때 필요한 조치를 할 것을 명하는 것이다.
병. 기능검정이 정지되면 기능검정의 실시가 정지된다.
정. 지정이 취소되면 그 학원 졸업생은 기능시험 면제혜택을 받을 수 없다.

해설
교통안전교육기관의 지정취소 등(도로교통법 제79조)
시·도경찰청장은 행정안전부령으로 정하는 기준에 따라 교통안전교육기관의 지정을 취소하거나 1년 이내의 기간을 정하여 운영의 정지를 명할 수 있다.

61 자동차운전전문학원 연합회의 사업이 아닌 것은?

갑. 전문학원제도의 발전을 위한 연구
을. 전문학원의 교육시설 및 교재의 개발
병. 전문학원에서 실시하는 교육 및 기능검정방법의 연구개발
정. 고장자동차의 설비 및 서비스

해설
자동차운전전문학원 연합회의 사업(도로교통법 제119조)
- 전문학원제도의 발전을 위한 연구
- 전문학원의 교육시설 및 교재의 개발
- 전문학원에서 실시하는 교육 및 기능검정방법의 연구개발
- 전문학원의 학감·부학감·기능검정원 및 강사의 교육훈련과 복지증진사업
- 경찰청장으로부터 위탁받은 사항
- 그 밖에 연합회의 목적달성에 필요한 사업

62 교육 및 기능검정의 적정관리를 위한 학감의 유의사항으로 옳지 않은 것은?

갑. 직원 자질향상을 위한 자체교육
을. 법령에서 정한 전문학원의 교육과정 및 시간의 엄수
병. 수료증 또는 졸업증 발급에 따른 책임의식과 엄격한 관리
정. 전문학원에서 자동차 등의 운전에 필요한 장내기능을 지도

해설
정 : 기능교육강사의 역할

63 학감과 부학감의 자격기준에 대한 설명 중 틀린 것은?

갑. 나이가 30세 이상 65세 이하이어야 한다.
을. 등록이 취소된 학원 또는 전문학원을 설립·운영한 자, 학감 및 부학감이었던 경우 그 지정이 취소된 날부터 2년이 지난 사람이어야 한다.
병. 학원 또는 전문학원의 운영·관리에 관한 업무에 3년 이상 근무한 경력이 있어야 한다.
정. 도로교통에 관한 업무에 3년 이상 근무한 경력이 있어야 한다.

해설
전문학원의 학감 등(도로교통법 제105조)
등록이 취소된 학원 등을 설립·운영한 자, 학감 또는 부학감이었던 경우에는 등록이 취소된 날부터 3년이 지난 사람이어야 한다.

64 기능검정원의 자질향상을 위하여 연수교육을 실시할 수 있는 자는?

갑. 전문학원의 학감
을. 경찰서장
병. 시·도경찰청장
정. 해당 전문학원을 설립·운영하는 자

해설
병 : 시·도경찰청장은 학원 또는 자동차운전 전문학원을 설립·운영하는 자, 학원 또는 자동차운전전문학원의 강사 및 기능검정원에 대하여 그 자질향상을 위하여 필요한 경우에는 대통령령이 정하는 바에 따라 연수를 실시할 수 있다.

65 전문학원에서 설립자가 학감을 겸임한 때에 학감의 업무를 보조하는 사람은?

갑. 전문학원장　　을. 부학감
병. 기능강사　　정. 기능검정원

해설
부학감은 설립자가 학감을 겸임하는 때에 학감의 업무를 보조하는 사람이다.

58 병　59 정　60 갑　61 정　62 정　63 을　64 병　65 을 정답

66 자동차운전전문학원 학감이 강사가 아닌 사람으로 하여금 교육을 실시하게 한 때의 기능검정 정지·취소기준으로 맞는 것은?

갑. 1차 위반 시 운영정지 20일
을. 2차 위반 시 운영정지 60일
병. 3차 위반 시 등록취소
정. 2차 위반 시 등록취소

해설
강사가 아닌 사람으로 하여금 교육을 실시하게 한 때(도로교통법 시행규칙 [별표 35])
- 1차 위반 시 : 운영정지 20일
- 2차 위반 시 : 운영정지 40일
- 3차 위반 시 : 운영정지 60일

67 전문학원 학감이 추진하여야 할 업무가 아닌 것은?

갑. 기능검정기준에 따른 공정한 기능검정관리
을. 수강생 유치를 위한 홍보
병. 법령에서 정한 교육시간 엄수
정. 직원 자질향상을 위한 자체교육

해설
학감은 전문학원의 학과 및 기능에 관한 교육과 학사운영을 담당한다.

68 다음 중 전문학원의 교육생으로서 수강신청자격이 있는 자는?

갑. 신원확인이 되는 외국인
을. 신원확인이 되지 아니한 사람
병. 연령에 미달한 사람
정. 적성시험에 합격할 수 없다고 인정되는 사람

해설
외국인인 경우는 거주지 확인 및 외국인 등록증명서가 있으면 전문학원의 교육생으로 등록할 수 있다.

69 다음 중 전문학원의 수강료에 대한 설명 중 틀린 것은?

갑. 보충교육에 대한 시간당 학과교육비는 교육종반별 학과시간으로 학과수강료를 나눈 금액으로 한다.
을. 시·도경찰청장은 수강료 등의 안정과 학원교육의 부실방지를 위하여 필요하다고 인정되는 때는 이의 조정을 명할 수 있다.
병. 전문학원의 학감은 수강료를 할인할 수 있는 권한이 있다.
정. 전문학원의 수강료는 일반이 보기 쉬운 위치에 게시해야 한다.

해설
전문학원은 수강료를 허위로 게시하거나 게시한 수강료와 상이한 금액을 징수해서는 안 된다.

70 제2종 보통자동변속기면허의 도로주행교육에 대한 설명으로 옳지 않은 것은?

갑. 교육시간은 50분을 1시간으로 한다.
을. 면허의 종별에 따라 단계적으로 교육을 실시한다.
병. 1일 1인당 7시간을 초과하지 아니한다.
정. 도로주행교육의 기준에 따라 지정된 도로에서 실시한다.

해설
병 : 교육시간은 50분을 1시간으로 하되, 1일 1인당 4시간을 초과하지 아니할 것(도로교통법 시행규칙 제107조)

71 자동차운전전문학원의 교육과목 및 시간에 대한 설명으로 틀린 것은?

갑. 제1종 보통면허 및 제2종 보통면허의 도로주행교육은 총 8시간이다.
을. 제1종 보통면허 및 제2종 보통면허의 학과교육은 총 3시간이다.
병. 원동기장치자전거면허의 기능교육은 총 8시간이다.
정. 제1종 대형면허의 기능교육은 총 10시간이다.

해설
갑 : 제1종 보통면허 및 제2종 보통면허의 도로주행교육은 총 6시간이다.

72 학원 강사의 준수사항으로 옳지 않은 것은?

갑. 교육자료서의 품위를 유지하고 성실히 교육할 것
을. 자동차운전교육과 관련하여 경찰청장이 지시하는 사항에 따를 것
병. 운전교육과 관련하여 금품·향응이나 그 밖의 부정한 이익을 받지 아니할 것
정. 수강사실을 허위로 기록하지 아니할 것

해설
을 : 자동차운전교육과 관련하여 시·도경찰청장이 지시하는 사항에 따를 것

73 자동차운전전문학원의 모의운전장치에 의한 교육방법 중 틀린 것은?

갑. 강사 1인이 동시에 지도할 수 있는 모의운전장치는 5대 이내로 한다.
을. 모의장치 1대당 1일 교육인원은 8명 이내로 한다.
병. 모의운전장치교육은 제1·2종 보통연습면허 기능교육에 한하여 실시한다.
정. 모의운전장치가 설치되어 있어야 한다.

해설
운전면허의 종별 교육과목·교육시간 및 교육방법 등(도로교통법 시행규칙 제106조 제1항 [별표 32])
모의운전장치 1대로 시간당 교육할 수 있는 인원은 1시간당 1명으로 하고, 강사 1인이 동시에 지도할 수 있는 교육생은 5명 이내로 한다.

정답 66 갑 67 을 68 갑 69 병 70 병 71 갑 72 을 73 을

74 **도로주행교육용 자동차에 대한 설명 중 틀린 것은?**

갑. 운전면허 기능시험에 사용되는 자동차와 동일한 구조, 성능을 갖추어야 한다.

을. 기능교육용 자동차 10대당 8대 이내를 확보하되 1대 이상은 장애인용이어야 한다.

병. 도로주행교육용 자동차에는 도로주행교육 표지를 붙여야 한다.

정. 도로주행교육용 자동차는 종합보험에 가입하지 않아도 된다.

75 **자동차관리법에 의한 확인검사를 받은 신조차로서 제작·판매사로부터 출고한 후 3월 이내에 시·도경찰청장에게 기능교육용 자동차로 확인신청을 한 기능교육용 승용자동차의 사용유효기간은 몇 년인가?**

갑. 1년　　을. 3년

병. 4년　　정. 5년

해설

병 : 자동차관리법에 의한 확인검사를 받은 자동차로서 제작·판매사로부터 출고한 후 3월 이내에 시·도경찰청장에게 기능교육용 자동차로 확인신청을 한 자동차의 경우에는 사용유효기간을 4년으로 한다(도로교통법 시행규칙 제103조).

76 **전문학원의 교육생에 대하여 운전기능 또는 도로상 운전능력이 있는지에 관해 실시하는 검정을 무엇이라 하는가?**

갑. 교육검정

을. 운전검정

병. 도로검정

정. 기능검정

77 **자동차운전전문학원 학감이 기능검정원이 아닌 사람으로 하여금 기능검정을 실시하게 한 때의 행정처분기준으로 옳은 것은?**

갑. 2차 위반 시 지정 및 등록취소

을. 3차 위반 시 6월 이하 운영정지

병. 1차 위반 시 1월 이하 운영정지

정. 2차 위반 시 2월 이하 운영정지

해설

기능검정원이 아닌 사람으로 하여금 기능검정을 실시하게 한 때(도로교통법 시행규칙 제129조 제1항 [별표 35])

- 1차 위반 시 : 운영정지 180일
- 2차 위반 시 : 지정취소·등록취소

78 **기능교육평가에 대한 설명이다. 옳은 것은?**

갑. 제2단계 기능교육에 대한 평가는 기본조작에 대하여 실시한다.

을. 제1단계 기능교육에 대한 평가는 응용주행에 대하여 실시한다.

병. 제1종 특수면허와 제2종 소형 및 원동기장치자전거면허는 100점 기준 80점 이상 득점한 사람에게만 다음 단계의 교육을 실시한다.

정. 100점 기준으로 80점 이상 득점한 경우 기능교육을 이수한 것으로 본다.

해설

기능시험 채점기준·합격기준(도로교통법 시행규칙 제66조 [별표 24])

특수면허와 제2종 소형면허 및 원동기장치자전거면허는 100점 기준 90점 이상 득점한 경우 기능교육을 이수한 것으로 본다.

79 **장내기능시험코스 중 교통신호가 있는 교차로코스의 구조에 대한 설명으로 잘못된 것은?**

갑. 교차로 모퉁이의 반경은 6m 이상으로 한다.

을. 정지선에 이르기 전 12m 이상 지점에 교차로표지와 횡단보도예고표지를 설치한다.

병. 교차로 입구 4방향에는 4색신호등을 3~4m 높이로 설치한다.

정. 교차로 4방향에 2m 너비의 횡단보도와 횡단보도에 이르기 전 2m 지점에 30cm 너비의 정지선을 표시한다.

해설

을 : 정지선에 이르기 전 1m 이상 10m 이내 지점의 우측에 +자형 교차로표지와 횡단보도예고표시 설치(도로교통법 시행규칙 제65조 [별표 23])

80 **제1종 대형면허의 장내기능검정 합격기준으로 맞는 것은?**

갑. 100점을 기준으로 감점하여 90점 이상이다.

을. 100점을 기준으로 감점하여 70점 이상이다.

병. 100점을 기준으로 감점하여 80점 이상이다.

정. 100점을 기준으로 감점하여 60점 이상이다.

해설

기능시험 채점기준·합격기준(도로교통법 시행규칙 제66조 [별표 24])

제1종 대형면허의 장내기능검정 합격기준은 각 시험항목별 감점기준에 따라 감점한 결과 100점 만점에 80점 이상이다.

74 정　75 병　76 정　77 갑　78 정　79 을　80 병　정답

81 경사로 일시정지 후 출발 시는 자동차가 뒤로 몇 cm 이상 밀리지 않을 경우에 득점이 되도록 감지되는가?

갑. 70cm 이상　　을. 50cm 이상
병. 40cm 이상　　정. 30cm 이상

해설
기능시험 채점기준 · 합격기준(도로교통법 시행규칙 제66조 [별표 24])
경사로 일시정지구간은 경사로 시작점에서부터 1m를 지난 지점부터 경사로 정상 1m 전 지점까지를 정지구간으로 하고 그 정지구간 내에 자동차의 모든 바퀴가 위치하게 일시정지한 후 출발하되, 자동차바퀴가 뒤로 50cm 이상 밀리지 않고 출발하면 득점이 되도록 감지할 수 있어야 한다.

82 기능검정원의 자격취소(1차 위반 시)에 해당하지 않는 것은?

갑. 금고 이상의 형의 선고를 받은 때
을. 교육생에게 금품 등을 강요하거나 이를 수수한 때
병. 기능검정에 사용되는 자동차를 운전할 수 있는 운전면허가 취소된 때
정. 자격정지기간 중에 기능검정을 실시한 때

해설
을 : 1차 위반 시 자격정지 6개월, 2차 위반 시 자격취소

83 다음 중 도로주행시험의 실기 검정항목으로 맞는 것은?

갑. 도로에서 운전장치를 조작하는 능력과 교통법규에 따라 운전하는 능력
을. 자동차 등의 구조에 관한 초보적인 능력
병. 자동차 등의 점검요령 및 정비요령
정. 도로에서 교통사고 시 대처요령

해설
자동차 등의 운전에 필요한 기능에 관한 시험(도로교통법 시행령 제48조)
- 도로에서 운전장치를 조작하는 능력
- 도로에서 교통법규에 따라 운전하는 능력
- 운전 중의 지각 및 판단 능력

84 도로주행시험에서 5점 감점기준이 아닌 것은?

갑. 기기 등의 조작불량으로 인한 심한 차체의 진동이 있는 경우
을. 도로 가장자리에서 정차하였다가 출발할 때 방향지시등을 켜지 않고 차로로 진입한 경우
병. 자동차문을 완전히 닫지 아니한 때(차문)
정. 주행 중 급격한 핸들조작으로 인하여 자동차의 타이어가 옆으로 밀리는 현상이 발생한 때

해설
주행 중 급격한 핸들조작으로 인하여 자동차의 타이어가 옆으로 밀리는 현상이 발생한 때는 7점 감점이다(도로교통법 시행규칙 제68조 제1항 [별표 26]).

85 기능교육장을 2층으로 설치하는 경우 1층에 확보해야 하는 부지의 면적은?(단, 1종 대형면허 교육을 병행하는 경우이다)

갑. 4,125m^2　　을. 5,125m^2
병. 3,000m^2　　정. 2,330m^2

해설
학원 및 전문학원의 시설 및 설비 등의 기준(도로교통법 시행령 제63조 제1항 및 제67조 제2항 [별표 5])
면적이 2,300m^2 이상(전문학원의 경우에는 6,600m^2 이상)인 기능교육장을 갖출 것. 다만, 기능교육장을 2층으로 설치하는 경우 전체 면적 중 1층에 확보하여야 하는 부지의 면적은 2,300m^2(1종 대형면허 교육을 병행하는 경우에는 4,125m^2) 이상이어야 하며, 상·하 연결차로의 너비를 7m(상·하 차로를 분리할 경우에는 각각 3.5m) 이상으로 하여야 한다.

86 자동차운전학원이 제1종 보통운전면허 및 제2종 보통운전면허교육 이외에 제1종 레커면허의 기능교육을 병행하고자 할 때에는 얼마 이상의 부지를 추가로 확보하여야 하는가?

갑. 1,000m^2 이상
을. 1,610m^2 이상
병. 2,330m^2 이상
정. 3,000m^2 이상

해설
학원 및 전문학원의 시설 및 설비 등의 기준(도로교통법 시행령 제63조 제1항 및 제67조 제2항 [별표 5])
제1종 보통면허 및 제2종 보통면허교육 외의 교육을 하고자 하는 경우에는 다음의 구분에 따라 부지를 추가로 확보할 것
- 제1종 대형면허교육 : 8,250m^2(전문학원의 경우에는 2,000m^2) 이상
- 제2종 소형면허 및 원동기장치자전거면허교육 : 1,000m^2 이상
- 소형견인차면허 및 구난차면허교육 : 2,330m^2 이상
- 대형견인차면허교육 : 1,610m^2 이상

87 다음에서 기능교육 실시방법이 아닌 것은?

갑. 교육생 단독교육
을. 적성검사
병. 동승지도교육
정. 모의운전장치 및 개별코스에 의한 교육

해설
운전면허의 종별 교육과목 · 교육시간 및 교육방법 등(도로교통법 시행규칙 제106조 제1항 [별표 32])
기능교육 실시방법은 동승교육, 단독교육, 개별코스교육, 모의운전장치 교육으로 구분하여 실시한다.

81 을　82 을　83 갑　84 정　85 갑　86 병　87 을 정답

88 다음 중 전문학원의 교육과정을 바르게 구분한 것은?

갑. 학과교육, 도로주행교육
을. 학과교육, 기능교육, 도로주행교육
병. 기능교육, 도로주행교육
정. 기능교육, 이론교육

해설
을 : 자동차전문학원의 교육과정은 학과교육 · 기능교육 및 도로주행교육으로 구분하여 실시할 것(도로교통법 시행령 제65조)

89 기능교육 중 운전장치조작교육의 경우 몇 시간이 초과되지 아니하는 범위 내에서 모의운전장치로 교육을 실시할 수 있는가?

갑. 4시간　　을. 3시간
병. 2시간　　정. 1시간

해설
운전면허의 종별 교육과목 · 교육시간 및 교육방법 등(도로교통법 시행규칙 제106조 제1항 [별표 32])
모의운전장치교육은 전문학원의 기능교육 중 운전장치조작교육의 경우 2시간을 초과하지 아니하는 범위 내에서 모의운전장치로 실시하는 교육이다.

90 전문학원의 강사 및 기능검정원의 배치기준으로 틀린 것은?

갑. 제1종 보통연습면허 또는 제2종 보통연습면허 : 각각 교육용 자동차 10대당 5명 이상
을. 제2종 소형면허 및 원동기장치자전거면허 : 교육용 자동차 등 10대당 1명 이상
병. 제1종 특수면허 중 소형견인차면허 또는 대형견인차면허 : 각각 교육용 자동차 2대당 1명 이상
정. 제1종 대형면허 : 교육용 자동차 10대당 1명 이상

해설
정 : 제1종 대형면허는 교육용 자동차 10대당 3명 이상(도로교통법 시행령 제67조)

91 자동차운전전문학원 강사자격증의 효력에 관한 설명이 아닌 것은?

갑. 자격증이 없는 사람은 전문학원 강사가 될 수 없다.
을. 자격증이 취소된 날로부터 1년이 경과하면 다시 자격을 취득할 수 있다.
병. 자격의 결격사유가 발생하면 자격증의 효력이 상실된다.
정. 자격증의 효력은 전국에 미친다.

해설
전문학원의 강사(도로교통법 제106조)
강사자격증이 취소된 날부터 3년이 지나지 아니한 사람은 자격을 취득할 수 없다.

92 다음 중 전문학원에서 기능검정을 실시하는 사람은?

갑. 기능검정원
을. 학과강사
병. 학감 또는 부학감
정. 기능강사

해설
기능검정을 실시하는 사람은 기능검정원이다.

93 기능검정원의 자격취소기준이 아닌 것은?

갑. 기능검정에 사용되는 자동차를 운전할 수 있는 운전면허가 취소된 때
을. 기능검정에 사용되는 자동차를 운전할 수 있는 운전면허의 효력이 정지된 때
병. 기능검정원의 자격증을 다른 사람에게 빌려준 때
정. 자격정지기간 중에 기능검정을 실시한 때

해설
을 : 기능검정에 사용되는 자동차를 운전할 수 있는 운전면허의 효력이 정지된 때는 운전면허 정지기간 중 자격이 정지된다.

94 1차 위반 시 자동차운전전문학원에 대한 행정처분기준이 다른 것은?

갑. 교통안전교육을 실시하지 아니하는 때
을. 설립자 또는 학감이 보고 또는 자료제출을 하지 아니한 때
병. 승인을 받지 아니하고 중요사항을 변경한 때
정. 기능검정원이 허위로 기능검정시험의 합격사실을 증명한 때

해설
갑 · 을 · 병 : 운영정지 10일
정 : 운영정지 180일(도로교통법 시행규칙 제129조 제1항 관련 [별표 35])

95 다음 중 자동차운전전문학원 지정의 의의는?

갑. 시 · 도경찰청장은 지정기준에 적합하더라도 지정하지 않을 수 있다.
을. 지정은 법률상 특별한 효과가 발생한다.
병. 지정이란 일정한 기준의 적합 여부를 확인하는 법률행위적 행정행위이다.
정. 지정이란 전문학원의 설치기준에 적합하다고 하는 사실을 확인하는 준법률행위적 행정행위이다.

해설
확인이란 행정법상 준법률행위적 행정행위에 해당된다.

88 을　89 병　90 정　91 을　92 갑　93 을　94 정　95 정 **정답**

96 다음 중 전문학원의 운영기준으로 틀린 것은?

갑. 교육은 학과교육, 기능교육 및 도로주행교육으로 구분하여 실시하고 6개월 이내에 수료하도록 할 것
을. 교육은 행정안전부령이 정하는 정원의 범위 내에서 실시되고 있을 것
병. 행정안전부령이 정하는 교육시간·교육방법 그 밖의 운영기준에 적합할 것
정. 교육생 1인에 대한 교육시간은 학과교육의 경우에는 1일 7시간, 기능교육 및 도로주행교육의 경우에는 1일 4시간을 초과하지 말 것

해설
갑 : 교육은 학과교육, 기능교육 및 도로주행교육으로 구분하여 실시하고 각각 3개월 이내에 수료하도록 할 것
- 전문학원의 지정신청이 있는 날부터 6개월 동안 그 학원의 교육과정을 이수한 교육생의 도로주행시험 합격률이 60% 이상이어야 한다(도로교통법 시행령 제67조 제5항).

97 전문학원으로 지정받기 위한 평가기준으로 맞는 것은?

갑. 도로주행시험 학과시험 합격률 70% 이상
을. 도로주행시험 기능시험 합격률 70% 이상
병. 도로주행시험 합격률 70% 이상
정. 도로주행시험 합격률 60% 이상

해설
시·도경찰청장은 통보받은 도로주행시험 합격률이 60% 이상이고, 규정에 의한 기준을 갖추었다고 인정되는 때에는 당해 학원을 전문학원으로 지정한다.

98 자동차운전전문학원의 설립자가 전문학원의 지정을 받고자 하는 때 신청서를 제출해야 하는 곳은?

갑. 시·도경찰청장
을. 경찰청장
병. 국토교통부장관
정. 시·도지사

해설
전문학원의 지정신청 등(도로교통법 시행규칙 제113조)
전문학원의 지정을 받고자 하는 때에는 자동차운전전문학원 지정신청서에 필요한 서류를 첨부하여 시·도경찰청장에게 제출하여야 한다.

99 다음 중 연석선, 안전표지, 그 밖의 이와 비슷한 공작물로써 그 경계를 표시하여 모든 차의 교통에 사용하도록 된 도로의 부분을 뜻하는 용어는?

갑. 도 로　　　을. 차 로
병. 차 도　　　정. 차 선

해설
갑 : 도로법에 의한 도로, 유료도로법에 의한 도로, 농어촌도로 정비법에 따른 농어촌도로, 그 밖에 현실적으로 불특정 다수의 사람 또는 차마의 통행을 위하여 공개된 장소로서 안전하고 원활한 교통을 확보할 필요가 있는 장소
을 : 차마가 한 줄로 도로의 정하여진 부분을 통행하도록 차선으로 구분한 차도의 부분
정 : 차로와 차로를 구분하기 위하여 그 경계지점을 안전표지로 표시한 선

100 운전면허시험의 실시사항이 아닌 것은?

갑. 자동차 정비에 대한 기술사항
을. 자동차 등 및 도로교통에 관한 법령에 대한 지식
병. 자동차 등의 관리방법 및 안전운전에 필요한 점검요령
정. 자동차 등의 운전에 관하여 필요한 적성 및 기능

해설
운전면허시험의 실시사항(도로교통법 제83조)
- 자동차 등의 운전에 필요한 적성
- 자동차 등 및 도로교통에 관한 법령에 대한 지식
- 자동차 등의 관리방법과 안전운전에 필요한 점검의 요령
- 자동차 등의 운전에 필요한 기능
- 친환경 경제운전에 필요한 지식과 기능

101 제2종 운전면허를 받은 사람은 운전면허에 합격한 날부터 기산하여 몇 년이 되는 날이 속하는 해의 1월 1일부터 12월 31일까지 운전면허 갱신을 해야 하는가?

갑. 4년　　　을. 6년
병. 8년　　　정. 10년

해설
운전면허증의 갱신과 정기 적성검사(도로교통법 제87조 제1항)
운전면허를 받은 사람은 다음의 구분에 따른 기간 이내에 대통령령으로 정하는 바에 따라 시·도경찰청장으로부터 운전면허증을 갱신하여 발급받아야 한다.
- 최초의 운전면허증 갱신기간은 운전면허시험에 합격한 날부터 기산하여 10년(운전면허시험 합격일에 65세 이상 75세 미만인 사람은 5년, 75세 이상인 사람은 3년, 한쪽 눈만 보지 못하는 사람으로서 제1종 운전면허 중 보통면허를 취득한 사람은 3년)이 되는 날이 속하는 해의 1월 1일부터 12월 31일까지
- 외의 운전면허증 갱신기간은 직전의 운전면허증 갱신일부터 기산하여 매 10년(직전의 운전면허증 갱신일에 65세 이상 75세 미만인 사람은 5년, 75세 이상인 사람은 3년, 한쪽 눈만 보지 못하는 사람으로서 제1종 운전면허 중 보통면허를 취득한 사람은 3년)이 되는 날이 속하는 해의 1월 1일부터 12월 31일까지

96 갑　97 정　98 갑　99 병　100 갑　101 정 **정답**

102 제1종 운전면허 학과시험 합격 점수는?

갑. 90점 　 을. 80점
병. 70점 　 정. 60점

해설
운전면허시험의 방법과 합격기준 등(도로교통법 시행령 제50조)
제1종 운전면허시험은 70점 이상, 제2종 운전면허시험 및 원동기장치자전거 면허시험은 60점 이상을 합격으로 한다.

103 운전면허시험의 방법과 합격기준에 대한 내용으로 틀린 것은?

갑. 신체장애인은 구술시험으로 필기시험을 대신할 수 있다.
을. 시험은 각각 100점을 만점으로 하되, 제1종 운전면허시험은 70점 이상을 합격으로 한다.
병. 도로주행시험은 100점을 만점으로 하되, 70점 이상을 합격으로 한다.
정. 필기시험에 합격한 사람은 합격한 날부터 2년 이내에 실시하는 운전면허시험에 한하여 그 합격한 필기시험을 면제한다.

해설
정 : 필기시험에 합격한 사람은 합격한 날부터 1년 이내에 실시하는 운전면허시험에 한하여 그 합격한 필기시험을 면제한다(도로교통법 시행령 제50조).

104 전문학원 수료증을 소지한 사람이 연습운전면허를 받고자 할 때 면제받는 시험은?

갑. 도로주행 　 을. 기 능
병. 법 령 　 정. 적 성

해설
전문학원의 수료증(연습운전면허를 취득하지 아니한 경우에 한한다)을 가진 사람이 그 수료증에 해당하는 연습운전면허를 취득하고자 할 때 기능시험을 면제받는다.

105 임시운전증명서의 유효기간은?

갑. 20일 　 을. 30일
병. 40일 　 정. 1년

해설
임시운전증명서(도로교통법 시행규칙 제88조)
임시운전증명서의 유효기간은 20일 이내로 하되, 법 제93조에 운전면허의 취소 또는 정지처분 대상자의 경우에는 40일 이내로 할 수 있다. 다만, 경찰서장이 필요하다고 인정하는 경우에는 그 유효기간을 1회에 한하여 20일의 범위에서 연장할 수 있다.

106 연습운전면허 취소의 예외사유가 아닌 것은?

갑. 도로가 아닌 곳에서 교통사고를 일으킨 경우
을. 기능검정원의 지시에 따라 운전하던 중 교통사고를 일으킨 경우
병. 운전 중 과실로 교통사고를 일으킨 경우
정. 교통사고를 일으켰으나 물적 피해만 발생한 경우

해설
연습운전면허 취소의 예외사유(도로교통법 시행령 제59조)
- 도로교통공단의 도로주행시험을 담당하는 사람, 자동차운전학원의 강사, 전문학원의 강사 또는 기능검정원의 지시에 따라 운전하던 중 교통사고를 일으킨 경우
- 도로가 아닌 곳에서 교통사고를 일으킨 경우
- 교통사고를 일으켰으나 물적 피해만 발생한 경우

107 자동차운전전문학원 직원의 요건이 아닌 것은?

갑. 벌금 이상의 형을 선고받은 사실이 없어야 한다.
을. 직무내용에 따라 법령으로 규정된 자격요건에 적합하여야 한다.
병. 교육자로서의 긍지와 자각을 가지고 그에 상응한 실력이 있어야 한다.
정. 자동차운전에 관한 지식과 기능은 물론 양식을 겸한 사회인이어야 한다.

108 초보운전자 교육의 중요성에 대한 설명이 아닌 것은?

갑. 우수 운전자 양성의 기초가 되는 것은 초보자 교육보다 경력자 교육이다.
을. 초보자 교육은 운전면허취득은 물론 면허취득 후 안전운전을 하는 운전자가 되도록 하는 것이다.
병. 초보자 교육이 잘못되면 교통사고를 일으켜 생명을 잃거나 다칠 위험성이 커진다.
정. 초보자 교육은 운전에 백지인 사람을 우수한 운전자로 육성하는 것이다.

109 시·도경찰청장은 1년 이내에 시설 및 설비 등을 갖출 수 없는 부득이한 사유가 있다고 인정되는 경우에는 얼마 동안의 기간을 연장할 수 있는가?

갑. 1회에 한해서 12개월
을. 2회에 한해서 6개월
병. 1회에 한해서 6개월
정. 2회에 한해서 12개월

해설
시·도경찰청장은 학원의 조건부 등록신청을 받은 경우 그 내용이 시설 및 설비 등의 기준을 갖출 수 있을 것으로 인정되면 1년 이내에 시설 및 설비 등을 갖출 것을 조건으로 하여 등록을 받을 수 있다. 이 경우 시·도경찰청장은 1년 이내에 시설 및 설비 등을 갖출 수 없는 부득이한 사유가 있다고 인정되는 경우에는 1회에 한하여 6개월의 범위에서 그 기간을 연장할 수 있다(도로교통법 시행령 제62조).

102 병 103 정 104 을 105 갑 106 병 107 갑 108 갑 109 병 **정답**

110 **학원 또는 전문학원의 등록을 취소하거나 운영정지를 명한 때 또는 전문학원의 지정을 취소한 때에 그 사실을 해당 학원 또는 전문학원의 출입구 등 잘 보이는 곳에 공고하여야 하는 사람은?**

갑. 안전행정부장관
을. 시・도경찰청장
병. 학 감
정. 기능검정원

해설
학원 또는 전문학원의 등록취소 등(도로교통법 시행규칙 제129조)
시・도경찰청장은 학원 또는 전문학원의 등록을 취소하거나 운영정지를 명한 때 또는 전문학원의 지정을 취소한 때에는 그 사실을 해당 학원 또는 전문학원의 출입구 등 잘 보이는 곳에 공고하여야 한다.

111 **자동차운전전문학원 연합회의 업무와 관련없는 것은?**

갑. 전문학원제도의 발전을 위한 연구
을. 전문학원의 교육시설 및 교재의 개발
병. 전문학원에서 실시하는 교육 및 기능검정방법의 연구개발
정. 도로교통안전대책에 관한 조사 및 연구

해설
정 : 도로교통안전관리공단의 업무에 해당된다.

112 **학감과 부학감은 도로교통에 관한 몇 년 이상의 업무경력이 있어야 하는가?**

갑. 2년 이상
을. 3년 이상
병. 4년 이상
정. 5년 이상

해설
전문학원의 학감 등(도로교통법 제105조)
학감 및 부학감은 도로교통에 관한 업무에 3년 이상 근무한 경력(관리직 경력에 한함)이 있는 사람이어야 한다.

113 **기능검정원의 자격기준에 대한 설명이 아닌 것은?**

갑. 기능검정원 자격시험에 합격하고 경찰청장이 지정하는 전문기관에서 자동차운전 기능검정에 관한 연수교육을 수료하여야 한다.
을. 기능검정에 사용되는 자동차를 운전할 수 있는 운전면허를 받은 날부터 3년이 지나야 한다.
병. 금고 이상의 형을 선고받고 그 집행이 종료되거나 집행유예를 받은 날로부터 1년이 지나야 한다.
정. 기능검정원의 자격이 취소된 경우에는 그 자격이 취소된 날부터 3년이 지나야 한다.

해설
금고 이상의 형의 선고를 받고 그 집행이 종료되거나 집행이 면제된 날부터 2년이 지난 사람이어야 한다.

114 **전문학원에서 운전면허에 관한 학과 및 기능교육을 수료하고, 기능검정에 합격하였음을 증명하여 수료증을 교부하는 사람은?**

갑. 시장・군수・구청장
을. 시・도경찰청장
병. 학 감
정. 경찰청장

해설
수료증 또는 졸업증의 발급・재발급(도로교통법 시행규칙 제125조)
학감은 기능검정원이 합격사실을 증명한 때에는 교육생에게 수료증을 교부하고, 수료증 발급대장에 그 내용을 기재하여야 한다.

115 **다음 중 자동차운전 전문학원의 학감에 대한 설명으로 옳지 않은 것은?**

갑. 학감은 전문학원의 학과 및 기능에 관한 교육과 학사운영을 담당한다.
을. 학원의 설립자가 자격요건을 갖춘 경우라도 학감을 겸임할 수 없다.
병. 학원의 설립・운영자가 학감을 겸임할 경우 학감을 보좌하는 부학감을 두어야 한다.
정. 학원의 운영자가 자격요건을 갖춘 경우에는 학감을 겸임할 수 있다.

해설
을 : 학원을 설립・운영하는 자가 그 자격요건을 갖춘 경우에는 학감을 겸임할 수 있다. 이 경우 학감을 보좌하는 부학감을 두어야 한다.

정답 110 을 111 정 112 을 113 병 114 병 115 을

116 전문학원은 중요 사항을 변경하고자 할 때에는 그 소재지를 관할하는 시 · 도경찰청장의 승인을 얻어야 한다. 다음 중 중요 변경사항이 아닌 것은?

갑. 전문학원 위치의 변경
을. 학감의 변경
병. 기능강사의 변경
정. 전문학원 명칭의 변경

해설

전문학원 중요 변경사항(도로교통법 시행령 제68조)
- 학감의 변경
- 전문학원 명칭 또는 위치의 변경
- 전문학원의 운영 등에 관한 원칙의 변경
- 강의실 · 휴게실 · 양호실 · 기능교육장 또는 교육용 자동차에 관한 사항의 변경

117 다음 중 전문학원 교육생으로 등록하고자 하는 사람 중 거부할 수 없는 사람은?

갑. 적성시험에 합격할 수 없는 사람
을. 교육방법과 시간 등을 알려 이에 따라 교육을 받을 수 없는 사람
병. 외국인은 무조건 거부할 수 있다.
정. 운전면허 응시 결격사유에 해당하는 사람

해설

병 : 외국인의 경우 거주지 확인 및 외국인 등록증명서로 신원확인이 된 사람은 거부할 수 없다.

118 교육생 등록을 거부할 수 있는 대상이 아닌 사람은?

갑. 신원이 확인되지 아니한 사람
을. 장애인 운동능력 평가검사에 합격할 수 없다고 인정되는 사람
병. 적성시험에 합격할 수 없다고 인정되는 사람
정. 기능검정일까지 만 20세 미만인 사람

해설

연령이 미달되는 사람 중 기능검정일까지 만 18세 이상이 되는 사람은 허용한다.

119 제2종 보통면허를 가진 자가 제1종 특수면허를 받고자 할 때 면제되는 시험은?

갑. 적 성
을. 법령 · 점검
병. 법령 · 점검 · 도로주행
정. 법령 · 점검 · 적성

해설

제2종 보통면허를 가진 자가 제1종 특수면허, 제1종 대형면허, 제1종 소형면허를 받고자 할 때는 법령 · 점검시험을 면제한다.

120 다음 중 전문학원의 소형면허 교육시간으로 맞는 것은?

갑. 학과교육 5시간, 기능교육 10시간
을. 학과교육 20시간, 기능교육 15시간, 도로주행교육 4시간
병. 학과교육 25시간, 기능교육 20시간, 도로주행교육 5시간
정. 학과교육 25시간, 기능교육 15시간, 도로주행교육 2시간

해설

도로교통법 시행규칙 제106조 제1항 관련 [별표 32]

121 다음 중 강사 등의 자격증을 교부받은 사람이 기재사항을 변경하고자 하는 때에 기재사항변경신청서와 함께 첨부해야 할 서류가 아닌 것은?

갑. 자격증
을. 변경내용을 입증할 수 있는 서류
병. 주민등록증 사본 1부
정. 학감의 증명서

해설

강사 등의 자격증 재발급(도로교통법 시행규칙 제121조)
강사 등의 자격증을 교부받은 사람이 기재사항을 변경하고자 하는 때에는 기재사항변경신청서에 자격증, 변경내용을 입증할 수 있는 서류를 첨부하여 도로교통공단에 제출하여야 한다.

122 자동차운전전문학원 등록 등의 결격사유가 아닌 것은?

갑. 피성년후견인
을. 파산자로서 복권되지 아니한 자
병. 집행유예기간이 끝난 자
정. 법원의 판결에 의하여 자격이 정지된 자

해설

학원 등록 등의 결격사유(도로교통법 제102조)
- 피성년후견인
- 파산선고를 받고 복권되지 아니한 사람
- 금고 이상의 형을 선고받고 그 집행이 끝나거나 집행을 받지 아니하기로 확정된 후 3년이 지나지 아니한 사람 또는 금고 이상의 형을 선고받고 그 집행유예기간 중에 있는 사람
- 법원의 판결에 의하여 자격이 정지 또는 상실된 사람
- 규정에 따라 그 등록이 취소된 날부터 1년이 지나지 아니한 학원의 설립 · 운영자 또는 학원의 등록이 취소된 날부터 1년 이내에 같은 장소에서 학원을 설립 · 운영하려는 사람
- 임원 중에 전 항의 어느 하나에 해당하는 사람이 있는 법인

116 병 117 병 118 정 119 을 120 갑 121 정 122 병 정답

123 **교육용 자동차의 관리에 대한 설명 중 틀린 것은?**

갑. 기능검정 실시 후에 일일점검을 실시하여야 한다.
을. 자동차관리자를 지정하여 매일 교육 전에 일일점검을 실시하여야 한다.
병. 자동차일일점검부를 비치하여야 한다.
정. 자동차관리대장을 비치하여야 한다.

해설
학원의 설립 · 운영자는 자동차관리대장과 자동차일일점검부를 비치하고 자동차관리자를 지정하여 매일 교육 또는 기능검정 실시 전에 일일점검을 실시하여야 한다.

124 **차령이 5년 이하인 기능교육용 승합자동차의 사용유효기간은?**

갑. 6월　　　을. 1년
병. 2년　　　정. 6년

해설
승합자동차 · 대형견인차, 소형견인차 및 구난화의 사용유효기간(도로교통법 시행규칙 제103조)
- 차령 5년 이하 : 1년
- 차령 5년 초과 : 6개월

125 **다음 중 전문학원에서 실시하는 기능검정에 관한 설명 중 옳지 않은 것은?**

갑. 시 · 도경찰청장은 기능검정원으로 하여금 당해 전문학원의 교육생에 대하여 기능검정을 실시하게 할 수 있다.
을. 전문학원의 학감은 기능교육을 수료한 사람에 한하여 기능검정원으로 하여금 기능검정을 실시하게 하여야 한다.
병. 전문학원의 학감은 기능검정원이 아닌 사람으로 하여금 기능검정을 실시하게 하여서는 아니 된다.
정. 전문학원의 학감은 기능검정원이 합격한 사실을 서면으로 증명한 사람에 대하여 기능검정의 종류에 따라 졸업증 또는 수료증을 교부하여야 한다.

해설
갑 : 시 · 도경찰청장은 전문학원의 학감으로 하여금 대통령령으로 정하는 바에 따라 해당 전문학원의 교육생을 대상으로 운전기능 또는 도로에서 운전하는 능력이 있는지에 관한 검정을 하게 할 수 있다(도로교통법 제108조 제1항).

126 **자동차운전전문학원의 장내기능검정 실시방법이 아닌 것은?**

갑. 기능검정방법과 채점기준은 운전면허 기능시험에 준하여 시행한다.
을. 기능검정은 전문학원의 기능교육장에서 실시한다.
병. 기능검정은 장내기능검정일 전 6개월 이내에 학과 및 기능교육을 모두 수료한 사람에게 실시한다.
정. 기능검정 불합격자는 3시간 이상의 기능교육을 받은 후 재검정을 실시한다.

해설
기능검정의 방법 등(도로교통법 시행령 제69조)
장내기능검정 또는 도로주행기능검정에 합격하지 못한 교육생에 대하여는 장내기능검정 또는 도로주행검정에 불합격한 날부터 3일이 지난 후에 다시 기능검정을 실시할 수 있다.

127 **다음 중 제1종 대형면허 기능시험 합격기준 중 실격처리되는 사유는?**

갑. 특별한 사유 없이 교차로 내에서 10초 이상 정차한 때에 실격처리된다.
을. 경사로코스 · 굴절코스 · 곡선코스 · 방향전환코스 · 기어변속코스 및 평행주차코스를 어느 하나라도 이행하지 아니한 때에 실격처리된다.
병. 시험 중 안전사고를 일으키거나 2회 이상 차로를 벗어난 때에 실격처리된다.
정. 특별한 사유 없이 10초 이내에 출발하지 못한 때에 실격처리된다.

해설
갑 : 특별한 사유 없이 교차로 내에서 30초 이상 정차한 때에 실격처리된다.
병 : 시험 중 안전사고를 일으키거나 단 1회라도 차로를 벗어난 때에 실격처리된다.
정 : 특별한 사유 없이 30초 이내에 출발하지 못한 때에 실격처리된다(도로교통법 시행규칙 제66조 관련 [별표 24]).

128 **장내기능시험과제 중 돌발사고 발생시 급정지 운행요령을 바르게 설명한 것은?**

갑. 돌발등이 켜지면 2초 이내 급정지하고 3초 이내 비상점멸등을 켜고 대기 후 진행
을. 돌발등이 켜지면 2초 이내 급정지하고 5초 이내 비상점멸등을 켜고 대기 후 진행
병. 돌발등이 켜지면 1초 이내 급정지하고 3초 이내 비상점멸등을 켜고 대기 후 진행
정. 돌발등이 켜지면 3초 이내 급정지하고 3초 이내 비상점멸등을 켜고 대기 후 진행

해설
도로교통법 시행규칙 제66조 관련 [별표24]

123 갑　124 을　125 갑　126 정　127 을　128 갑　정답

129 운전면허 기능시험 채점기의 구성에 대한 설명으로 맞는 것은?

갑. 확인선 감지기는 도로바닥으로부터 5cm 미만의 지하에 매설하여야 한다.

을. 시험용 차량과 통제실 사이에는 동시에 별도의 데이터 송·수신이 가능하도록 무전망을 구성하여야 한다.

병. 검지선을 감지하는 센서는 영구자석으로 한다.

정. 확인선을 감지하는 센서는 공기압센서로 한다.

해설

운전면허 기능시험 채점기 규격

확인선 감지기는 영구자석으로 하되, 도로의 바닥으로부터 5cm 이상 지하에 매설하는 것으로 하고, 검지선을 감지하는 센서는 공기압센서로 한다.

130 +자형 교차로 통과 시 신호위반을 하게 되면 몇 점이 감점되는가?

갑. 1점 을. 3점
병. 5점 정. 10점

해설

기능시험 채점기준·합격기준(도로교통법 시행규칙 제66조 [별표 24])

십자형 교차로 통과 시 좌·우회전 방향지시등을 켜지 아니할 때마다, 정지신호 시에 정지 불이행 시, 교차로 내에서 20초 이상 이유 없이 정차한 때, 신호위반 시 각각 5점 감점한다.

131 1차 위반이라도 기능검정원의 자격을 취소하는 경우로 옳지 않은 것은?

갑. 정지기간 중 기능검정을 실시한 때

을. 허위 또는 부정한 방법으로 기능검정원의 자격증을 교부받은 때

병. 허위로 기능검정 합격사실을 증명한 때

정. 검정 도중 폭언·폭행 등으로 물의를 야기한 때

해설

검정 도중 폭언·폭행 등으로 물의를 일으킨 때(도로교통법 시행규칙 제123조 [별표 34])

- 1차 위반 : 자격정지 3개월
- 2차 위반 : 자격정지 6개월
- 3차 위반 : 자격취소

132 도로주행시험을 실시하기 위한 도로의 기준으로 맞지 않는 것은?

갑. 보행자 및 차마의 통행량이 비교적 일정한 도로

을. 편도 1차로 이상인 도로

병. 교통안전시설이 정비된 도로

정. 교통량에 비해 폭이 넓은 도로

해설

도로주행시험을 실시하기 위한 도로의 기준(도로교통법 시행규칙 제67조 제1항 [별표 25])

- 총주행거리(5km 이상)
  - 주행 여건이 양호한 도로
    - ⓐ 교통량에 비해 폭이 넓은 도로
    - ⓑ 보행자 및 차마의 통행량이 비교적 일정한 도로
    - ⓒ 교통안전시설이 정비된 도로
  - 기능시험장의 구간을 총주행거리의 일부로 포함할 수 있다.
- 지시속도에 따른 도로주행(1구간 400m) : 시속 40km 이상의 속도로 주행할 수 있는 구간(도로 사정에 따라 300~500m 내외로 도로주행 구역 설정 가능)
- 차로변경(1회 이상) : 차로변경이 가능한 편도 2차로 이상의 도로
- 방향전환(좌회전(유턴 포함) 또는 우회전, 직진 1회 이상) : 교통정리 중인 교차로 또는 교통정리 중이진 않으나 좌우 방향이 분명한 교차로(도로주행시험 코스 내의 다른 교차로에서 각각 실시 가능하며 반경 5km 이내 신호교차로가 없는 경우 기능시험장 내 교차로 이용 가능)
- 횡단보도 일시정지 및 통과(1회 이상) : 교통안전표지가 설치된 횡단보도(교차로 또는 횡단보도가 있는 도로에서 실시하며, 반경 5km 이내 횡단보도가 없는 경우 기능시험장 내 횡단보도 이용 가능)

133 기능교육장의 형상 및 구조, 코스의 종류는 어느 기준에 적합하여야 하는가?

갑. 국토교통부령 을. 총리령
병. 행정안전부령 정. 전문학원규칙

해설

학원의 시설 및 설비 등의 기준(도로교통법 시행령 제63조)

기능교육장 코스의 종류·형상 및 구조와 도로주행교육을 실시하는 도로의 기준은 행정안전부령으로 정한다.

134 기능교육장을 2층으로 설치하는 경우 상·하 연결차로의 너비는 어느 정도가 되어야 하는가?

갑. 7m 이상 을. 9m 이상
병. 11m 이상 정. 13m 이상

해설

학원 및 전문학원의 시설 및 설비 등의 기준(도로교통법 시행령 제63조 제1항 및 제67조 제2항 [별표 5])

면적이 2,300m^2 이상(전문학원의 경우에는 6,600m^2 이상)인 기능교육장을 갖출 것. 다만, 기능교육장을 2층으로 설치하는 경우 전체 면적 중 1층에 확보하여야 하는 부지의 면적은 2,300m^2(1종 대형면허교육을 병행하는 경우에는 4,125m^2) 이상이어야 하며, 상·하 연결차로의 너비를 7m(상·하 차로를 분리할 경우에는 각각 3.5m) 이상으로 하여야 한다.

129 을 130 병 131 정 132 을 133 병 134 갑 정답

135 **자동차 등의 운전에 필요한 도로교통에 관한 법령 · 지식 및 기능교육을 실시하는 사람은?**

갑. 학 감
을. 부학감
병. 기능검정원
정. 강 사

해설

학원의 강사 및 교육과정 등(도로교통법 제103조)
강사는 자동차 등의 운전에 필요한 도로교통에 관한 법령 · 지식 및 기능교육을 하는 사람을 말한다.

136 **다음 중 2차 위반 시 강사에 대한 자격정지기준으로 올바른 것은?**

갑. 강사자격증을 달지 아니하는 등 품위를 손상한 때 자격정지 3개월
을. 부정한 운전면허취득 행위에 조력한 때 자격취소
병. 교육 중 폭언 · 폭행 등으로 물의를 야기한 때 자격정지 3개월
정. 안전사고 예방을 위한 필요한 조치를 태만히 한 때 자격정지 6개월

해설

갑 : 자격정지 1개월
병 : 자격정지 6개월
정 : 자격정지 2개월

137 **수강료조정위원회에 대한 설명으로 옳지 않은 것은?**

갑. 조정위원회는 위원장 1인을 포함하여 7인 이상 11인 이하의 위원으로 구성한다.
을. 조정위원회의 회의는 재적위원 과반수의 출석으로 개의하고, 출석위원 과반수의 3분의 2로 의결한다.
병. 조정위원회의 위원은 시 · 도경찰청 소속 경정 이상의 경찰공무원 중에서 시 · 도경찰청장이 지명 또는 위촉하는 사람으로 한다.
정. 조정위원회의 위원은 물가에 관한 업무를 담당하는 특별시 · 광역시 · 도 또는 특별자치도 소속 6급 이상의 공무원 중에서 시 · 도경찰청장이 지명 또는 위촉하는 사람으로 한다.

해설

을 : 조정위원회의 회의는 재적위원 과반수의 출석으로 개의하고, 출석위원 과반수의 찬성으로 의결한다.

138 **전문학원의 개별코스교육의 경우 보통연습면허 이외 면허의 1단계 과정에 있어서 교육생의 운전능력이 부족하다고 판단되는 코스에 대하여 몇 시간의 범위에서 실시할 수 있는가?**

갑. 5시간 을. 4시간
병. 3시간 정. 2시간

해설

운전면허의 종별 교육과목 · 교육시간 및 교육방법 등(도로교통법 시행규칙 제106조 [별표 32])
개별코스교육은 보통연습면허 이외 면허의 1단계 과정에 있어서 교육생의 운전능력이 부족하다고 판단되는 코스에 대하여 4시간의 범위에서 3명 이내의 교육생과 함께 실시할 수 있다.

139 **자동차운전학원의 강사의 정원으로 맞는 것은?**

갑. 학과교육강사는 강의실 1실당 1인 이상
을. 제2종 보통면허의 기능교육강사는 교육용 자동차 10대당 2인 이상
병. 소형견인차면허 기능교육강사는 교육용 자동차 3대당 2인 이상
정. 원동기장치자전거면허 기능교육강사는 교육용 자동차 10대당 3인 이상

해설

학원 강사의 가격요건 등(도로교통법 시행령 제64조 제2항)
- 학과교육강사는 강의실 1실당 1명 이상
- 제1종 대형면허 · 제1종 보통연습면허 또는 제2종 보통연습면허의 기능교육강사는 각각 교육용 자동차 10대당 3명 이상. 다만, 제1종 보통연습면허 또는 제2종 보통연습면허 교육용 자동차가 각각 10대 미만인 경우에는 1명 이상
- 도로주행 기능교육강사는 교육용 자동차 1대당 1명 이상
- 제1종 특수면허 기능교육강사는 각각 교육용 자동차 2대당 1명 이상
- 제2종 소형면허 또는 원동기장치자전거면허 기능교육강사는 각각 교육용 자동차 10대당 1명 이상

140 **다음 중 1차 위반 시 강사에 대한 자격취소기준은?**

갑. 안전사고의 예방을 위하여 필요한 조치를 게을리한 때
을. 교육 중 교육생에게 폭언 · 폭행 등으로 물의를 일으킨 때
병. 강사자격증을 달지 아니하는 등 품위를 손상한 때
정. 자격정지기간 중에 교육을 실시한 때

해설

갑 : 자격정지 1개월(도로교통법 시행규칙 제123조)
을 : 자격정지 3개월
병 : 시정명령

135 정 136 을 137 을 138 을 139 갑 140 정 **정답**

141 다음에서 허위 또는 부정한 방법으로 기능검정원 자격증을 교부받은 때의 처벌기준은?

갑. 자격정지 9개월
을. 자격정지 6개월
병. 자격정지 3개월
정. 자격취소

해설
허위 또는 부정한 방법으로 기능검정원 자격증을 교부받은 때에는 자격이 취소된다.

142 다음 중 강사 · 기능검정원의 자격을 취소 또는 정지시킬 수 있는 사람은?

갑. 경찰청장
을. 시 · 도경찰청장
병. 전문학원 연합회장
정. 국토교통부장관

해설
강사 또는 기능검정원의 자격취소 · 정지의 기준(도로교통법 시행규칙 제123조)
시 · 도경찰청장은 기능검정원 또는 강사의 자격을 취소하거나 자격의 효력을 정지하고자 하는 때에는 처분대상자에게 기능검정원 또는 강사의 자격취소 · 정지통지서에 의하여 그 뜻을 통지하여야 한다.

143 전문학원 학사관리 전산시스템에 대한 설명으로 틀린 것은?

갑. 전문학원 설립자는 학사관리의 능률성과 투명성 확보를 위해 전산시스템을 설치할 수 있다.
을. 전산시스템으로 관리하는 교육생원부는 교육이 끝나는 날부터 3년간 보관하여야 한다.
병. 전산시스템 고장 등으로 교육생원부에 수기로 기록할 때는 서면으로 기능검정원의 승인을 받아야 한다.
정. 학원설립자는 전산시스템의 고장에 대비해 CD에 교육생원부를 복사 · 보관하여야 한다.

해설
병 : 전산시스템 고장 등으로 교육생원부에 수기로 기록할 때는 서면으로 설립자 · 학감의 승인을 받아야 한다.

144 자동차운전학원을 전문학원으로 지정하는 목적이 아닌 것은?

갑. 올바른 도로교통을 익히고 법규를 준수하기 위해서
을. 자동차운전교육의 질적 향상과 수준을 높이기 위해서
병. 운전면허시험의 합격률을 높여 적체를 해소하기 위해서
정. 도로사용에 있어서 예의를 지키는 안전한 운전자를 양성하기 위해서

해설
자동차운전전문학원의 지정 등(도로교통법 제104조)
시 · 도경찰청장은 자동차운전에 관한 교육수준을 높이고 운전자의 자질향상을 도모하기 위하여 자동차운전전문학원을 지정할 수 있다.

145 도로교통공단이 전문학원의 지정신청 통보를 받은 때에 무엇을 시 · 도경찰청장에게 통보하여야 하는가?

갑. 신청이 있는 날부터 3개월 동안 그 학원의 교육과정을 수료한 교육생에 대한 연습운전시험 결과
을. 신청이 있는 날부터 6개월 동안 그 학원의 교육과정을 수료한 교육생에 대한 연습운전시험 결과
병. 신청이 있는 날부터 3개월 동안 그 학원의 교육과정을 수료한 교육생에 대한 도로주행시험 결과
정. 신청이 있는 날부터 6개월 동안 그 학원의 교육과정을 수료한 교육생에 대한 도로주행시험 결과

해설
전문학원의 지정 등(도로교통법 시행규칙 제114조)
도로교통공단이 전문학원의 지정신청 통보를 받은 때에는 신청이 있는 날부터 6개월 동안 그 학원의 교육과정을 수료한 교육생에 대한 도로주행시험 결과를 시 · 도경찰청장에게 통보하여야 한다.

146 다음 중 교육방법 및 졸업자의 운전능력 등 전문학원의 운영기준이 아닌 것은?

갑. 교육과정 · 교육방법 및 운영기준에 따라 교육을 실시할 것
을. 학감 또는 부학감이었던 자가 등록이 취소된 날부터 3년 이내에 설립 · 운영하는 학원
병. 학과교육 · 기능교육 및 도로주행교육별로 각각 3개월 이내에 교육이 수료될 수 있도록 할 것
정. 전문학원의 지정신청이 있는 날부터 6개월 동안 그 학원의 교육과정을 마친 교육생의 도로주행시험 합격률이 60% 이상일 것

해설
을의 경우 전문학원으로 지정될 수 없다.

141 정 142 을 143 병 144 병 145 정 146 을 **정답**

교육이란 사람이 학교에서 배운 것을 잊어버린 후에 남은 것을 말한다.

– 알버트 아인슈타인 –

기능강사
기능검정원

제 3 과목

기능교육 실시요령

핵심이론 + 적중예상문제

기능강사
기능검정원

기출예상문제

제 3 과목 | 기능교육 실시요령

01 기능교육의 기본

1 기능교육의 의의

1. 정의 및 목적

(1) 기능교육의 정의

기능교육이란 교육생의 운전기능이 일정한 목표 또는 수준에 도달할 때까지 가르치고 이해시켜 연습을 통해 몸에 익히는 것이다. 즉, 운전에 필요한 지식을 충분히 이해시키고, 이것을 기능에 반영시켜, 운전자가 일일이 의식하거나 생각하지 않아도 운전조작이 될 수 있도록 반복하는 교육을 말한다. 이는 의식적인 조작행동을 무의식적·반사적 조작행동으로 바꾸어 가는 교육과정을 의미한다.

(2) 기능교육의 목적

자동차운전전문학원에서의 기능교육은 교육생의 면허취득이 목적이지만, 더 중요한 것은 면허취득만을 위한 합격 위주의 교육이 아닌 안전하고 바람직한 운전자로서의 자격을 갖추는 것이다.

2. 기능교육의 기본적 유의사항

(1) 기본적 유의사항

① 오늘날 우리 자동차 문화에 있어서 운전자에게 절대적으로 요구되고 있는 것은 다른 운전자나 보행자에 대한 양보나 배려의 자세이다.

② 자동차운전전문학원의 기능교육은 도로교통 현장에서의 실제적인 문제를 다루는 가장 핵심적인 내용의 교육과정이기 때문에 기능강사는 이에 따른 책임과 사명감을 가져야 한다.

(2) 계획적인 교육

① 기능강사는 계획적인 교육에 따라 본래의 교육목표를 달성해야 된다.

② 기능교육과정은 면허종별에 따라 모의운전장치 및 개별코스에 의한 교육, 동승지도교육, 단독교육으로 구분하여 실시되어야 한다.

(3) 개인차에 따른 교육

① 기능교육을 원하는 교육생은 성별, 연령, 학력, 성격 등에 의하여 그 개인차가 천차만별이고 기능교육목표에 도달하는 시간 또한 각기 다르다.

② 기능강사는 교육생의 개인적인 차이를 파악하여 교육을 진행할 필요가 있다.

> **PLUS POINT**
>
> **기능교육의 숙달속도 유형**
>
> 1. A Type : 젊고 원만한 성격을 가진 사람에 해당되는 타입으로 기능교육이 경과함에 따라 숙달되는 속도도 꾸준하게 향상된다.
> 2. B Type : 성격의 변화가 심하거나 급한 성격의 젊은 사람에게 많은 타입으로 처음에는 의욕을 가지고 시작하기 때문에 어느 수준까지는 소요되는 시간에 비해 숙달되는 속도가 급격히 향상되지만, 어느 한계에 이르러서는 숙달속도가 침체된다.
> 3. C Type : 주로 여성에게 많은 타입으로 교육시간에 비해 숙달되는 속도가 서서히 향상되며, 기능교육시간 경과에 따른 숙달속도가 일정하지 않은 것이 특징이다.
> 4. D Type : 주로 나이가 많은 연장자에게 많은 타입으로 처음에는 시간 경과에 따른 숙달속도가 매우 느리지만 일단 차에 익숙해지기 시작하면 급속히 향상된다.

(4) 여성운전자에 대한 교육

① 여성운전자의 일반적인 행동특성

㉠ 신체적으로 기계조작(클러치나 브레이크, 기어변속과 핸들조작 등)에 따른 체력이 부족하다.

㉡ 운전 시 감정의 변화가 심한 편이다.

㉢ 사물을 객관적으로 보는 능력이 대체로 약한 편이다.

㉣ 위급한 상황에서도 결단력이 부족하다.

② 기능강사는 여성운전자의 행동특성을 이해하여 적절히 지도해야 한다.

(5) 정확하고 명확한 지도와 조언

① 자동차의 구조와 기능을 설명할 때에는 흔히 접하는 일상생활과 관련된 현상과 비교하여 설명하되 가장 명확하고 핵심적인 내용이어야 한다.

② 오해하기 쉬운 비교로 교육생에게 혼란을 주거나 잘못된 지식을 갖지 않도록 유의하여야 한다.

③ 교육내용을 강의한 후에는 교육생에게 질문을 하여 확인해 보는 것이 필요하고, 부드러운 지도와 조언은 앞으로의 교육진도에 좋은 영향을 준다.

(6) 기본원칙에 의한 교육

① 기능강사는 교육생의 안전운전을 위해서 기본원칙에 충실하여야 하며, 교육생의 조그만 실습행동에 이르기까지 주의를 기울여 지도하여야 한다.

② 이론과 실기로 구분되는 기능교육은 어느 한쪽으로 치우쳐서는 안 되며, 반드시 이론을 설명한 뒤에 그 내용을 실습하는 순서로 교육이 이루어져야 한다.

(7) 반복적 교육

① 기능강사는 교육생의 운전조작을 면밀하게 관찰하여 잘못된 점을 지적하고 올바른 조작이 되도록 반복적으로 교정·지도하여야 한다.

② 반복교육과정 : 운전조작요령 설명 → 조작행동 관찰 → 결함 파악 → 원인탐구 → 교정지도

(8) 교육효과의 현상

① 양적 진보

사전학습단계	기본적인 자동차의 구조나 교통법규에 대한 지식을 익히는 단계로 운전연습이 시작되는 진보향상단계에 영향을 준다.
⬇	
진보향상단계	엔진시동, 전·후진, 정지 등 운전기능 연습의 초기단계로 운전조작 습관이 형성되기 때문에 중요한 시기이다.
⬇	
진보의 정체단계	운전기능의 질적 진보가 양적 진보를 따라가지 못해 운전조작 능률이 향상되지 않는 현상이 나타난다.
⬇	
급격한 진보단계	운전조작 능력이 급진전하는 시기로 운전조작에 대한 새로운 의욕과 함께 질적인 면에서도 급격한 변화를 보인다.
⬇	
원숙한 진보단계	운전조작 능력이 최종단계 도달하여 생리적·기계적 한계에 이르러 눈에 보이는 진보가 적다.

② 질적 진보 : 질적 진보는 운전기능의 숙련된 정도를 말하는데 미숙련기를 시작으로 해서 반숙련기를 거쳐 숙련기로 진보한다.

2 기능교육의 학습

1. 기능교육의 학습이론

(1) 학습의 의의

① 바람직한 교통사회를 위해 가장 먼저 강조되어야 할 것은 안전교육에 대한 지식과 기능 그리고 바람직한 태도를 갖춘 운전자를 가능한 많이 육성해 내는 데 있으며, 궁극적인 목표는 도로상에서 행동화되어야 한다는 데 있다.

② 교육심리학에서 학습이라고 하는 이들 행동이 경험에 의해 한층 목적에 적합하도록 비교적 영속적으로 변화하는 것을 의미한다.

> PLUS POINT
>
> **기능교육과정에서 기능강사의 주요활동**
> 1. 교육목표의 설정
> 2. 교육경험의 조직화
> 3. 교육결과의 평가

(2) 학습의 단계

① 약간의 진보
② 진보의 증가
③ 진보의 감소
④ 고원(슬럼프 현상)
⑤ 더욱 진보
⑥ 한계에 이름

(3) 학습효과의 향상을 위한 고려사항

① 학습결과의 주지

㉠ 학습결과를 알려주지 않는 경우 : 운전조작 연습 횟수가 증가하여도 결함이 감소되지 않는다.

㉡ 학습결과를 알려주는 경우 : 잘못된 운전조작 횟수가 줄어든다.

㉢ 운전조작 시마다 결과를 알려주는 경우 : 조작실수나 잘못이 격감된다.

② 교육의 집중연습법과 분산연습법

㉠ 집중연습법 : 학습내용이 비슷하거나 하나로 묶여진 경우에 유리한 연습법으로 휴식시간을 두지 않고 계속적으로 연습하는 방법이다. 학습자의 지능이 우수할수록, 연령이 많을수록 유리한 연습법이다.

㉡ 분산연습법 : 학습내용이 긴 경우에 이용하는 연습법으로 쉬는 시간과 같이 시행간격을 두고 연습하는 방법이다. 연습초기에 효과가 크게 나타나며, 초기에는 짧은 휴식이, 후기에는 긴 휴식이 필요하다.

③ 적극적인 태도

㉠ 교육장에서 교육생의 태도가 적극적인지 소극적인지에 따라 교육내용의 이해나 운전기능의 숙달면에서 현격한 차이를 보인다.

㉡ 지도강사는 교육생의 태도를 파악하여 교육에 적극적인 태도로 임할 수 있도록 동기를 유발하는 노력을 기울여야 한다.

(4) 학습의 전이에 의한 효과

① 적극적 전이 : 이전에 행한 학습이 다음의 학습을 수행하는 데 도움을 주는 것으로 플러스 전이라고도 한다.

② 소극적 전이 : 이전에 행한 학습이 다음의 학습을 수행하거나 획득하는 데 있어서 금지하거나 지체하게 하는 것을 말하며 마이너스 전이라고도 한다. 자동변속기 차량에 익숙한 사람이 수동변속기 차량을 운전하거나 이와 반대가 되었을 때 클러치와 브레이크 조작을 혼동하게 되는 경우가 이에 해당된다.

> PLUS POINT
>
> **학습전이의 효과**
> 1. 동일요소 조건
> 2. 학습자의 지능 조건
> 3. 학습의 분량 조건
> 4. 일반화 조건
> 5. 학습태도 조건
> 6. 두 학습 사이의 시간 조건
> 7. 학습방법 조건

(5) 동기부여와 운전교육

① 동기유발(동기부여)

㉠ 인간의 외적 또는 내적인 어떠한 자극이 그 사람의 마음을 움직여 행동의 실행 또는 목표추구로 향하도록 하는 것을 동기라고 하며, 이러한 상태로 이끄는 것을 동기유발 또는 동기부여라고 한다.

㉡ 기능강사는 기능을 지도함에 있어서 교육생이 한 가지 한 가지 기능을 의욕적으로 연습할 수 있는 동기를 부여하는 것이 중요하며 크게 외적인 동기부여와 내적인 동기부여로 구분할 수 있다.

• 내적 동기부여 : 기능연습의 동기가 외부의 어떤 조건에서 비롯된 것이 아니라 교육생 스스로가 주체적으로, 주로 호기심이나 성취욕, 명예욕, 자아실현 등의 동기를 부여하는 데서부터 비롯되는 경우를 말한다.

• 외적 동기부여 : 기능연습의 동기가 교육생 내부에서 스스로 우러나온 것이 아니라 외부의 어떤 조건이나 자극에서부터 비롯된 것을 말한다.

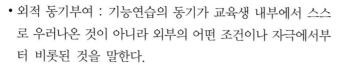

② 동기부여를 높이기 위한 방안
㉠ 적절한 연습목표의 설정
㉡ 상 벌
㉢ 학습결과를 알려주는 일
㉣ 성공경험을 느끼게 하는 일
㉤ 경쟁심

PLUS POINT

동기의 기능
1. 동기는 행동을 환기시킨다.
2. 동기는 행동을 선택하게 한다.
3. 동기는 행동을 방향 짓고 종결시킨다.

2. 운전예절과 안전운전

(1) 운전예절과 준법정신

① 교육생이 기능교육과정에서 나쁜 버릇이 습관화되면 위험한 운전으로 이어지고 돌이킬 수 없는 중대사고의 원인이 될 수 있으므로, 기능강사는 초기 연습단계에서 운전예절의 중요함을 거듭 반복교육하는 것이 중요하다.

② 운전예절교육 시 기능강사의 유의사항
㉠ 기능강사는 도로운전교육 시 준법운전과 운전예절이 무엇보다 우선이라는 것을 강조하고 실천하여야 한다.
㉡ 기능강사는 준법운전이나 운전예절이 필요한 이유에 대해서 구체적인 사고사례 등을 들어 설명해야 한다.
㉢ 기능강사는 운전조작의 초기단계에서부터 법규를 무시하는 등의 행동에 대해서는 엄격하게 지적하고 교정하도록 해야 한다.

(2) 모범운전

① 준법운전이나 운전예절을 교육하는 기능강사는 직접적인 기능교육뿐만 아니라 스스로 모범운전을 해서 교육생이 본받을 수 있도록 해야 한다.

② 간접적인 교육은 교육 중의 운전 시에만 해당되는 것이 아니라 일상적인 도로상의 운전에 있어서도 항상 교육생이 지켜보고 있다는 생각으로 모범운전을 생활화하는 것이 중요하다.

(3) 도로주행운전교육

① 도로주행운전교육은 지금까지의 모든 운전교육이 실행되는 종합 운전교육과정으로 운전면허증을 교부받은 운전교육자가 실제 도로교통 현장에 적응하기 위한 목적으로 실시된다.

② 도로주행운전교육 시 기능강사는 시시각각 변화하는 교통환경에 적응하면서 다른 교통의 움직임을 정확하게 인지, 판단, 조작하는지의 여부를 면밀히 관찰하여 지도하여야 한다.

③ 도로주행운전교육 시 기능강사의 유의사항
㉠ 사고방지를 위해 항상 주의를 기울임과 동시에 위험한 상황에 대한 대비태세에 있어야 한다.
㉡ 도로주행 시 교육생은 자신이 도로의 위험한 상황에 대응하기보다는 강사에게 의존하려는 경향이 있기 때문에 기능강사는 교육생의 운전기량을 너무 믿지 말아야 한다.
㉢ 도로주행 중에 필요한 지시나 조언 또는 주의를 줄 때에는 교육생의 운전조작이나 판단에 방해가 되지 않는 시기를 잘 선택해야 한다.
㉣ 교육생의 집중력을 떨어뜨리는 잡담이나 심리적 압박을 일으키는 지시나 주의로 교육생이 당황하지 않도록 해야 한다.
㉤ 어린이나 노약자 등에 대해서는 특별한 주의를 기울여야 한다.
㉥ 교통의 흐름이나 움직임이 기능교육장과 다르다는 것과 실제 도로에서는 예상 외의 속도와 방향으로 움직인다는 사실을 항상 염두에 두어야 한다.
㉦ 교육시간의 후반에 이르면 교육생은 정신적 · 신체적으로 피로가 쌓여 조작능력이나 판단력이 갑자기 떨어지는 경우가 있으므로 주의해야 한다.
㉧ 기능강사 스스로 핸들을 잡고 있는 그 이상의 주의력과 긴장을 유지하여야 한다.
㉨ 항상 교육생의 입장에서 인지, 판단, 조작을 예측하고 지도하여야 한다.
㉩ 구두지시나 보조조작의 시기가 늦어지지 않도록 해야 한다.

(4) 안전운전과 방어운전

① 안전운전 : 안전운전이란 운전자가 자동차를 그 본래의 목적에 따라 운행함에 있어서 운전자 자신이 위험한 운전을 하거나 교통사고를 유발하지 않도록 주의하여 운전하는 것을 말한다.

② 방어운전 : 방어운전이란 운전자가 다른 운전자나 보행자가 교통법규를 지키지 않거나 위험한 행동을 하더라도 이에 대처할 수 있는 운전자세를 갖추어 미리 위험한 상황을 피하여 운전하는 것, 위험한 상황을 만들지 않고 운전하는 것, 위험한 상황에 직면했을 때는 이를 효과적으로 회피할 수 있도록 운전하는 것을 말한다.

③ 방어운전의 기본
㉠ 능숙한 운전기술 : 적절하고 안전하게 운전하는 기술을 몸에 익혀야 한다.
㉡ 정확한 운전지식 : 교통표지판, 교통 관련 법규 등 운전에 필요한 지식을 익힌다.
㉢ 세심한 관찰력 : 자신을 보호하는 좋은 방법 중 하나는 언제든지 다른 운전자의 행태를 잘 관찰하고 타산지석으로 삼는 것이다.
㉣ 예측력과 판단력
• 예측력 : 앞으로 일어날 위험 및 운전상황을 미리 예상하여 안전을 위협하는 운전상황의 변화요소를 재빠르게 파악하는 등 예측능력을 키운다.
• 판단력 : 교통상황에 적절하게 대응하고 이에 맞게 자신의 행동을 통제하고 조절하면서 운행하는 능력이 필요하다.
㉤ 양보와 배려의 실천 : 운전할 때는 자기중심적인 생각을 버리고 상대방의 입장을 생각하며 서로 양보하는 마음의 자세가 필요하다. 운전자 상호 간에도 서로 상대방의 입장에서 운전해야 한다.

㉥ 교통상황정보 수집 : 변화무쌍한 교통상황에서 방어운전을 제대로 하기 위해서는 유용한 정보가 요구된다. TV, 라디오, 신문, 컴퓨터, 도로상의 전광판 및 기상예보 등을 통해 입수되는 다양한 정보는 안전운전에 긴요하다.

㉦ 반성의 자세 : 자신의 운전행동에 대한 반성을 통하여 더욱 안전한 운전자로 거듭날 수 있다.

㉧ 무리한 운행 배제 : 사람이나 자동차 모두가 건강하여야 안전운전 · 방어운전이 가능하다. 졸음상태, 음주상태, 기분이 나쁜 상태 등 신체적 · 심리적으로 건강하지 않은 상태에서는 무리한 운전을 하지 않는다.

④ 방어운전의 요령

㉠ 운전자는 앞차의 전방까지 시야를 멀리 둔다. 장애물이 나타나 앞차가 브레이크를 밟았을 때 즉시 브레이크를 밟을 수 있도록 준비 태세를 갖춘다.

㉡ 뒤차의 움직임을 룸 미러나 사이드 미러로 끊임없이 확인하면서 방향지시등이나 비상등으로 자기 차의 진행방향과 운전의 도를 분명히 알린다.

㉢ 교통신호가 바뀐다고 해서 무작정 출발하지 말고 주위 자동차의 움직임을 관찰한 후 진행한다.

㉣ 보행자가 갑자기 나타날 수 있는 골목길이나 주택가에서는 상황을 예견하고 속도를 줄여 충돌을 피할 시간적 · 공간적 여유를 확보한다.

㉤ 일기예보에 신경을 쓰고 기상변화에 대비해 체인이나 스노타이어 등을 미리 준비한다. 눈이나 비가 올 때는 가시거리 단축, 수막현상 등 위험요소를 염두에 두고 운전한다.

㉥ 교통량이 너무 많은 길이나 시간을 피해 운전하도록 한다. 교통이 혼잡할 때는 조심스럽게 교통의 흐름을 따르고, 끼어들기 등을 삼간다.

㉦ 과로로 피로하거나 심리적으로 흥분된 상태에서는 운전을 자제한다.

㉧ 앞차를 뒤따라갈 때는 앞차가 급제동을 하더라도 추돌하지 않도록 차간거리를 충분히 유지한다. 4~5대 앞의 차량의 움직임까지 살핀다. 대형차를 뒤따라갈 때는 가능한 앞지르기를 하지 않도록 한다.

㉨ 뒤에 다른 차가 접근해 올 때는 속도를 낮춘다. 뒤차가 앞지르기를 하려고 하면 양보해 준다. 뒤차가 바짝 뒤따라올 때는 가볍게 브레이크 페달을 밟아 제동등을 켠다.

㉩ 진로를 바꿀 때는 상대방이 잘 알 수 있도록 여유 있게 신호를 보낸다. 보낸 신호를 상대방이 알았는지 확인한 다음에 서서히 행동한다.

㉪ 교차로를 통과할 때는 신호를 무시하고 진행하는 차나 뛰어나오는 사람이 있을 수 있으므로 반드시 안전을 확인한 뒤에 서서히 주행한다. 좌우로 도로의 안전을 확인한 뒤에 주행한다.

㉫ 밤에 마주 오는 차가 전조등 불빛을 줄이거나 아래로 비추지 않고 접근해 올 때는 불빛을 정면으로 보지 말고 시선을 약간 오른쪽으로 돌린다. 감속 또는 서행하거나 일시정지한다.

㉬ 밤에 산모퉁이 길을 통과할 때는 전조등을 상향과 하향으로 번갈아 켰다 껐다 해서 자신의 존재를 알린다. 주위를 살피면서 서행한다.

㉭ 횡단하려고 하거나 횡단 중인 보행자가 있을 때는 속도를 줄이고 주의해서 진행한다. 보행자가 차의 접근을 알고 있는지 확인한다.

㉮ 어린이가 진로 부근에 있을 때는 어린이와 안전한 간격을 두고 진행한다. 서행 또는 일시정지한다.

㉯ 다른 차의 옆을 통과할 때는 상대방 차가 갑자기 진로를 변경할 수도 있으므로 미리 대비한다. 충분한 간격을 두고 통과한다.

㉰ 대형 화물차나 버스의 바로 뒤를 소형차로 뒤따라서 진행할 때에는 전방의 교통상황을 파악할 수 없으므로, 이럴 때는 함부로 앞지르기를 하지 않도록 하고, 또 시기를 보아서 대형차의 뒤에서 이탈해 진행한다.

㉱ 신호기가 설치되어 있지 않은 교차로에서는 좁은 도로로부터 우선순위를 무시하고 진입하는 자동차가 있으므로, 이런 때에는 속도를 줄이고 좌우의 안전을 확인한 다음에 통행한다.

02 기능교육의 실제

1 기능교육 일반

1. 4단계 교육법

(1) 의 의

4단계 교육법이란 학습을 일정한 순서 또는 단계를 밟아 진행해 나가는 것, 즉 교육의 준비, 설명, 실시, 확인이라는 4개의 단계로 학습 내용을 교육 · 실시하는 것을 말한다.

(2) 단계별 교육방법

① 제1단계 : 기능교육의 준비단계

㉠ 기능교육을 어떻게, 어떠한 방법으로 지도할 것인지를 결정 · 준비하는 단계로 계획적인 교육방법에 따르되, 교육생의 기능 정도와 관련해서 무리 없고 효과적인 교육이 될 수 있는 교안을 적용하도록 한다.

㉡ 교육생이 운전조작에 필요한 이론을 어느 정도까지 알고 있는지, 실제 기능에 어느 정도까지 도달해 있는지를 파악하여 앞으로의 교육을 결정한다.

② 제2단계 : 교육내용 및 조작의 설명단계

㉠ 학습내용과 조작에 대한 설명은 교육생에게 의욕과 자신감을 주는 방향으로 배려하여 행한다.

㉡ 어떠한 운전조작을 가르치더라도 그 개요는 흥미유발과 함께 도입의 형태로 우선 설명한다.

㉢ 도입에 의해 흥미를 주었다면 이어서 교육의 구체적 내용을 설명하고 목표를 분명히 제시해 주어야 한다.

㉣ 설명은 순서대로 알기 쉽게 해야 하며, 특히 운전조작순서는 반복해서 실제로 해보이며 설명한다.

㉤ 운전조작의 가장 중요한 핵심과 요점을 반드시 설명하고 "이것만은 꼭 알아두어야 한다."는 등 그 중요성을 강조한다.

㉥ 설명은 간단하게 하고, 한 번에 모든 것을 설명하는 것이 아니라 적당하게 구분해서 이해시키고, 생각하게 하면서 실제조작을 머릿속에 연상하도록 한다.

③ 제3단계 : 실질지도단계
㉠ 정확한 순서에 따라 조작의 요점을 강조하면서 실시하게 한다.
㉡ 처음부터 능숙하게 할 수는 없기 때문에 실수나 잘못, 결함 등은 질책이나 야단이 아닌, 그때그때 따뜻한 태도와 배려 있는 말로 교정해 준다.
㉢ 지시나 조언을 교육생의 성숙도에 따라 조금씩 줄여서 교육생에게 생각할 여유를 주고 스스로 자주적인 판단을 할 수 있는 방향으로 유도한다.
㉣ 반복연습은 단순한 조작의 되풀이로 끝나게 하지 말고 조작의 기본에서 응용하는 방향으로 점차 수준을 높여간다.
㉤ 잘한 점은 칭찬해서 다음 단계의 연습의욕을 높이도록 하고 잘못된 점은 격려와 부드러운 조언으로 연습의욕을 높이도록 한다.

④ 제4단계 : 효과의 확인 및 보충지도단계
㉠ 교육생의 기능 수준을 본인에게 알린다. 연속된 2~3회의 실기 결과를 객관적으로 판정하여 잘한 점은 무엇인지, 어느 정도 잘한 것인지, 결함은 무엇인지 또 그 원인이나 수정할 점은 무엇인지, 사실대로 지적해서 교육생이 스스로 자각할 수 있도록 한다.
㉡ 추가 보충지도는 초기단계에는 많은 시간을 할애하고 점차적으로 시간을 줄여나간다.
㉢ 추가 보충지도단계에서도 충분히 수정할 수 없는 점은 따로 기록을 해두고, 나중에 계속 보완할 수 있는 여지를 남겨두도록 한다.
㉣ 종료단계에서는 실수나 잘못된 점이 있어도 잘한 것은 칭찬하고 격려하여 교육생 스스로가 보충연습과 다음 단계에서의 새로운 기능연습의욕을 갖도록 하고, 격려와 희망을 주면서 웃는 얼굴로 교육을 끝내도록 한다.
㉤ 교육생의 기능교육 결과가 좋지 않은 경우에는 기능강사 자신의 교육방법이나 내용, 개인차 적용이 잘못되거나 부족한 점은 없었는지 겸허하게 반성해서 다음 교육에 활용할 수 있도록 노력해야 한다.

2. 교육계획의 운용

(1) 기능실습지도의 통일적 운용

① 교양훈련이나 토론회, 회의 등 정기적인 모임을 통해 교육계획의 내용, 진행방법 등에 대한 견해와 의사의 통일을 기한다.
② 교육실시계획이 전 교과과정의 항목, 세목, 요점별로 구체적으로 명시되어 있음과 동시에 학과교육계획과의 균형, 일체화가 배려된 것이어야 하고 또한 모든 지도강사가 이 내용을 명확히 알고 이해해야 한다.
③ 획일적인 교육은 오히려 교육계획의 통일을 저해하기 때문에 각 기능강사가 작성하는 교안은 교육생의 개인차, 진도 등에 따라 적정해야 한다.

(2) 수강증 날인의 의미

① 수강증 날인은 기능지도 담당강사가 해당 교육생의 기능성숙도를 확인해 주는 것이다.
② 교육생의 기능성숙도를 판단하는 것은 기능강사의 식견과 경험이 크게 작용하게 되지만 주관에 사로잡히지 말고 객관적 입장에서 판단이 되도록 해야 한다.

(3) 기능강평의 필요성

① 기능교육을 행한 기능항목과 순서, 연습시간을 교육생에게 쉽게 확인시킬 수 있다.
② 교육항목마다 습득한 항목과 불충분한 항목을 확실히 구분해서 확인시킬 수 있고, 불충분한 항목은 그 원인을 구체적으로 이해시킬 수 있다.
③ 불충분한 기능항목에 대해서는 주의할 사항을 구체적으로 명시하고 기록하여 다른 기능강사가 교육을 담당하더라도 혼돈이나 중복됨이 없이 다음 단계의 기능교육이 이루어질 수 있다.

3. 평가 및 확인

(1) 의 의

① 의미 : 평가 및 확인은 기능교육의 단계별 · 종합적 과정에서 교육생의 기능습득 여부를 평가하고 확인하는 것을 말한다.
② 목 적
㉠ 교육생에게 기능교육의 각 단계별 · 종합적 과정에서 자신의 기능습득 여부를 파악하게 한다.
㉡ 다음 단계로 나아갈 것인지 또는 그 단계의 기능습득이 불충분한 항목을 연장 교육할 것인지를 판단하게 한다.
③ 장점 : 평가 및 확인절차는 교육생의 담당 기능강사가 아닌 다른 기능강사가 기능지도를 하게 되는 경우가 생기더라도 지체되거나 중복되는 일 없이 기능교육이 계속 이어질 수 있게 한다.

(2) 평가기준

① 평가는 계속 교육 중에 있는 교육생의 기능판정이기 때문에 지도강사의 단순한 경험이나 느낌 또는 추정으로 해서는 안 되고 객관적이어야 한다.
② 평가기준은 각 단계마다 기능의 도달 수준을 나타내어 하나의 기능습득 목표가 되도록 해야 한다.
③ 평가기준에 의한 기능강사의 적정한 판정은 교육생의 기능습득에 따른 성취감과 함께 다음 단계의 기능습득을 위한 동기유발로 작용하게 되는 매우 중요한 역할을 갖고 있다.

(3) 평가의 착안점

① 평가기준에 정해져 있는 사항은 생략하거나 그냥 지나치지 않도록 전 항목에 걸쳐 확실하게 점검 · 기록한다.
② 각 기능강사의 판정에 따른 격차와 마찰을 최소화한다.
③ 교육생이 현 단계의 정해진 기능습득 목표에 도달했는지 또는 아직 기능습득이 불충분하여 다음 단계 기능교육을 해도 효과가 있을지 없을지를 판정하기 위해 끝까지 지켜보며 평가한다.
④ 평가결과에 따라 다음 단계의 기능교육으로 연결하거나 재연습을 하게 한다. 재연습을 하게 되는 경우에도 정해진 방법으로 그 내용을 기록해서 다음 교육에 반영시키도록 한다.
⑤ 개인감정에 이끌려 안이한 판정을 하거나 필요 이상의 엄격한 판정이 되지 않도록 한다.

⑥ 교육생에 대한 관찰은 운전면허기능시험과는 그 목적이 다르기 때문에 교육생으로 하여금 시험이라는 정신적 부담을 주지 않도록 신경을 쓴다.
⑦ 평가는 각 단계별 기능교육이 진행되면서 목표를 정해 두는 것이 바람직하며, 단 이것이 선입관으로 작용하여 정확한 판정에 방해가 되지 않도록 한다.

(4) 보충교육

① 교육과정에 정해져 있는 교육시간은 교육에 필요한 최소한의 시간이다. 따라서 기능습득이 정해진 목표에 도달하지 못한 경우에는 보충교육을 받아야 한다.
② 기능습득이 완전하지 않은 상태에서 다음 단계로 진행하게 되면 교육시간만 낭비하는 결과를 초래하게 된다.
③ 보충교육 없이 다음 단계로 진행하면 결함이 더욱 커지게 되고 지금보다 더욱 진도가 늦어진다.
④ 보충교육을 행할 때에는 그 목적이나 결함사항, 주의사항, 그 밖에 필요한 사항을 면밀히 파악한 후 지도하여야 한다.
⑤ 보충교육 시 점검사항
㉠ 조작기능에 장애요소가 되는 잠재적인 원인이 있는지를 관찰한다.
㉡ 평가 당시 평소의 실력이 나오지 않은 것은 아닌지를 관찰한다.
㉢ 교육생이 교육을 받은 항목의 정확한 이론과 조작방법을 이해하고 있는지, 이해는 하고 있지만 조작을 할 수 없지는 않은지 등 교육생의 상태를 관찰해야 한다.

2 기능교육의 실시방법

1. 장내기능교육방법(도로교통법 시행규칙 [별표 32])

(1) 동승교육

1단계 과정에 있는 교육생에 대하여 기능교육강사가 기능교육용 자동차의 운전석 옆자리에 승차하여 운전석에서 수강하는 교육생 1명에 대하여 실시하는 교육으로서, 2단계 과정 또는 최소교육시간 외의 교육과정에 있는 교육생이라도 원하는 경우에는 동승교육을 실시하여야 한다.

(2) 단독교육

2단계 과정 또는 최소교육시간 외의 교육과정에 있는 교육생에 대하여 기능교육강사가 기능교육용자동차에 함께 승차하지 않고 교육생 단독으로 실시하는 운전연습으로서 다음과 같이 실시한다.
① **단독교육 시 강사 1명이 담당할 수 있는 교육용 자동차 대수**
㉠ 제1종 특수·대형면허 : 교육용 자동차 5대 이하
㉡ 제1종·제2종 보통면허 : 교육용 자동차 10대 이하
㉢ 제2종 소형 및 원동기장치자전거면허 : 교육용 자동차 10대 이하
② 이 경우 기능교육보조원(기능교육강사를 보조하는 사람을 말한다)을 배치하여 강사를 보조하게 할 수 있다.
③ 담당 기능교육강사는 교육생에게 안전사고예방에 대한 교육을 실시할 것

(3) 개별코스교육

보통연습면허 이외의 면허의 1단계 과정에 있어서 교육생의 운전능력이 부족하다고 판단되는 코스에 대하여 4시간의 범위에서 3명 이내의 교육생과 함께 실시할 수 있다.

(4) 모의운전장치교육

1단계 과정 중 운전장치조작의 경우 2시간을 초과하지 않는 범위에서 다음 기준에 따라 모의운전장치로 실시할 수 있다. 다만, 제1종 보통연습면허 및 제2종 보통연습면허의 경우에는 기능교육의 최소 교육시간 이외의 교육과정에서만 모의운전장치로 교육을 실시할 수 있다.
① 모의운전장치 1대당 교육할 수 있는 인원 : 1시간당 1명
② 강사 1명이 동시에 지도할 수 있는 인원 : 5명 이내

운전면허의 종별 교육과목·교육시간 및 교육방법 등(시행규칙 [별표 32])

1. 전문학원의 교육과목 및 교육시간

(단위 : 시간)

교육과목 \ 면허종별		보통(연습)면허	대형면허, 대형견인차면허 및 구난차면허	소형견인차면허	소형면허	원동기장치자전거면허
학과교육	운전이론 등	3	3	3	5	5
기능교육	기본조작	4	5	2	5	4
	응용주행		5	2	5	4
	소 계	4	10	4	10	8
도로주행교육(연습면허 소지자)		6	·	·	·	·
계		13	13	7	15	13

가. 위 표의 교육시간은 최소교육시간이므로 해당 전문학원의 운영 등에 관한 원칙이 정하는 바에 따라 최소교육시간 이상의 교육을 할 수 있다.
나. 학과교육은 위 표에서 정한 시간 이상의 교육을 실시함을 원칙으로 하되, 다음의 경우에는 예외로 할 수 있다.
1) 제2종 보통면허 소지자가 제1종 보통면허를 취득하려는 경우 또는 원동기장치자전거면허 소지자가 제2종 소형면허를 취득하려는 경우에는 학과교육을 면제할 수 있다.
2) 제1종 대형·특수면허 소지자 또는 제1종·제2종 보통면허 소지자가 제2종 소형면허를 취득하려는 경우에는 위 표에서 정한 시간의 최소 1/2 이상 실시한 경우 수료한 것으로 본다.
3) 제2종 소형면허 또는 원동기장치자전거면허 소지자가 제1종·제2종 보통면허를 취득하려는 경우에는 위 표에서 정한 시간의 최소 1/2 이상 실시한 경우 수료한 것으로 본다.
4) 제1종 또는 제2종 운전면허(제2종 소형면허 및 원동기장치자전거면허는 제외한다)를 받은 사실이 증명되는 사람이 제1종 또는 제2종 운전면허를 받으려는 경우의 학과교육은 영 제60조 제2항 및 영 제66조 제1항에 따른 학원의 운영 등에 관한 원칙이 정하는 범위에서 학감 또는 설립·운영자가 자율적으로 실시한다.

다. 기능교육 및 도로주행교육은 위 표에서 정한 시간 이상의 교육을 실시함을 원칙으로 하되, 다음의 경우에는 예외로 할 수 있다.
1) 제2종 보통면허 소지자(자동변속기 제외)가 제1종 보통면허를 취득하려는 경우에는 위 표에서 정한 각 단계별 시간의 최소 1/2 이상 실시한 경우 수료한 것으로 본다.
2) 원동기장치자전거면허 소지자가 제2종 소형운전면허를 취득하려는 경우에는 위 표에서 정한 각 단계별 시간의 최소 1/2 이상 실시한 경우 수료한 것으로 본다.
3) 제1종 또는 제2종 운전면허(제2종 소형면허 및 원동기장치자전거면허는 제외한다)를 받은 사실이 증명되는 사람이 제1종 또는 제2종 운전면허를 받으려는 경우의 기능교육은 영 제60조 제2항 및 영 제66조 제1항에 따른 학원의 운영 등에 관한 원칙이 정하는 범위에서 학감 또는 설립·운영자가 자율적으로 실시한다.

라. 보통(연습)면허의 기능교육시간과 도로주행교육시간은 전문학원의 설립·운영자가 교육생과 협의하여 자율적으로 정할 수 있다. 다만, 기능교육과 도로주행교육을 각각 4시간 이상, 모두 합하여 총 10시간 이상 교육하여야 한다.

마. 운전면허취득자(연습면허 소지자는 제외한다)의 운전능력향상을 위하여 실시하는 도로연수의 교육시간은 전문학원의 설립·운영자가 자율적으로 정한다.

2. 전문학원의 교육과정별·단계별 교육내용

면허종별	교육과정	단계별	시 간	교육내용
제1종 보통(연습)면허 및 제2종 보통(연습)면허	학과교육	1~3교시		교통사고 실태 및 인명 존중, 사각지대와 운전, 인간의 능력과 차에 작용하는 자연의 힘, 초보운전자의 교통사고사례, 야간운전, 거친 날씨의 운전, 교통사고 발생 시 조치, 보험, 안전운전 장치의 이해, 고속주행 시 안전운전
	기능교육	1단계	1~3교시	운전장치조작, 차로준수, 돌발 시 급제동, 경사로, 직각주차, 교차로 통과, 가속 요령 등
		2단계	4교시	1단계 교육과정에 대한 종합적인 운전
	도로주행교육	1단계	1~6교시	도로주행 시 운전자의 마음가짐, 주변 교통과 합류하는 방법, 속도선택, 교차로 통행방법, 위험을 예측한 방어운전 요령 등
제1종 대형면허	학과교육			대형자동차 운전 및 구조적 특징, 교통사고 실태 및 인명 존중, 사각지대와 운전, 인간의 능력과 차에 작용하는 자연의 힘, 대형 교통사고사례, 야간운전, 거친 날씨의 운전, 교통사고 발생 시 조치, 보험, 안전운전 장치의 이해 등
	기능교육	1단계	1~5교시	운전장치조작, 경사로 운전, 모퉁이 통행, 방향전환, 기어변속능력, 평행주차 요령, 돌발상황 대응 요령, 엔진시동 상태 유지 등
		2단계	6~10교시	1단계 교육과정에 대한 종합적인 운전
제1종 특수면허 대형견인차·구난차	학과교육			견인차 및 구난차의 구조적 특징, 교통사고 실태 및 인명 존중, 사각지대와 운전, 인간의 능력과 차에 작용하는 자연의 힘, 대형 교통사고사례, 야간운전, 거친 날씨의 운전, 교통사고 발생 시 조치, 보험, 안전운전 장치의 이해 등
	기능교육	1단계	1~5교시	운전장치 조작, 피견인차 연결 및 분리 방법, 전·후진 요령(구난차의 경우 굴절·곡선 통과 요령)
		2단계	6~10교시	방향전환 요령, 주차 요령 등
제1종 특수면허 소형견인차	학과교육			차량견인 시 주의사항, 견인차의 구조적 특징, 교통사고 실태 및 인명 존중, 사각지대와 운전, 인간의 능력과 차에 작용하는 자연의 힘, 대형 교통사고사례, 야간운전, 거친 날씨의 운전, 교통사고 발생 시 조치, 보험, 안전운전 장치의 이해 등
	기능교육	1단계	1~3교시	운전장치 조작, 방향전환, 굴절코스, 곡선통과, 전·후진 요령
		2단계	4교시	1단계 교육과정에 대한 종합적인 운전
제1종 소형면허	학과교육	1~5교시		제1종·제2종 보통연습면허와 같다.
	기능교육	1단계	1~5교시	제1종 대형면허와 같다.
		2단계	6~10교시	
제2종 소형면허	학과교육	1~5교시		제1종·제2종 보통연습면허와 같다.
	기능교육	1단계	1~5교시	이륜자동차 취급방법, 굴절·곡선·좁은길코스 통과 요령, 연속진로전환코스 통과 요령, 시동 상태 유지 등
		2단계	6~10교시	교육과정에 대한 종합운전

면허종별	교육과정	단계별	시 간	교육내용
원동기장치자전거면허	학과교육	1~5교시		제1종·제2종 보통연습면허와 같다.
	기능교육	1단계	1~4교시	원동기장치자전거 취급방법, 굴절·곡선·좁은길코스 통과 요령, 연속진로 전환코스 통과 요령, 시동 상태 유지 등
		2단계	5~8교시	교육과정에 대한 종합운전

3. 전문학원의 기능교육 방법

가. 동승교육 : 1단계 과정에 있는 교육생에 대하여 기능교육강사가 기능교육용 자동차의 운전석 옆자리에 승차하여 운전석에서 수강하는 교육생 1명에 대하여 실시하는 교육으로서, 2단계 과정 또는 최소교육시간 외의 교육과정에 있는 교육생이라도 원하는 경우에는 동승교육을 실시하여야 한다.

나. 단독교육 : 2단계 과정 또는 최소교육시간 외의 교육과정에 있는 교육생에 대하여 기능교육강사가 기능교육용 자동차에 함께 승차하지 않고 교육생 단독으로 실시하는 운전연습으로서 다음과 같이 실시한다.

1) 단독교육 시 강사 1명이 담당할 수 있는 교육용 자동차 대수
- 제1종 특수·대형면허 : 교육용 자동차 5대 이하
- 제1종·제2종 보통면허 : 교육용 자동차 10대 이하
- 제2종 소형 및 원동기장치자전거면허 : 교육용 자동차 10대 이하

2) 이 경우 기능교육보조원(기능교육강사를 보조하는 사람을 말한다)을 배치하여 강사를 보조하게 할 수 있다.

3) 담당 기능교육강사는 교육생에게 안전사고예방에 대한 교육을 실시할 것

다. 개별코스교육 : 보통연습면허 이외의 면허의 1단계 과정에 있어서 교육생의 운전능력이 부족하다고 판단되는 코스에 대하여 4시간의 범위에서 3명 이내의 교육생과 함께 실시할 수 있다.

라. 모의운전장치교육 : 1단계 과정 중 운전장치조작의 경우 2시간을 초과하지 않는 범위에서 다음 기준에 따라 모의운전장치로 실시할 수 있다. 다만, 제1종 보통연습면허 및 제2종 보통연습면허의 경우에는 기능교육의 최소교육시간 이외의 교육과정에서만 모의운전장치로 교육을 실시할 수 있다.

1) 모의운전장치 1대당 교육할 수 있는 인원 : 1시간당 1명

2) 강사 1명이 동시에 지도할 수 있는 인원 : 5명 이내

4. 학원의 교육실시

가. 학원 설립·운영자는 제3호 가목·나목에 따른 교육방법을 기준으로 교육을 실시하여야 한다.

나. 학원 설립·운영자는 가목 이외에 제1호와 제2호에 따른 전문학원의 교육과목·교육시간 및 교육과정별 교육내용을 참고하여 교육을 실시할 수 있다.

(5) 기능교육장의 규모(도로교통법 시행령 [별표 5])

① 면적이 $2,300m^2$ 이상(전문학원의 경우에는 $6,600m^2$ 이상)인 기능교육장을 갖추어야 한다.

② 기능교육장을 2층으로 설치하는 경우 전체 면적 중 1층에 확보하여야 하는 부지의 면적은 $2,300m^2$(1종 대형면허교육을 병행하는 경우에는 $4,125m^2$) 이상이어야 하며, 상·하 연결차로의 너비를 7m(상·하 연결차로를 분리할 경우에는 각각 3.5m) 이상으로 하여야 한다.

③ 제1종 보통 및 제2종 보통면허교육 외의 교육을 하려는 경우에는 다음의 구분에 따라 부지를 추가로 확보한다.

㉠ 제1종 대형면허교육 : $8,250m^2$(전문학원의 경우에는 $2,000m^2$) 이상

㉡ 제2종 소형면허 및 원동기장치자전거면허교육 : $1,000m^2$ 이상

㉢ 소형견인차 및 구난차면허교육 : $2,330m^2$ 이상

㉣ 대형견인차면허교육 : $1,610m^2$ 이상

④ 기능교육장은 콘크리트나 아스팔트로 포장하고, ①·②에 해당하는 기능교육장에는 다음과 같은 시설을 갖추어야 한다.

㉠ 너비가 3m 이상인 1개 이상의 차로를 설치할 것

㉡ 10~15cm 너비의 중앙선 또는 차선을 표시하고, 도로 중앙으로부터 3m 되는 지점에 10~15cm 너비의 길가장자리선을 설치할 것

㉢ 연석은 길가장자리선으로부터 25cm 이상 간격으로 높이 10cm 이상, 너비 10cm 이상으로 설치할 것

⑤ 기능교육장 안에는 기능시험코스 등 기능교육시설, 기능검정을 통제하는 시설, 기능검정에 응시하는 사람이 대기하는 장소 및 조경시설 외에 다른 시설을 설치하지 않을 것

(6) 교육과정별 교육시간(도로교통법 시행규칙 제107조 제2항)

① 「도로교통법」 시행규칙 제106조 제1항 [별표 32]의 운전면허의 종별 교육과목・교육시간 및 교육방법 등에 따라 단계적으로 교육을 실시한다.

② 교육시간은 50분을 1시간으로 하되, 1일 1명당 4시간을 초과하지 않아야 한다.

③ 교육생을 2명 이상 승차시켜서는 안 된다.

(7) 기능시험코스의 종류・형상 및 구조(도로교통법 시행규칙 [별표 23])

① 제1종 대형면허

코스의 종류・형상	구 조	시험방법
가. 출발코스 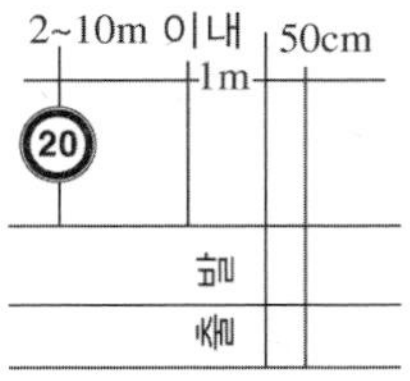	• 출발지점은 50cm 너비의 백색선으로 표시하고 1m 전방에 "출발"이라고 노면에 표시 • 출발선을 지나 2m 이상 10m 이내 지점에 최고속도제한표지(제224호) 설치	• 출발 시 전・후・좌・우의 교통상황을 확인하고, 방향지시등을 작동하면서 출발하여 차로 중앙으로 진입 • 진입 후 방향지시등 소등
나. 굴절코스 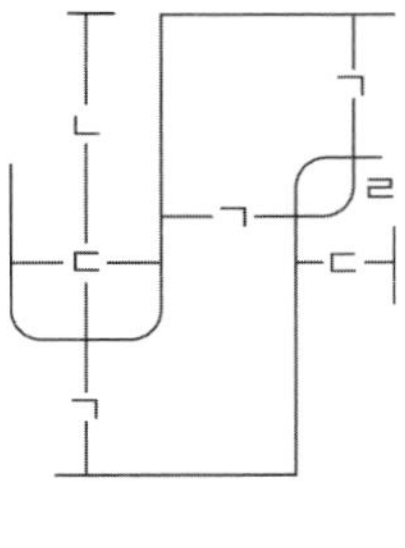	• 규격(단위 : m) 폭 ㄱ 4.7 / 모퉁이사이 길이 ㄴ 15.0 / 출입구쪽 길이 ㄷ 6.0 / 모퉁이의 반경 ㄹ 1.5 • 10~15cm 너비의 황색실선으로 표시 • 입구에 좌우로이중굽은도로표지(제114호) 또는 우좌로이중굽은도로표지(제113호) 설치	• 전진으로 진입하여 검지선 접촉 없이 통과 • 지정시간 2분 이내
다. 곡선코스 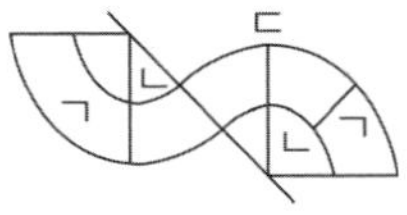	• 규격(단위 : m) 폭 ㄱ 4.2 / 반경 ㄴ 10.0 / 외측원주의 길이 ㄷ 전 원주의 3/8 • 10~15cm 너비의 황색실선으로 표시 • 입구에 좌우로이중굽은도로표지(제114호) 또는 우좌로이중굽은도로표지(제113호) 설치	• 전진으로 진입하여 검지선 접촉 없이 통과 • 지정시간 2분 이내
라. 방향전환코스 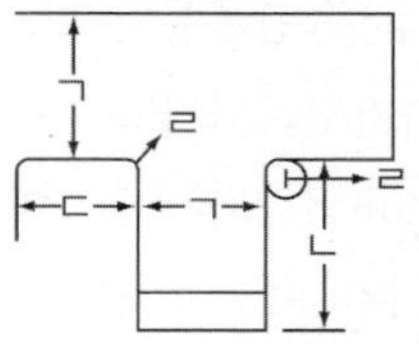	• 규격(단위 : m) 폭 ㄱ 5.2 / 차고의 길이 ㄴ 8.0 / 출입구쪽 길이 ㄷ 8.0 / 모퉁이의 반경 ㄹ 1.5 • 10~15cm 너비의 황색실선으로 표시 • 차고 후미 부분에 걸테두리선으로부터 1m 지점에 10~20cm 너비의 확인선 설치	• 전진으로 진입하여 후진으로 차고의 확인선을 뒷바퀴가 접촉한 후 전진으로 되돌아 나올 때까지 검지선 접촉 없이 통과 • 지정시간 2분 이내
마. 평행주차코스 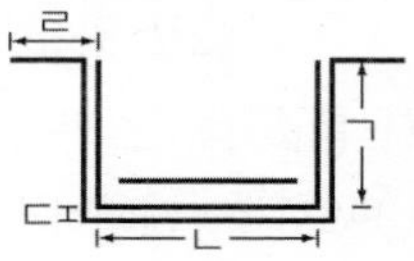	• 규격(단위 : m) 폭 ㄱ 3.5 / 길이 ㄴ 15.0 / 연석과의 간격 ㄷ 0.4 이상 / 주차코스사이 간격 ㄹ 3.0 • 10~15cm 너비의 황색실선으로 표시 • 입구에 주차장표지(제319호) 설치 • 확인선은 황색실선 바깥쪽으로부터 30cm 위치에 너비 20cm 간격으로 설치	• 후진으로 진입하여 전진・후진으로 주차코스 구간 내에 설치된 확인선을 앞・뒷바퀴로 동시에 접촉하여 안쪽 연석선과 나란히 주차하였다가 전진으로 검지선 접촉 없이 출발 • 지정시간 2분 이내
바. 기어변속코스 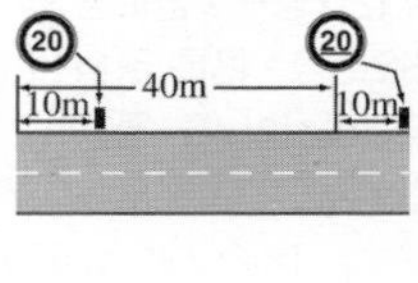	• 70m의 대략 직선구간(곡선반경 150R)에 40m로 설치 • 시작되는 지점 전 10m 우측에 20km/h 최저속도제한표지(제225호)와 종료되는 지점 전 10m 우측에 20km/h 최고속도제한표지(제224호) 설치	• 시작지점에서는 2단에서 3단으로 기어변속하고 속도유지 • 종료지점에서는 3단에서 2단으로 기어변속한 후 통과
사. 교통신호가 있는 +자형 교차로코스 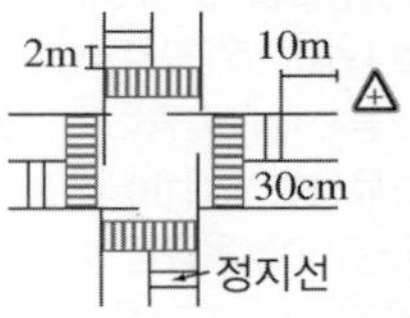	• 교차로의 모퉁이 반경은 6m 이상 • 교차로 입구 4방향에는 4색 신호등을 3~4m 높이로 설치 – 신호등 크기 : 지름 300mm 이상 – 기둥의 굵기 : 지름 150mm 이상 • 신호순서는 [별표 5]의 신호등의 신호순서에 따른다. • 교차로 4방향에 2m 너비의 횡단보도를 설치하고 횡단보도에 이르기 전 2m 지점에 30cm 너비의 정지선을 표시 • 정지선에 이르기 전 1m 이상 10m 이내 지점의 우측에 +자형 교차로표지(제101호)와 횡단보도예고표시(제529호) 설치	• 직진신호일 때 직진, 우회전할 때 우회전 방향지시등을 작동하고 우회전, 정지신호일 때 정지, 좌회전 신호일 때 좌회전 방향지시등을 작동하고 좌회전하는 등 신호기의 신호에 따라 운전 • 3회 이상 통과(직진, 좌회전, 우회전 등)
아. 횡단보도코스 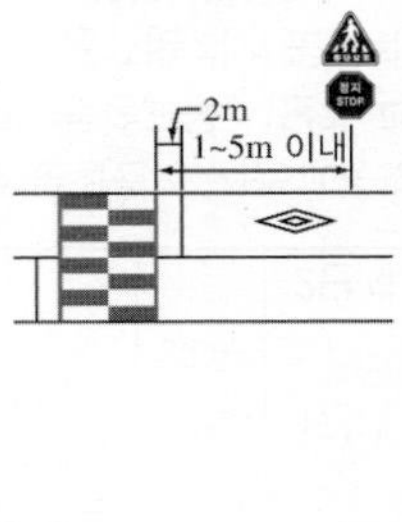	• 횡단보도의 너비는 4m로 하고, 횡단보도표시(제532호) 설치 • 횡단보도에 이르기 전 2m 지점에 30cm 너비의 정지선(제530호)을 표시하고, 정지선에 이르기 전 1m 이상 5m 이내 지점에 횡단보도표지(제132호)・일시정지표지(제227호)와 횡단보도예고표시(제529호) 설치	횡단보도 정지선 전방에 정지하였다가 출발

코스의 종류 · 형상	구 조	시험방법
자. 철길건널목코스 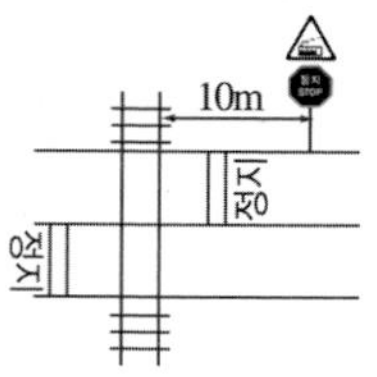	• 14×24×230cm 받침목을 35cm 간격으로 세로로 놓고, 그 위에 레일을 침목 양 끝에서 40cm 되는 위치에 2개씩 가로로 설치 • 레일 양쪽에는 양쪽 받침목을 레일에 나란히 붙여 연결 • 남은 공간은 콘크리트나 아스콘으로 채우되, 레일로부터 2m 이상 되는 지점에서 받침목 높이에 맞게 경사를 두고 경사도가 6% 이상 되게 설치 • 철길건널목 이르기 전 2m 지점에 30cm 너비의 일시정지 표시(제521호)를 표시하고 정지선에 이르기 전 5m 이상 10m 이내 지점 우측에 철길건널목표지(제110호)와 일시정지표지(제227호) 설치	철길건널목 정지선 전방에 일시정지하여 좌우를 확인한 후 통과
차. 경사로코스 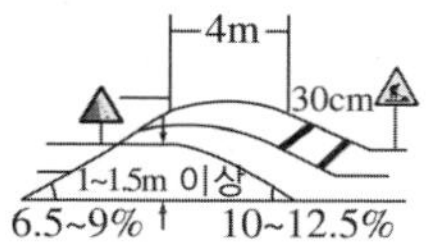	• 높이는 1.5m 이상, 오르막경사도는 10~12.5%, 내리막경사도는 6.5~9%로 하고, 정상부의 길이는 4m 반경 15~16m 곡선으로 함 • 경사 시작점으로부터 1m 지난 지점과 상부곡선부 시작점 1m 못 미친 지점에 30cm 너비의 경사구획선을 표시하고, 오르막 3m 전방에 오르막경사표지(제116호) 및 내리막경사표지(제117호)를 설치 • 길가장자리선에서 바깥으로 50cm 이상 높이의 방호벽 설치	• 오르막정지선에 3초 이상 정지하였다가 50cm 이상 후진하지 아니하고 출발 • 정지구간은 오르막 시작점 1m 지점에서부터 상부곡선부 시작점 1m 못 미친 지점의 30cm 폭까지로 하고 정지구간 이탈범위는 자동차의 앞범퍼를 기준으로 한다.
카. 종료코스 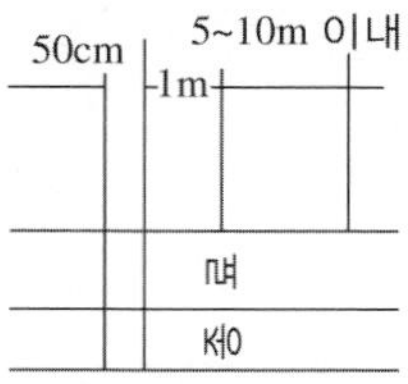	• 종료지점은 50cm 너비의 백색선으로 표시하고 종료지점에 이르기 전 1m 지점에 "종료"라고 노면에 표시 • 종료지점에 이르기 전 5m 이상 10m 이내 지점 우측에 서행 표지(제226호) 설치	종료 시 전·후·좌·우의 교통상황을 확인하고, 방향지시등을 작동하면서 차를 도로 우측에 붙여 정지

(주) 1. 가.에서 카.까지의 코스는 다음과 같은 연장거리 700m 이상의 콘크리트 등으로 포장된 도로에서 연결하여 실시한다.
  가. 도로의 폭은 7m 이상으로 하고 3m부터 3.5m까지 너비의 2개 차로 이상을 설치
  나. 10~15cm 너비의 중앙선을 표시하고 중앙선으로부터 3m 되는 지점에 10~15cm 너비의 길가장자리선을 설치
  다. 연석은 길가장자리선으로부터 25cm 이상 간격으로 높이 10cm 이상, 너비 10cm 이상으로 설치
 2. 전문학원의 기능교육장은 부지의 형상에 따라 굴절 · 곡선 · 방향전환코스 등의 순서에 관계없이 설치할 수 있다.
 3. 기능교육을 위하여 필요한 경우에는 폭 3m 이상, 길이 15m 이상의 굴절 · 곡선 · 방향전환 또는 대형견인차코스 등을 각각 분리하여 설치할 수 있다.
 4. 영 [별표 5] 제7호 가목 단서의 규정에 의하여 2층으로 교습장을 설치하는 경우 기어변속코스, 교통신호가 있는 +자형 교차로코스, 출발 · 종료코스는 반드시 1층에 위치하여야 하고, 다음 각 목의 기준에 적합한 안전시설을 갖추어야 한다.
  가. 2층 연결도로의 폭은 7m 이상으로 하고 3m 이상 너비의 2개 차로 이상을 확보하여야 하며, 제1호 나목에 따른 규격의 중앙선과 길가장자리선을 표시하는 동시에 경사각도는 12.5% 미만으로 설치될 것
  나. 연결도로의 양옆 길가장자리선 외측 및 2층 고가기능교육장의 외측에는 두께 20cm 이상, 높이 110cm 이상의 철근콘크리트 방호울타리를 설치하여 차량의 추락을 방지하도록 하여야 하며, 이때 방호울타리의 설계하중은 벽의 상단에서 횡방향으로 측정하여 직선구간은 1t/m, 곡선구간은 2t/m 이상으로 유지되어야 한다.
 5. 운전면허 기능시험의 응시생(교육생을 포함한다)의 안전을 위하여 대기장소에는 다음의 기준에 적합한 가드레일 또는 철근콘크리트 방호울타리를 설치하여야 한다.
  가. 가드레일
   (1) 보(폭 350mm, 코르게이션 75mm, 두께 4.0mm, 단면적 18.7cm^2)
   (2) 기둥(바깥지름 139.8mm, 두께 4.5mm, 매입깊이 165cm)
   (3) 연결쇠(폭 70mm, 코르게이션 31mm, 두께 4.5mm)
   (4) 보 중심높이 60cm 이상
   (5) 최대 기둥간격 4.0m
  나. 철근콘크리트 방호울타리
   (1) 두께 20cm
   (2) 높이 60cm 이상
   (3) 방호울타리의 설계하중은 벽의 상단에서 횡방향으로 측정, 직선구간 1t/m, 곡선구간은 2t/m 이상
 6. 1.의 도로를 운행 중 다음의 운전능력도 함께 측정한다.
  가. 돌발사고 발생 시 급정지능력 : 돌발등이 켜지면 2초 이내에 급정지하고 3초 이내에 비상점멸등을 켜고 대기 후 운행
  나. 지정속도 유지능력 : 10~20km/h 미만의 속도에 따라 운행하여 지정시간 내에 통과

※ 지정시간 = $\frac{\text{코스길이}}{\text{평균주행속도(15km 기준)}}$ + 경사로, 돌발사고 구간 각 20초(총 40초) + 굴절 · 곡선 · 방향전환 · 평행주차코스 각 120초(총 480초)

※ 신호대기시간은 지정시간 계산에 산입하지 아니한다.
  다. 시동상태 유지능력 : 시험이 종료될 때까지 시동을 꺼트리지 아니하고 4,000RPM 이하로 운행
  라. 좌석안전띠 착용상태 : 출발지점에서 종료지점까지(평행주차코스 · 방향전환코스 · 후진도 포함) 좌석안전띠를 정확하게 착용하고 종료지점까지 운행

② 제1종 보통연습면허 및 제2종 보통연습면허

코스의 종류 · 형상	구 조	시험방법
가. 출발코스 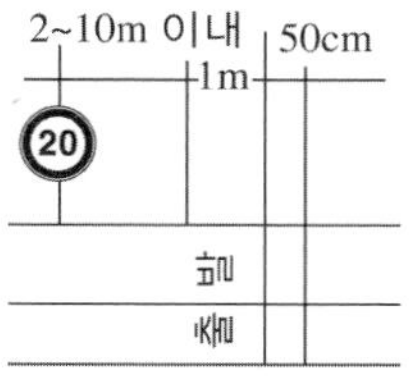	• 출발지점은 50cm 너비의 백색선(이하 이 란에서 "출발선"이라 한다)으로 표시하고, 출발선에서 코스진행 방향으로 1m 지점의 노면에 "출발"이라는 글자를 표시함 • 출발선에서 코스진행 방향으로 2m 이상 10m 이내의 지점에 최고속도제한표지(제224호)를 설치함	• 출발 시 전·후·좌·우의 교통상황을 확인하고, 좌측방향지시등을 작동하면서 출발하여 차로 중앙으로 진입하는지 여부 • 진입 후 방향지시등을 소등하는지 여부

코스의 종류 · 형상	구 조	시험방법
나. 경사로코스 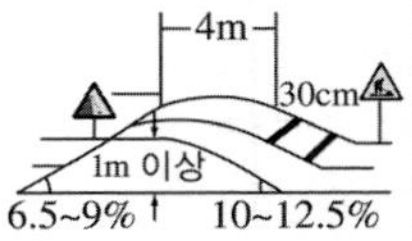	• 경사로의 높이는 1m 이상으로 하고, 경사로의 오르막 경사도는 10~12.5%로 하며, 경사로의 내리막 경사도는 6.5~9%로 하고, 경사로의 정상부 길이는 4m로 하며, 경사로코스는 반경 15~16m 곡선으로 함 • 경사로코스 시작지점부터 코스진행 방향으로 1m 지점과 경사로 코스 시작지점에 가까운 경사로 곡선 시작점부터 코스진행 반대방향으로 1m에 못 미치는 지점에 각각 30cm 너비의 경사구획선을 표시하고, 경사로 코스 시작지점부터 오르막 3m 전방에 오르막경사표지(제116호) 및 내리막경사표지(제117호)를 설치함 • 길가장자리선의 바깥에 높이가 50cm 이상인 방호벽을 설치함	• 오르막 정지구간에서 3초 이상 정지하였다가 50cm 이상 후진하지 아니하고 출발하는지 여부 • 이 경우 정지구간은 오르막 시작점 1m 지점부터 상부 곡선부 시작점 1m 못 미친 지점의 30cm 폭까지로 하고, 해당 정지구간 이탈 범위는 자동차의 앞범퍼를 기준으로 판단
다. 가속코스 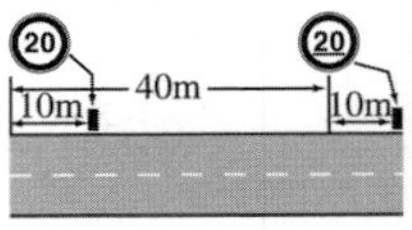	• 가속코스의 길이는 직선구간(곡선반경 150R)에 40m로 설치함 • 가속코스 시작지점에서 10m 이전 지점의 우측에 20km/h 최저속도제한표지(제225호)와 가속코스 종료지점 10m 이전 지점의 우측에 20km/h 최고속도제한표지(제224호)를 설치함	• 가속코스 시작지점 통과 후 20km/h 이상의 속도를 유지하고 2단 또는 3단으로 기어변속을 하는지 여부 • 가속코스 종료지점 통과 전 20km/h 미만의 속도로 감속하고 2단 또는 3단에서 1단 또는 2단으로 기어변속을 하고 주행하는지 여부 • 첫 항목에도 불구하고 자동변속기 자동차의 경우에는 시작지점부터 종료지점까지 20km/h 이상의 속도를 유지하는지 여부
라. 직각주차코스 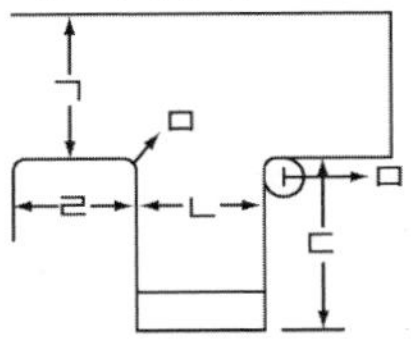	• 규격(단위 : m) 폭 ㄱ 3.5 차고의 폭 ㄴ 3.0 차고의 길이 ㄷ 4.8 이상 출입구쪽 길이 ㄹ 4.8 이상 모퉁이의 반경 ㅁ 1.0 • 주차구획선은 10~15cm 너비의 황색실선으로 표시함 • 직각주차코스 입구에 주차장 표지(제319호)를 설치함 • 차고 후미부분의 겉테두리선부터 코스 안쪽 방향으로 1m 지점에 10~20cm 너비의 확인선을 설치함	• 120초 이내에 아래 항목을 이행하는지 여부 • 전진으로 진입하여 후진으로 차고의 확인선을 뒷바퀴가 접촉하고 나서 주차 브레이크를 작동하고 다시 해제한 후 전진으로 되돌아 나오되, 직각주차코스를 벗어나기 전까지 검지선을 접촉하거나 차체가 주차구획선을 벗어나지 않고 통과

코스의 종류 · 형상	구 조	시험방법
마. 신호교차로코스 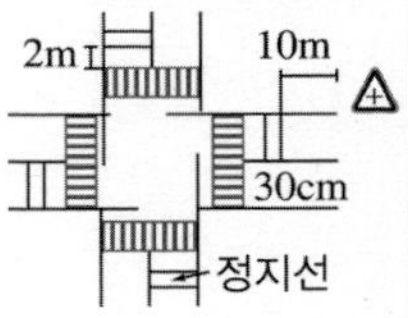	• 교차로의 모퉁이 반경은 4m 이상으로 함 • 교차로 입구 4방향 또는 3방향에 3~4m 높이의 4색 또는 3색신호등을 설치하되, 신호등 크기는 직경 300mm 이상으로, 신호등 기둥의 굵기는 지름 150mm 이상으로 함 • 신호순서는 [별표 5]의 신호등의 신호순서로 함 • 교차로의 4방향 또는 3방향으로 2m 너비의 횡단보도를 설치하고 횡단보도에 이르기 전 2m 지점에 30cm 너비의 정지선을 표시함 • 정지선에 이르기 전 1m 이상 10m 이내 지점의 우측에 교차로표지(제101호, 제102호, 제104호 또는 제105호)와 횡단보도예고표지(제529호)를 설치함	• 신호기의 신호에 따라 운전하는지 여부 • 구체적으로 직진신호 시 직진하고, 우회전할 때에는 우회전 방향지시등을 작동하고 우회전을 하며, 정지신호인 때에는 정지하고, 좌회전신호인 때 좌회전 방향지시등을 작동하여 좌회전하는지 등을 확인 • 좌회전을 포함하여 1회 이상 신호교차로 통과
바. 종료코스 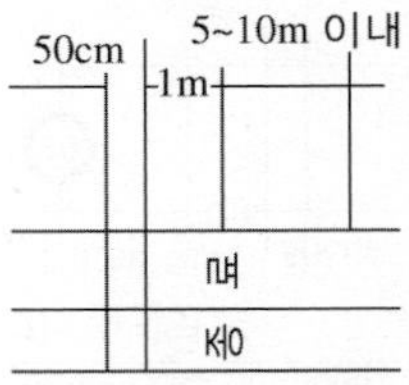	• 종료지점은 50cm 너비의 백색선(이하 이 란에서 "종료선"이라 한다)으로 표시하고 종료선에서 코스진행 반대방향으로 1m 지점의 노면에 "종료"라는 글자를 표시함 • 종료선에 이르기 전 5m 이상 10m 이내 지점 우측에 서행표지(제226호)를 설치함	• 종료 시 전·후·좌·우의 교통상황을 확인하고, 우측 방향지시등을 작동하면서 차를 도로 우측에 붙여 정지

※ 비 고

1. 가.에서 바.까지의 코스는 다음의 조건을 모두 갖춘 연장거리 300m 이상의 콘크리트 등으로 포장된 도로로 연결한다.
   가. 도로의 폭은 7m 이상으로 하고 3m 너비의 2개 이상의 차로(제1종 대형면허 시험코스로도 사용하려는 경우에는 너비를 3m 내지 3.5m로 한다)를 설치함
   나. 10~15cm 너비의 중앙선을 표시하고, 중앙선부터 3m 지점에 10~15cm 너비의 길가장자리선을 설치함
   다. 길가장자리선부터 25cm 이상의 간격으로 연석을 설치하되, 연석은 높이 10cm 이상, 너비 10cm 이상으로 함
2. 운전면허시험장의 기능시험장, 운전(전문)학원의 기능교육장은 부지의 형상에 따라 개별시험코스의 순서에 관계없이 설치할 수 있다.
3. 기능교육을 위하여 필요한 경우에는 폭 3m 이상, 길이 15m 이상의 굴절·곡선·방향전환 또는 대형견인차코스 등을 각각 분리하여 설치할 수 있다.
4. 영 [별표 5] 제7호 가목 단서에 따라 2층으로 교습장을 설치하는 경우 출발코스, 가속코스, 교차로코스 및 종료코스는 반드시 1층에 위치하여야 하고, 다음의 기준에 적합한 안전시설을 갖추어야 한다.
   가. 2층 연결도로의 폭은 7m 이상으로 하고, 너비가 3m 이상인 차로를 2개 이상 확보하여야 하며, 비고 가.의 두 번째 항에 따라 중앙선 및 길가장자리선을 표시하되, 연결도로의 경사각도는 12.5% 미만으로 할 것
   나. 연결도로의 양옆 길가장자리선 외측 및 2층 고가기능교육장의 외측에는 두께 20cm 이상, 높이 110cm 이상의 철근콘크리트 방호울타리를 설치하여 차량의 추락을 방지하되, 벽의 상단에서 횡방향으로 측정한 방호울타리의 설계하중은 직선구간의 경우 m^2당 1t, 곡선구간은 m^2당 2t 이상이어야 한다.
5. 운전면허 기능시험의 응시생(교육생을 포함한다)의 안전을 위하여 응시생 대기장소에 다음의 기준에 적합한 가드레일 또는 철근콘크리트 방호울타리를 설치하여야 한다.
   가. 가드레일
      1) 보(폭 350mm, 코르게이션 75mm, 두께 4mm, 단면적 18.7cm^2)
      2) 기둥(바깥지름 139.8mm, 두께 4.5mm, 매입깊이 165cm)
      3) 연결쇠(폭 70mm, 코르게이션 31mm, 두께 4.5mm)

4) 보 중심높이 60cm 이상
5) 최대 기둥간격 4m

나. 철근콘크리트 방호울타리
1) 두께 20cm
2) 높이 60cm 이상
3) 벽의 상단에서 횡방향으로 측정한 방호울타리의 설계하중은 직선구간의 경우 m^2당 1t 이상, 곡선구간의 경우 m^2당 2t 이상

6. 비고 1.에 따른 도로를 운행 중 다음의 구분에 따른 운전능력도 함께 측정한다.

가. 운전장치의 조작 : 출발지점에서 출발하기 전에 [별표 24] 제2호 가목1)의 시험항목 순서대로 시험관의 지시 또는 차량탑재시스템의 음성지시에 따라 운전장치를 조작하는지를 측정

나. 돌발사고 발생 시 급정지능력 : 돌발등이 켜지면 2초 이내에 급정지하고 3초 이내에 비상점멸등을 켜고 대기 후 운행하는지를 측정

다. 지정속도 유지능력 : 20km/h 미만의 속도로 운행하여 다음에 따른 지정시간 내에 통과(가속코스는 제외)하는지를 측정

1) 지정시간은 다음의 식에 따라 산정한다.

$$\text{지정시간} = \frac{\text{코스길이}}{\text{시속 15km}} + \text{경사로 통과 및 돌발상황 대응시간 각 20초(총 40초)} + \text{직각주차 소요시간 120초} + \text{운전장치조작 시간 300초}$$

2) 지정시간을 측정할 때 신호대기시간은 제외함

라. 시동상태 유지능력 : 시험이 종료될 때까지 시동을 꺼트리지 않고 4,000RPM 미만으로 운행하는지를 측정

마. 좌석안전띠 착용상태 : 출발선에서 출발지시를 받고 출발할 때부터 종료선을 통과하여 결과판정을 받을 때까지 좌석안전띠를 정확하게 착용하고 종료지점까지 운행하는지를 측정

바. 차로준수 : 20km/h 미만의 속도로 운행하면서 차로를 준수하는지를 점검하되, 점검이 시작될 때부터 종료될 때까지 차의 바퀴 어느 하나라도 중앙선, 차선 또는 길가장자리구역선을 접촉하는지 여부를 점검

③ 제2종 소형면허 및 원동기장치자전거면허

코스의 종류 · 형상	구 조	시험방법
가. 굴절코스 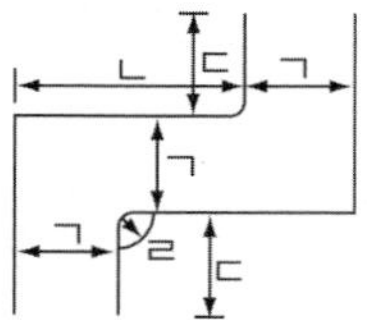	• 규격(단위 : m) 폭 ㄱ 1.0 모퉁이사이 길이 ㄴ 10.0 출입구쪽 길이 ㄷ 3.0 모퉁이의 반경 ㄹ 1.0 • 10cm 너비의 황색실선으로 표시	전진으로 진입하여 검지선 접촉이나 발이 땅에 닿지 아니하고 통과
나. 곡선코스 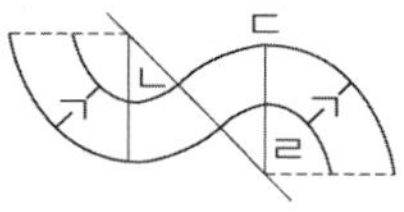	• 규격(단위 : m) 폭 ㄱ 1.0 진입구 반경 ㄴ 6.0 외측원주의 길이 ㄷ 3/8 출구 반경 ㄹ 6.0 • 10cm 너비의 황색실선으로 표시	전진으로 진입하여 검지선 접촉이나 발이 땅에 닿지 아니하고 통과
다. 좁은길코스 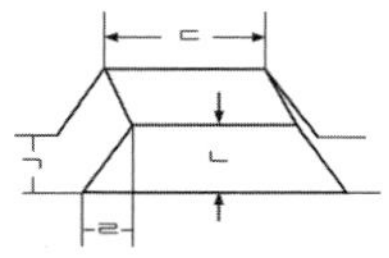	• 규격(단위 : m) 폭 ㄱ 0.4 높 이 ㄴ 0.05 길 이 ㄷ 15.0 경사부의 길이 ㄹ 0.4 • 콘크리트 구조물로 설치	전진으로 진입하여 검지선 접촉이나 발이 땅에 닿지 아니하고 통과
라. 연속진로전환코스 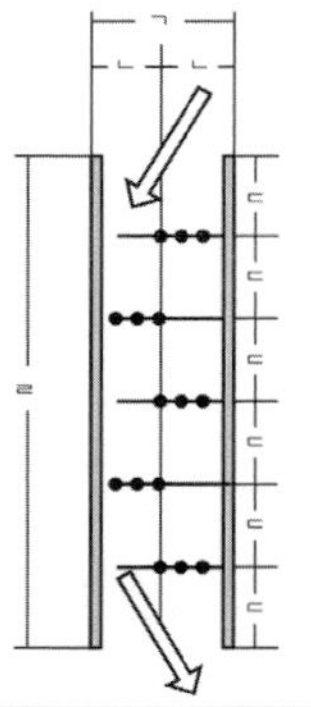	• 규격(단위 : m) 폭 ㄱ 3.0, ㄴ 1.5 입체장애물의 거리 ㄷ 4.5, ㄹ 27.0 • 양쪽 끝은 10cm 너비의 황색실선으로 표시 • 입체장애물은 교통콘(높이 50cm 이상)으로 시설 • 입체장애물은 중심선상에 5개소 설치	화살표 방향으로 진입하여 진로를 변경하면서 검지선 접촉이나 발이 닿거나 교통콘을 접촉하지 아니하고 통과

(주) 1. 가.부터 라.까지의 코스는 분리하여 코스별로 실시한다.
2. 다륜형 원동기장치자전거만을 운전하는 것을 조건으로 하는 원동기장치자전거 면허의 경우에는 가.와 나.의 코스만을 실시하며, 이 경우 각 코스의 규격은 가. 및 나.의 규정에도 불구하고 다음과 같이 한다.

굴절코스			곡선코스		
폭	ㄱ	2.0m	폭	ㄱ	2.0m
모퉁이사이 길이	ㄴ	10.0m	진입구 반경	ㄴ	7.0m
출입구쪽 길이	ㄷ	3.0m	외측원주의 길이	ㄷ	3/8m
모퉁이의 반경	ㄹ	1.0m	출구 반경	ㄹ	6.0m

④ 특수면허

	코스의 종류 · 형상	구 조	시험방법
대형견인차면허	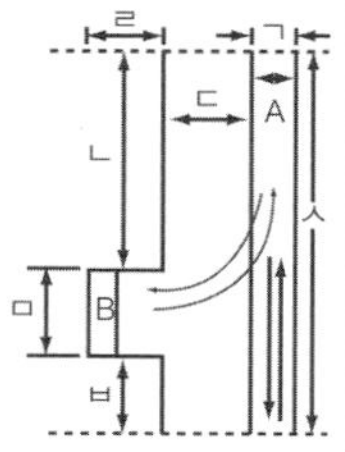	• 규격(단위 : m) 폭 ㄱ 10 높 이 ㄴ 25 여유 폭 ㄷ 12 차고의 길이 ㄹ 9.7 차고 폭 ㅁ 3.6 입구쪽 길이 ㅂ 17.4 전 · 후진 차로 길이 ㅅ 46 • 10cm 너비의 황색실선으로 표시 • 차고 후미부분에 걷테두리선부터 1m 지점에 확인선 설치	• 견인차에 피견인차를 5분 이내에 연결하여 출발점에서 화살표 방향으로 전진하여 A지점의 확인선을 접촉하고, 후진으로 B지점의 확인선을 접촉한 후 다시 A지점으로 전진하였다가 후진으로 출발지점에 도착 • 출발지점에 도착한 후 피견인차를 5분 이내 분리 • 총 지정시간 15분 이내
소형견인차면허	가. 굴절코스 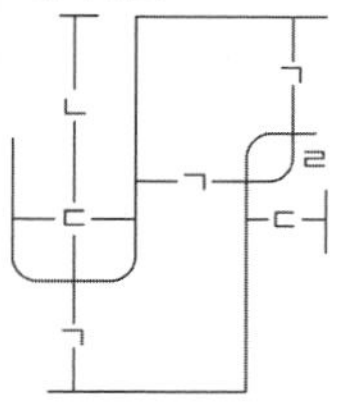	• 규격(단위 : m) 폭 ㄱ 4.7 모퉁이사이 길이 ㄴ 15.0 출입구쪽 길이 ㄷ 6.0 모퉁이의 반경 ㄹ 1.5 • 10~15cm 너비의 황색실선으로 표시 • 입구에 좌우로 이중굽은도로표지(제114호) 또는 우좌로이중굽은도로표지(제113호) 설치	• 전진으로 진입하여 검지선 접촉 없이 통과 • 지정시간 3분 이내
	나. 곡선코스 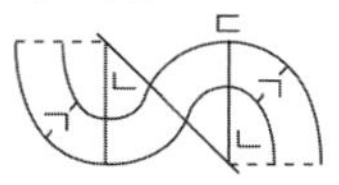	• 규격(단위 : m) 폭 ㄱ 4.2 반 경 ㄴ 10.0 외측원주의 길 이 ㄷ 전 원주의 3/8 • 10~15cm 너비의 황색실선으로 표시 • 입구에 좌우로 이중굽은도로표지(제114호) 또는 우좌로이중굽은도로표지(제113호) 설치	• 전진으로 진입하여 검지선 접촉 없이 통과 • 지정시간 3분 이내
	다. 방향전환코스 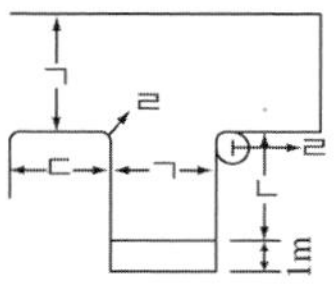	• 규격(단위 : m) 폭 ㄱ 5.2 차고의 길이 ㄴ 8.0 출입구쪽 길이 ㄷ 8.0 모퉁이의 반경 ㄹ 1.5 • 10~15cm 너비의 황색실선으로 표시 • 차고 후미부분에 걷테두리선으로부터 1m 지점에 10~20cm 너비의 확인선 설치	• 전진으로 진입하여 후진으로 차고의 확인선을 뒷바퀴가 접촉한 후 전진으로 되돌아 나올 때까지 검지선 접촉 없이 통과 • 지정시간 3분 이내

<table>
<tr><th colspan="2">코스의 종류·형상</th><th>구 조</th><th>시험방법</th></tr>
<tr><td rowspan="3">구난차면허</td><td>가. 굴절코스
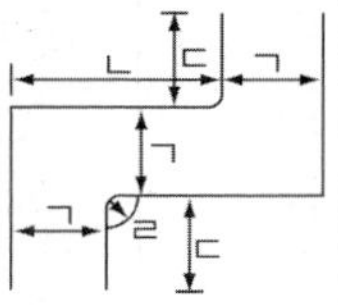</td><td>• 규격(단위 : m)<table><tr><td rowspan="2" colspan="2">구 분</td><td colspan="2">시험용 자동차의 종류</td></tr><tr><td>A</td><td>B</td></tr><tr><td>폭</td><td>ㄱ</td><td>4.7</td><td>4.3</td></tr><tr><td>모퉁이사이 길이</td><td>ㄴ</td><td>15.0</td><td>15.0</td></tr><tr><td>출입구쪽 길이</td><td>ㄷ</td><td>6.0</td><td>6.0</td></tr><tr><td>모퉁이의 반경</td><td>ㄹ</td><td>1.5</td><td>1.5</td></tr></table>– A : 각 820×240×450cm 이상(각각 차량길이, 너비, 축간거리)의 구난차. 이하 같다.
– B : 각 643×219×379cm 이상(각각 차량길이, 너비, 축간거리)의 구난차. 이하 같다.
• 10~15cm 너비의 황색실선으로 표시
• 입구에 좌우로이중굽은도로표지(제114호) 또는 우좌로이중굽은도로표지(제113호) 설치</td><td rowspan="3">• 견인차에 피견인차를 5분 이내에 연결하고 굴절코스와 곡선코스를 검지선 접촉 없이 전진으로 통과한 후, 다시 피견인차를 5분 이내에 분리하여 방향전환코스를 검지선 접촉 없이 통과
• 각 코스는 지정시간 3분 이내
• 총 지정시간 19분 이내</td></tr>
<tr><td>나. 곡선코스
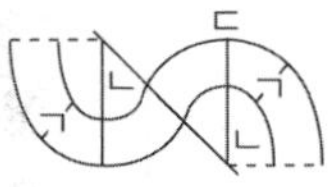</td><td>• 규격(단위 : m)<table><tr><td rowspan="2" colspan="2">구 분</td><td colspan="2">시험용 자동차의 종류</td></tr><tr><td>A</td><td>B</td></tr><tr><td>폭</td><td>ㄱ</td><td>4.2</td><td>3.8</td></tr><tr><td>반 경</td><td>ㄴ</td><td>10.0</td><td>10.0</td></tr><tr><td>외측원주의 길이</td><td>ㄷ</td><td colspan="2">전 원주의 3/8</td></tr></table>• 10~15cm 너비의 황색실선으로 표시
• 입구에 좌우로이중굽은도로표지(제114호) 또는 우좌로이중굽은도로표지(제113호) 설치</td></tr>
<tr><td>다. 방향전환 코스
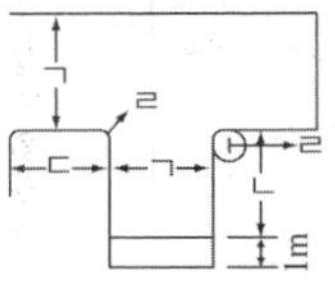</td><td>• 규격(단위 : m)<table><tr><td rowspan="2" colspan="2">구 분</td><td colspan="2">시험용 자동차의 종류</td></tr><tr><td>A</td><td>B</td></tr><tr><td>폭</td><td>ㄱ</td><td>5.2</td><td>4.4</td></tr><tr><td>차고의 길이</td><td>ㄴ</td><td>8.0</td><td>8.0</td></tr><tr><td>출입구쪽 길이</td><td>ㄷ</td><td>8.0</td><td>8.0</td></tr><tr><td>모퉁이의 반경</td><td>ㄹ</td><td>1.5</td><td>1.5</td></tr></table>• 10~15cm 너비의 황색실선으로 표시
• 차고 후미부분에 겉테두리선부터 1m 지점에 10~20cm 너비의 확인선 설치</td></tr>
</table>

(주) 1. 구난차면허 시험은 각 코스를 분리하여 실시한다.
2. 소형견인차면허 시험은 견인차와 피견인차를 연결한 상태에서 각 코스를 분리하여 실시한다.
3. 소형견인차면허 시험은 제1종 대형면허시험 기능시험장과 구난차면허 기능시험장에서 실시할 수 있다. 이 경우 각 코스를 분리하여 실시한다.

(8) 기능시험의 채점기준 · 합격기준(도로교통법 시행규칙 [별표 24])

① 제1종 대형면허

㉠ 채점기준

시험항목	감점기준	감점방법
(1) 굴절코스의 전진·통과	5	지정시간(2분) 초과 시마다, 검지선 접촉 시마다
(2) 곡선코스의 전진·통과	5	지정시간(2분) 초과 시마다, 검지선 접촉 시마다
(3) 방향전환코스의 전진·후진	5	확인선 미접촉, 지정시간(2분) 초과 시마다, 검지선 접촉 시마다
(4) 평행주차코스의 주차	10	전·후 확인선 미접촉 또는 전진으로 진입
	5	지정시간(2분) 초과 시마다, 검지선 접촉 시마다
(5) 기어변속코스의 전진(자동변속장치 자동차의 경우는 제외)	10	기어변속을 하지 아니하고 통과 시 또는 속도 20km/h 미만 시
(6) +형 교차로 통과	5	좌·우회전 시 방향지시등을 켜지 아니할 때마다 정지신호 시에 정지 불이행 시, 교차로 내에서 20초 이상 이유 없이 정차한 때
	5	신호위반 시마다
(7) 횡단보도 일시정지	5	• 횡단보도 앞에서 일시정지 불이행 시 • 앞범퍼가 정지선으로부터 1m 이전 또는 정지선을 침범하여 정지
(8) 철길건널목 일시정지	5	• 철길건널목 앞에서 일시정지 불이행 시 • 앞범퍼가 정지선으로부터 1m 이전 또는 정지선을 침범하여 정지
(9) 경사로에서의 정지 및 출발	10	경사로 정지검지구역 내에 정지 후 출발 시 후방으로 50cm 이상 밀린 때
(10) 출발 및 출발 시 방향지시등 작동	5	출발지시가 있는 때부터 20초 이내 출발하지 못한 때, 도로 중앙으로 진입 시 방향지시등을 켜지 아니한 때, 진입 후 끄지 아니한 때
(11) 종료 시 방향지시등 작동	5	종료지점 도로 우측 가장자리에 진입 시 방향지시등을 켜지 아니한 때
(12) 돌발사고 시 급정지 및 출발	10	돌발등이 켜짐과 동시에 2초 이내 정지하지 못하거나 정지 후 3초 이내에 비상점멸등을 작동하지 아니한 때 또는 출발 시 비상점멸등을 끄지 아니한 때
(13) 전체 지정시간 초과(지정속도 유지)	1	전체 지정시간 초과 매 5초마다, 지정속도 20km/h 초과 시(기어변속코스를 제외한다)
(14) 시동상태 유지	5	시동을 꺼뜨릴 때마다 4,000RPM 이상 엔진 회전 시마다
(15) 좌석안전띠 착용	5	출발 시부터 종료 시까지(평행주차코스, 방향전환코스, 후진도 포함) 좌석안전띠를 착용하지 아니한 때

㉡ 합격기준

각 시험항목별 감점기준에 따라 감점한 결과 100점 만점에 80점 이상을 얻은 때. 다만, 다음의 경우에는 실격으로 한다.

• 특별한 사유 없이 출발선에서 30초 이내 출발하지 못한 때
• 경사로코스·굴절코스·곡선코스·방향전환코스·기어변속코스(자동변속기장치 자동차의 경우는 제외) 및 평행주차코스를 어느 하나라도 이행하지 아니한 때
• 특별한 사유 없이 교차로 내에서 30초 이상 정차한 때
• 안전사고를 일으키거나 단 1회라도 차로를 벗어난 때
• 경사로 정지구간 이행 후 30초를 초과하여 통과하지 못한 때 또는 경사로 정지구간에서 후진하여 앞범퍼가 경사로 사면을 벗어난 때

② 제1종 보통연습면허 및 제2종 보통연습면허

㉠ 감점기준

• 기본조작

시험항목	감점기준	감점방법
① 기어변속	5	시험관이 주차 브레이크를 완전히 정지상태로 조작하고, 응시생에게 시동을 켜도록 지시하였을 때, 응시생이 정지상태에서 시험관의 지시를 받고 기어변속(클러치 페달 조작을 포함한다)을 하지 못한 경우
② 전조등 조작	5	정지상태에서 시험관의 지시를 받고 전조등을 조작하지 못한 경우(하향, 상향 각 1회씩 전조등 조작시험을 실시한다)
③ 방향지시등 조작	5	정지상태에서 시험관의 지시를 받고 방향지시등을 조작하지 못한 경우
④ 앞유리창닦이기(와이퍼) 조작	5	정지상태에서 시험관의 지시를 받고 앞유리창닦이기(와이퍼)를 조작하지 못한 경우

※ 비고 : 기본조작 시험항목은 ①~④ 중 일부만을 무작위로 실시

• 기본주행 등

시험항목	감점기준	감점방법
① 차로 준수	15	②~⑩까지 과제수행 중 차의 바퀴 중 어느 하나라도 중앙선, 차선 또는 길가장자리 구역선을 접촉하거나 벗어난 경우
② 돌발상황에서 급정지	10	• 돌발등이 켜짐과 동시에 2초 이내에 정지하지 못한 경우 • 정지 후 3초 이내에 비상점멸등을 작동하지 않은 경우 • 출발 시 비상점멸등을 끄지 않은 경우
③ 경사로에서의 정지 및 출발	10	경사로 정지검지구역 내에 정지한 후 출발할 때 후방으로 50cm 이상 밀린 경우
④ 좌회전 또는 우회전	5	진로변경 때 방향지시등을 켜지 않은 경우
⑤ 가속코스	10	가속구간에서 20km/h를 넘지 못한 경우
⑥ 신호교차로	5	교차로에서 20초 이상 이유 없이 정차한 경우
⑦ 직각주차	10	• 차의 바퀴가 검지선을 접촉한 경우 • 주차 브레이크를 작동하지 않을 경우 • 지정시간(120초) 초과 시(이후 120초 초과 시마다 10점 추가 감점)
⑧ 방향지시등 작동	5	• 출발 시 방향지시등을 켜지 않은 경우 • 종료 시 방향지시등을 켜지 않은 경우
⑨ 시동 상태 유지	5	• ①부터 ⑧까지 및 ⑩의 시험항목 수행 중 엔진시동 상태를 유지하지 못하거나 엔진이 4,000RPM 이상으로 회전할 때마다
⑩ 전체 지정시간(지정속도 유지) 준수	3	• ①부터 ⑨까지의 시험항목 수행 중 [별표 23] 제1호의2 비고 제6호 다목1)에 따라 산정한 지정시간을 초과하는 경우 5초마다 • 가속구간을 제외한 전 구간에서 20km/h를 초과할 때마다

㉡ 합격기준

• 각 시험항목별 감점기준에 따라 감점한 결과 100점 만점에 80점 이상을 얻은 경우 합격으로 한다.

• 위에 기준에도 불구하고 다음의 어느 하나에 해당하는 경우에는 실격으로 한다.
  - 점검이 시작될 때부터 종료될 때까지 좌석안전띠를 착용하지 않은 경우
  - 시험 중 안전사고를 일으키거나 차의 바퀴가 하나라도 연석에 접촉한 경우
  - 시험관의 지시나 통제를 따르지 않거나 음주, 과로 또는 마약・대마 등 약물 등의 영향으로 정상적인 시험 진행이 어려운 경우
  - 특별한 사유 없이 출발지시 후 출발선에서 30초 이내 출발하지 못한 경우
  - 경사로에서 정지하지 않고 통과하거나, 직각주차에서 차고에 진입해서 확인선을 접촉하지 않거나, 가속코스에서 기어변속을 하지 않는 등 각 시험코스를 어느 하나라도 시도하지 않거나 제대로 이행하지 않은 경우
  - 경사로 정지구간 이행 후 30초를 초과하여 통과하지 못한 경우 또는 경사로 정지구간에서 후방으로 1m 이상 밀린 경우
  - 신호교차로에서 신호위반을 하거나 앞범퍼가 정지선을 넘어간 경우

③ 제2종 소형면허 및 원동기장치자전거면허

㉠ 채점기준

시험항목	감점기준	감점방법
① 굴절코스 전진	10	검지선을 접촉한 때마다 또는 발이 땅에 닿을 때마다
② 곡선코스 전진	10	검지선을 접촉한 때마다 또는 발이 땅에 닿을 때마다
③ 좁은길코스 통과	10	검지선을 접촉한 때마다 또는 발이 땅에 닿을 때마다
④ 연속진로전환 코스 통과	10	검지선을 접촉한 때마다, 발이 땅에 닿을 때마다 또는 교통콘을 접촉한 때마다

(주) 다륜형 원동기장치자전거만을 운전하는 것을 조건으로 하는 원동기장치자전거면허의 경우에는 굴절코스 전진과 곡선코스 전진의 시험항목만을 실시한다.

㉡ 합격기준

각 시험항목별 감점기준에 따라 감점한 결과 100점 만점에 90점 이상을 얻은 때. 다만, 다음의 경우에는 실격으로 한다.

• 운전미숙으로 20초 이내에 출발하지 못한 때
• 시험과제를 하나라도 이행하지 아니한 때
• 시험 중 안전사고를 일으키거나 코스를 벗어난 때

④ 특수면허

㉠ 채점기준

시험항목		감점기준	감점방법
대형견인차면허	① 피견인차 연결	10	연결방법이 미숙하거나, 연결시간 5분 초과 시마다
	② 방향전환코스 견인 통과	20	확인선을 미접촉하거나, 지정시간 5분 초과 시마다 또는 검지선 접촉 시마다
	③ 피견인차 분리	10	분리방법이 미숙하거나 분리시간 5분 초과 시마다

시험항목		감점기준	감점방법
소형 견인차 면허	① 굴절코스 견인 통과	10	지정시간 3분 초과 시마다 또는 검지선 접촉 시마다
	② 곡선코스 견인 통과	10	지정시간 3분 초과 시마다 또는 검지선 접촉 시마다
	③ 방향전환코스 견인 통과	10	확인선을 미접촉하거나, 지정시간 3분 초과 시마다 또는 검지선 접촉 시마다
구난차 면허	① 피견인차 연결	10	연결방법이 미숙하거나 또는 연결시간 5분 초과 시마다
	② 굴절코스 견인 통과	10	지정시간 3분 초과시마다 또는 검지선 접촉 시마다
	③ 곡선코스 견인 통과	10	지정시간 3분 초과 시마다 또는 검지선 접촉 시마다
	④ 피견인차 분리	10	분리방법이 미숙하거나 분리시간 5분 초과 시마다
	⑤ 방향전환코스 견인 통과	10	확인선을 미접촉하거나, 지정시간 3분 초과 시마다 또는 검지선 접촉 시마다

㉡ 합격기준

각 시험항목별 감점기준에 따라 감점한 결과 100점 만점에 90점 이상을 얻은 때. 다만, 다음의 경우에는 실격으로 한다.

- 특별한 사유없이 20초 이내에 출발하지 못한 때
- 시험과제를 어느 하나라도 이행하지 아니한 때
- 시험 중 안전사고를 일으키거나 코스를 벗어난 때

2. 도로주행교육

(1) 도로주행교육방법

① 도로주행교육시간은 제1종 · 제2종 보통연습면허의 수동 및 자동변속기 공히 최소시간 6시간으로 규정되어 있다.

② 교육시간은 50분을 1시간으로 하되 1일 1명당 4시간을 초과하지 않아야 한다.

③ 전문학원의 설립 · 운영자는 도로주행기능검정을 실시하고자 하는 경우에는 2개소 이상의 도로를 선정한 후 도로주행기능검정 실시도로지정신청서에 도로주행기능검정 실시도로가 표시된 축척 1만분의 1의 지도를 첨부하여 시 · 도경찰청장에게 제출하여야 한다.

④ 시 · 도경찰청장은 ③항에 따른 신청서를 받아 도로주행기능검정을 실시하는 도로를 지정한 때에는 도로주행기능검정 실시도로 지정서에 의하여 통지하여야 한다. 이 경우 요일 · 시간대 및 통행량에 따라 도로주행기능검정의 시간 및 장소를 제한할 수 있다.

⑤ 도로주행기능강사가 도로주행용 자동차에 같이 승차하여 지도한다.

⑥ 교육생과 기능강사의 1 : 1 단독교육을 원칙으로 하되 교육에 장애가 없을 경우 교육생 1명을 동승시킬 수 있다.

⑦ 도로주행기능강사는 교육생의 본인 여부를 확인하고 교육생원부 및 수강증에 서명 날인하여야 한다.

⑧ 운전면허 또는 연습면허를 받은 사람에 대하여 실시하되 면허의 종별에 따라 단계적으로 교육한다.

⑨ 교육생이 교통법규를 준수하여 안전하게 운전할 수 있도록 지도한다.

⑩ 교육 중 예측하지 못한 상황이 발생하는 경우 교육생이 당황하지 않도록 신속히 대처한다.

(2) 도로주행시험을 실시하기 위한 도로의 기준(도로교통법 시행규칙 [별표 25])

구 분		설정길이 또는 횟수	도로 기준	기 타
총 주행거리		5km 이상	• 주행여건이 양호한 도로 – 교통량에 비해 폭이 넓은 도로 – 보행자 및 차마의 통행량이 비교적 일정한 도로 – 교통안전시설이 정비된 도로 • 기능시험장의 구간을 총 주행거리의 일부로 포함 가능	
지시속도에 의한 도로주행		1구간 400m	40km/h 이상의 속도로 주행할 수 있는 구간	도로 사정에 따라 300~500m 내외로 도로주행구역을 설정할 수 있음
차로변경		1회 이상	차로변경이 가능한 편도 2차로 이상의 도로	
방향전환	좌회전(유턴 포함) 또는 우회전	1회 이상	교통정리 중인 교차로 또는 교통정리 중이진 않으나 좌 · 우 방향이 분명한 교차로	도로주행시험 코스 내의 다른 교차로에서 각각 실시할 수 있으며, 반경 5km 이내에 신호교차로가 없는 경우에는 기능시험장 내의 교차로 이용이 가능
	직 진			
횡단보도 일시정지 및 통과		1회 이상	교통안전표지가 설치된 횡단보도	교차로 또는 횡단보도가 있는 도로에서 실시하며, 반경 5km 이내에 횡단보도가 없는 경우에는 기능시험장의 횡단보도 이용이 가능

(주) 운전면허시험장별로 4개 이상의 노선을 확보하여야 한다.

(3) 도로주행시험의 시험항목 · 채점기준 및 합격기준(도로교통법 시행규칙 [별표 26])

① 시험항목 및 채점기준

시험항목	세부항목		감 점	채점요령
1. 출발 전 준비(3)	차문 닫힘 미확인 (1)	출발 때 자동차문을 완전히 닫지 않은 채 각종 장치를 조작하는 경우	5	시험시간 동안 채점하며, 차량이 출발할 때 자동차문을 완전히 닫지 않았거나 주행 중에 자동차문이 열린 경우에 채점
	출발 전 차량점검 및 안전 미확인 (2)	차량승차 전 · 후에 차량주변의 안전을 직접 확인하지 않은 경우	7	시험시간 동안 채점하며, 차량 승차 전에 주변의 안전을 확인하고 승차 후에는 운전석에서 후사경 등을 이용하여 전 · 후 · 좌 · 우의 안전을 직접 고개를 숙이거나 돌려서 눈으로 확인하지 않은 경우에 채점
	주차 브레이크 미해제 (3)	주차 브레이크를 해제하지 않고 출발한 경우	10	시험시간 동안 채점하며, 주차 브레이크를 해제하지 않은 상태에서 차량을 출발시킨 경우 채점

시험항목	세부항목		감 점	채점요령
2. 운전자세(1)	정지 중 기어 미중립(4)	신호 또는 차량정체 등으로 10초 이상 정차할 때에 기어를 넣거나 기어가 들어가 있고 클러치 페달과 브레이크 페달을 동시에 밟고 있는 경우(자동변속기 차량으로 도로주행시험을 볼 때에는 신호 또는 차량정체 등으로 10초 이상 정차할 때에 변속레버를 중립위치로 두지 아니한 경우를 말한다)	5	시험시간 동안 채점하며, 신호대기 등으로 차량이 10초 이상 정지하고 있는 상태에서 기어를 넣거나 기어가 들어가 있음에도 클러치 페달과 브레이크 페달을 동시에 밟고 있는 경우 채점(자동변속기의 경우에는 신호대기 등으로 차량이 10초 이상 정지하고 있는 상태에서 변속레버를 중립위치에 두지 않은 경우 채점)
3. 출발(10)	20초 내 미출발(5)	통상적으로 출발하여야 할 상황인데도 기기조작 미숙 등으로 20초 이내에 출발하지 아니한 경우	10	시험시간 동안 채점하며, 신호대기 등으로 차량이 일시정지하였다가 다시 출발할 때 기기조작 미숙 등으로 출발이 20초 이상 늦어진 경우 채점
	10초 내 미시동(6)	엔진시동 정지 후 약 10초 이내에 시동을 걸지 못하는 경우	7	시험시간 동안 채점하며, 기기조작 미숙 등으로 시동이 정지된 경우 10초 이내에 다시 시동을 걸지 못한 경우 채점
	주변 교통 방해(7)	진행신호 중에 기기조작 미숙으로 출발하지 못하거나 불필요한 지연출발로 다른 차의 교통을 방해한 경우	7	시험시간 동안 채점하며, 진행신호에 따라 출발하려다가 기기조작 미숙 등으로 그 신호 중에 출발하지 못하거나 불필요한 지연출발로 다른 차의 교통을 방해한 경우 채점
	엔진 정지(8)	엔진시동 상태에서 기기조작 미숙으로 엔진이 정지된 경우	7	시험시간 동안 채점하며, 엔진시동 상태에서 기기조작 미숙으로 엔진이 정지(위험을 방지하기 위하여 부득이 급정지하거나 차량 고장으로 엔진시동이 정지된 경우는 제외한다)된 경우 채점
	급조작·급출발(9)	엔진의 지나친 공회전 또는 기기 등을 급조작하여 급출발하는 경우	7	시험시간 동안 채점하며, 기기 등의 조작이 능숙하지 못하거나 급조작하여 급출발을 하는 경우 또는 지나친 공회전이 생기는 경우 채점
	심한 진동(10)	기기 등의 조작불량으로 인한 심한 차체의 진동이 있는 경우	5	시험시간 동안 채점하며, 기기 등의 조작이 능숙하지 못하여 차에 심한 진동이 발생한 경우 채점

시험항목	세부항목		감 점	채점요령
3. 출발(10)	신호 안 함(11)	도로 가장자리에서 정차하였다가 출발할 때 방향지시등을 켜지 않고 차로로 진입한 경우	5	시험시간 동안 채점하며, 도로 가장자리(출발지점을 포함한다)에 정차하였다가 출발하여 차로로 진입할 때 방향지시등을 켜지 않고 진입하는 경우 채점
	신호 중지(12)	도로 가장자리에서 정차하였다가 출발 후 차로로 진입할 때 차로변경이 끝나기 전에 방향지시등을 끈 경우	5	시험시간 동안 채점하며, 도로 가장자리(출발지점을 포함한다)에 정지된 차를 운전하여 차로로 진입할 때 차로에 완전히 진입하기 전에 방향지시등을 소등한 경우 채점
	신호 계속(13)	도로 가장자리에서 정지하였다가 출발하여 차로변경이 끝났음에도 방향지시등을 계속켜고 있는 경우	5	시험시간 동안 채점하며, 도로 가장자리(출발지점을 포함한다)에 정차된 차를 운전하여 차로로 진입이 완료되었음에도 방향지시등을 소등하지 않고 계속해서 신호를 하는 경우 채점
	시동장치 조작 미숙(14)	엔진의 시동이 걸려 있는 상태에서 시동을 걸기 위하여 다시 시동장치를 조작하는 경우	5	시험시간 동안 채점하며, 엔진시동이 걸려 있는 상태임에도 시동을 걸기 위하여 시동키를 돌리는 등 시동장치를 조작하는 경우 채점
4. 가속 및 속도 유지(3)	저속(15)	교통상황에 따른 통상속도보다 낮은 경우	5	시험시간 동안 채점하며, 주변 교통상황에 따라 주행을 하여야 함에도 불구하고 주변 교통상황에 맞게 주행하지 못하고 저속 주행하는 경우 채점
	속도 유지 불능(16)	교통상황에 따른 통상속도를 유지할 수 없는 경우	5	시험시간 동안 채점하며, 주변 교통상황에 따를 때 내야 하는 통상속도를 유지하지 못하거나 가속과 제동을 반복하는 경우 채점
	가속 불가(17)	부적절한 기어변속으로 교통상황에 맞는 속도로 주행하지 않은 경우	5	시험시간 동안 채점하며, 주변 교통상황에 맞는 통상속도를 내는 과정에서 그 속도에 맞는 기어변속을 하지 못한 채 저속 기어에서 가속만 하는 경우 채점

시험항목	세부항목		감 점	채점요령
5. 제동 및 정지(4)	엔진 브레이크 사용 미숙 (18)	정지하기 위해 제동이 필요한 상황에서 클러치 페달로 동력을 끊어 주행하거나 미리 기어를 중립에 두는 경우(자동변속기의 경우에는 정지하기 전에 미리 변속 레버를 중립에 둔 경우를 말한다) 또는 속도를 줄일 때 미리 가속페달에서 발을 떼어 엔진 브레이크를 사용하지 아니한 때	5	시험시간 동안 채점하며, 브레이크 페달을 밟기 이전에 클러치 페달을 밟거나 기어를 중립에 위치시켜 엔진 브레이크 작동을 막고 타력주행을 한 경우(자동변속기의 경우에는 정지하기 전에 미리 변속 레버를 중립에 둘 때를 말한다)
	제동 방법 미흡 (19)	교통상황에 따라 제동이 필요한 경우임에도 브레이크 페달에 발을 옮기고 제동준비를 하지 않는 경우	5	시험시간 동안 채점하며, 교통상황에 따라 제동이 필요한 상태에서 미리 발을 브레이크 페달로 옮겨놓지 않는 경우 채점
	정지 때 미제동 (20)	신호대기 등으로 잠시 정지하고 있는 사이에 브레이크 페달을 밟고 있지 않은 경우	5	시험시간 동안 채점하며, 자동변속기 차량의 경우에는 일시정지 때 브레이크 페달을 밟고 있지 않는 경우에 채점하고, 수동변속기 차량의 경우에는 일시정지 때 클러치 페달만 밟고 브레이크 페달은 밟지 않거나, 기어를 중립으로 한 때 브레이크 페달을 밟지 않은 경우 채점
	급 브레이크 사용 (21)	정지하거나 제동할 때 급감속 또는 급제동 등으로 차 안에 있는 사람이 심히 요동할 정도의 강한 제동을 한 경우	7	시험시간 동안 채점하며, 위험방지를 위하여 부득이하게 급정지해야 하는 상황이 아닌데도 뒤따르던 차에 위험을 주거나 차 내 탑승자가 심하게 요동할 정도로 급정지한 경우 채점
6. 조향(1)	핸들 조작 미숙 또는 불량 (22)	1) 핸들 조작을 지나치게 하거나 핸들 복원이 늦은 경우 2) 운전장치 조작 때 차체의 진동 또는 흔들림으로 인한 불균형 상태가 발생한 경우 3) 주행 중에 핸들의 아래 부분만을 잡고 있는 경우 4) 한 손으로 핸들을 잡고 진행하고 있는 경우 5) 도로의 구부러진 부분을 주행하는 경우 양팔을 교차한 채로 핸들을 유지하고 있는 경우 6) 핸들을 조작할 때마다 상체가 한쪽으로 쏠릴 때	7	시험시간 동안 채점하며, 급격한 핸들 조작으로 자동차의 타이어가 옆으로 밀린 경우, 핸들 복원을 하는 시기가 늦은 경우, 운전조작의 잘못으로 차체가 균형을 잃은 경우, 주행 중에 핸들의 아래 부분만을 잡거나 한 손으로 잡은 경우 또는 조향장치의 조작불량 등으로 차량의 안전운전 위험 요인이 발생할 때마다 채점

시험항목	세부항목		감 점	채점요령
7. 차체 감각(2)	우측 안전 미확인 (23)	1) 진행방향의 교차로 직전에 이륜차 등이 있거나 이륜차 등과 나란히 하는 경우에 이륜차 등을 먼저 출발시키지 않은 경우 2) 우회전 직전에 직접 눈으로 또는 후사경으로 오른쪽 옆의 안전(사각)을 확인하지 않은 경우	7	시험시간 동안 채점하며, 우회전 직전에 우측에서 교차로 방향으로 나란히 하던 이륜차 등을 먼저 보내지 않거나, 우측에 따라오는 이륜차 등의 유무를 고개를 숙여 후사경 등을 통하여 사각을 확인하지 아니하거나 말려듦을 확인하지 아니한 경우 채점
	1m 간격 미유지 (24)	마주 오는 차와의 교행, 주·정차 차량, 건조물, 그 밖의 장애물의 옆을 통과할 때 옆쪽 간격을 1m 이상 유지하지 못하는 경우	7	시험시간 동안 채점하며, 부득이한 상황으로 인하여 일정한 간격을 확보할 수 없는 상황이 아닌데도 도로상의 각종 장애물과의 간격을 1m 이상 유지하지 못하는 경우 채점
8. 통행 구분(4)	지정차로 준수 위반 (25)	도로의 중앙에서 오른쪽으로 2차로(전용차로가 설치되어 운용되고 있는 도로에서는 전용차로를 제외한다) 이상의 도로 및 일방통행로에서 그 차로에 따른 통행차의 기준을 따르지 아니한 경우	7	시험시간 동안 채점하며, 차로에 따른 통행차의 기준을 따르지 아니한 경우 채점
	앞지르기 방법 등 위반 (26)	1) 시험용 자동차를 앞지르기 하고 있는 자동차 등의 앞지르기가 끝나기 전에 시험용 자동차가 가속을 한 경우 2) 앞차가 좌회전하기 위하여 도로의 중앙 또는 좌측에 다가가서 통행하고 있는 경우에 앞지르기를 위하여 그 좌측을 통행하거나 통행하려고 한 경우 3) 앞지르기를 하려고 하는 경우에 반대방향 또는 뒤쪽 교통 및 앞차의 앞쪽 교통에 주의를 하지 않고 진행하거나 진행하려고 한 경우 4) 앞차가 다른 자동차를 앞지르고자 하는 경우에 앞지르기를 시작하거나 시작하려고 한 경우	7	시험시간 동안 채점하며, 시험용 자동차를 앞지르고 있는 다른 차의 앞지르기를 고의로 방해하거나 앞지르기 방법을 위반하여 앞지르기를 한 경우 또는 앞지르기를 금지하는 때와 장소에서 앞지르기를 한 경우 채점

시험항목	세부항목		감 점	채점요령
8. 통행 구분(4)	앞지르기 방법 등 위반 (26)	5) 앞차의 좌측에 다른 차가 나란히 하고 있는 경우에 앞지르기를 시작하거나 시작하려고 한 경우 6) 자동차 등을 앞지르기하기 위하여 그 우측을 통행하거나 통행하려고 한 경우 7) 다음 장소에서 다른 자동차 등(이륜차는 제외한다)을 앞지르기 위하여 진로를 변경하거나 변경하려고 한 경우 또는 앞차의 옆을 통과하거나 통과하려고 한 경우 가) 도로의 구부러진 곳 나) 오르막길의 정상부근 다) 급한 내리막길 라) 교차로 마) 터널 안 바) 다리 위 사) 철길건널목 또는 횡단보도 등의 앞가장자리에서 차량진행 방향으로 30m 이내의 부분 아) 시·도경찰청장이 안전표지로 지정한 곳	7	
	끼어들기 금지 위반 (27)	1) 도로의 합류지점에서 정당하게 진입하지 않은 경우 2) 경찰공무원 등의 지시에 따르거나 위험방지를 위하여 정지 또는 서행하고 있는 다른 차 앞을 끼어들 경우	7	시험시간 동안 채점하며, 정당한 차로변경과 달리 빨리 가기 위해 신호나 지시에 따라 정상적으로 주행하는 차량 앞으로 진행하는 경우 채점
	차로 유지 미숙 (28)	1) 직선도로를 통행하거나 구부러진 도로를 돌 때 차로를 침범하여 통행한 경우 2) 안전지대 또는 출입금지부분에 들어가거나 들어가려고 한 경우 3) 길가장자리구역에 차체의 일부가 넘어가 통행하거나 통행하려고 한 경우	5	시험시간 동안 채점하며, 시험용 차량이 다른 차로를 함부로 침범하여 통행한 경우 또는 진입이 금지된 장소를 침범하여 운전한 경우 또는 보행자 통행을 위한 길가장자리 구역을 차체가 침범한 상태로 통행한 경우 채점(법령에 따른 경우 또는 마주 오는 차와의 교행 등으로 인하여 부득이하게 세부항목을 위반한 경우로서 보행자나 이륜차 등의 통행을 방해할 우려가 없는 경우에는 적용하지 않는다)

시험항목	세부항목		감 점	채점요령
9. 진로 변경(8)	진로 변경 시 안전 미확인 (29)	진로를 변경하려는 경우(유턴을 포함한다)에 고개를 돌리는 등 적극적으로 안전을 확인하지 않은 경우	10	시험시간 동안 채점하며, 통행차량에 대한 안전을 고개를 돌리거나 후사경 등으로 적극적으로 확인하지 않고 진로를 변경하거나 회전한 경우 채점
	진로 변경 신호 불이행 (30)	진로변경 때 변경 신호를 하지 않은 경우	7	시험시간 동안 채점하며, 진로를 변경할 때 진로를 변경하려는 방향으로 해당 방향지시등을 켜지 않은 경우 채점
	진로변경 30m 전 미신호 (31)	진로변경 30m 앞쪽 지점부터 변경 신호를 하지 않은 경우	7	시험시간 동안 채점하며, 진로를 변경할 때 안전 확보를 위해 진로변경 30m 앞쪽 지점부터 진로를 변경하려는 방향으로 해당 방향지시등을 켜지 않은 경우 채점
	진로변경 신호 미유지 (32)	진로변경이 끝날 때까지 변경 신호를 계속하지 않은 경우	7	시험시간 동안 채점하며, 진로변경이 끝날 때까지 방향지시등을 유지하지 못하는 경우 채점
	진로변경 신호 미중지 (33)	진로변경이 끝난 후에도 변경 신호를 중지하지 않은 경우	7	시험시간 동안 채점하며, 안전하게 진로변경을 하고도 방향지시등을 끄지 않고 10m 이상 계속해서 주행하는 경우 채점
	진로변경 과다 (34)	다른 통행차량 등에 대한 배려 없이 연속해서 진로를 변경하는 경우	7	시험시간 동안 채점하며, 뒤쪽이나 옆쪽 교통의 안전을 무시하고 연속적으로 2차로 이상 진로변경을 하는 경우 채점
	진로변경 금지장소에서의 진로변경 (35)	1) 진로변경이 금지된 교차로, 횡단보도 등에서 진로를 변경하는 경우 2) 유턴할 수 있는 구간에서 차량이 중앙선을 밟거나 넘어가서 유턴한 경우	7	시험시간 동안 채점하며, 교차로, 횡단보도 등 진로변경이 금지된 장소에서 진로변경을 하거나 차량이 중앙선을 밟거나 넘어간 상태에서 유턴하는 경우 채점
	진로변경 미숙 (36)	1) 뒤쪽에서 진행하여 오는 자동차가 급히 감속 또는 방향을 급변경하게 할 우려가 있음에도 진로를 바꾸거나 바꾸려고 한 경우 2) 진로를 바꿀 수 있음에도 불구하고 그 시기를 놓치고 진로를 바꾸지 않았기 때문에 뒤쪽에서 진행해 오는 자동차 등의 통행에 방해가 된 경우	7	시험시간 동안 채점하며, 무리하게 진로를 변경함으로써 뒤쪽 차에게 위험을 주게 한 경우 또는 진로변경으로 뒤쪽 차에 차로를 양보할 수 있었음에도 시기를 놓쳐 뒤쪽 차의 교통을 방해한 경우 채점

시험항목	세부항목		감 점	채점요령
10. 교차로 통행 등(7)	서행 위반 (37)	다음의 장소에서 서행하지 않은 경우 1) 좌회전 또는 우회전이 필요한 도로인 경우 2) 교통정리를 하지 않고 있는 교차로에 들어가려고 하는 경우 3) 안전표지 등으로 지정된 서행장소를 통행하는 경우 4) 좌·우를 확인할 수 없는 교차로에 들어가려고 하는 경우 5) 도로의 모퉁이 부근 또는 오르막길의 정상부근 또는 경사가 급한 내리막길을 통행하는 경우	10	시험시간 동안 채점하며, 서행을 하도록 규정한 경우와 서행장소에서 서행을 하지 않은 경우 채점
	일시정지 위반 (38)	다음의 장소에서 일시정지하지 않은 경우 1) 교통정리가 행하여지고 있지 아니하고 좌우를 확인할 수 없거나 교통이 빈번한 교차로 2) 안전표지 등에 의하여 지정된 일시정지장소를 통행하는 경우	10	시험시간 동안 채점하며, 일시정지를 하도록 규정한 경우와 장소에서 일시정지를 하지 않은 경우 채점
	교차로 진입 통행 위반 (39)	교차로에서 우회전 시 미리 도로의 우측 가장자리를, 좌회전 때 미리 도로의 중앙선을 따라 교차로의 중심 안쪽을 각각 서행하지 않은 경우	7	시험시간 동안 채점하며, 교차로에서 좌·우회전할 때 교차로 통행방법을 위반한 경우 채점
	신호차 방해 (40)	교차로에서 좌·우회전하려고 손이나 방향지시기 또는 등화로써 신호를 하는 차가 있는 경우에 그 차의 진행을 방해한 경우	7	시험시간 동안 채점하며, 교차로에서 좌·우회전하는 다른 차의 교통을 방해한 경우 채점
	꼬리 물기 (41)	신호기에 의하여 교통정리가 행하여지고 있는 교차로에서 진행하려는 진로의 앞쪽에 있는 차의 상황에 따라 교차로(정지선이 설치되어 있는 경우에는 그 정지선을 넘은 부분을 말한다)에 정지하게 되어 다른 차의 통행에 방해가 될 우려가 있음에도 그 교차로에 진입한 경우	7	시험시간 동안 채점하며, 교차로에서 정지선을 지나서 교차로에 진입하여 다른 차량의 교통에 방해가 되는 경우 채점
10. 교차로 통행 등(7)	신호 없는 교차로 양보 불이행 (42)	1) 교통정리가 행하여지고 있지 않은 교차로에서 다른 도로로부터 이미 그 교차로에 들어가고 있는 차가 있는 경우에 그 차의 진행을 방해한 경우 2) 교통정리가 행하여지고 있지 않은 교차로에서 시험용 자동차와 동시에 교차로에 들어가려고 하는 우측도로의 차에 진로를 양보하지 않은 경우 3) 교통정리를 하고 있지 않은 교차로에서 시험용 자동차가 통행하는 도로보다 폭이 넓은 도로로부터 그 교차로에 들어가려고 하는 다른 차가 있는 경우에 그 차에게 진로를 양보하지 않은 경우	7	시험시간 동안 채점하며, 교차로 통행방법을 위반하였거나 교차로 안에서 부득이한 사유 없이 차량을 정차하여 다른 차의 교통을 방해한 경우 채점
	횡단보도 직전 일시정지 위반 (43)	1) 횡단보도예고표시(시행규칙 [별표 6] 제5호 노면표시 529)부터 서행하지 아니한 경우 2) 횡단보도 정지선 또는 횡단보도 직전에 정지하지 아니하여 앞범퍼가 정지선 또는 횡단보도를 침범한 경우	10	시험시간 동안 채점하며, 횡단보도예고표시가 있는 지점부터 서행으로 진입하지 아니하거나, 횡단보도 정지선 또는 횡단보도를 침범한 경우 채점
11. 주행 종료(3)	종료 주차 브레이크 미작동 (44)	시험종료 후 주차브레이크를 당기지 않은 경우	5	시험종료 후 차량이 정지한 상태에서 주차 브레이크를 조작하지 않은 경우 채점
	종료 엔진 미정지 (45)	시험종료 후 엔진시동을 끄지 않은 경우	5	시험종료 후 엔진시동을 끄지 않고 하차하는 경우 채점
	종료 주차 확인 기어 미작동 (46)	시험종료 후 기어 등을 바르게 하지 않은 경우	5	시험종료 후 차량의 안전을 위해 기어를 1단 또는 후진으로 하지 않은 경우(자동변속기가 있는 자동차의 경우는 선택레버를 P의 위치로 두지 않은 경우를 말한다) 채점

※ 비 고

1. 시험항목란의 ( )는 각 과제별 시험항목 수를 말한다.
2. 세부항목란의 ( )는 전체 46개 채점항목의 일련번호를 말한다.
3. 각 채점항목은 채점요령에서 정하는 바에 따라 중복 감점할 수 있음을 유의하여야 한다.
4. 내용란의 ( ) 안에 표시한 약자는 도로주행 시험관이 채점과정에서 착오를 일으키지 않도록 채점표에 구체적으로 표시하기 위한 것이다.
5. 시험과정 중 감점사항을 즉시 알리면 응시자에게 불안 심리를 가져올 수 있으므로 감점사유 발생 시에는 「채점표」에 정확히 표시(정정)하였다가 시험종료 후 불합격한 사람에게는 그가 원하는 경우 채점표 사본을 내주고 감점이유 등을 설명해 주어야 한다.

② 합격기준

㉠ 도로주행시험은 100점을 만점으로 하되, 70점 이상을 합격으로 한다.

㉡ 다음의 어느 하나에 해당하는 경우에는 시험을 중단하고 실격으로 한다.

- 3회 이상 출발불능, 클러치 조작불량으로 인한 엔진 정지, 급브레이크 사용, 급조작·급출발 또는 그 밖에 운전능력이 현저하게 부족한 것으로 인정할 수 있는 행위를 한 경우
- 안전거리 미확보나 경사로에서 뒤로 1m 이상 밀리는 현상 등 운전능력 부족으로 교통사고를 일으킬 위험이 현저한 경우 또는 교통사고를 야기한 경우
- 음주, 과로, 마약·대마 등 약물의 영향이나 휴대전화 사용 등 정상적으로 운전하지 못할 우려가 있거나, 교통안전과 소통을 위한 시험관의 지시 및 통제에 불응한 경우
- 법 제5조에 따른 신호 또는 지시에 따르지 않은 경우
- 법 제10조부터 제12조까지, 제12조의2 및 제27조에 따른 보행자 보호의무 등을 소홀히 한 경우
- 법 제12조 및 제12조의2에 따른 어린이보호구역, 노인 및 장애인 보호구역에 지정되어 있는 최고속도를 초과한 경우
- 법 제13조 제3항에 따라 도로의 중앙으로부터 우측 부분을 통행하여야 할 의무를 위반한 경우
- 법령 또는 안전표지 등으로 지정되어 있는 최고속도를 10km/h 초과한 경우
- 법 제29조에 따른 긴급자동차의 우선통행 시 일시정지하거나 진로를 양보하지 않은 경우
- 법 제51조에 따른 어린이통학버스의 특별보호의무를 위반한 경우
- 시험시간 동안 좌석안전띠를 착용하지 않은 경우

03 자동차 구조 및 기능

1 자동차의 구조

1. 자동차의 구조분류

자동차는 많은 부품으로 구성되어 있으나 주요 부분을 크게 나누면 차체(Body & Frame)와 섀시(Chassis)로 구분할 수 있다.

(1) 차체(Body)

① 자동차의 겉을 이루고 있는 부분이며, 프레임 위나 현가장치와 직접 연결되어 있어 사람이나 화물을 싣는 부분을 말한다.

② 모양은 용도에 따라 승용차, 버스, 화물차 등 다르며, 차체는 엔진룸(Engine Room), 트렁크(Trunk) 등으로 구성되어 있다.

(2) 프레임(Frame)

프레임은 차량의 골격을 형성하고 주행 중의 차체하중, 각종 반력 등을 받아 지탱하는 빔으로서, 충분한 강도와 강성을 필요로 한다. 승용차의 경우는 대부분 보디구조와 일체형으로 차체골격을 형성하고 있다.

① **보통 프레임** : 보통 프레임은 2개의 세로 멤버와 몇 개의 가로 멤버를 조합한 것이다.

② **특수 프레임** : 특수 프레임은 차체하중을 가볍게 하고 또 차량의 중심을 낮게 할 목적으로 제작한 것으로 백본형, 플랫폼형, 트러스형 등이 있다.

(3) 섀시(Chassis)

① 섀시란 그 자체가 자동차로서의 기능을 충분히 발휘할 수 있는 부분을 말한다.

② 주행의 원동력이 되는 엔진을 비롯하여 동력전달장치, 조향장치, 차륜, 차축, 현가장치 등의 주행장치 그리고 전기장치 등으로 나눌 수 있다.

[자동차의 정의와 종류]

자동차의 정의	원동기에 의하여 육상을 이동할 목적으로 제작된 용구 또는 이에 견인되어 육상을 이동할 목적으로 제작된 용구(자동차관리법)	
구조·기능에 따른 분류	기관과 에너지원	전기·내연기관
	기관의 위치	중앙배치·전(前)·후(後)·언더시트 엔진·바닥밑 기관
	구동방식	전륜(前輪)·후륜(後輪)·전륜(全輪) 구동방식
	차륜수와 주행방식	2·3·4·6륜, 다륜, 크롤러, 호버 크래프트 자동차
차체의 형태에 따른 분류	형 상	승용차(세단, 리무진, 쿠페, 컨버터블), 버스(보닛, 상자형, 캡 오버), 트럭(픽업, 보닛, 캡 오버), 트레일러 트럭(세미, 풀, 복식)
	용 도	승용·화물 승용자동차, 스포츠카, 승합·화물자동차, 특별용도차, 특별장비차, 특수차

2. 자동차의 구조와 성능

(1) 동력발생장치(엔진)

① **기능** : 엔진은 연료가 연소되면서 발생하는 열에너지를 기계적인 에너지로 바꾸어 자동차가 움직이는 데 필요한 동력을 얻는 장치이다.

② **엔진의 종류** : 사용하는 연료에 따라서 가솔린 엔진, 디젤 엔진, LPG 엔진으로 구분한다.

㉠ 가솔린 엔진 : 연료와 공기의 혼합가스를 전기 불꽃에 의하여 폭발시켜 동력을 얻는다.

㉡ 디젤 엔진 : 엔진 실린더 내에 공기만을 흡입하여 피스톤으로 고압축하면 흡입된 공기가 고온(500~700℃)이 된 상태에서 연료(경유)를 분사하여 자연착화로 폭발하게 하여 동력을 발생시키는 엔진

㉢ LPG 엔진 : 가솔린이나 경유 대신에 액화 석유가스(LPG)를 주연료로 가솔린 엔진에서처럼 불꽃 점화에 의해 폭발력을 얻는 엔진이다.

※ 연료공급과정 : LPG용 가스용기(고압 탱크) → 여과기 → 솔레노이드 밸브 → 가스조정기 → 혼합기 → 실린더

③ 동력발생순서 : 요즘 엔진의 대부분은 흡입 → 압축 → 폭발 → 배기의 4행정방식으로 작동한다.
㉠ 흡입(Suction)행정 : 피스톤 하강, 혼합가스 실린더 내로 유입
㉡ 압축(Compression)행정 : 피스톤 상승, 혼합가스 압축
㉢ 폭발(Power)행정 : 압축 혼합가스의 연소, 폭발력 발생해 피스톤 하강
㉣ 배기(Exhaust)행정 : 연소 완료된 가스를 피스톤이 위로 올라가며 배출함

④ SOHC와 DOHC
㉠ SOHC(Single Over Head Camshaft) : 흡입밸브와 배기밸브가 1개씩인 엔진
㉡ DOHC(Double Over Head Camshaft) : 흡입밸브와 배기밸브가 2개씩인 엔진으로 보다 많은 혼합가스를 실린더 안으로 공급하고 연소 후 배기가스를 신속히 배출해 엔진의 출력을 증대시키는 장점이 있지만 구조가 조금 복잡하고 소음이 많다는 단점도 있음

(2) 연료장치

① 연료장치의 구조 : 연료를 저장하는 연료탱크, 연료 속의 불순물을 제거하는 연료필터, 엔진에 연료를 공급하기 위한 연료펌프, 연료를 에어클리너를 통해서 들어온 공기와 섞어 혼합기를 만드는 기화기(카뷰레터), 혼합기를 실린더로 보내는 흡기 매니폴드 등으로 구성되어 있다.
② 연료공급순서 : 연료탱크 → 연료세정기(필터) → 연료펌프 → 기화기
③ 전자제어 연료분사방식
㉠ 최근의 가솔린 엔진 자동차들은 연소에 필요한 연료의 양을 컴퓨터에 의해서 점화시기에 맞추어서 실린더에 공급하는 전자제어 연료분사방식이 사용되고 있다.
㉡ 전자제어 연료분사방식은 연료의 완전연소를 도움으로써 엔진의 출력을 향상시키고 미연소로 인한 배기가스 문제의 해결에도 효과가 크다.

(3) 윤활장치

① 윤활장치는 엔진 내부의 마찰부에 오일을 공급하여 마찰을 감소시키고 부품의 마멸을 최소로 해주는 장치이다.
② 윤활유는 산화방지제, 부식방지제, 유동점강화제, 점도지수향상제, 유성향상제 등 각종 첨가제가 함유되어 엔진 및 부품의 수명을 연장시킨다.
③ 윤활유의 기능
㉠ 냉각작용 : 각 회전 부분과 미끄럼운동 부분의 마찰을 줄여주고 마찰에 의해 발생한 열을 흡수하여 방열
㉡ 세척작용 : 마멸된 금속분말 및 불순물을 제거
㉢ 충격 및 소음 감소 : 엔진의 운동부에서 발생하는 충격 및 소음을 감소시키는 작용
㉣ 방청작용 : 금속 부분의 산화 및 부식을 방지하고 금속 부분을 보존

(4) 냉각장치

① 기능 : 냉각장치는 엔진의 과열을 방지하고 엔진을 냉각시켜 적절한 온도를 유지하는 장치이다.
② 종류 : 이륜차와 같은 소형 엔진에 많이 사용되는 공랭식 냉각장치와 자동차에 많이 사용하는 수랭식 냉각장치로 구분할 수 있다.
㉠ 수랭식 냉각장치 : 방열기, 물펌프, 냉각팬, 수온조절기(서모스탯) 등으로 구성되어 있다.
- 방열기(Radiator) : 냉각수를 식히는 장치로, 튜브와 핀으로 구성
- 물펌프(Water Pump) : 임펠러(Impeller) 회전 시 원심력 발생 → 냉각수의 순환
- 수온조절기(Theromostat) : 80℃ 안팎에서 개폐되는 냉각수 적정 온도 유지장치
- 냉각팬 : 강제 통풍을 통해 냉각 효과의 발생, 배기 매니폴드의 과열을 방지
- 팬벨트 : 팬의 회전을 조절 → 구동손실을 줄이고 기관의 과냉을 방지

㉡ 공랭식 냉각장치 : 엔진을 직접 외부 공기와 접촉시켜 열을 발산(자연송풍 냉각방식, 강제송풍 냉각방식)

(5) 전기장치

전기장치는 점화장치, 시동장치, 축전지, 충전장치로 구성되어 있다.
① 점화장치 : 연소실 안에 압축된 혼합기를 적절한 시기에 전기 불꽃으로 점화하여 연소시키는 장치이다.
② 시동장치 : 엔진의 최초 시동은 외부의 힘에 의하여 회전을 시키지 않으면 안 되는데, 이 역할을 하는 장치가 바로 시동장치이다.
③ 축전지(Battery) : 엔진의 점화나 시동 시에 전원이 되는 것으로서 전기에너지를 화학에너지로 저장하였다가 필요할 때 전기를 공급해 주는 장치이다.
④ 충전장치 : 주행 중에 자동차의 각종 전기기기에 전력을 공급함은 물론 축전지를 충전시키는 역할도 행하는 장치이다.

(6) 동력전달장치

① 기능 : 동력전달장치는 엔진에서 생성된 동력을 타이어까지 전달하는 장치이다.
② 구성 : 동력전달장치는 클러치, 변속기, 추진축, 자재이음, 차동장치, 차축 등으로 구성되어 있다.
㉠ 클러치 : 엔진의 회전동력을 필요에 따라 단속하는 일과 함께 변속기에 전달하는 역할을 수행함으로써 차의 발진을 원활하게 하여 주는 장치이다.
㉡ 변속기(Transmission) : 엔진에서 발생한 회전동력을, 필요에 따라 기어의 물림을 바꾸어 차의 속도나 힘을 변하게 하거나 추진시키는 장치이다.
㉢ 구동장치 : 동력을 변속기에서 구동축까지 전달하는 장치를 말한다.

※ 동력전달순서 : 클러치 → 변속기 → 자재이음 → 추진축 → 차동기 → 후차축 → 후차륜

③ 방 식
㉠ 전륜구동형(FF ; Front engine Front wheel drive) 동력전달방식
- 엔진이 앞에 있고 앞바퀴에 의해 구동되는 방식
- 클러치, 변속기(T/M ; Transmission), 추진축 및 리어 액슬(Rear Axle) 등으로 구성
- 엔진은 종방향(Longitudinal)으로 배치

• 동력전달순서 : 엔진 → 클러치 → 변속기 → 추진축 → 종감속기어 → 액슬축 → 뒷바퀴

㉡ 후륜구동형(FR ; Front engine Rear wheel drive) 동력전달방식
• 엔진은 앞에 있고 뒷바퀴에 의해 구동되는 방식
• 클러치, 변속기(T/A ; Transaxle) 및 추진축 등으로 구성
• 엔진은 횡방향(Transverse)으로 배치
• 동력전달순서 : 엔진 → 클러치 → 변속기 → 추진축 → 앞바퀴

㉢ RR식(Rear engine Rear wheel drive) 동력전달방식 : 엔진이 뒤에 있고 뒷바퀴에 의해 구동되는 방식

㉣ 4WD식(4Wheel Drive) 동력전달방식 : 네 바퀴 모두에 동력이 전달되는 방식

(7) 조향장치

① **기능** : 핸들을 움직여서 자동차의 진행방향을 바꾸는 장치이다.

② **구성** : 조향장치는 조향핸들과 조향축 그리고 충격흡수식 조작기구로 구성되어 있다.

③ **앞바퀴의 정렬** : 조향핸들의 조작을 안전하게 하고 조향핸들에 복원성을 주며 타이어의 마모를 최소화시켜 준다.

㉠ 캠버 : 진행 방향 정면에서 보았을 때 노면으로부터 수직선을 이루는 앞바퀴의 각도(보통 0.5~2°)로서, 핸들의 조작을 가볍게 하고 앞차축의 휨을 방지한다.

㉡ 킹핀 경사각 : 킹핀축의 중심과 노면에 대한 수직선이 이루는 각도(보통 6~9°)로서, 핸들의 조작을 가볍게 하고 시미(Shimmy ; 핸들의 흔들림) 현상을 방지하고 복원성을 주어 직진위치로 쉽게 돌아오게 한다.

㉢ 토인 : 앞바퀴를 위에서 보았을 때 앞쪽을 뒤쪽보다 좁게 한 것(2~6mm)으로서, 캠버각에 의한 원뿔운동을 직진운동으로 하고, 조향링키지의 마모에 의한 토아웃을 방지함

㉣ 캐스터 : 앞바퀴를 옆에서 보았을 때 앞바퀴를 차축에 설치하는 킹핀(또는 조향축)이 수직선과 이루는 각도로서, 앞바퀴에 방향성과 복원성을 발생시킴

④ **핸들 조작상 주의할 점**

㉠ 정지 중에 있는 차의 핸들을 무리하게 돌리지 않는다. → 각 연결부와 타이어가 손상된다.

㉡ 주행 중에 급핸들을 하지 않는다. → 원심력에 의해 옆으로 미끄러지거나 구르게 될 위험이 있다.

㉢ 고속도로 주행 중 터널 등의 출구에서는 옆바람을 받게 되어 핸들을 놓칠 위험이 있으므로 주의해야 한다.

(8) 제동장치

① **제동장치의 기능**

㉠ 제동장치는 주행하는 자동차를 뜻대로 속도를 감속, 정지 및 주차상태를 유지하는 장치로서 마찰을 이용한다.

㉡ 일반적으로 제동장치는 차량이 가지고 있는 운동에너지를 열에너지로 변환하는 것이다.

② **제동장치의 구조** : 풋 브레이크, 핸드 브레이크, 엔진 브레이크 등으로 구성되어 있다.

㉠ 풋 브레이크 : 발로 조작하는 브레이크로 네 바퀴 모두에 제동을 걸어주는 제동장치의 중요한 역할을 한다.

㉡ 핸드 브레이크 : 손으로 사용하는 브레이크로 뒷바퀴만 제동을 걸어주는 기계식 제동장치이며, 주·정차 시에 사용하는 브레이크이다.

㉢ 엔진 브레이크 : 주행 중 가속페달에서 발을 떼거나 혹은 저단으로 기어를 변속하면 속도가 줄어드는 것을 말한다. 내리막길에서 주로 사용한다.

③ **브레이크 본체**

㉠ 브레이크 본체는 구조상 드럼식과 디스크식 브레이크로 나뉜다.

㉡ 보통의 경우 앞쪽은 디스크식을, 뒤쪽은 드럼식을 사용하나, 고급 차량의 경우 앞뒤를 모두 디스크식으로 사용하기도 한다.

④ **제동장치 조작상 주의할 점**

㉠ 브레이크 조작은 미리 행하고 가볍게 여러 번 사용한다.

㉡ 커브길에서는 돌기 전에 충분히 속도를 낮추고 통과한다.

㉢ 고속 주행에서 속도를 낮출 경우 먼저 엔진 브레이크로 속도를 줄인 후에 풋 브레이크를 사용한다.

㉣ 주차할 때는 핸드 브레이크를 충분히 당겨 놓고 오르막길일 경우 기어는 로에, 평지나 내리막길에서는 백에 둔다.

㉤ 물이 괸 곳을 주행할 때는 브레이크 페달을 가볍게 밟고 주행함으로써 마찰열에 의해 물기가 마르게 해야 한다.

(9) 현가장치(Suspension)

① **기능** : 현가장치(Suspension)는 차축과 차체를 연결하여, 주행 중 차축이 받는 진동이나 충격을 감소시켜 차체를 보호하고 승차감을 향상시키는 장치이다.

② **구성** : 섀시 스프링(노면 충격의 완화), 쇼크 업서버(섀시 스프링의 자유진동 억제), 스태빌라이저(자동차가 옆으로 흔들리는 것을 방지) 등으로 구성

③ **종 류**

㉠ 앞현가장치(Front Suspension) : 프레임과 차축 사이를 연결하여 차의 중량을 지지하고 바퀴의 진동을 흡수하며, 조향기구의 일부를 설치하는 장치
• 일체 차축현가식(Solid Axle Suspension) : 일체로 된 차축에 양바퀴를 설치하고, 다시 그것이 스프링을 거쳐 차체에 설치된 형식(버스, 트럭의 앞·뒤차축과 일부 승용차의 뒤차축)
• 독립현가식(Independant Suspension) : 차축을 분할하여 양쪽 바퀴가 서로 관계없이 움직이게 하여 승차감과 안정성을 높임(최근에는 구조가 간단하고 구성 부품이 적으며 승차감이 좋은 맥퍼슨 타입의 현가장치를 많이 사용함)

㉡ 뒤현가장치(Rear Suspension) : 대개 차축현가식(좌우의 휠을 하나의 액슬로 연결해 스프링을 거쳐 차체를 떠받치는 방식)을 많이 사용함

④ **토션바(Torsion Bar) 스프링** : 단위무게당 에너지 흡수원이 다른 스프링에 비해 크기 때문에 무게가 가볍고 구조가 간단하다.

⑤ **쇼크 업서버** : 차체와 현가장치 사이에 설치되며, 진동을 신속하게 흡수하는 기능을 수행한다(대개 유압식 텔레스코픽(Telescopic) 쇼크 업서버를 사용함).

⑥ 스태빌라이저 바(Stabilizer Bar) : 자동차가 커브를 돌 때 원심력 때문에 기울거나 흔들리는 현상을 방지하기 위해 막대축을 앞바퀴 양축에 설치하고 막대의 탄성을 이용하여 양쪽 바퀴가 한 방향으로 가도록 유도한다.

(10) 주행장치

① 기능 : 주행장치는 엔진에서 발생된 동력이 마지막으로 전달되는 곳이다.

② 구성 : 주행장치는 타이어와 휠(Wheel)로 구성되어 있다.

㉠ 타이어 : 휠의 림(Rim)에 끼워져서 회전하며 주행하거나 정지한다. 차량의 중량을 떠받쳐 주고 지면으로부터의 충격을 흡수해 승차감을 좋게 한다.

㉡ 휠 : 타이어와 함께 차량의 중량을 지지하고 구동력과 제동력을 지면에 전달해 주는 역할을 한다. 휠은 가볍고 노면의 충격에 잘 견디며 타이어에서 발생하는 열을 잘 흡수해서 대기 중으로 방출시켜 줄 수 있어야 한다.

③ 타이어의 사용상 주의할 점

㉠ 타이어의 마모
- 마모된 타이어는 마찰이 적으므로 슬립하거나 옆으로 미끄러져 제동효과가 나빠진다.
- 고속 주행 시에는 타이어가 작은 상처만 입어도 파열되기 쉽다.
- 급발진, 급가속, 급브레이크는 타이어의 마모를 촉진시킨다.

㉡ 공기압이 낮을 경우
- 마찰 저항이 커서 핸들이 무겁다.
- 타이어가 손상될 뿐만 아니라 연료가 낭비된다.
- 트레드의 양단부가 빨리 마모된다.

㉢ 공기압이 높을 경우
- 노면으로부터의 진동이 흡수되지 않는다.
- 차체 각 부의 풀림이 쉽고 핸들이 불안정하다.
- 트레드의 중앙부가 마모되기 쉽다.

㉣ 화물의 과적 : 타이어를 빨리 파손시키고, 핸들을 무겁게 하고, 브레이크가 잘 듣지 않게 하는 원인을 제공한다.

㉤ 스탠딩 웨이브 현상 : 계속해서 고속 운전을 할 때 공기압이 규정치보다 20% 높지 않으면 스탠딩 웨이브 현상이 일어날 우려가 있다.

㉥ 타이어의 점검
- 타이어의 공기압이 규정 범위인지를 타이어 게이지로 잰다.
- 트레드 홈의 마모 정도를 살핀다.
- 타이어의 균열 유무를 살피고 이물질을 제거한다.

2 자동차 점검사항

1. 운전자의 기본 점검사항

(1) 엔진 오일의 점검

① 엔진 오일은 주 1회 정도 점검하도록 한다.

② 엔진 오일의 점검은 오일의 양은 적당한지, 오일의 점도는 적당한지를 점검한다.

③ 엔진 오일의 점검은 평탄한 곳에서 차량의 시동을 끄고 엔진의 열을 식힌 후 점검한다.

> PLUS POINT
>
> **엔진 오일의 점검순서**
>
> 1. 엔진의 본체에 있는 오일 게이지를 뽑아서 묻어 있는 오일을 닦아내고 다시 끼운다.
> 2. 오일 게이지를 다시 뽑아서 오일의 양과 색깔을 점검한다.
> 3. 이때 오일의 양은 오일 게이지 표시선인 F(Full)와 L(Low) 사이에 있으면 적당하고 오일의 색깔은 맑아야 한다.

④ 오일의 양은 부족하지만 색깔이 맑다면 오일을 적당히 보충하면 되고, 오일의 양도 부족하고 색깔도 탁하다면 오일을 교환하도록 한다.

⑤ 엔진 오일은 반드시 동일 등급의 오일로 교환해야 한다.

⑥ 엔진 오일을 교환할 때에는 반드시 엔진 오일 필터도 함께 교환한다.

⑦ 엔진 오일의 교환주기는 보통 5,000~10,000km 사이가 적당하다.

⑧ 엔진 오일을 점검할 때에 에어클리너도 함께 점검해서 더러워진 상태라면 교환한다.

(2) 배터리의 점검

① 차량의 모든 전기부품에 전기를 제공하는 곳이 배터리이므로 배터리의 상태가 좋지 못하면 사실상 차량의 운행은 불가능해진다.

② 배터리의 상태는 투시창의 색깔로 구분해서 판단할 수 있다. 색깔이 초록색을 띠면 양호한 상태이며, 붉은색을 띠면 증류수의 보충이 필요한 상태이고, 흰색을 띠면 배터리의 수명이 다한 것이므로 교환을 하도록 한다.

③ 배터리도 일종의 소모품이기 때문에 일정기간마다 교환해 주는 것이 바람직하다.

④ 배터리의 교환주기는 3~4년 정도가 적당하다.

⑤ (+)와 (−) 단자의 연결부분이 헐겁지는 않은지 확인한다. 조임이 좋지 못하면 전기가 제대로 공급되지 않아서 전기적인 결함이 생길 수 있다.

(3) 브레이크 오일의 점검

① 브레이크는 사고의 직접적인 원인을 제공할 수 있기 때문에 무엇보다도 브레이크 오일의 점검이 중요하다.

② 브레이크 오일의 점검은 수시로 해야 한다.

③ 브레이크 오일은 오일 탱크의 상한선(MAX)과 하한선(MIN) 사이에 있으면 적당하다.

④ 오일을 보충했음에도 불구하고 오일의 양이 줄어든다면 이때는 반드시 정비업체나 A/S센터에 문의하는 것이 바람직하다.

⑤ 오일이 줄어들면 브레이크 패드가 심하게 마모된 것이므로 패드를 확인하고 교환을 하는 것이 바람직하다.

(4) 냉각수 점검

① 냉각수는 주행하는 차량의 엔진을 알맞은 온도로 유지해 주므로 수시로 점검한다.

② 보조탱크의 냉각수 양이 H와 L 사이에 있으면 적당하다.

③ 냉각수의 양이 적다면 보충을 해야 하고 보충을 했음에도 불구하고 냉각수의 양이 줄어든다면 냉각수가 새는 곳이 있는지 점검해야 한다.

④ 겨울철에는 냉각수를 부동액으로 바꾸어야 한다. 물과 부동액의 비율은 1 : 1로 하는 것이 적당하다.
⑤ 여름철에는 엔진과열의 발생이 높기 때문에 수시로 점검하고 보충할 수 있는 냉각수를 미리 준비해 두고 운행하는 것이 바람직하다.
⑥ 라디에이터의 캡을 열 때는 두꺼운 헝겊 등으로 감싸서 열도록 한다.
⑦ 냉각수의 보충을 위해서 물을 많이 사용했다면 날씨가 추워지기 전에 반드시 부동액으로 바꾸어 주어야 한다.

(5) 타이어의 점검

① 출발하기 전 타이어의 공기압은 적당한지, 찢어진 곳은 없는지 수시로 점검한다.
② 운전자는 출발하기 전에 반드시 차량의 바퀴상태를 점검해서 못이나 유리 등 이물질이 타이어에 박혀서 손상을 주지는 않았는지, 타이어가 파손된 부분은 없는지 확인한다.
③ 타이어의 마모 상태가 심하지는 않은지 확인해야 한다.
④ 핸들이 한쪽으로 쏠리는 현상이 생긴다면 타이어의 공기압을 점검해 볼 필요가 있다.
⑤ 타이어의 휠 조임은 풀려있지 않은지 수시로 점검한다.
⑥ 타이어의 공기압이 맞지 않으면 제동력이 약해지고 이상 마모현상이 생긴다.
⑦ 예비타이어를 항상 준비하고 주행을 해야 타이어의 펑크 시 빠르게 조치를 취할 수 있다.

(6) 팬벨트의 점검

① 팬벨트는 배터리의 충전 여부와 엔진과열 등에 커다란 영향을 미치기 때문에 벨트의 장력을 수시로 점검해야 한다.
② 엔진에 시동을 켤 때에 '끼리릭' 하는 소리가 나면 벨트를 점검해야 한다.
③ 벨트에 흠집이나 파손이 생기지 않았는지 확인하고 만약 그렇다면 벨트를 교환하는 것이 바람직하다.
④ 핸들이 무거워지거나 에어컨 바람이 시원하지 않을 때는 벨트를 점검해야 한다. 벨트의 점검은 시동을 끄고 엄지로 벨트를 눌렀을 때 장력이 10mm 정도가 적당하다.
⑤ 팬벨트가 너무 팽팽하면 워터 펌프나 제너레이터의 베어링이 상하게 되고 또 너무 느슨하면 전기 충전의 부족이나 엔진과열의 원인이 된다.
⑥ 벨트의 상태는 양호하고 장력이 느슨하다면 발전기의 고정 볼트를 풀고 발전기를 위로 조금 당겨서 벨트의 장력을 조정한다.

2. 계절별 차량관리

(1) 봄 철

① 겨울철 노면의 결빙을 막기 위해 뿌려진 염화칼슘이나 모래 등은 차체의 부식을 촉진시키기 때문에 세차장을 찾아서 차량의 밑바닥까지 말끔히 세차한다.
② 차체 부분의 조임이 풀린 곳은 없는지, 기름이 새는 곳은 없는지, 겨울철 추위에 변형된 부분은 없는지를 확인한다.
③ 겨울을 나기 위해 필요했던 스노타이어, 체인 등 월동장비를 잘 정리해서 보관한다.
  ㉠ 스노타이어는 깨끗하게 씻어서 물기를 완전히 제거한 후 신문지로 포장해서 통풍이 잘 되는 그늘진 곳에서 보관한다.
  ㉡ 체인은 폐유를 사용해서 깨끗이 씻어서 녹이 슬지 않도록 그리스를 칠해서 체인 주머니에 보관하도록 한다.
④ 냉각수는 부족하지는 않은지, 새는 부분은 없는지 확인한다. 특히 추운 겨울을 나면서 고무제품의 변형으로 인해 이음 부분이 샐 우려가 있으므로 면밀히 살펴보도록 한다.
⑤ 엔진 오일의 상태를 점검하고 상태에 따라서 교환 혹은 보충해 주도록 한다.
⑥ 겨울철에는 다른 계절보다 전기사용량이 많으므로 전선의 피복이 벗겨진 부분이나 소켓 부분의 부식이 없는지 살펴본다.

(2) 여름철

① 여름에는 엔진이 과열되기 쉬우므로 냉각수의 양은 충분한지, 냉각수가 새지는 않는지 수시로 점검을 해야 한다.
② 팬벨트의 장력도 수시로 점검하고 냉각수와 팬벨트는 여유분을 준비하는 것이 바람직하다.
③ 여름철에는 비가 많이 내리기 때문에 와이퍼의 작동이 정상인지 확인해야 한다.
④ 워셔액은 깨끗하고 충분한지 확인한다.
⑤ 여름철에는 차량 내부에 습기가 찰 때가 있는데 이런 경우에는 고무매트 밑이나 트렁크 내에 신문지를 깔아 두면 습기가 제거되어 차체의 부식과 악취발생을 방지할 수 있다.
⑥ 물에 잠긴 차량의 경우는 각종 배선에서 수분이 완전히 제거되지 않아서 합선이 일어날 수 있으므로 시동을 거는 행위 등 전기장치를 작동하지 않도록 해야 한다.
⑦ 에어컨이 정상적으로 작동하는지 점검하고 냉매가스가 부족하지는 않은지도 점검해야 한다.
⑧ 에어컨에서 이상한 냄새가 나면 증발기를 떼어 내어 세척해야 한다.
⑨ 에어컨은 겨울철에도 한 달에 한 번 정도 작동시켜서 냉매가스 및 오일의 윤활작용을 시켜 주어야 한다.

(3) 가을철

① 바닷가로 여행을 다녀온 차량은 바닷가의 염분이 차체를 부식시키므로 깨끗이 씻어내고 페인트가 벗겨진 곳은 칠을 해서 녹이 슬지 않도록 해야 한다.
② 기온이 급격히 떨어져서 유리창에 서리가 끼게 되므로 열선의 연결부분이 이상 없이 정상적으로 작동하는지를 점검한다.
③ 가을은 행사가 많은 계절로 장거리 운전이 많아지므로 출발 전에 점검은 필수사항이다. 타이어를 비롯해서 엔진 오일, 냉각수, 브레이크 오일, 팬벨트 등을 수시로 점검하고 항상 예비용을 준비하도록 한다.
④ 가을철에는 날이 빨리 어두워지기 때문에 등화장치의 점검도 빼놓지 않도록 한다.

(4) 겨울철

① 겨울철에는 반드시 스노타이어로 교환하거나 체인을 준비해야 한다.
② 눈이 많이 내릴 때는 스노타이어가 효과적이지만 빙판길에서는 체인을 사용하는 것이 유리하다.
③ 냉각수의 동결을 막기 위해서 부동액을 사용할 때는 일반적으로 부동액과 물의 비율을 1 : 1로 해서 사용한다. 부동액은 피부를 상하게 하고 차체를 변색시키므로 피부나 차체에 묻지 않도록 주의해야 한다.

3 자동차 고장 시 응급조치

1. 배터리 방전 시 응급조치

(1) 나타나는 현상

① Key를 'On'으로 했을 경우에 자동차의 모든 전기장치가 작동되지 않는다.
② 계기판의 경고등이 희미하게 점등된다.
③ 시동을 걸었을 때 '딱딱' 소리만 나면서 시동이 불가능하다.
④ 오랜 시간 동안 운행을 하지 않고 주차를 했을 경우에도 배터리가 방전되어 시동이 불가능하게 된다.
⑤ 배터리액이 부족할 경우에도 시동이 불가능하다.
⑥ 인디게이터의 색깔이 적색으로 나타난다.

(2) 점검방법 및 조치

① 경음기를 눌러보거나 전조등을 켜서 배터리의 방전 유무를 확인한다.
② 배터리 옆면을 살펴보아 배터리액이 있는지 점검한다.
③ 배터리의 (+), (−) 케이블을 흔들어서 케이블의 장착상태를 확인한다.
④ 배터리 케이블을 분리해서 배터리 단자와 케이블의 접촉부위를 확인한다.
⑤ 항상 (−) 케이블을 먼저 분리한다.
⑥ 발전기와 연결되는 퓨즈를 확인한다.
⑦ 배터리가 방전된 경우에는 배터리 점프로 시동을 건다.
⑧ 점프 케이블이 없을 경우 밀어서 시동을 건다.
㉠ 수동변속기 자동차의 경우에만 해당된다.
㉡ Key는 'On' 위치에 놓고 기어를 2~3단으로 넣은 후 클러치를 밟은 상태에서 자동차가 탄력을 받으면 클러치를 떼어서 시동을 건다.
㉢ 자동차를 미는 사람이 넘어질 수 있으므로 매우 주의해야 한다.

(3) 점프선을 이용한 배터리 점프방법

① 방전차(+), 시동차(+), 시동차(−), 방전차(−)의 순으로 케이블을 연결한다.
② 시동차의 시동을 걸어 놓은 상태에서 방전차의 시동을 건다.
③ 시동 후 케이블을 제거하고 10~20분 정도 대기한 후 시동을 끄고 다시 시동을 걸어 충전상태를 확인한다.
④ 시동이 걸리면 발전기의 충전상태는 정상이다.
⑤ 시동이 걸리지 않으면 발전기의 충전상태를 점검한다.

(4) 확인사항

① 시동 후에는 배터리에 부하가 많이 걸리는 에어컨이나 전조등을 사용하지 않고 운행한다.
② 운행을 하지 못할 상황이면 30분 이상 시동을 걸어 놓는다.
③ 오랫동안 주차하여 완전 방전된 배터리는 교환한다.
④ 오랫동안 주차할 경우에는 배터리의 (−)터미널을 탈거해 놓는다.
⑤ 운행이 적은 자동차는 일주일에 한두 번 정도 시동을 걸어 배터리를 충전해 준다.

2. 타이어 펑크

(1) 예비타이어 및 공구

① 예비타이어는 트렁크 바닥 커버 밑에 볼트로 체결되어 있다.
② 공구(잭, 잭 핸들, 휠너트 렌치, 스패너, 드라이버) 등을 확인한다.

(2) 타이어 교환 시 주의사항

① 자동차를 안전하고 평탄한 곳으로 이동시키고, 후방의 자동차에게 고장임을 알리기 위해 비상등을 켜고 삼각대를 설치한다.
② 시동을 끄고 수동변속자동차는 기어를 1단 또는 후진에, 자동변속자동차는 'P' 위치에 놓고 고임목이 있으면 펑크 난 타이어의 대각선 방향 타이어에 설치한다.
③ 자동차를 잭(Jack)으로 들어 올린 경우에는 엔진에 시동을 걸거나 자동차 밑으로 들어가지 않는다.

(3) 타이어 교환

① 휠캡이 있으면 드라이버로 휠캡을 탈거하고 탈거할 수 없는 경우에는 바로 휠너트를 푼다. 휠너트 렌치를 사용하여 휠너트를 한 바퀴 정도만 풀어 놓는다. 너무 많이 풀지 않아도 된다.
② 잭 설치 위치에 잭을 설치하고, 잭 핸들을 사용하여 자동차를 들어 올린다.
③ 타이어가 지면에서 떨어질 때까지 올린 다음 휠너트를 완전히 풀고 타이어를 분리한다. 분리된 타이어는 잭 옆의 차체 밑에 넣어 잭이 넘어져서 생길 수 있는 안전사고에 대비한다.
④ 예비타이어로 교환하고 손으로 휠너트를 조인 후 휠너트 렌치를 사용하여 적당히 조인다.
⑤ 잭 핸들을 사용하여 자동차를 내린 후 휠너트를 대각선 방향으로 완전히 조인다. 탈거한 휠캡을 끼우고 예비타이어와 공구들을 원위치시키고 주변을 정리한다.
⑥ 가까운 정비업소를 찾아 펑크 난 타이어를 수리하고 예비타이어와 다시 교환한다.

3. 기동전동기 불량

(1) 나타나는 현상

① 엔진 크랭킹 시 기동전동기는 작동하지 않고 '딱딱' 소리만 발생한다.
② 엔진 크랭킹 시 시동이 되지 않는다.

(2) 점검방법 및 조치

① 자동변속기의 경우 'P', 'N' 위치를 확인한다.
② 수동변속기의 경우 클러치 페달을 정확하게 눌러 밟았는지 확인한다.
③ 배터리 터미널의 연결과 접지상태 등 배터리 상태를 점검한다.
④ 기동전동기에 약한 충격을 주어 시동을 건다.
⑤ 배터리는 이상이 없고 기동전동기의 고장으로 판정될 경우에는 밀어서 시동을 건다(수동변속기의 경우).

4. 타이밍 벨트 절손

(1) 나타나는 현상

① 주행 중에 갑자기 시동이 꺼진다.
② 다시 시동을 걸 경우 시동이 불가능하다.
③ 엔진시동 시에 평소보다 엔진이 빠르게 회전한다.

(2) 점검방법 및 조치

① 커버의 점검창이 있으면 점검창으로 타이밍 벨트로 구동되는 캠축의 회전 여부를 확인한다.
② 점검창이 없으면 엔진 오일 주입구를 열고 오일의 순환 여부를 살펴 캠축의 회전 여부를 확인한다.
③ 점검 후 회전하지 않으면 견인을 한다.

5. 자동변속기 불량 및 오일 누유

(1) 나타나는 현상

① 운행 중 시동은 걸려 있으나 주행이 불가능할 경우
② 'D', 'R' 레인지로 변속 시 시동이 꺼지는 경우
③ 출발이 어렵고 가속이 되어도 변속이 되지 않는 경우
④ 주차 후 바닥에 포도주색의 오일이 떨어져 있는 경우

(2) 점검방법 및 조치

① 자동변속기 오일을 점검한다.
② 오일의 양, 색깔, 점도 등을 점검하고 이상이 있으면 바로 정비업소를 방문하여 오일을 교환하여야 한다.
③ 오일 교환을 미루게 되면 자동변속기가 심하게 손상될 수 있다.
④ 이상이 있으면 무리하게 주행하지 않고 견인한다.

6. 엔진의 과열

(1) 나타나는 현상

① 계기판의 온도게이지가 High로 올라간다.
② 전동팬이 작동하지 않는다.
③ 전동팬은 작동하지만 엔진이 과열된다.
④ 에어컨을 켰을 때 전동팬이 작동하지 않는다.

(2) 점검방법 및 조치

① 온도게이지가 High로 올라가면서 엔진이 과열되면 에어컨을 켜 본다.
② 에어컨을 켜서 냉각팬과 콘덴서팬이 같이 구동되면 냉각팬 자체에는 이상이 없다. 그러나 구동이 되지 않으면 냉각팬에 이상이 있는 것이다.
③ 퓨즈와 릴레이를 점검하고 이상이 있으면 교환한다. 릴레이는 주행에 지장이 없는 품번이 같은 다른 릴레이를 응급조치로 사용한다.
④ 냉각팬의 작동이 이상이 없는데도 엔진이 과열되면 냉각수의 양을 점검(부족하면 보충)한다.
⑤ 엔진이 과열된 상태에서 라디에이터 캡을 열면 냉각수가 분출되어 위험하므로 엔진의 온도를 낮춘 후에 점검해야 한다.
⑥ 라디에이터와 연결되는 위아래 호스를 만져보아 온도차가 있으면 정온기(서모스탯)가 이상이 있는 것이다.

(3) 확인사항

① 발전기 벨트가 끊어지면 워터펌프가 작동되지 않아 엔진이 과열된다.
② 라디에이터의 냉각수 온도스위치가 작동하지 않아도 엔진이 과열된다.
③ 라디에이터팬이 작동하지 않을 때는 커넥터 접촉이 불량한 경우가 많다.
④ 냉각수의 온도가 높을 때에는 냉각수가 분출될 우려가 있으므로 보조탱크 쪽에도 헝겊을 덮어두고 작업을 하는 것이 안전하다.
⑤ 뜨거운 상태에서는 라디에이터캡을 절대로 열지 않는다.

7. 브레이크가 작동되지 않을 경우

(1) 나타나는 현상

① 브레이크 페달이 스펀지처럼 푹 들어갈 경우
② 브레이크액의 부족
③ 계속적인 브레이크의 사용으로 인한 베이퍼록 현상의 발생
④ 브레이크 라이닝이 타는 냄새가 나면서 제동이 잘 되지 않을 경우
⑤ 계속적인 브레이크의 사용으로 인한 페이드 현상의 발생

(2) 점검방법 및 조치

① 브레이크 오일의 양과 점도 등을 점검한다.
② 브레이크 오일에 에어가 찼을 경우에는 2인이 1조가 되어 에어빼기 작업을 실시한다.
③ 에어빼기 작업을 할 수 없는 경우에는 자동차를 세우고 브레이크 라이닝의 온도를 낮춘 후에 서행하면서 정비공장으로 이동한다.

8. 핸들 조작이 힘들고 핸들이 떨릴 경우

(1) 발생 이유

① 공기압이 부족할 경우
② 파워벨트가 끊어졌을 경우
③ 휠밸런스가 맞지 않을 경우
④ 휠얼라인먼트가 잘못 되었을 경우

(2) 점검방법 및 조치

① 공기압이 부족한 경우는 휴대용 공기펌프나 정비업소를 찾아 보충한다.
② 파워벨트가 끊어졌을 경우에도 핸들 조작은 가능하므로 안전운행하면서 정비업소로 이동한다. 예비벨트가 있다면 현장에서 교환하면 된다.
③ 특정 속도에서 핸들이 떨릴 경우에는 휠밸런스가 맞지 않는 경우이므로 정비업소를 방문하여 수리한다.
④ 웜기어 마모가 심하여 웜기어를 교환했을 경우에는 교환하기 전보다 핸들의 조작이 힘들게 되는데 이것은 정상이다. 어느 정도 기간이 지나면 원래의 조향 상태로 회복된다.

9. 이상한 냄새가 날 경우

(1) 나타나는 현상

① 휘발유 냄새가 날 경우
② 오일 타는 냄새(엔진 오일의 부족, 배기 매니폴드에 오일이 묻은 경우)
③ 고무 타는 냄새(전기계통의 누전과 타이어의 과열)
④ 브레이크 라이닝 타는 냄새(내리막길에서 과도한 브레이크 사용)

(2) 점검방법 및 조치

① 냄새가 나는 경우에는 바로 주행을 멈추고 원인을 찾는다.
② 휘발유 냄새가 날 경우에는 연료라인의 누설을 점검한다.
③ 오일 타는 냄새가 날 경우에는 먼저 오일경고등을 확인한 후 엔진 오일의 양과 엔진 주변에 엔진 오일이 묻어 있는지 확인한다.
④ 고무 타는 냄새가 날 경우에는 전기계통의 누전을 확인하고, 장시간 주행으로 타이어가 과열되지 않았는지 점검한다.

10. 이상한 소리가 날 경우

(1) 나타나는 현상

① 엔진에서 소리가 발생하는 경우
② 특정 기어단에서 소리가 날 경우
③ 요철이 심한 곳을 지날 때 소리가 날 경우
④ 브레이크 페달을 밟을 때 소리가 날 경우

(2) 점검방법 및 조치

① 운전 중에 이상한 소리가 날 경우에는 벽이 있는 조용한 장소를 주행하면서 소리가 나는 곳을 찾는다.
② 기어를 중립으로 하고 시동을 껐을 때 소리가 나지 않으면 엔진과 변속기 쪽에 이상이 있는 것이다.
③ 소리가 계속해서 나면 현가장치나 제동장치 쪽에 이상이 있는 것이다.
④ 엔진에서 소리가 날 때에는 엔진의 RPM을 높였다 낮췄다 하면서 소리가 나는 곳을 점검하고 긴 드라이버를 사용하여 드라이버의 끝은 엔진 쪽에, 손잡이는 귀에 대고 소리를 들어보면 소리를 잘 들을 수 있다.
⑤ 기어를 넣었을 때와 넣지 않았을 때를 비교하여 변속기에서 발생되는 소리인지 아닌지 점검한다.
⑥ 요철이 있는 곳을 지날 때 소리가 날 경우에는 현가장치를 점검한다.
⑦ 브레이크 페달을 밟을 때 소리가 나는 경우에는 브레이크 패드와 라이닝의 마모상태와 표면상태를 점검한다.

11. 와이퍼가 고장 났을 경우

(1) 나타나는 현상

① 와이퍼가 작동되지 않을 때
② 앞 유리창이 잘 닦이지 않을 때
③ 워셔액이 분출되지 않을 때

(2) 점검방법 및 조치

① 와이퍼 퓨즈를 검검한다.
② 퓨즈가 이상이 없을 때는 와이퍼 모터로 연결되는 배선의 접촉이 불량한지 점검한다.
③ 비누와 담배가루 등을 바르면 어느 정도 효과를 볼 수 있지만, 비가 많이 오는 경우에는 안전을 위해 운행을 멈추는 것이 좋다.
④ 기름때, 타르 등 이물질이 묻었을 경우에는 세척제로 깨끗이 닦아주고, 와이퍼가 마모되거나 노화된 경우에는 교환한다.

04 자동차의 안전운전

1 자동차 안전운전의 기초

1. 자동차의 조작 기초

(1) 운전자세

운전은 제일 먼저 적절한 운전자세를 가짐으로써 시작된다.

① 승차 시에는 엉덩이부터 좌석에 앉는다.
② 신발을 털어 흙을 제거한다. 신발이 젖었을 때에는 바닥(Mat) 등에 잘 문질러 페달이 오손되지 않게 한다.
③ 엉치뼈를 Seat Back에 밀착시키듯이 깊게 앉는다.
④ 클러치 페달을 완전히 밟은 상태로 무릎이 가볍게 오므라질 수 있는 상태로 Seat Cushion의 전후를 조정한다.
⑤ 핸들의 맨위를 양쪽으로 가볍게 잡았을 때 팔꿈치가 약간 구부러질 수 있는 정도로 Seat Back을 조정한다.
⑥ 핸들은 10시 10분~9시 15분 사이에 가볍게 잡고, 그때 팔꿈치 각도가 120°가 되면 좋다.
⑦ 오른쪽 발을 브레이크 페달에 놓고, 뒤꿈치를 Low에 접지시킨 상태로 페달을 조작한다.
⑧ 좌측발은 Foot Rest에 놓고, 몸을 지지한다.
⑨ 시선을 멀리 두고, 시야는 넓고 노면과 수평이 되도록 유지한다.

(2) 자동차의 핸들 조작

① 조향은 전(前)차륜이 회전하고 있을 때 유효하게 행해진다.
② 회전은 조작각도와 전차륜의 조타각도는 상당히 다르다.
③ 회전 중의 자동차에는 원심력이 작용한다.
④ 고속으로 회전하면 회전중심이나 회전반경이 저속회전 시와 달라진다.

(3) 자동차의 속도제어

① 가속과 변속체인지

㉠ 기능교육에 있어서는 도로상에서 다른 교통의 정상적인 흐름을 방해하지 않을 수 있을 만큼의 능력을 익혀야 된다.

㉡ 변속체인지는 주행상 필요한 토크를 선택하는 조작으로, 본질적으로는 속도조절을 위한 조작은 아니지만 실질적으로 속도제어를 하게 되기 때문에 동시에 생각해야 한다.

② 감속과 제동

㉠ 차는 급히 멈추지 않는다.

㉡ 강하게 브레이크를 밟기만 한다고 짧은 거리에서 멈추는 것은 아니다.

㉢ 곡선의 통과는 슬로 인(Slow In)이 가장 중요하다.

(4) 브레이크의 조작

① 적절한 브레이크 조작은 차의 움직임을 안정되게 하며 짧은 거리로 정지 또는 감속이 가능하다.

② 타이어가 잠기게(Lock) 되면 핸들을 돌려도 차가 조정이 안 되고 정지거리가 길어지며 타이어가 편마모된다.

③ 오른쪽 발에 전 신경을 집중하여 달리는 타이어, 브레이크의 상태를 파악한다.

④ 몸을 왼쪽 발로 확실히 버티고, 절대로 필요 이상의 힘을 팔에 가하지 않는다.

⑤ 코너링 중 브레이크 조작은 하지 않는 것이 좋다. 왜냐하면 브레이크를 밟으면 하중 밸런스가 급하게 흐트러져 스핀할 수 있기 때문이다.

(5) 가속페달의 조작

① 가속페달의 역할은 엔진의 출력을 조절하는 것으로 가속・감속・일정하게 힘을 유지해 주는 3가지 작용이 있다.

② 가속페달의 조작으로 차의 방향을 변화시키는 것이 가능하기 때문에 조심성 없이 조작하면 생각하는 방향과 일치하지 않게 되어 매우 위험하다.

2. 자동차의 요소와 안전운행

(1) 주요 안전장치

① **제동장치** : 제동장치는 주행하는 자동차를 감속 또는 정지시킴과 동시에 주차 상태를 유지하기 위하여 필요한 장치이다.

㉠ 핸드 브레이크 : 차를 주차 또는 정차시킬 때 사용하는 제동장치로서 손으로 조작한다. 풋 브레이크와 달리 레버를 당기면 와이어에 의해 좌우의 뒷바퀴가 고정된다.

㉡ 풋 브레이크 : 주행 중에 발로써 조작하는 주요 제동장치로서 브레이크 페달을 밟으면 페달의 바로 앞에 있는 마스터 실린더 내의 피스톤이 작동하여 브레이크액이 압축되고, 압축된 브레이크액은 파이프를 따라 휠실린더로 전달된다. 휠실린더의 피스톤에 의해 브레이크 라이닝을 밀어 주어 타이어와 함께 회전하는 드럼을 잡아 멈추게 한다.

㉢ 엔진 브레이크 : 가속페달을 밟았다 놓거나 고단기어에서 저단기어로 바꾸게 되면 엔진 브레이크가 작용하여 속도가 떨어지게 된다. 내리막길에서 풋 브레이크만 사용하게 되면 라이닝의 마찰에 의해 제동력이 떨어지므로 엔진 브레이크를 사용하는 것이 안전하다.

㉣ ABS(Anti-lock Brake System) : 빙판이나 빗길 등 미끄러운 노면상이나 통상의 주행에서 제동 시에 바퀴를 로크시키지 않음으로써 핸들의 조정이 용이하고 가능한 최단거리로 정지시킬 수 있도록 하는 제동장치이다.

② **주행장치**

㉠ 휠(Wheel) : 휠은 타이어와 함께 차량의 중량을 지지하고 구동력과 제동력을 지면에 전달하는 역할을 한다. 휠은 무게가 무겁고 노면의 충격과 측력에 견딜 수 있는 강성이 있어야 하고 타이어에서 발생하는 열을 흡수하여 대기 중으로 잘 방출시켜야 한다.

㉡ 타이어

- 휠의 림에 끼워져서 일체로 회전하며 자동차가 달리거나 멈추는 것을 원활히 한다.
- 자동차의 중량을 떠받쳐 준다.
- 지면으로부터 받는 충격을 흡수해 승차감을 좋게 한다.
- 자동차의 진행방향을 전환하거나 조정안정성을 향상시킨다.

③ **조향장치**

㉠ 운전석에 있는 핸들(Steering Wheel)에 의해 앞바퀴의 방향을 틀어서 자동차의 진행방향을 바꾸는 장치이다.

㉡ 자동차가 주행할 때는 항상 바른 방향을 유지해야 하고, 핸들의 조작이나 외부의 힘에 의해 주행방향이 잘못되었을 때는 즉시 직전 상태로 되돌아가는 성질이 요구된다.

㉢ 주행 중의 안정성이 좋고 핸들의 조작이 용이하도록 앞바퀴가 정렬되어 있어야 한다.

> **PLUS POINT**
>
> **앞바퀴 정렬**
>
> 1. 토인(Toe-in) : 앞바퀴를 위에서 보았을 때 앞쪽이 뒤쪽보다 좁은 상태를 말한다. 이것은 타이어의 마모를 방지하기 위해 있는 것인데 바퀴를 원활하게 회전시켜서 핸들의 조작을 용이하게 한다.
> 2. 캠버(Camber) : 자동차를 앞에서 보았을 때, 보통은 위쪽이 아래쪽보다 약간 바깥쪽으로 기울어져 있는데, 이것을 (+) 캠버라고 말한다. 이것은 앞바퀴가 하중을 받았을 때 아래로 벌어지는 것을 방지하고 타이어 접지면의 중심과 킹핀의 연장선이 노면과 만나는 점과의 거리인 옵셋을 적게 하여 핸들의 조작을 가볍게 하기 위하여 필요하다.
> 3. 캐스터(Caster) : 자동차를 옆에서 보았을 때 차축과 연결되는 킹핀의 중심선이 약간 뒤로 기울어져 있는 것을 말하는데, 이것은 앞바퀴에 직진성을 부여하여 차의 롤링을 방지하고 핸들의 복원성을 좋게 하기 위하여 필요하다.

(2) 물리적 현상

① **속도의 현실적 개념**

㉠ 주행 중인 운전자가 하여야 하는 여러 가지 결정들은 '시속 몇 km'라는 개념보다는 1초에 얼마만큼 주행하는가와 결부시킬 때 보다 현실적이다.

㉡ 속도는 상대적인 것이며 중요한 것은 사고의 가능성과 사고의 회피를 가능하게 하는 데 필요한 공간과 시간이다.

② **원심력** : 원의 중심으로부터 벗어나려는 힘이 원심력이다. 차가 커브를 돌 때도 원심력이 작용하는데, 자동차가 커브에 고속으로 진입하면 노면을 잡고 있으려는 타이어의 접지력을 끊어버릴 만큼 원심력이 강해진다. 원심력이 더욱 커지면 결국 차는 도로 밖으로 기울면서 튀어나간다.

㉠ 커브에 진입하기 전에 속도를 줄여 노면에 대한 타이어의 접지력(Grip)이 원심력을 안전하게 극복할 수 있도록 하여야 한다.

㉡ 커브가 예각을 이룰수록 원심력은 커지므로 안전하게 돌려면 이러한 커브에서 보다 감속하여야 한다.

㉢ 타이어의 접지력은 노면의 모양과 상태에 의존한다. 노면이 젖어 있거나 얼어 있으면 타이어의 접지력은 감소한다. 이러한 커브에서 안전속도는 보다 저속이 된다.

③ 스탠딩 웨이브(Standing Wave) 현상

㉠ 타이어가 회전하면 이에 따라 타이어의 원주에서는 변형과 복원을 반복한다. 타이어의 회전속도가 빨라지면 접지부에서 받은 타이어의 변형(주름)이 다음 접지 시점까지도 복원되지 않고 접지의 뒤쪽에 진동의 물결이 일어나는데 이 현상을 스탠딩 웨이브라고 한다.

㉡ 일반구조의 승용차용 타이어의 경우 대략 150km/h 전후의 주행속도에서 이러한 스탠딩 웨이브 현상이 발생한다.

④ 수막(Hydroplaning) 현상

㉠ 자동차가 물이 고인 노면을 고속으로 주행할 때 타이어는 그루브(타이어 홈) 사이에 있는 물을 배수하는 기능이 감소되어 물의 저항에 의해 노면으로부터 떠올라 물 위를 미끄러지듯이 되는 현상이 발생하게 되는데, 이 현상을 수막 현상이라 한다.

㉡ 타이어 접지면의 앞쪽에서 물의 수막이 침범하여 그 압력에 의해 타이어가 노면으로부터 떨어지는 현상이다. 이러한 물의 압력은 자동차 속도의 2배, 그리고 유체밀도에 비례한다.

㉢ 타이어가 완전히 떠오를 때의 속도를 수막 현상의 발생 임계속도라 하고, 이 현상이 일어나면 구동력이 전달되지 않는 축의 타이어는 물과의 저항에 의해 회전속도가 감소되고 구동축은 공회전과 같은 상태가 되기 때문에 자동차는 관성력만으로 활주하는 것이 되어 제동력은 물론 모든 타이어는 본래의 운동 기능이 소실되어 버려 핸들로 자동차를 통제할 수 없게 된다.

㉣ 수막 현상이 발생하는 최저 물깊이는 자동차의 속도, 타이어가 마모된 정도, 노면의 거칠 등에 따라 다르지만 2.5~10mm 정도라고 알려져 있다.

> **PLUS POINT**
>
> **수막 현상을 예방하기 위한 주의사항**
> 1. 고속으로 주행하지 않는다.
> 2. 마모된 타이어를 사용하지 않는다.
> 3. 공기압을 조금 높게 한다.
> 4. 배수효과가 좋은 타이어를 사용한다.

⑤ 페이드(Fade) 현상

㉠ 비탈길을 내려가거나 할 경우 브레이크를 반복하여 사용하면 마찰열이 라이닝에 축적되어 브레이크의 제동력이 저하되는 경우가 있는데, 이 현상을 페이드라고 한다.

㉡ 페이드 현상은 브레이크의 온도가 상승하여 라이닝의 마찰계수가 저하되므로 일정하게 페달을 밟는 힘에 따라 제동력이 감소하기 때문에 발생한다.

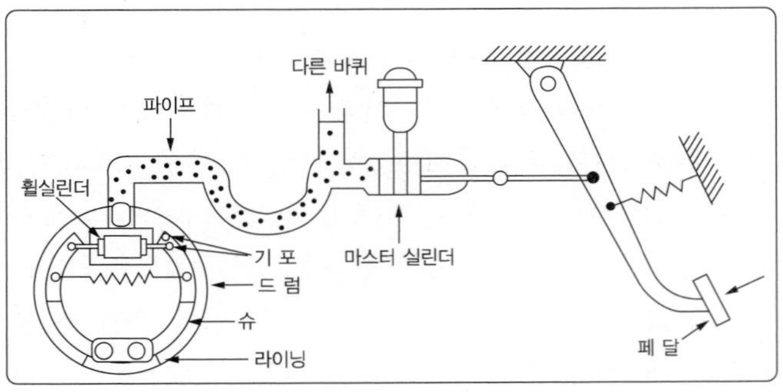

[페이드 현상]

※ 워터 페이드(Water Fade) 현상 : 브레이크 마찰재가 물에 젖어 마찰계수가 작아져 브레이크의 제동력이 저하되는 현상이다. 물이 고인 도로에 정차시켰거나 수중 주행을 하였을 때 이런 현상이 일어나며 브레이크가 전혀 작용되지 않을 수도 있다. 브레이크 페달을 반복해 밟으면서 천천히 주행하면 열에 의하여 서서히 브레이크가 회복된다.

⑥ 베이퍼록(Vapor Lock) 현상

㉠ 액체를 사용하는 계통에서 열에 의하여 액체가 증기(베이퍼)로 되어 어떤 부분에 갇혀 계통의 기능이 상실되는 것을 말한다.

㉡ 유압식 브레이크의 휠실린더나 브레이크 파이프 속에서 브레이크액이 기화하여 페달을 밟아도 스펀지를 밟는 것 같고 유압이 전달되지 않아 브레이크가 작용하지 않는 현상을 말한다.

⑦ 현가장치 관련 현상

㉠ 자동차의 진동

- 바운싱(Bouncing ; 상하 진동) : 차체가 Z축 방향과 평행운동을 하는 고유 진동이다.
- 피칭(Pitching ; 앞뒤 진동) : 차체가 Y축을 중심으로 하여 회전운동을 하는 고유 진동이다.
- 롤링(Rolling ; 좌우 진동) : 차체가 X축을 중심으로 하여 회전운동을 하는 고유 진동이다.
- 요잉(Yawing ; 차체 후부 진동) : 차체가 Z축을 중심으로 하여 회전운동을 하는 고유 진동이다.

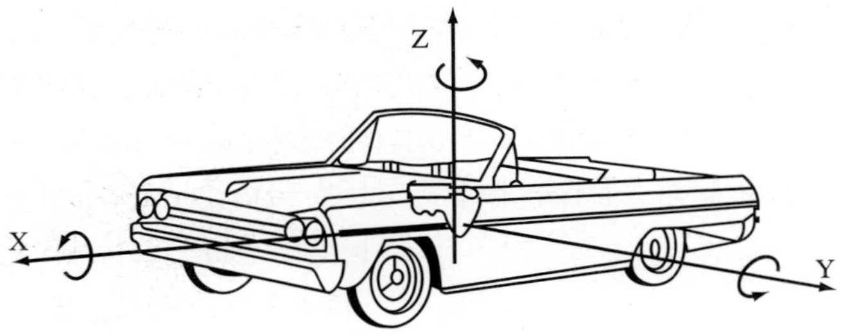

[자동차의 진동]

㉡ 노즈 다운, 노즈 업(Nose Down, Nose Up)

- 노즈 다운 : 자동차를 제동할 때 바퀴는 정지하고 차체는 관성에 의해 이동하려는 성질 때문에 앞범퍼 부분이 내려가는 현상
- 노즈 업 : 자동차가 출발할 때 구동 바퀴는 이동하려 하지만 차체는 정지하고 있기 때문에 앞범퍼 부분이 들리는 현상

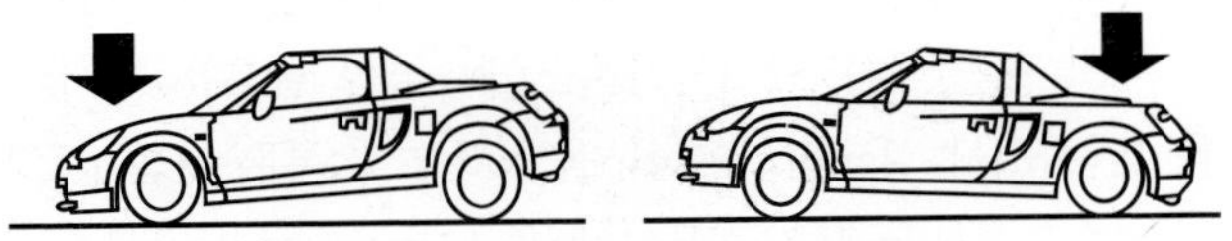

[노즈 다운(왼쪽)과 노즈 업(오른쪽)]

⑧ 내륜차와 외륜차
㉠ 핸들을 우측으로 돌렸을 경우 뒷바퀴 연장선상의 한 점을 중심으로 바퀴가 동심원을 그리게 되는데, 앞바퀴의 안쪽과 뒷바퀴의 안쪽과의 차이를 내륜차(內輪差)라 하고 바깥쪽 바퀴의 차이를 외륜차(外輪差)라고 한다.
㉡ 자동차가 전진할 경우에는 내륜차에 의해, 또 후진할 경우에는 외륜차에 의한 교통사고의 위험이 있다.

(3) 정지거리와 정지시간

자동차의 정지거리는 공주거리와 제동거리를 합한 거리이다. 이때까지 소요된 시간이 정지소요시간(공주시간 + 제동시간)이다.

① **공주거리와 공주시간** : 운전자가 자동차를 정지시켜야 할 상황임을 지각하고 브레이크로 발을 옮겨 브레이크가 작동을 시작하는 순간까지의 시간을 공주시간이라고 한다. 이때까지 자동차가 진행한 거리를 공주거리라고 한다.

② **제동거리와 제동시간** : 운전자가 브레이크에 발을 올려 브레이크가 막 작동을 시작하는 순간부터 자동차가 완전히 정지할 때까지의 시간을 제동시간이라 한다. 이때까지 자동차가 진행한 거리를 제동거리라고 한다.

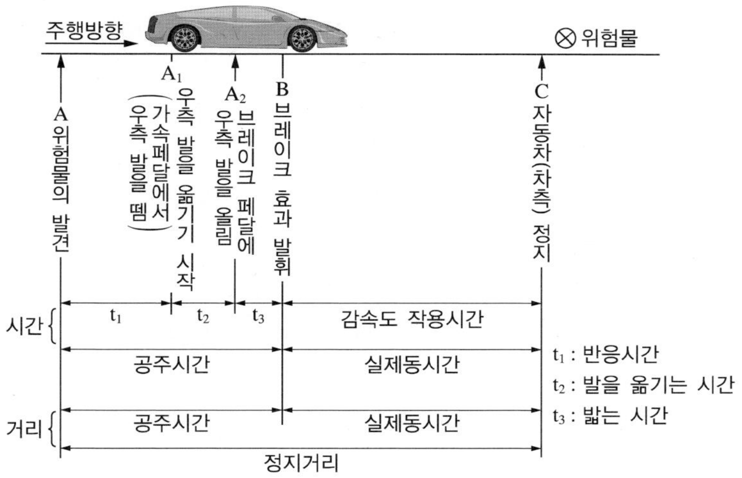

[운전자의 동작, 시간 및 감속도 관계]

2 자동차의 운전적성

1. 운전적성의 기초

(1) 정 의

운전적성이란 운전에 적합한 시력, 청력, 운동능력, 정신적 판단능력 등을 골고루 갖추어 교통정보에 대하여 신속 · 정확한 인지와 인지된 정보를 분석 · 종합하여 정확한 판단과 신속한 조작으로 이어지는 과정에 적합한 능력을 소지한 것을 말한다.

(2) 안전운전의 적성의 조건

① 의학적인 조건 : 심신이 건강해야 한다.
② 감각, 동작의 기초적인 기능조건
㉠ 반응시간의 적정
㉡ 일정 수준 이상의 시력
㉢ 시각, 지각과 반응 동작이 균형 있게 일치
③ 심리적 조건
㉠ 자기 억제력이 강해야 한다.
㉡ 주의집중 능력이 있어야 한다.

(3) 운전적성의 특성

① 반응특성
② 시각특성
③ 성격특성
④ 피로와 운전행위

2. 운전적성의 특성

(1) 반응특성

감각수용기를 통하여 입수된 정보에 대응하는 행동은 운동기관이 동작을 시작함으로써 개시되며, 이때 운동기관의 동작이 완료되기까지의 시간을 반응시간이라 한다.

① 자극을 주는 감각의 종류에 따라 반응시간이 달라진다.
② 신체의 부위에 따라 반응시간이 달라진다.
③ 선택반응시간은 반응을 일으키기 전에 판별을 필요로 하는 자극의 수에 따라 다르다. 자극이 복잡해질수록 반응시간은 길어진다.
④ 반응시간은 제시된 자극의 성질에 따라 다르게 나타나며, 자극의 강도에 따라서도 약간의 차이가 있다.
⑤ 연령과 성별에 따라 차이가 있어서 어린이, 고령자, 여자 등은 반응시간이 길다.
⑥ 피로, 음주 등이 반응시간의 길이를 길게 한다.

※ 운전자의 정보처리과정 : 감각기관의 수용기로부터 입수되는 차량 내 · 외의 교통정보(운전정보)는 구심성 신경을 통하여 정보처리부인 뇌로 전달된다. 이렇게 전달된 교통정보는 당해 운전자의 지식 · 경험 · 사고 · 판단을 바탕으로 의사결정과정을 거쳐 다시 원심성 신경을 통해 효과기(운동기)로 전달되어 운전조작행위가 이루어진다.

(2) 시각특성

① 정지시력
㉠ 정지한 상태에서 물체를 볼 수 있는 시력을 정지시력이라 한다.
㉡ 한 곳을 주시하면 주시점의 물체는 뚜렷하게 보이나, 주시점에서 2°를 벗어나면 시력은 1/2로, 10°를 벗어나면 1/5로 줄어들어 주시점 이외의 다른 곳은 부주의 상태가 되므로, 운전 중에는 한 곳을 오래 주시하지 말고, 전방을 넓게 고루 살펴보아야 한다.
② 동체시력
㉠ 동체시력이란 움직이는 물체(자동차, 사람 등) 또는 움직이면서(운전하면서) 다른 자동차나 사람 등의 물체를 보는 시력을 말한다.
㉡ 동체시력은 물체의 이동속도가 빠를수록 상대적으로 저하된다.
㉢ 동체시력은 개인차가 있어서 연령이 많아질수록 저하율이 크다.
㉣ 동체시력은 장시간 운전에 의한 피로상태에서도 저하된다.

③ 야간시력
㉠ 야간운전이 주간운전보다 어렵다. 특히 해 질 무렵이 가장 운전하기 힘든 시간이라고 한다.
㉡ 야간시력은 해 지기 전에 비하여 약 50% 저하된다. 이는 우리 눈의 망막상에 있는 추체와 간체라고 하는 세포의 기능 차이에 의한 것이다.

④ 암순응과 명순응
㉠ 암순응
- 일광 또는 조명이 밝은 조건에서 어두운 조건으로 변할 때 사람의 눈이 그 상황에 적응하여 시력을 회복하는 것을 말한다.
- 상황에 따라 다르지만 대개의 경우 완전한 암순응에는 30분 혹은 그 이상 걸리며 이것은 빛의 강도에 좌우된다(터널은 5~10초 정도).
- 주간운전 시 터널을 막 통과하였을 때 더욱 조심스러운 안전운전이 요구되는 이유이기도 하다.

㉡ 명순응
- 일광 또는 조명이 어두운 조건에서 밝은 조건으로 변할 때 사람의 눈이 그 상황에 적응하여 시력을 회복하는 것을 말한다.
- 상황에 따라 다르지만 명순응에 걸리는 시간은 암순응보다 빨라 수초~1분에 불과하다.

※ 완화조명 : 암순응과 명순응의 시각장애를 방지하기 위해서 밝음에서 어두움으로의 조도변화를 적게 하여 서서히 조도를 감소하려고 하는 것을 완화조명이라고 한다. 이 방법은 터널 입구부, 지하보도 입구부 등의 조명에 이용되고 있다.

⑤ 시 야
㉠ 시야와 주변시력
- 정지한 상태에서 눈의 초점을 고정시키고 양쪽 눈으로 볼 수 있는 범위를 시야라고 한다.
- 정상적인 시력을 가진 사람의 시야는 180~200°이다.
- 주행 중인 운전자는 주시점을 끊임없이 이동시키거나 머리를 움직여 상황에 대응하는 운전을 해야 한다.

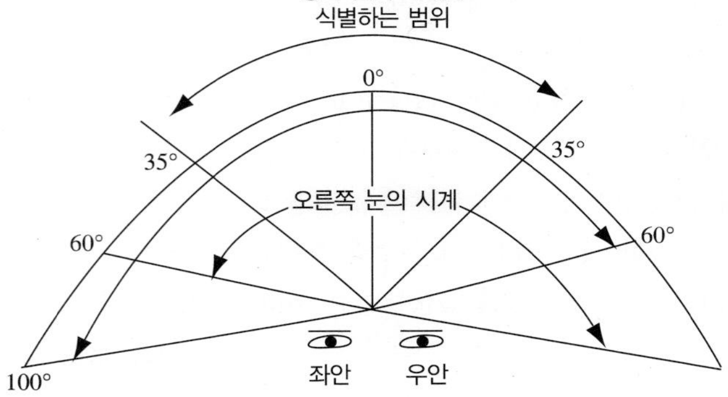

[정지상태의 주변시력]

㉡ 속도와 시야
- 시야의 범위는 자동차 속도에 반비례하여 좁아진다.
- 정상시력을 가진 운전자가 시속 40km/h로 운전 중이라면 시야는 약 100°, 시속 75km/h면 약 65°, 시속 100km/h면 약 40°로 좁아진다.

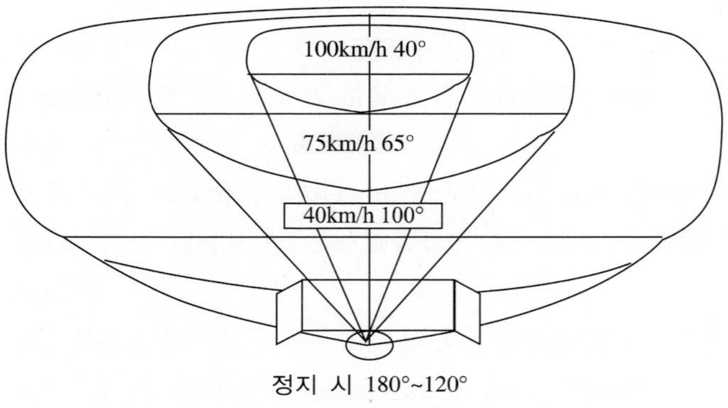

[자동차의 속도와 시야]

㉢ 주의의 정도와 시야
- 어느 특정한 곳에 주의가 집중되었을 경우의 시야범위는 집중의 정도에 비례하여 좁아진다.
- 운전 중 불필요한 대상에 주의가 집중되어 있다면 주의를 집중한 것에 비례하여 시야가 좁아지고 교통사고의 위험은 그만큼 커진다.

⑥ 주행시공간(走行視空間)의 특성
㉠ 속도가 빨라질수록 주시점은 멀어지고 시야는 좁아진다. 빠른 속도에 대비하여 위험을 그만큼 먼저 파악하고자 사람이 자동적으로 대응하는 과정이며 결과이다.
㉡ 속도가 빨라질수록 가까운 곳의 풍경(근경)은 더욱 흐려지고 작고 복잡한 대상은 잘 확인되지 않는다. 고속주행로상에 설치하는 표지판을 크고 단순한 모양으로 하는 것은 이런 점을 고려한 것이다.

⑦ 색 각
㉠ 색채조절의 의미는 안전표지, 노면표지, 안내판 등의 시인성과 식별력을 향상시키는 데 있다.
㉡ 색채가 갖는 심리적 · 생리적 효과에 의해서 안전의식이 향상, 기분의 전환, 진정감을 갖게 할 수 있다.
㉢ 색광으로 가장 멀리에서 약한 빛으로 알아보기 쉬운 것은 적, 녹, 황, 백색의 순이다.
㉣ 표면색을 읽기 쉬운 것은 흑/황, 녹/백, 적/녹, 청/백, 흑/백색의 순이다(사선의 윗부분은 표면색, 아랫부분은 바탕색).

(3) 성격특성

① 운전은 그 사람의 성격을 반영한다.
㉠ 침착한 사람은 침착하게 운전을 하고, 성급한 사람은 성급하게 운전을 하기 마련이다.
㉡ 성급한 사람인 경우에는 속도가 빨라지기 마련이고, 추월을 많이 하게 될 뿐만 아니라 틈만 생기면 앞지르기를 하여 1초라도 앞서려고 노력한다.

② 사고다발자의 성격 : 타인을 생각하지 않고 싸움을 하려고 하는 일촉즉발의 운전자가 많으며, 적극적이기는 하지만 내적 자기통제가 약하고 반항심이 강해서 불만을 갖기 쉽다.
㉠ 초조해 하며 행동이 즉흥적이다.
㉡ 사회성(협조성)이 결여되어 있다.
㉢ 충동적이며 자기통제력이 약하고 폭발적으로 격노하기 쉽다.
㉣ 정서가 불안하고 사소한 일에도 감정을 노출하기 쉽다.
㉤ 주의가 치밀하지 못하고 산만하여 부주의에 빠지기 쉬우며 주의력의 지속력이 약하다.

③ **우수운전자의 성격** : 온화한 성격에 정이 많고 따뜻하여, 남과 다투기를 좋아하지 않고 협조적이며, 주위와 융화하는 태도의 사람이 많다. 또한 세심하고 주의 깊으며 직업의식도 철저하고, 향상을 위한 노력을 게을리하지 않는다. 사물을 냉정하게 객관적으로 관찰하고, 자기의 결점을 잘 알고 있으며 진실하고 착실하며 머리를 숙일 줄 안다.

㉠ 안전에의 의식 : 사람의 생명에 대한 존엄성이 뿌리박힌 신중성

㉡ 상호성 : 보행자나 다른 차량에 길을 양보해주는 겸허한 성품을 지니고 타인과 좋은 인간관계를 만드는 협조적인 성품

㉢ 안정된 정서, 평정한 태도 : 자기의 감정을 억제 · 통제할 줄 아는 능력과 성품을 갖고 환경에 지배되지 않는 자주성

㉣ 일에 대한 애정, 생활에 대한 즐거움을 갖고 운전을 좋아하며 이를 자랑으로 알고 책임을 느낄 줄 아는 성품

(4) 피로와 운전행위

① **운전피로의 개념** : 운전작업에 의해서 일어나는 신체적인 변화, 신체적으로 느끼는 피로감, 객관적으로 측정되는 운전기능의 저하를 총칭한다. 순간적으로 변화하는 운전환경에서 오는 운전피로는 신체적 피로와 정신적 피로를 동시에 수반하지만, 신체적인 부담보다 오히려 심리적 부담이 더 크다.

② **운전피로의 특징과 요인**

㉠ 운전피로의 특징

- 피로의 증상은 전신에 걸쳐 나타나고 이는 대뇌의 피로(나른함, 불쾌감 등)를 불러온다.
- 피로는 운전작업의 생략이나 착오가 발생할 수 있다는 위험 신호이다.
- 단순한 운전피로는 휴식으로 회복되나 정신적 · 심리적 피로는 신체적 부담에 의한 일반적 피로보다 회복시간이 길다.

㉡ 운전피로의 요인

- 생활요인 : 수면 · 생활환경 등
- 운전작업 중의 요인 : 차내환경 · 차외환경 · 운행조건 등
- 운전자 요인 : 신체조건 · 경험조건 · 연령조건 · 성별조건 · 성격 · 질병 등

③ **피로와 교통사고** : 육체적 피로가 운전작업에 미치는 영향으로는 근육의 피로가 쌓이면 신체기능이 저하되어 유사시 동작이 제대로 되지 않아 작업능률이 떨어지게 되고, 나아가 교통사고의 요인이 되기도 한다. 이와 같이 피로는 잠재적 사고라 할 수 있는 '운전자의 잘못, 주의력 집중의 편재, 외부의 정보를 차단하는 졸음' 등을 발생시켜 결국 직접적 사고를 유발하는 요인이 된다.

㉠ 피로의 진행과정

- 피로의 정도가 지나치면 과로가 되고 정상적인 운전이 곤란해진다.
- 피로 또는 과로한 상태에서는 졸음운전을 할 수 있고 이는 교통사고로 이어질 수 있다.
- 연속운전은 일시적으로 급성피로를 낳게 한다.
- 매일 시간상 또는 거리상으로 일정 수준 이상의 무리한 운전을 하면 만성피로를 초래한다.

㉡ 운전피로와 교통사고 : 대체로 운전피로는 운전조작의 잘못, 주의력 집중의 편재, 외부의 정보를 차단하는 졸음 등을 불러와 교통사고의 직접 · 간접적 원인이 된다.

㉢ 장시간 연속운전 : 장시간 연속운전은 심신의 기능을 현저히 저하시킨다. 운행계획에 휴식시간을 삽입하고 생활관리를 철저히 해야 한다.

㉣ 수면부족 : 적정한 시간의 수면을 취하지 못한 운전자는 교통사고를 유발할 가능성이 높다.

④ **피로와 운전착오**

㉠ 운전작업의 착오는 운전업무 개시 후 · 종말 시에 많아진다. 개시 직후의 착오는 정적 부조화, 종말 시의 착오는 운전피로가 그 배경이다.

㉡ 운전시간 경과와 더불어 운전피로가 증가하여 작업 타이밍의 불균형을 초래한다. 이는 운전기능, 판단착오, 작업단절 현상을 초래하는 잠재적 사고로 볼 수 있다.

㉢ 운전착오는 심야에서 새벽 사이에 많이 발생한다. 각성 수준의 저하, 졸음과 관련된다.

㉣ 운전피로에 정서적 부조나 신체적 부조가 가중되면 조잡하고 난폭하며 방만한 운전을 하게 된다.

㉤ 피로가 쌓이면 졸음상태가 되어 차외 · 차내의 정보를 효과적으로 입수하지 못한다.

⑤ **장거리 운전 등을 할 때의 피로 방지 대책**

㉠ 출발 전에 충분히 휴식을 취한다.

㉡ 운전 중에는 눈을 계속 움직인다.

㉢ 과식하거나 알코올 성분이 들어 있는 음료수를 마시지 않는다.

㉣ 차창을 열어 차내에 신선한 공기를 소통시킨다.

㉤ 2시간 정도 운전한 뒤에는 반드시 5~10분간 휴식을 취한다.

㉥ 음주는 피로를 유발하는 중요한 요인으로 작용한다.

3. 운전적성검사 항목과 지도요령

(1) 운전적성검사 항목

① **시각능력 검사** : 시각능력과 교통사고와의 관계는 명확하지 않지만 관련성이 있는 것으로 보고되고 있다.

② **집중력 검사** : 운전 중인 운전자의 집중력을 알아보기 위해 운전 중의 작업속도와 정확성을 측정하는 것으로 작업성격과 안전운전과의 상관관계가 확인되고 있다.

③ **반응 검사** : 단순반응측정으로 작업성격과 교통사고와의 관련성이 입증되었다.

④ **지능 검사** : 통상적인 지적 작업성격과 교통사고와의 관계는 명확하게 입증되지 않았지만, 일정 수준의 지적 능력이 있어야 안전운전이 가능하다는 견해가 일반적이다.

⑤ **운전행동 검사** : 실제 운전 장면을 재현한 검사로 운전행동과 교통사고와의 관련성을 규명하고자 하는 검사이다. 이 방법은 운전면허교육의 단계에서 실제 주행 전에 교육과 더불어 적성을 파악하려는 목적도 가지고 있으며, 교통사고와 검사결과의 관련성이 입증되었다.

⑥ **성격질문지검사** : 이 분야에서는 일치된 연구결과가 없지만 개별척도 혹은 개별인자와 교통사고의 관련성을 입증한 연구결과들이 나오고 있다. 운전성격을 파악하기 위해서는 일반적인 성격검사보다는 교통과 관련된 성격검사가 유효하다는 것은 널리 알려진 사실이다.

(2) 운전적성검사 결과에 따른 지도

① 상황판단이 뒤떨어지는 사람

㉠ 상황판단이 뒤떨어지는 사람은 비교적 이해·판단에 시간을 요하기 때문에 운전조작 그 자체도 머리로 이해하기보다는 기계적으로 또는 몸으로 외우려는 경향을 볼 수 있고, 자칫하면 시행착오적 행동을 하기 쉽다.

㉡ 오로지 운전조작을 되풀이시키기보다는 차분하게 기본적 조작에 대해 잘 이해시키면서 복잡한 응용조작으로 넘어가도록 하는 것이 필요하다.

② 동작의 속도에 문제가 있는 사람

㉠ 동작이 빠른 사람 : 동작이 빠른 사람은 종종 자신의 동작기능에 빠져 스스로 위험에 접근하는 경향을 볼 수 있기 때문에 자동차의 제어특성을 잘 이해시키는 동시에 적당한 상황을 이용해 필요 이상의 속도, 무의미한 접근이 안전운전에 감점이 된다는 점을 몸소 익히게 할 필요가 있다.

㉡ 동작이 느린 사람 : 동작의 속도가 떨어지는 사람에 대해서는 기능교육을 할 때에 자신의 운전에 맞는 적당한 안전거리는 어느 정도인지를 잘 이해시키는 것이 중요하다.

③ 동작의 정확함이 뒤떨어지는 사람 : 자동차의 조작에 숙달되어도 자신의 기분에 따라 조작하지 않도록 올바른 운전조작을 엄하게 몸에 익히도록 지도함과 동시에 면허취득 후 운전할 때에는 교육생 시절에 배운 대로 올바른 조작을 하도록 주의를 환기시키는 것이 필요하다.

④ 신경질적 성향이 강한 사람

㉠ 신경질적 성향이 강한 사람에게는 교육 중 그 현장에서 조언을 해야 하는 경우를 제외하고는 너무 정신적 부담이 되지 않도록 적당한 때를 보아 지도·조언을 해야 한다.

㉡ 지도·조언을 할 때는 이도 저도 아닌 어중간한 말은 금물이며, 간단 명쾌하게 논리적인 조언이 필요하다.

제 3 과목 기능교육 실시요령

01 다음 중 적성검사 항목에 해당되지 않는 것은?

갑. 지능 검사
을. 운전행동 검사
병. 학력 검사
정. 성격질문지 검사

해설

적성검사 항목
- 시각능력 검사
- 집중력 검사
- 반응 검사
- 지능 검사
- 운전행동 검사
- 성격질문지 검사

02 다음 중 안전운전을 위한 운전적성의 조건과 관계가 먼 것은?

갑. 의학적인 조건
을. 심리적 조건
병. 도로교통 적성
정. 감각·동작의 기초적인 기능조건

해설

안전운전 적성의 조건
- 의학적인 조건으로는 심신이 건강해야 함
- 감각·동작의 기초적인 기능조건
  - 반응시간의 적정
  - 일정한 수준 이상의 시력
  - 시각·지각과 반응동작이 균형있게 일치
- 심리적 조건
  - 자기 억제력이 강해야 함
  - 주의집중 능력이 있어야 함

03 동체시력에 대한 설명이다. 틀린 것은?

갑. 주행 중 운전자의 시력을 동체시력이라고 한다.
을. 같은 개인에 있어서도 피로하게 되면 저하하며, 일반적으로 동체시력은 정지시력에 비해 30% 정도 낮다.
병. 동체시력은 자동차의 속도가 빨라지면 그 정도에 따라 점차 떨어진다.
정. 동체시력은 연령이 많아질수록 저하율이 작다.

해설

정 : 동체시력은 개인차가 있으며, 연령이 많아질수록 저하율이 크다.

04 노령운전자에게 보이는 특성으로 잘못된 것은?

갑. 신중하지 못하고 과속을 한다.
을. 순간적인 판단력이 떨어진다.
병. 돌발사태 시 대응력이 미흡하다.
정. 피로 시 신속한 회복력이 떨어진다.

해설

고령자는 오랜 사회생활을 통하여 풍부한 지식과 경험을 가지고 있으며, 행동이 신중하여 모범적 교통 생활인으로서의 자질을 갖추고 있다.

05 기능교육 숙달속도의 개인적 차가 가장 두드러지게 나타나는 요인은?

갑. 성별과 연령
을. 성격과 직업
병. 학력과 연령
정. 직업과 성별

해설

성별과 연령, 학력, 성격, 직업에 있어서 천차만별이고 기능교육목표 수준에 도달하기까지의 소요시간도 각기 다르다. 특히 남녀 성별과 연령에 의한 차이가 가장 두드러지게 나타난다.

06 젊은 층의 운전자가 보여주는 일반적인 경향으로 옳지 못한 것은?

갑. 방어적인 운전태도
을. 자기도취 및 과잉반응의 운전태도
병. 충동적이고 자기과시적인 운전태도
정. 공격적이며 비협조적인 운전태도

해설

방어적인 운전태도는 여성 또는 고령운전자의 일반적인 경향이다.

07 다음 중 교통사고를 없애고 밝고 쾌적한 교통사회를 이룩하기 위해서 가장 먼저 강조되어야 할 사항은?

갑. 초보운전교육의 중요성
을. 기능교육을 지도하는 기능강사의 도덕성과 전문성
병. 안전운전에 대한 지식과 기능 그리고 바람직한 태도를 갖춘 운전자의 육성
정. 운전에 필요한 건강한 신체와 건전한 정신의 배양

해설

교통사고를 없애고 밝고 쾌적한 교통사회를 이룩하기 위해 가장 먼저 강조되어야 할 것은 안전교육에 대한 지식과 기능 그리고 바람직한 태도를 갖춘 운전자를 가능한 많이 육성해 내는 데 있으며, 궁극적인 목표는 도로상에서 행동화되어야 한다는 데 있다.

01 병 02 병 03 정 04 갑 05 갑 06 갑 07 병 정답

08 다음 중 자동차의 주행저항과 관계없는 것은?

갑. 공기저항
을. 가속저항
병. 구배저항
정. 제동저항

해설
자동차의 주행저항
구름저항, 가속저항, 구배저항, 공기저항

09 도로상에 뛰어든 어린이를 늦게 발견함으로써 사고가 발생한 경우 어느 단계에서의 실수를 말하는가?

갑. 해당 없음
을. 조작단계
병. 판단단계
정. 인지단계

10 대형차의 사각에 대한 설명으로 옳은 것은?

갑. 좌회전보다 우회전할 때 사고 위험성이 높다.
을. 우측방 1m 지점에 있는 자전거 등은 운전석에서 확인이 쉽다.
병. 운전석 우측면이 좌측면보다 사각이 작다.
정. 앞부분이 돌출된 보닛이 있는 차가 없는 차보다 후방시계가 좋다.

해설
을 : 우측방 약 1m 지점의 물체는 운전석에서 확인이 어렵다.
병 : 운전석 좌측면이 우측면보다 사각이 작다.
정 : 후방시계는 앞 보닛이 없는 차가 좋다.

11 자동차운전전문학원 연합회의 사업이 아닌 것은?

갑. 전문학원제도의 발전을 위한 연구
을. 전문학원의 교육시설 및 교재의 개발
병. 전문학원에서 실시하는 교육 및 기능검정방법의 연구개발
정. 고장자동차의 설비 및 서비스

해설
자동차운전전문학원 연합회의 사업(도로교통법 제119조)
- 전문학원제도의 발전을 위한 연구
- 전문학원의 교육시설 및 교재의 개발
- 전문학원에서 실시하는 교육 및 기능검정방법의 연구개발
- 전문학원의 학감 · 부학감 · 기능검정원 및 강사의 교육훈련과 복지증진 사업
- 경찰청장으로부터 위탁받은 사항
- 그 밖에 연합회의 목적 달성에 필요한 사업

12 다음 중 자동차가 움직이는 데 필요한 동력을 발생하는 장치는 무엇인가?

갑. 주행장치　　을. 엔 진
병. 차 체　　정. 프레임

해설
자동차의 동력발생장치는 엔진이며, 엔진은 사용연료에 따라 가솔린엔진, 디젤엔진, LPG엔진 등으로 분류된다.

13 다음 중 전자제어 연료분사방식이 아닌 것은?

갑. TBI　　을. MPI
병. PSI　　정. EGI

해설
전자제어 연료분사방식 : EGI, EFI, MPI, TBI 등

14 불완전연소로 생기는 배기가스로 가솔린 자동차에서 배출이 가장 많은 것은?

갑. CO　　을. CO_2
병. NO　　정. HC

해설
갑 : 불완전연소에 의해서 일산화탄소(CO)가 배출되며, 완전연소와 희박혼합비의 연소의 실현으로 저감할 수 있다.

15 유압식 브레이크는 다음 중 어떤 원리를 이용한 것인가?

갑. 보일의 법칙
을. 베르누이의 법칙
병. 파스칼의 원리
정. 아르키메데스의 원리

해설
유압식 브레이크는 파스칼의 원리를 이용한 것이다.

16 엔진 오일 교환 시 주의사항이 아닌 것은?

갑. 엔진 길들이기 과정인 주행거리 1,000km에서는 반드시 교환한다.
을. 엔진 오일 필터는 엔진 오일을 2~3회 교환할 때 한 번 교환한다.
병. 한 번에 많이 넣기보다는 양을 확인하면서 조금씩 넣는다.
정. 동일 등급의 오일로 교환한다.

해설
을 : 엔진 오일 필터는 엔진 오일 교환 시 함께 교환한다.

정답 08 정 09 정 10 갑 11 정 12 을 13 병 14 갑 15 병 16 을

17 핸들 조작이 힘들고 핸들이 떨리는 경우의 점검 및 조치로 맞지 않는 것은?

갑. 공기압이 부족한 경우는 휴대용 공기펌프(Portable Air Pump)나 정비업소를 찾아 보충한다.

을. 파워 벨트가 끊어졌을 경우에도 핸들의 조작은 가능하므로 안전운행하면서 정비업소로 이동하고, 예비벨트가 있다면 현장에서 교환하면 된다.

병. 특정 속도에서 핸들이 떨릴 경우에는 휠얼라인먼트가 맞지 않는 경우이므로 정비업소를 방문하여 수리한다.

정. 웜기어의 마모가 심하여 웜기어를 교환했을 경우에는 교환하기 전보다 핸들의 조작이 힘들게 되는데 이것은 정상이다.

해설

병 : 특정 속도에서 핸들이 떨리는 것은 휠밸런스가 맞지 않는 경우이다.

18 자동차 점검사항으로 적절하지 못한 것은?

갑. 트렁크 안 점검

을. 자동차 내부 점검

병. 엔진룸 점검

정. 자동차 외관 점검

해설

자동차 점검사항

- 외관 점검 : 타이어 공기압, 타이어 트레드 마모상태, 누수 및 누유 점검 등
- 내부 점검 : 스위치의 작동이나 유격등 점검 등
- 엔진룸의 점검 : 엔진오일, 냉각수, 팬벨트, 브레이크액 등

19 앞바퀴의 중심을 지나는 수직면에서 자동차의 맨 앞부분까지의 수평거리를 무엇이라고 하는가?

갑. 축 거　　　을. 전 폭

병. 최저 지상고　　　정. 앞 오버행

해설

갑 : 앞·뒤 차축의 중심거리, 전륜 또는 후륜이 2륜인 경우 중간점에서 측정

을 : 자동차의 너비를 자동차 중심면과 직각으로 측정한 때의 최대 너비

병 : 접지면에서 자동차의 가장 낮은 부분까지의 높이

20 고속 운전 시 타이어의 접지부에 나타나는 파상변형은 무엇이라 하는가?

갑. 트램핑　　　을. 스탠딩 웨이브

병. 호 핑　　　정. 시 미

해설

을 : 공기압 부족상태로 고속 운전 시 타이어의 접지부에 나타나는 파상변형이다.

21 다음 중 자동차운전전문학원 기능교육의 목적으로 부적당한 것은?

갑. 다른 운전자와 보행자를 배려한 운전자세 교육

을. 바른 운전예절 교육

병. 합격위주 교육

정. 안전하고 바람직한 운전자 양성

해설

자동차운전전문학원에서의 기능교육은 면허취득만을 위한 합격위주의 교육이 아닌 안전하고 바람직한 운전자로서의 자격을 갖추어 도로교통 현장으로 내보내는 것이다.

22 기능교육효과의 현상에 대한 다음 설명 중 옳은 것은?

갑. 양적 진보는 숙련 정도에 따라 비숙련기, 반숙련기, 숙련기 등으로 구분한다.

을. 질적 진보는 겉으로 드러나나 양적 진보는 자신도 자각하기 어렵다.

병. 양적 진보는 운전기능의 숙련 정도를 말하며, 질적 진보의 추진력으로 작용하게 된다.

정. 기능교육효과는 양적 진보와 질적 진보 두 가지로 나타난다.

해설

갑 : 양적 진보는 사전학습단계, 진보향상단계, 진보의 정체단계, 급격한 진보단계, 최종진보단계의 5단계로 구분된다.

을 : 질적 진보는 무의식적인 조작단계로까지 향상되기 때문에 자신도 자각하기 어렵다.

병 : 양적 진보는 주행거리, 운전조작의 실수 횟수, 코스 통과 여부 등 기능향상 정도를 말한다. 예문은 질적 진보에 대한 설명이다.

23 기능교육의 단계별 교육순서 중 적합한 것은?

갑. 교육준비 → 설명 → 확인 → 실시

을. 교육준비 → 실시 → 설명 → 확인

병. 설명 → 교육준비 → 확인 → 실시

정. 교육준비 → 설명 → 실시 → 확인

해설

기능교육의 단계별 교육순서

- 제1단계 : 기능교육의 준비단계
- 제2단계 : 교육내용 및 조작의 설명단계
- 제3단계 : 실질지도단계
- 제4단계 : 효과의 확인, 보충지도단계

24 기능교육효과 현상의 질적 진보에 대한 다음 설명 중 옳은 것은?

갑. 질적 진보는 운전기능의 향상 정도를 말한다.

을. 양적 진보는 질적 진보의 추진력으로 작용하게 된다.

병. 미숙련기 → 반숙련기 → 숙련기로 진보하게 된다.

정. 반숙련기에 이르게 되면 개개의 운전동작을 의식하지 않게 된다.

17 병　18 갑　19 정　20 을　21 병　22 정　23 정　24 병　**정답**

25 **기능교육의 마지막 단계라고 할 수 있는 것은?**

갑. 보충지도단계　　　　을. 준비단계
병. 실질지도단계　　　　정. 조작의 설명단계

해설
효과의 확인이나 보충지도단계가 기능교육의 마지막 단계이다.

26 **기능교육 중 교육생의 의욕에 따라 진보의 향상이 두드러지게 나타나는 단계는?**

갑. 급격한 진보단계　　　　을. 진보정체단계
병. 진보향상단계　　　　정. 사전학습단계

해설
진보향상단계
운전기능연습의 초기단계로 초보적인 운전조작에서부터 시작되며, 운전조작 습관이 형성되는 중요한 시기이다.

27 **동기부여와 운전교육에 대한 내용 중 틀린 것은?**

갑. 기능강사는 교육생이 각각의 기능을 의욕적으로 연습할 수 있는 동기를 부여하는 것이 중요하다.
을. 외적 동기부여는 상벌보다는 성취욕, 명예욕, 자아실현 등에서 비롯된다.
병. 동기부여에는 외적 동기부여와 내적 동기부여가 있다.
정. 인간의 외적 혹은 내적인 어떠한 자극이 그 사람의 마음을 움직여 행동의 실행 또는 목표추구로 향하도록 하는 상태로 이끄는 것을 동기부여라 한다.

해설
주체적으로 호기심, 성취욕, 명예욕, 자아실현 등에서 비롯되는 것은 내적 동기부여이다.

28 **다음 중 기능강사가 기능교육의 학습효과를 높이기 위한 방법으로 옳지 않은 것은?**

갑. 교육생의 태도를 파악하여 교육에 적극적인 태도로 임할 수 있도록 동기유발에 노력해야 한다.
을. 잘된 연습에는 칭찬을, 잘못된 조작에 대해서는 지적과 함께 그때그때 교정·지도한다.
병. 분산연습법과 집중연습법을 적절하게 활용하여 기능교육을 진행한다.
정. 학습결과는 교육생에게 알리지 말고 기능강사만 알고 있도록 한다.

해설
정 : 학습결과를 교육생에게 주지시키면서 교정·지도하면 학습효과를 높일 수 있다.

29 **집중연습법과 분산연습법의 효과에 대한 설명 중 옳은 것은?**

갑. 문제해결의 학습에서는 분산연습법이 효과적이다.
을. 기계적 기억이나 감각운동의 학습에는 집중연습법이 효과적이다.
병. 학습내용이 비슷하거나 하나로 묶여진 경우에는 분산연습법이 효과적이다.
정. 학습 이전에 운동 같은 것을 필요로 하는 교재에서는 집중연습법이 보다 효과적이다.

해설
갑은 집중연습법이, 을은 분산연습법이, 병은 집중연습법이 효과적이다.

30 **다음 중 분산연습법의 종류로 적당하지 않은 것은?**

갑. 복잡한 분산연습법
을. 반복적 분산연습법
병. 점진적 분산연습법
정. 순수한 분산연습법

해설
분산연습법에는 순수한 분산연습법, 점진적 분산연습법, 반복적 분산연습법이 있다.

31 **관찰의 기술 중 실제보다 훨씬 잘 보는 것은?**

갑. 논리적 오차
을. 중심화 경향
병. 방배 효과
정. 관대화 경향

해설
관대화 경향은 실제보다 훨씬 잘 보는 경향을 말한다.

32 **학습의 전이 중 동일한 요소로 인하여 발생한 전이의 예로 적절하지 않은 것은?**

갑. 곡선코스 운전에 익숙하면 커브길 주행요령도 쉽게 체득한다.
을. 한국사를 공부하면 국문학을 쉽게 배운다.
병. 국어과목 시간에 글자를 깨끗이 쓸 것을 강조하고 이어서 다른 과목시간에도 그렇게 해야 한다는 중요성을 인식시키면 타 과목에까지 전이가 일어나 글자를 깨끗이 쓰게 된다.
정. 덧셈에 익숙하면 곱셈을 쉽게 배운다.

해설
병 : 학습전이 중 일반화 조건에 의해서 발생하는 것이다.

정답 25 갑 26 병 27 을 28 정 29 정 30 갑 31 정 32 병

33 다음 학습의 단계 중 일종의 슬럼프에 해당하는 것은?

갑. 진보의 증가
을. 더욱 진보
병. 약간의 진보
정. 고 원

해설
고원은 운전연습시간을 늘려도 성과가 오르지 않는 상태로 일종의 슬럼프 현상이다.

34 자동차의 주요 부분을 설명하는 교육방법 중 잘못된 것은?

갑. 필요하면 실물을 보여주고 기능을 눈여겨보도록 하는 것도 좋은 방법이다.
을. 간결하고 구체적으로 해야 한다.
병. 일상생활과 관련된 현상과 비교해서 가장 쉽게 설명한다.
정. 기계적인 용어는 영어식 표현으로 설명해야 한다.

35 교육생 단독교육에 관한 설명으로 바른 것은?

갑. 교육생이 전문학원의 기능교육 중 3단계 과정에 있는 경우이다.
을. 단독교육을 실시하는 때에는 교육 대상인원을 고려하여 기능교육 강사 2인 이상을 배치하여야 한다.
병. 담당 기능교육강사는 교육생에게 운전면허제도에 대한 교육을 실시하여야 한다.
정. 기능교육보조원을 배치하여 강사를 보조하게 할 수 있다.

해설
갑 : 교육생이 전문학원의 기능교육 중 2단계 과정에 있는 경우이다.
을 : 단독교육을 실시하는 때에는 교육 대상인원을 고려하여 기능교육 강사 1인 이상을 배치하여야 한다.
병 : 담당 기능교육강사는 교육생에게 안전사고 예방에 대한 교육을 실시하여야 한다.

36 기능검정 실시목적에 대한 설명으로 가장 적절한 것은?

갑. 안전운전기능보다 채점기준에 우선하여 채점
을. 안전운전상 필요한 운전기능 유무를 채점기준표에 의거 객관적으로 채점
병. 채점기준 없이 숙련된 기능검정원의 주관적 판단에 의거 판정
정. 채점기준에 따른 채점을 위한 채점

해설
기능시험과 기능검정의 공정성을 확보하면서 많은 수험생을 처리하기 위해서는 판단이 필요하다. 이것이 기능시험의 채점기준이다.

37 도로주행기능검정의 검정항목은?

갑. 도로에서의 이상기후 시 운전 등 특별한 상황에서의 운전
을. 도로에서의 교통도덕과 예절
병. 도로에서의 자동차 안전운전
정. 도로에서의 운전장치 조작 및 교통법규에 따라 운전하는 능력

해설
도로에서 자동차를 운전할 능력이 있는지에 대한 시험(도로교통법 시행령 제49조)
- 운전장치를 조작하는 능력
- 교통법규에 따라 운전하는 능력

38 기능검정용 차량에 대한 설명으로 적절하지 못한 것은?

갑. 기능검정용 차량의 사용연한은 제한이 없다.
을. 기능검정 개시 전 사전점검이나 안전운전을 통해 결함을 보완한다.
병. 기능검정용 차량은 완벽하게 정비되어 있어야 한다.
정. 운전면허 기능시험용 차량의 규격과 동일하다.

해설
기능검정용 차량은 기능교육용 차량과 같이 사용연수에 제한이 있다.

39 제1종 대형면허 장내기능검정 과제 중 감점 기준이 다른 것은?

갑. 철길건널목 일시정지
을. +형 교차로 통과
병. 돌발사고 시 급정지 및 출발
정. 굴절코스의 전진 · 통과

해설
기능시험 채점기준 · 합격기준(도로교통법 시행규칙 제66조 [별표 24])
병 : 10점 감점
갑 · 을 · 정 : 5점 감점

40 장내기능검정 과제 중 좌석안전띠 착용 채점기준으로 맞는 것은?

갑. 1점 감점
을. 3점 감점
병. 5점 감점
정. 10점 감점

해설
기능시험 채점기준 · 합격기준(도로교통법 시행규칙 제66조 [별표 24])
출발 시부터 종료 시까지(평행주차코스, 방향전환코스, 후진도 포함) 좌석안전띠를 착용하지 아니한 경우에는 5점을 감점한다.

33 정 34 정 35 정 36 을 37 정 38 갑 39 병 40 병 정답

41 장내기능검정의 채점 및 합격기준에 대한 설명으로 잘못된 것은?

갑. 제1종 보통연습면허 및 제2종 보통연습면허의 합격기준은 각각 80점이다.
을. 시동 상태 유지능력은 시험이 종료될 때까지 시동을 꺼트리지 아니하고 2,000RPM 이하로 운행하여야 한다.
병. 채점은 100점을 기준으로 하여 각 시험과제를 위반 시마다 감점방식으로 채점한다.
정. 특수면허의 합격기준은 90점 이상이다.

해설
을 : 시험이 종료될 때까지 시동을 꺼트리지 아니하고 4,000RPM 이하로 운행

42 장내기능검정 과제 중 방향지시등, 전조등의 사용을 숙지하지 못한 때의 감점기준은?

갑. 2점 감점
을. 3점 감점
병. 10점 감점
정. 5점 감점

해설
기능시험 채점기준 · 합격기준(도로교통법 시행규칙 제66조 [별표 24])
정지상태에서 시험관의 지시를 받고 전조등을 조작하지 못한 경우(하향, 상향 각 1회) 5점, 정지상태에서 시험관의 지시를 받고 방향지시등을 조작하지 못한 경우 5점이 감점된다.

43 도로주행기능검정 항목 중 클러치와 가속페달의 부조화 및 조작불량을 감점하는 이유는?

갑. 모든 사태에의 대응
을. 인지와 판단
병. 클러치의 조화와 원활한 운행
정. 기민한 판단과 동작

44 도로주행기능검정 항목 중 출발시간 지연과 가속불량을 감점하는 이유로 적절한 것은?

갑. 안전한 태도
을. 모든 사태에의 대응
병. 주의력의 배분
정. 기민한 판단 및 조작과 원활한 주행

45 도로주행기능검정 항목 중 제동조작 불량을 감점하는 이유로 올바른 것은?

갑. 구조단속 등 올바른 조작의 습관성
을. 주의력의 배분
병. 모든 사태에의 대응
정. 인지와 판단

46 도로주행기능검정 항목 중 길가장자리 통행을 감점하는 이유로 옳은 것은?

갑. 안전한 태도
을. 보행자 보호의식과 차체감각
병. 주의력의 배분
정. 다른 교통에의 배려

47 도로주행기능검정 과제 중 진로변경 시 안전확인 불이행에 따른 감점기준으로 맞는 것은?

갑. 유턴 시 안전확인 불이행 시 5점 감점
을. 진로변경 시 안전확인 불이행 시 10점 감점
병. 교통의 안전을 무시하고 연속해서 진로를 변경하는 경우 5점 감점
정. 진로변경 시 변경 신호를 전혀 하지 아니한 경우 5점 감점

해설
도로주행시험의 시험항목 · 채점기준 및 합격기준(도로교통법 시행규칙 제68조 [별표 26])
진로를 변경하고자 하는 경우(유턴을 포함한다)와 안전을 확인하지 아니한 경우(진로변경 시 안전 미확보)에는 10점 감점한다.

48 도로주행기능검정 과제 중 교차로 통행방법의 위반 시 감점으로 옳지 않은 것은?

갑. 교통정리가 행해지고 있지 않은 교차로에 들어가고자 하는 때 서행을 하지 아니하는 경우에 5점 감점
을. 좌 · 우회전하고자 등화로써 신호를 하는 차가 있는 경우에 그 차의 진행을 방해한 때 7점 감점
병. 좌회전 시 미리 도로의 중앙선을 교차로의 중심 안쪽으로 서행하지 아니한 때 7점 감점
정. 우회전 시 미리 도로의 우측 가장자리로 서행하지 아니한 때 7점 감점

해설
도로주행시험의 시험항목 · 채점기준 및 합격기준(도로교통법 시행규칙 제68조 [별표 26])
교통정리가 행하여지고 있지 아니하는 교차로에 들어가고자 하는 때 서행을 하지 아니하는 경우는 서행위반이며, 10점 감점된다.

41 을 42 정 43 병 44 정 45 갑 46 을 47 을 48 갑 정답

49 도로주행기능검정 과제 중 안전거리 미확보 시 감점기준으로 맞는 것은?

갑. 앞차와의 안전거리를 유지하지 아니한 경우 1점 감점
을. 앞차와의 안전거리를 유지하지 아니한 경우 실격
병. 앞차와의 안전거리를 유지하지 아니한 경우 5점 감점
정. 앞차와의 안전거리를 유지하지 아니한 경우 10점 감점

해설
도로주행시험의 시험항목 · 채점기준 및 합격기준(도로교통법 시행규칙 제68조 [별표 26])
안전거리 미확보나 경사로에서 뒤로 1m 이상 밀리는 현상 등 운전능력 부족으로 교통사고를 일으킬 위험이 현저한 경우 또는 교통사고를 야기한 경우는 실격처리한다.

50 기능검정의 교육적 기능에 대한 설명으로 잘못된 것은?

갑. 수검자에게서 일어나는 잘못을 지적하고 다음 교육에 반영시킨다.
을. 합격자에게는 운전상 유의사항을 조언하지 말아야 한다.
병. 불합격자에 대해 잘못을 지적하고 구체적인 연습지침을 부여한다.
정. 다른 운전자에 대한 양보심과 보행자에 대한 적극적 배려심을 함양한다.

해설
을 : 합격자에 대해서도 조언함으로써 앞으로 도로교통환경에서 운전 시 유의해야 할 사항을 인식시킨다.

51 다음 중 "시간적 전망은 모럴을 좌우한다."고 말한 사람은?

갑. 아인슈타인
을. 스키너
병. 프로이트
정. 파블로프

52 다음 중 안전운전에 필요한 성품으로 적합하지 않은 것은?

갑. 사람의 생명에 대한 존엄성이 뿌리박힌 신중성
을. 보행자나 다른 차량에 길을 양보해주는 겸허한 성품
병. 자기의 감정을 억제, 통제하지 못하는 성품
정. 일에 대한 애정과 생활에 대한 즐거움을 갖고 운전을 좋아하며, 이를 자랑으로 알고 책임을 느낄 줄 아는 성품

해설
병 : 안전운전을 위해서는 자기의 감정을 억제, 통제할 줄 아는 능력과 성품을 갖고 환경에 지배되지 않는 자주성을 가져야 한다.

53 다음 중 방어운전 측면에서 교육생에게 지도해야 할 사항으로 잘못된 것은?

갑. 다른 차의 옆을 통과할 때는 충분한 간격을 두고 만일의 사태에 대비한다.
을. 어린이가 부근에 있을 때에는 반드시 서행 또는 일시정지해야 한다.
병. 앞차와의 안전거리를 두고 가능하면 4~5대 앞차의 상황도 살핀다.
정. 녹색신호에서는 차가 우선이므로 무조건 진행한다.

해설
녹색(직진)신호라 하더라도 이를 무시하고 튀어나오는 차나 보행자가 있으므로 안전을 확인하고 진행한다.

54 일반적인 초보운전자 중 여성운전자의 특성으로 틀린 것은?

갑. 사물을 객관적으로 보는 능력이 대체로 약하다.
을. 자동차 고장 시 조치방법 등에 대한 이해 정도가 상당히 뛰어나다.
병. 운전 시 감정의 변화가 심한 편이다.
정. 신체적으로 기계조작에 따른 체력이 부족하다.

해설
일반적인 여성운전자의 특징
- 신체적으로 기계조작에 필요한 체력이 부족하다.
- 운전 시 감정의 변화가 심한 편이다.
- 사물을 객관적으로 보는 능력이 부족하다.

55 다음 중 개인차에 따른 교육유형 중에 연장자에게 많은 것은 어느 것인가?

갑. A형 을. B형
병. C형 정. D형

해설
D형은 대기만성형으로 주로 연장자에게 많다.

56 다음 중 교통사고의 3대 요인으로 볼 수 없는 것은?

갑. 도로구조나 안전시설 측면에서의 교통환경적 요인
을. 운전자와 보행자 측면에서의 인적 요인
병. 자동차의 구조나 작동불량에서 비롯되는 자동차적 결함 요인
정. 교통법규나 교통정책 측면에서의 제도적 요인

해설
교통사고의 3대 요인
- 운전자와 보행자 측면에서의 인적 요인
- 도로구조나 안전시설 측면에서의 교통환경적 요인
- 자동차의 구조나 작동불량에서 비롯되는 자동차적 결함 요인

49 을 50 을 51 정 52 병 53 정 54 을 55 정 56 정 정답

57 **다음은 자동차 전기의 일반적인 문제이다. 틀린 것은?**

갑. 퓨즈는 전압을 조정한다.
을. 같은 전압용 전구에서는 와트수가 클수록 전기저항이 작다.
병. 같은 길이의 전선에서는 굵기가 굵을수록 전기저항이 작다.
정. 자동차 좌우의 스톱라이트 병렬로 접속한다.

해설
갑 : 퓨즈는 과전류의 흐름을 차단하여 전기기기의 소손을 방지한다.

58 **배터리의 점검 및 방전 시 응급조치 방법이다. 잘못된 것은?**

갑. 점프 케이블이 없는 경우 자동변속기 차량은 밀어서 시동을 건다.
을. 시동을 걸었을 때 "딱딱" 소리만 나면서 시동이 안 걸리면 방전된 것이다.
병. 항상 (–) 케이블을 먼저 분리한다.
정. 배터리 케이블을 분리해서 배터리 단자와 케이블의 접촉부위를 확인한다.

해설
갑 : 밀어서 시동을 걸 수 있는 것은 수동변속기 자동차의 경우에만 해당된다.

59 **운전석에서 볼 때 자동차의 사각거리가 가장 짧은 곳은?**

갑. 자동차의 우측방
을. 자동차의 전방
병. 자동차의 좌측방
정. 자동차의 후방

해설
차체의 사각
- 전방 및 후방사각 : 앞쪽과 뒤쪽이 보이지 않는 각으로 대체로 뒤쪽의 사각 범위가 넓다.
- 측면사각 : 자동차의 사각으로 운전자의 우측인 조수석 쪽의 사각 범위가 넓다.

60 **타인의 차량에 의한 사각으로 바르지 못한 것은?**

갑. 후방차의 뒤편
을. 전방의 차에 붙어갈 때 그 차의 전방
병. 교차로에서 좌회전 시 반대방향 차의 뒤
정. 양쪽 도로변에 주·정차된 차량 사이

61 **자동차 배기가스 중에서 검사할 필요성이 적은 무해성 가스는?**

갑. CO　　을. CO_2
병. NO　　정. HC

해설
을 : 탄수소화합물(C_mH_n)은 산소와 함께 완전연소하여 이산화탄소(CO_2)와 물(H_2O)을 생성한다.

62 **다음 중 디젤 기관의 장점은?**

갑. 회전속도가 높다.
을. 열효율이 높다.
병. 마력당 기관의 무게가 가볍다.
정. 소음진동이 적다.

해설
디젤 기관의 장·단점
- 장 점
  - 열효율이 높다.
  - 연료 소비량이 적다.
  - 인화점이 높아 화재위험이 적다.
  - 완전연소에 가까운 연소로 회전력 변동이 적다.
- 단 점
  - 회전속도가 낮다.
  - 운전 중 소음이 크다.
  - 마력당 중량이 크다.
  - 시동 전동이 커야 한다.

63 **브레이크 페달의 유격이 커지는 원인으로 맞지 않는 것은?**

갑. 베이퍼록의 발생
을. 오일의 누설과 부족
병. 드럼과 슈의 간극 과다
정. 브레이크 페달의 리턴 스프링이 약하다.

해설
브레이크 페달의 유격이 커지는 원인 : 베이퍼록의 발생, 라인 내의 공기 침입, 오일의 누설과 부족, 라이닝의 과다 마모, 드럼과 슈의 간극 과다

64 **다음은 윤활유의 성질에서 요구되는 사항이다. 틀린 것은?**

갑. 온도 변화에 따른 점도 변화가 클 것
을. 열전도가 좋고 내하중성이 클 것
병. 인화점 및 발화점이 높을 것
정. 카본을 생성하지 않고 강인한 유막을 형성할 것

해설
갑 : 윤활유는 온도 변화에 따른 점도 변화가 적어야 한다.

57 갑　58 갑　59 병　60 갑　61 을　62 을　63 정　64 갑　정답

65 조향장치의 구비조건이다. 맞지 않는 것은?

갑. 조향조작이 주행 중의 충격에 영향을 받지 않을 것
을. 조향핸들의 회전과 바퀴 선회의 차가 클 것
병. 회전반경이 작을 것
정. 조작하기 쉽고 방향의 변환이 원활하게 행하여질 것

해설
을 : 조향핸들의 회전과 바퀴 선회의 차가 크면 조향감각을 익히기 어렵고 조향조작이 늦어진다.

66 다음 중 FR 자동차의 장점으로 맞는 것은?

갑. 실내공간이 넓어진다.
을. 조종성능이 좋다.
병. 무게가 가벼워 경제성이 있다.
정. 조종장치와 구동장치가 분리되어 구조상 유리하다.

해설
갑 · 을 · 병은 FF 자동차의 장점이다.

67 앞바퀴 정렬의 3요소에 해당하지 않는 것은?

갑. 트레드　　을. 캐스터
병. 캠 버　　정. 토 인

해설
- 앞바퀴 정렬의 3요소 : 캐스터, 캠버, 토인
- 트레드 : 타이어가 노면에 접하는 면을 뜻하고 좌우 두 바퀴의 간격 치수를 의미하기도 한다.

68 타이어의 속도기호 중 최고의 속도를 의미하는 것은?

갑. Z　　을. H
병. Q　　정. L

해설
- Z : 시속 240km
- S : 시속 180km
- Q : 시속 160km
- L : 시속 120km

69 페이드 현상을 방지하는 방법으로 알맞지 않은 것은?

갑. 드럼의 방열성을 높일 것
을. 열팽창에 의한 변형이 작은 형상으로 할 것
병. 마찰계수가 큰 라이닝을 사용할 것
정. 엔진 브레이크를 가급적 사용하지 않을 것

해설
정 : 페이드 현상은 브레이크의 과도한 사용으로 발생하기 때문에 과도한 주 제동장치를 사용하지 않고 엔진 브레이크를 사용하면 페이드 현상을 방지할 수 있다.

70 전기 자동차에 대한 다음 설명 중 옳은 것은?

갑. 소음이 적다.
을. 시동과 운전이 어렵다.
병. 가솔린 자동차에 비해 안전성이 떨어진다.
정. 고속 장거리 주행에 적합하다.

해설
전기 자동차는 시동과 운전이 쉽고 가솔린 자동차에 비해 안전성이 좋지만, 고성능 축전지가 개발되지 못해 고속 장거리 주행용으로는 부적합하다.

71 다음 중 기능교육의 기본적인 유의사항으로 적당하지 않은 것은?

갑. 일시적 교육　　을. 명확한 지도와 조언
병. 기본원칙에 의한 교육　　정. 반복교육

해설
기능교육의 기본 유의사항
개인차에 따른 교육, 계획적인 교육, 기본적 원칙에 의거한 교육, 반복교육, 정확하고 명확한 지도와 조언, 여성의 기능교육 등

72 도로주행교육 시 사고방지를 위해 기능강사가 유의해야 할 사항이다. 해당되지 않는 내용은?

갑. 교육생의 사고방지를 위해 항상 주의와 함께 준비태세에 있을 것
을. 노인이나 어린이, 자전거 등 교통약자에 대해서는 특히 주의를 기울일 것
병. 도로주행교육 시 위험한 사태가 발생하더라도 교육생의 운전조작 능력을 믿고 맡길 것
정. 교육시간의 후반에 이르면 교육생은 정신적, 신체적 피로가 쌓여 판단력과 조작능력이 갑자기 떨어지는 경우가 있기 때문에 특히 주의할 것

해설
병 : 일반적으로 교육생은 위험한 사태가 발생하면 즉시 대응하는 것이 아니라 심적으로 강사에게 의존하려는 경향이 있다. 따라서 강사는 교육생의 운전기량을 너무 믿지 않도록 해야 한다.

73 기능교육과정에 있어서 강사의 주요 활동이 아닌 것은?

갑. 교육의 양적 실적 달성
을. 교육결과의 평가
병. 교육경험의 조직화
정. 교육목표의 설정

해설
기능교육과정에 있어서 강사의 주요 활동 : 교육목표의 설정, 교육경험의 조직화, 교육결과의 평가

65 을 66 정 67 갑 68 갑 69 정 70 갑 71 갑 72 병 73 갑 정답

74 운전기능 4단계 교육법 중 제4단계인 효과의 확인 및 보충지도단계에서 유의할 사항으로 적절하지 못한 것은?

갑. 연속된 2~3회의 실기연습결과를 평가하여 장·단점과 보완사항을 알린다.
을. 보충지도 초기단계에는 많은 시간을 할애하고 점차적으로 적게 한다.
병. 지시나 조언은 성숙도에 따라 조금씩 늘려 빨리 익히도록 한다.
정. 보충지도에서도 수정되지 않는 점은 별도 기록유지 후 계속 보충지도한다.

해설
병 : 기능교육의 3단계 실질지도단계에 해당되며 지시나 조언은 성숙도에 따라 조금씩 줄여서 교육생이 자주적인 판단을 할 수 있는 방향으로 유도한다.

75 기능교육 중 강사의 정확한 관찰에 따라 적절한 조치를 취하도록 해야 하는 단계에 해당하는 것은?

갑. 급격한 진보단계
을. 진보정체단계
병. 진보향상단계
정. 사전학습단계

해설
진보정체단계는 운전연습의 중기단계 초기의 정체기로 운전연습의 능률이 오르지 않으며 운전기능의 질적 진보가 양적 진보를 따라가지 못하여 인지를 재구성하게 되므로 강사의 적절한 조치가 필요한 단계이다.

76 다음 중 진보의 정체단계를 극복하고 급진전하는 단계는?

갑. 급격한 진보단계
을. 진보정체단계
병. 진보향상단계
정. 원숙한 진보단계

해설
제4단계인 급격한 진보단계에서는 진보의 정체단계를 극복하고 급진전하는 상태에 돌입하는데 이때 급격한 변화를 보인다.

77 양적 진보의 5단계 중에서 운전조작 습관이 형성되기 때문에 운전조작의 중요한 시기에 해당되는 단계는?

갑. 사전학습단계
을. 원숙한 진보단계
병. 진보향상단계
정. 급격한 진보단계

해설
병 : 엔진시동, 전·후진, 정지 등 운전기능 연습의 초기단계로 운전조작 습관이 형성되기 때문에 중요한 시기이다.

78 다음 중 집중연습법에 대한 설명으로 틀린 것은?

갑. 연령이 많을수록 유리하다.
을. 일반적으로 분산연습법보다 유리하다.
병. 학습의욕이 떨어지기 쉽다.
정. 휴식시간을 주지 않는다.

해설
을 : 기능교육은 일반적으로 분산연습법이 유리하다.

79 기능교육의 각 회의 간격을 어떻게 할 것인가 하는 방법에 있어서는 계속 집중해서 연습하는 집중연습법보다 1일 몇 시간 정도씩 매일 연습토록 하는 분산연습법이 효과적이다. 적당한 시간은?

갑. 2시간 30분
을. 3시간
병. 2시간
정. 1시간

해설
1일 1시간 정도씩 매일 연습하도록 하는 분산연습법이 집중연습법보다 효과적이다.

80 다음 중 동기부여 대책으로 적절하지 않은 것은?

갑. 경쟁심
을. 보상과 벌
병. 평가결과의 무시
정. 적절한 연습목표의 설정

해설
동기부여를 높이기 위한 방법
• 경쟁심
• 적절한 연습목표의 설정
• 보상과 벌
• 학습결과를 알려주는 일
• 성취의 경험을 느끼게 하는 일

81 다음 중 연습곡선의 양적 보조단계로 볼 수 없는 것은?

갑. 사전학습
을. 미숙련기
병. 정체기
정. 비약기

해설
미숙련기나 숙련기, 반숙련기는 연습곡선의 질적 진보단계에 해당된다.

74 병 75 을 76 갑 77 병 78 을 79 정 80 병 81 을 정답

82 **학습의 전이에 대한 다음 조건 중 틀린 것은?**

갑. 학습자의 지능이 높을수록 소극적인 전이가 일어나고 반대로 지능이 너무 낮으면 적극적인 전이가 일어난다.
을. 학습하는 방법도 전이를 일으키는 중요한 조건이 된다.
병. 어떤 내용의 학습원리를 이해하게 되면 그것이 새로운 장면에 적용되어 전이가 일반화된다는 것이다.
정. 동일한 요소가 있으면 있을수록 학습전이가 많이 일어난다.

해설
갑 : 지능이 높을수록 적극적인 전이가 일어나고 지능이 너무 낮으면 소극적인 전이가 일어난다.
학습전이의 조건
- 동일요소 조건
- 학습자의 지능적 조건
- 학습의 분량 조건
- 일반화 조건
- 학습태도 조건
- 두 학습 사이의 시간 조건
- 학습방법 조건

83 **다음 중 이전에 행한 학습이 다음의 학습을 수행하거나 획득하는 데 있어서 금지하거나 지체하게 하는 경우를 무엇이라고 하는가?**

갑. 플러스 전이
을. 수평적 전이
병. 소극적 전이
정. 적극적 전이

해설
적극적 전이(플러스 전이)
이전에 행한 학습이 다음의 학습을 수행하는 데 도움을 주는 경우

84 **다음 중 파블로프의 조건반사설에 대한 설명으로 옳지 않은 것은?**

갑. 동일한 반응이나 새로운 행동의 변화를 가져올 수 있다는 이론이다.
을. 새로운 행동의 성립을 조건화에 의해 설명하는 이론이다.
병. 행동주의와 상반된 이론이다.
정. 러시아의 생리학자에 의해 연구되었다.

해설
파블로프의 조건반사설은 행동주의와 동일한 이론이다.
조건반사이론
일정한 훈련을 받으면 동일한 반응이나 새로운 행동의 변화를 가져올 수 있다는 이론으로 파블로프가 주장하였다.

85 **기능교육에 대한 다음 설명 중 틀린 것은?**

갑. 의식적 조작행동을 무의식적인 반사적 조작 행동으로 바꾸어 가는 교육과정을 의미한다.
을. 운전자가 일일이 의식하거나 생각하지 않아도 운전조작이 될 수 있도록 반복하는 교육이다.
병. 기능교육은 교육생의 면허취득을 위한 합격위주의 교육이 되어야 한다.
정. 기능교육은 교육생의 개인적인 차이를 파악하여 교육을 진행할 필요가 있다.

해설
병 : 자동차운전전문학원에서의 기능교육은 교육생의 면허취득이 그 목적이나, 더욱 중요한 것은 결코 면허취득만을 위한 합격위주의 교육이 아닌 안전하고 바람직한 운전자로서의 자격을 갖추어 도로교통현장으로 내보내는 것이다.

86 **다음 중 장내기능시험에 대한 내용으로 잘못된 것은?**

갑. 운전장치를 조작하는 능력을 시험한다.
을. 교통법규에 따라 운전하며, 운전 중 지각 및 판단을 하는 능력을 시험한다.
병. 장내기능시험에 사용되는 자동차 등의 종류는 행정안전부령으로 정한다.
정. 장내기능시험에 불합격한 사람은 불합격한 날부터 5일이 지난 후에 다시 장내기능시험에 응시할 수 있다.

해설
자동차 등의 운전에 필요한 기능에 관한 시험(도로교통법 시행령 제48조 제5항)
장내기능시험에 불합격한 사람은 불합격한 날부터 3일이 지난 후에 다시 장내기능시험에 응시할 수 있다.

87 **기능검정의 실시순서로 바르지 않은 것은?**

갑. 기능검정 종료 후 지시는 불필요
을. 기능검정 실시 전과 실시 중의 지식
병. 수험자격의 확인 및 승차 시 본인 여부 확인
정. 기능검정원의 배치와 기능검정 코스의 결정과 공표

해설
기능검정원은 기능검정 종료 후 요점충고를 실시할 수 있다.

88 **기능교육에 대한 제1종 특수면허와 제2종 소형면허에 대한 단계별 평가 합격점수는 몇 점 이상인가?**

갑. 90점 이상　　을. 80점 이상
병. 70점 이상　　정. 60점 이상

해설
기능시험 채점기준 · 합격기준(도로교통법 시행규칙 제66조 [별표 24])
제1종 특수면허와 제2종 소형 및 원동기장치자전거면허는 100점 기준 90점 이상 득점한 사람에게만 다음 단계의 교육을 실시한다.

82 갑　83 병　84 병　85 병　86 정　87 갑　88 갑 정답

89 장내기능검정 과제 중 기어변속코스의 전진 시 채점기준으로 맞는 것은?

갑. 속도 20km/h 미만 통과 시 10점 감점
을. 속도 30km/h 미만 통과 시 10점 감점
병. 기어변속 않고 통과 시 실격
정. 기어변속 않고 통과 시 5점 감점

해설
기능시험 채점기준 · 합격기준(도로교통법 시행규칙 제66조 [별표 24])
기어변속을 하지 아니하고 통과 시 또는 속도 20km/h 미만 시마다 10점 감점

90 장내기능검정 과제 중 종료 시 방향지시등 작동 시 채점기준으로 맞는 것은?

갑. 1점 감점 을. 3점 감점
병. 5점 감점 정. 10점 감점

해설
기능시험 채점기준 · 합격기준(도로교통법 시행규칙 제66조 [별표 24])
종료지점 도로 우측 가장자리에 진입 시 방향지시등을 켜지 아니한 때 5점 감점한다.

91 제1종 대형면허의 장내기능검정 과제 중 좌석안전띠 착용에 대한 채점기준으로 맞는 것은?

갑. 출발 시 좌석안전띠를 착용하지 아니한 때 3점 감점
을. 출발 시부터 종료 시까지 좌석안전띠를 착용하지 아니한 때 5점 감점
병. 출발 시 좌석안전띠를 착용하지 아니한 때 1점 감점
정. 출발 시부터 종료 시까지 좌석안전띠를 착용하지 아니한 때 3점 감점

해설
기능시험 채점기준 · 합격기준(도로교통법 시행규칙 제66조 [별표 24])
출발 시부터 종료 시까지(평행주차코스, 방향전환코스, 후진도 포함) 좌석안전띠를 착용하지 아니한 때에는 5점 감점한다.

92 도로주행기능검정 항목 중 운전자세 불량을 감점하는 이유로 올바른 것은?

갑. 기만한 판단과 동작
을. 올바른 행동의 예고
병. 운전개시 시의 각오
정. 나쁜 운전습관 유무

해설
운전자세 불량 항목은 나쁜 운전습관 유무를 평가하기 위한 것으로 주행시험을 시작한 때부터 종료한 때까지 적용한다.

93 도로주행기능검정 과제 중 출발 시 출발신호 불이행 시 감점기준으로 부적절한 것은?

갑. 출발 후 진로변경이 끝났음에도 신호를 계속하고 있는 때 5점 감점
을. 출발 직전에 전·후·좌·우의 안전을 직접 눈으로 확인하지 아니한 때 5점 감점
병. 출발 후 진로변경이 끝나기 전에 신호를 중지한 때 5점 감점
정. 방향지시등을 조작하지 아니하고 차로로 진입한 때 5점 감점

해설
도로주행시험의 시험항목 · 채점기준 및 합격기준(도로교통법 시행규칙 제68조 [별표 26])
출발 직전에 전·후·좌·우의 안전을 직접 눈으로 확인하지 아니한 때 7점 감점으로 출발 전 안전 미확인 항목에 해당된다.

94 도로주행기능검정에서 엔진 정지 후 몇 초 이내에 재시동을 못할 때 감점되는가?

갑. 20초 을. 15초
병. 10초 정. 5초

해설
도로주행시험의 시험항목 · 채점기준 및 합격기준(도로교통법 시행규칙 제68조 [별표 26])
엔진 정지 후 약 10초 이내에 시동을 걸지 못하는 경우 7점 감점된다.

95 도로주행기능검정 과제 중 핸들 조작불량으로 차체가 균형을 잃은 경우 감점기준으로 옳은 것은?

갑. 핸들 조작불량으로 차체가 균형을 잃은 경우 1점 감점
을. 핸들 조작불량으로 차체가 균형을 잃은 경우 3점 감점
병. 핸들 조작불량으로 차체가 균형을 잃은 경우 7점 감점
정. 핸들 조작불량으로 차체가 균형을 잃은 경우 10점 감점

해설
도로주행시험의 시험항목 · 채점기준 및 합격기준(도로교통법 시행규칙 제68조 [별표 26])
핸들 조작불량으로 인하여 차체가 균형을 잃은 경우 7점 감점한다.

96 도로주행기능검정 과제 중 신호등의 신호에 따라 정지하고 있는 상태에서 기어를 중립으로 놓지 아니한 경우의 감점기준으로 맞는 것은?

갑. 1점 감점 을. 3점 감점
병. 5점 감점 정. 10점 감점

해설
도로주행시험의 시험항목 · 채점기준 및 합격기준(도로교통법 시행규칙 제68조 [별표 26])
신호 또는 차량정체 등으로 10초 이상 정차할 때에 기어를 넣거나 기어가 들어가 있고 클러치 페달과 브레이크 페달을 동시에 밟고 있는 경우(자동변속기 차량으로 도로주행시험을 볼 때에는 신호 또는 차량정체 등으로 10초 이상 정차할 때에 변속레버를 중립위치로 두지 아니한 경우를 말한다)에는 5점을 감점한다.

정답 89 갑 90 병 91 을 92 정 93 을 94 병 95 병 96 병

97 도로주행기능검정 과제 중 진로변경금지 위반 시 감점기준으로 맞는 것은?

갑. 진로변경금지장소에서 진로를 바꾼 경우 10점 감점
을. 교통의 안전을 무시하고 연속해서 진로를 바꾼 경우 3점 감점
병. 진로변경금지장소에서 진로를 바꾼 경우 3점 감점
정. 교통의 안전을 무시하고 연속해서 진로를 바꾼 경우 7점 감점

해설
도로주행시험의 시험항목 · 채점기준 및 합격기준(도로교통법 시행규칙 제68조 [별표 26])
다른 동행차량 등에 대한 배려 없이 연속해서 진로를 변경하는 경우 7점 감점한다.

98 도로주행기능검정 과제 중 서행 위반 시 감점기준으로 옳지 않은 것은?

갑. 도로 모퉁이 부근에서 서행하지 아니한 경우 5점 감점
을. 안전표지로 서행을 지정한 장소에서 서행하지 아니한 경우 10점 감점
병. 교통정리 없는 교차로에 진입 시 서행하지 아니한 경우 10점 감점
정. 좌 · 우회전 시 서행하지 아니한 경우 10점 감점

해설
도로주행시험의 시험항목 · 채점기준 및 합격기준(도로교통법 시행규칙 제68조 [별표 26])
서행을 하도록 규정한 때와 장소에서 서행을 하지 아니하는 경우에 10점 감점한다.

99 도로주행기능검정 코스에 대한 설치기준으로 잘못된 것은?

갑. 차로변경이 가능한 편도 3차로 이상 구간이 있어야 한다.
을. 교통정리 중인 교차로 또는 교통정리 중이진 않으나 좌 · 우 방향이 분명한 교차로
병. 매시 40km 이상 속도로 주행가능한 지시속도 구간
정. 총 주행거리 5km 이상이어야 한다.

해설
도로주행시험을 실시하기 위한 도로의 기준(도로교통법 시행규칙 제67조 제1항 [별표 25])
갑 : 차로변경이 가능한 편도 2차로 이상

100 교통법규에 따라 운전하는 능력평가사항으로 바르지 않은 것은?

갑. 운전조작은 교통법규에 따른 운전자의 의지와 행동의 예고임을 아는지 평가
을. 교통법규는 사고방지에 중요한 의미가 있다는 사실의 인식 여부 평가
병. 교통법령을 얼마나 알고 있는가를 확인 · 평가
정. 교통법령에 따라 운전조작하고 있는지 확인 · 평가

해설
교통법령을 얼마나 알고 있는가가 중요한 것이 아니라 교통법령에 따라 운전 · 조작하고 있는지가 중요하다.

101 자동차 안전운전에 대한 설명으로 틀린 것은?

갑. 시시각각 변화하는 교통정보와 사고경향을 파악한다.
을. 운전하는 자동차의 구조와 성능을 잘 알고 있어야 한다.
병. 자동차를 움직이는 물리적 힘을 충분히 이해한다.
정. 사람의 운전능력에는 한계가 없다.

해설
사람의 운전능력에는 한계가 있음을 항상 인식해야 한다.

102 사고를 일으키기 쉬운 성격적 경향의 사람이다. 그렇지 않은 사람은?

갑. 인지, 판단과 동시에 행동하는 사람
을. 매사에 끙끙 앓는 등 신경질적인 사람
병. 추월 당할 때마다 발끈하는 등 자신의 감정을 조절하는 힘이 약한 사람
정. 주변 교통상황에 신속 · 정확하게 대응하는 동작이 부정확한 사람

해설
인지, 판단과 동시에 행동하는 사람은 안전운전을 수행하는 사람이다.

103 다음은 브레이크 조작 시의 유의할 사항이다. 적합하지 않은 것은?

갑. 필요 이상의 힘을 팔에 가하지 말아야 한다.
을. 코너링 중에는 브레이크를 밟는다.
병. 몸은 왼쪽 발로 확실히 버틴다.
정. 오른발에 모든 신경을 집중하여 달리는 타이어, 브레이크의 상태를 파악할 필요가 있다.

해설
을 : 코너링 중 브레이크 조작은 하지 않는 것이 좋다. 왜냐하면 브레이크를 밟으면 하중 밸런스가 흐트러져 스핀할 수가 있기 때문이다. 불가피한 경우에는 핸들을 되돌리면서 브레이크를 밟도록 해야 한다.

97 정 98 갑 99 갑 100 병 101 정 102 갑 103 을 **정답**

104 다음은 교육생이 여성인 경우 효과적인 기능교육을 위해 고려할 사항이다. 바르지 않은 것은?

갑. 여성이라고 하여 특별한 대우를 하지 말고 남성과 똑같이 교육하여야 한다.
을. 운전지식의 이해 정도를 파악하여 교육하여야 한다.
병. 운전조작에 대한 자신감 정도를 파악하여 교육하여야 한다.
정. 여성 특유의 섬세한 성격에 유의하여 교육하여야 한다.

해설
여성운전자는 남성과 여러 가지에서 많은 차이가 있기 때문에 그 차이에 유의하여 교육하여야 효과적인 교육이 이루어질 수 있다.

105 다음 중 개인차에 따른 교육유형 중에 여성층에게 많은 것은?

갑. A형　　을. B형
병. C형　　정. D형

해설
완만한 발전형(C형)은 여성층에게 많다.

106 교통사고에 중요한 관련성이 있다고 볼 수 없는 운전자는?

갑. 예측이 부족한 운전자
을. 울컥하고 화를 잘 내는 운전자
병. 타인중심적인 운전자
정. 경솔한 운전자

해설
병 : 남에 대한 배려심이 강한 운전자로 자동차의 안전운전상 바람직한 성격으로 볼 수 있다.

107 다음 중 자동차의 전기장치가 아닌 것은 무엇인가?

갑. 배전기　　을. 클러치
병. 점화플러그　　정. 시동전동기

해설
클러치는 동력전달장치이다.

108 경음기의 울림이 나쁘면서 시동모터가 돌지 않을 때의 원인이 아닌 것은?

갑. 연료펌프의 고장
을. 코드의 접촉불량과 빠짐
병. 배터리의 불량
정. 배터리액의 부족

해설
갑 : 연료의 공급에 이상이 있을 때의 원인이다.

109 사각으로 인한 위험으로부터의 안전운전방법으로 잘못된 것은?

갑. 좁은 커브길에서는 즉시 정지 가능한 속도로 운전해야 한다.
을. 교차로 우회전 시 가급적 도로와 짧은 거리로 돌아간다.
병. 위험한 좌우방향 사각지대에서는 반드시 일시정지 또는 서행하며 안전확인 후 진행한다.
정. 차체의 사각해소를 위하여 사각지대 거울을 부착한다.

해설
교차로 내에서 우회전할 때에는 교차하는 교통이나 대향 좌회전차 또는 보행자 등이 없는가를 확인하여야 한다.

110 좌석안전띠 착용효과에 대한 설명으로 옳지 못한 것은?

갑. 운전자세가 바르게 되고 피로가 적어진다.
을. 충돌로 문이 열려도 차 밖으로 튕겨 나가지 않는다.
병. 충돌 시 머리와 가슴에 충격이 적어진다.
정. 안전띠를 착용하면 1차적인 충격을 예방한다.

해설
안전띠를 착용하면 머리와 가슴에 전달되는 2차적인 충격을 예방한다.

111 엔진에서 발생된 동력이 마지막으로 전달되는 곳은 무슨 장치인가?

갑. 현가장치　　을. 제동장치
병. 주행장치　　정. 냉각장치

해설
주행장치는 엔진에서 발생된 동력이 마지막으로 전달되는 곳이다.

112 기관에서 발생된 동력이 바퀴까지 전달되는 과정으로 가장 적절한 것은?

갑. 클러치 → 차축 → 변속기 → 추진축
을. 클러치 → 추진축 → 변속기 → 차축
병. 클러치 → 변속기 → 추진축 → 차축
정. 클러치 → 변속기 → 차축 → 추진축

해설
엔진에서 발생된 동력을 타이어까지 전달하는 장치구성순서는 클러치 → 변속기 → 추진축 → 차축이다.

104 갑　105 병　106 병　107 을　108 갑　109 을　110 정　111 병　112 병 정답

113 자동차의 정지 시 발생하는 마찰열은 주로 무엇에 의해 발산되는가?

갑. 브레이크 드럼　　을. 브레이크 패드
병. 브레이크 슈　　정. 휠실린더

해설
자동차의 제동장치는 운동에너지를 드럼 및 디스크와 슈 및 패드의 마찰에 의해서 열에너지로 변환하여 방출함으로써 제동이 이루어진다. 방열에 의한 냉각효과를 높이기 위하여 드럼의 외주에 냉각핀을 설치하기도 한다.

114 다음 중 윤활의 목적이 아닌 것은?

갑. 밀봉 작용　　을. 감마 작용
병. 방청 작용　　정. 방진 작용

해설
윤활의 목적 : 감마 작용, 밀봉 작용, 냉각 작용, 청정 작용, 응력분산 작용, 방청 작용, 소음방지 작용

115 자동차가 주행할 때 노면에서 받는 진동이나 충격을 흡수 완화하는 장치는?

갑. 조향장치　　을. 현가장치
병. 타이어　　정. 제동장치

해설
을 : 자동차가 주행할 때 노면에서 받는 진동이나 충격을 흡수 완화하여 승객 또는 차체에 큰 충격이 전달되지 못하게 하는 장치

116 다음 중 4바퀴 모두 엔진의 동력이 전달되는 방식은 어느 것인가?

갑. 4WD식　　을. RR식
병. FF식　　정. FR식

해설
을 : 엔진 뒤, 구동은 뒷바퀴
병 : 엔진 앞, 구동은 앞바퀴
정 : 엔진 앞, 구동은 뒷바퀴

117 바퀴를 원활하게 회전시켜 핸들의 조작을 용이하게 하며 타이어의 이상 마모를 방지하기 위한 것은?

갑. 킹핀 경사각　　을. 캐스터
병. 캠 버　　정. 토 인

해설
토 인
• 앞바퀴를 뒤에서 보았을 때 앞쪽이 뒤쪽보다 좁은 상태를 말함
• 타이어의 이상 마모를 방지
• 바퀴를 원활하게 회전시켜 핸들의 조작을 용이하게 함

118 타이어 공기압에 대한 설명 중 틀린 것은?

갑. 타이어 온도가 높아지면 공기압력도 높아진다.
을. 타이어 공기압력이 높으면 조향핸들의 조작이 가벼워진다.
병. 타이어 공기압이 너무 낮으면 트레드 중앙부의 마모가 많게 된다.
정. 타이어 공기압력이 낮으면 수명이 짧아진다.

해설
병 : 트레드 바깥쪽이 마모된다.

119 다음 중 브레이크에 페이드(Fade) 현상이 발생했을 경우의 응급조치 방법으로 가장 적절한 것은?

갑. 자동차를 세우고 열이 식도록 한다.
을. 주차 브레이크를 대신 쓴다.
병. 브레이크를 자주 밟아 열을 발생시킨다.
정. 자동차의 속도를 조금 올려준다.

해설
페이드 현상이 나타나면 운행을 중지하고 발열부의 열을 식혀야 한다.

120 여름철 자동차 관리에 신경써야 할 사항이 아닌 것은?

갑. 서리제거용 열선 점검
을. 에어컨 관리
병. 와이퍼의 작동상태 점검
정. 냉각장치 점검

해설
여름철 자동차 관리
와이퍼의 작동상태 점검, 냉각장치 점검, 에어컨 관리, 차량 내부 습기 제거

121 다음 중 기능교육 시 정확하고 명확한 지도와 조언을 행하는 방법으로 옳지 않은 것은?

갑. 교육내용을 이해시킨 후에는 질문으로 확인해보는 것이 반드시 필요하다.
을. 자동차 주요 부분에 대한 명칭은 어려운 기계적 용어를 사용하여 장황하게 설명한다.
병. 부드러운 지도와 조언은 앞으로의 교육 진도에 좋은 영향을 준다.
정. 자동차 주요 부분의 기능은 일상생활과 관련된 현상과 비교해서 알기 쉽게 설명한다.

해설
을 : 자동차 주요 부분의 명칭과 기능에 대한 설명은 알기 쉽게 설명하되 가장 핵심적이고 명확한 내용이어야 한다.

113 갑 114 정 115 을 116 갑 117 정 118 병 119 갑 120 갑 121 을 정답

122 운전예절교육에 있어서 기능강사가 유의하여야 할 사항이 아닌 것은?

갑. 다른 사람의 양보를 기대하는 운전자세를 가르칠 것
을. 노상운전교육 시에는 무엇보다도 준법정신과 운전예절을 우선할 것
병. 나쁜 운전조작에 대하여는 엄격하게 지적해서 시정시킬 것
정. 운전기능의 구체적인 장면에 대하여 잘 이해시킬 것

해설

도로주행운전교육 시 다른 운전자에 대한 양보와 배려하는 자세를 갖도록 교육한다.

123 기능교육과정에 있어서 기능강사의 주요 활동이 아닌 것은?

갑. 교육방법의 결정　　을. 교육목표의 설정
병. 교육경험의 조직화　　정. 교육결과의 평가

해설

기능교육과정에 있어서 기능강사의 주요 활동은 첫째가 교육목표를 설정하는 일이고, 둘째는 교육경험의 조직화, 셋째가 교육결과의 평가이다.

124 다음 중 기능교육의 제3단계라고 할 수 있는 것은?

갑. 효과의 확인, 보충지도단계
을. 실질지도단계
병. 준비단계
정. 교육내용, 조작의 설명단계

해설

기능교육의 4단계 교육법
- 제1단계 : 기능교육의 준비단계
- 제2단계 : 교육내용, 조작의 설명단계
- 제3단계 : 실질지도단계
- 제4단계 : 효과의 확인, 보충지도단계

125 다음 중 양적 진보의 5단계를 바르게 연결한 것은?

갑. 사전학습 → 급격한 진보 → 진보정체 → 진보향상 → 최종 진보
을. 사전학습 → 진보정체 → 급격한 진보 → 진보향상 → 최종 진보
병. 사전학습 → 진보향상 → 진보정체 → 급격한 진보 → 최종 진보
정. 사전학습 → 진보향상 → 진보정체 → 급격한 진보 → 원숙한 진보

해설

양적 진보 5단계 : 사전학습단계 → 진보향상단계 → 진보정체단계 → 급격한 진보단계 → 원숙한 진보단계

126 다음은 운전기능 4단계 교육법 중 3단계 실질지도단계의 교육방법이다. 옳은 내용은?

갑. 정확한 순서에 따라 조작의 요점을 강조하면서 조작하게 한다.
을. 반복연습은 단순한 조작의 되풀이로 끝나게 한다.
병. 지시나 조언은 교육생의 성숙도에 따라 조금씩 늘려 나간다.
정. 실수나 잘못, 결함 등은 따끔히 질책하고 엄격하게 교정을 하도록 한다.

해설

을 : 반복연습은 단순한 조작의 되풀이로 끝나게 하지 말고 조작의 기본에서 응용하는 쪽으로 점차 수준을 높여간다.
병 : 지시나 조언은 교육생의 성숙도에 따라 조금씩 줄여서 교육생에게 생각할 여유를 주고 스스로 자주적인 판단을 할 수 있는 방향으로 유도한다.
정 : 실수나 잘못, 결함 등은 질책이나 야단이 아닌 그때그때 따뜻한 태도와 배려있는 말로 교정해준다.

127 동기부여에 대한 다음 설명 중 가장 옳은 것은?

갑. 외적인 동기부여는 주체적인 호기심, 성취욕 등이 행동하도록 이끄는 것이다.
을. 내적인 동기부여는 외부의 어떤 조건에 의거 행동하도록 이끄는 것이다.
병. 어떠한 자극이 사람의 마음을 움직여 행동하도록 이끄는 것을 동기부여라 한다.
정. 동기에 대한 행동을 맹목적으로 감행하는 것이 동기의 기능이다.

해설

갑 : 내적 동기부여에 대한 설명이다.
을 : 외적 동기부여에 대한 설명이다.
정 : 동기는 행동을 맹목적으로 감행하는 것이 아니라 그 동기를 만족시키는 반응을 다른 많은 반응 가운데서 선택하는 것으로, 자신의 운전조작 중 실수가 잦은 부분을 다른 사람의 연습과정에서 그 부분만을 집중적으로 관찰해서 자신의 결함을 찾아내는 것이다.

128 집중연습법과 분산연습법의 효과에 대한 설명이다. 틀린 것은?

갑. 문제해결의 학습에서는 집중연습법이 효과적이다.
을. 기계적 기억이나 감각운동의 학습에는 분산연습법이 효과적이다.
병. 학습내용이 비슷하거나 하나로 묶여진 경우에는 분산연습법이 효과적이다.
정. 학습 이전에 운동 같은 것을 필요로 하는 교재에서는 집중연습법이 보다 효과적이다.

해설

병 : 학습내용이 비슷하거나 하나로 묶여진 경우에는 집중연습법이 효과적이다.

122 갑　123 갑　124 을　125 정　126 갑　127 병　128 병　정답

129 다음 중 A와 B를 따로 구분하여 학습한 후 그것이 일정한 수준에 도달하면 A와 B를 하나로 하여 학습하고, 이어서 C 부분을 학습하는 방법은 무엇인가?

갑. 조건반사이론
을. 순수한 분산연습법
병. 점진적 분산연습법
정. 반복적 분산연습법

해설

분산연습법
- 순수한 분산연습법 : 교재의 각 부분 A, B, C를 따로따로 학습하고 일정한 수준에 달하면 각 부분을 전체로 하여 학습하는 것을 말한다.
- 점진적 분산연습법 : A 부분과 B 부분을 따로따로 학습하고 일정한 수준에 달한 다음 A와 B를 하나로 하여 학습하고, 그 다음에 C 부분을 학습하는 것을 말한다.
- 반복적 분산연습법 : A 부분을 먼저 학습하고 나서 A와 B를 함께 학습하고 그 다음에 A와 B와 C를 함께 학습하는 것을 말한다.

130 관찰의 기술 중 시간적으로 가까이에서 평가한 방법이 시간적으로 떨어져 평가한 때보다 특성의 평가가 일치하는 것은?

갑. 광배 효과
을. 근접 오차
병. 대비 오차
정. 논리적 오차

해설

갑 : 사람이나 물체의 특징적인 인상이나 평가가 다른 전반적인 부분에까지 미치는 효과를 말한다.
병 : 자신이 갖고 있는 성질을 타인이 갖고 있을 경우 평가자는 무의식적으로 그것을 피해 반대방향으로 평가해 버리는 경향을 말한다.

131 질적 진보단계에서 미숙련기에 해당하는 운전동작이 아닌 것은?

갑. 방향지시등을 켜고 한참 후에 차로를 바꾼다거나 방향지시등을 켜놓은 채로 계속 주행하기도 한다.
을. 운전자세나 동작에 있어서도 상당히 부드럽고 연결성이 있다.
병. 클러치와 가속페달의 조작 동작이 고르지 않아 시동이 자주 꺼진다.
정. 엔진시동이 된 후에도 시동 스위치에서 손을 떼는 시간이 길다.

해설

을 : 숙련기에 대한 설명이다.

132 적극적 전이에 대한 내용 중 틀린 것은?

갑. 자전거를 잘 타면 오토바이 연습도 쉬운 경우
을. 자동차 운전이 가능하면 오토바이 운전도 쉽게 배울 수 있는 경우
병. 일상생활에서 과거의 학습경험이 새로운 습관의 형성이나 지식, 기능을 습득하면 도움이 되어 학습이 용이하게 되는 것
정. 적극적 전이라 함은 과거의 경험이 오히려 새로운 학습에 방해가 되어 더욱 어렵게 할 수도 있다.

해설

적극적 전이란 이전 학습이 다음 학습의 수행에 도움을 주는 것으로 자전거를 잘 타면 오토바이 연습도 쉽다든가, 자동차 운전이 가능하면 오토바이 운전도 쉽게 배울 수 있다든가 하는 경우이다.

133 어떤 내용의 학습원리를 이해하게 되면 그것이 새로운 장면에 적용되어 적극적 전이가 일어나는 학습전이의 조건은?

갑. 동일요소 조건
을. 일반화 조건
병. 학습태도 조건
정. 학습자의 지능조건

해설

을 : 어떤 내용의 학습원리를 이해하게 되면 그것이 새로운 장면에 적용되어 전이가 일반화된다는 것으로, 어떤 사태에 대한 경험은 다른 사태에도 적응할 수 있게 된다는 뜻이다.

134 운전연습의 중기단계 초기의 정체기로 운전연습의 능률이 오르지 않는 시기는?

갑. 사전학습단계
을. 진보정체단계
병. 미숙련기
정. 원숙한 진보단계

해설

을 : 운전기능의 질적 진보가 양적 진보를 따라 가지 못해 운전조작 능률이 향상되지 않는 현상이 나타나는 시기이다.

135 장내기능교육 시 운전장치 조작능력 평가사항으로 바르지 못한 것은?

갑. 조작순서의 정확성 유무
을. 속도와 방향의 올바른 통제 가능성 유무
병. 조작의 정확성 유무
정. 교통법규에 따라 운전할 수 있는 능력 유무

해설

갑 · 을 · 병 : 장내기능교육
정 : 도로주행교육

129 병 130 을 131 을 132 정 133 을 134 을 135 정 정답

136 장내기능검정의 전자채점방식의 장점은?

갑. 교통법규와 안전규칙에 따라 운전하는지 여부를 평가할 수 있다.
을. 안전운전에 관한 배려와 태도를 평가할 수 있다.
병. 공정성에 대한 신뢰도가 높다.
정. 운전자세와 위급 시 대처능력 등 전반적인 채점이 가능하다.

해설
전자채점방식은 단순한 운전기능의 몇 가지 부분만을 체크할 수밖에 없는 단점이 있으나, 공정성에 대한 신뢰도를 가지는 장점 때문에 현재의 채점방식으로 적용하고 있다.

137 기능검정의 채점범위로서 옳은 것은?

갑. 채점기준표에 명문화된 범위 이내이다.
을. 기능검정차량의 출발 시부터 종료 시까지이다.
병. 승차 후부터 하차가 끝나기까지이다.
정. 승차하려고 할 때부터 하차가 끝나기까지이다.

138 다음 중 기능교육평가 시 유의할 점으로 옳지 않은 것은?

갑. 각 기능강사 간의 판정에 따른 마찰을 최소화한다.
을. 평가는 각 단계별 기능교육이 진행되면서 목표를 정해두는 것이 바람직하다.
병. 기능교육의 평가는 운전면허기능시험과 그 목적이 같기 때문에 교육생이 긴장감을 유지하도록 엄격하게 판정하여야 한다.
정. 평가기준에 정해져 있는 사항은 생략하거나 그냥 지나치지 않도록 전 항목에 걸쳐 확실하게 점검해 기록한다.

해설
병 : 교육생에 대한 기능평가는 운전면허기능시험과는 그 목적이 다르기 때문에 교육생으로 하여금 시험이라는 정신적 부담을 주지 않도록 신경을 써야 한다.

139 장내기능검정 과제 중 +자형 교차로 통과 시 채점기준으로 옳은 것은?

갑. 신호위반 시마다 5점 감점
을. 교차로 내에서 20초 이상 이유 없이 정차한 경우 3점 감점
병. 정지신호 시에 정지 불이행 시 1점 감점
정. 좌·우회전 시 방향지시등을 켜지 아니할 때마다 10점 감점

해설
기능시험 채점기준 · 합격기준(도로교통법 시행규칙 [별표 24])
을·병·정 : 5점 감점

140 장내기능검정 과제 중 돌발사고 시 급정지 및 출발 시 채점기준으로 옳은 것은?

갑. 출발 시 비상점멸등을 끄지 아니한 경우 5점 감점
을. 정지 후 3초 이내에 비상점멸등을 작동하지 아니한 경우 10점 감점
병. 정지 후 5초 이내에 비상점멸등을 작동하지 아니한 경우 10점 감점
정. 돌발등이 켜짐과 동시에 2초 이내 정지하지 못한 경우 5점 감점

해설
기능시험 채점기준 · 합격기준(도로교통법 시행규칙 [별표 24])
돌발등이 켜짐과 동시에 2초 이내 정지하지 못하거나, 정지 후 3초 이내에 비상점멸등을 작동하지 아니한 경우 또는 출발 시 비상점멸등을 끄지 아니한 경우 10점 감점한다.

141 장내기능검정에 있어서 실격기준으로 잘못된 것은?

갑. 기어변속코스 또는 평행주차코스를 이행하지 아니한 경우
을. 경사로코스 또는 굴절코스를 이행하지 아니한 경우
병. 굴절코스 또는 방향전환코스를 이행하지 아니한 경우
정. +자형 교차로코스를 이행하지 아니한 경우

해설
기능시험 채점기준 · 합격기준(도로교통법 시행규칙 [별표 24])
경사로코스 · 굴절코스 · 곡선코스 · 방향전환코스 · 기어변속코스(자동변속기장치 자동차의 경우는 제외) 및 평행주차코스를 어느 하나라도 이행하지 아니한 경우 실격처리한다.

142 도로주행기능검정 과제 중 운전자세 불량에 대한 감점기준으로 틀린 것은?

갑. 핸들을 조작할 때마다 상체가 한쪽으로 쏠린 경우 7점 감점
을. 주행 중에 핸들의 아래 부분만을 잡고 있을 경우 7점 감점
병. 기어가 들어가 있는데 클러치 페달과 브레이크 페달을 동시에 밟고 있는 경우 3점 감점
정. 한 손으로 핸들을 잡고 진행하고 있는 경우 7점 감점

해설
도로주행시험의 시험항목 · 채점기준 및 합격기준(도로교통법 시행규칙 [별표 26])
기어가 들어가 있는데 클러치 페달과 브레이크 페달을 동시에 밟고 있는 경우는 5점 감점한다.

정답 136 병 137 정 138 병 139 갑 140 을 141 정 142 병

143 도로주행기능검정 과제 중 출발 시 출발신호 불이행 시 감점기준으로 옳지 않은 것은?

갑. 출발 후 진로변경이 끝나기 전에 신호를 중지한 경우 5점 감점
을. 출발 후 진로변경이 끝났음에도 신호를 계속하고 있는 경우 5점 감점
병. 출발 후 진로변경이 끝나기 전에 신호를 중지한 경우 7점 감점
정. 방향지시등을 조작하지 아니하고 차로로 진입한 경우 5점 감점

해설

도로주행시험의 시험항목 · 채점기준 및 합격기준(도로교통법 시행규칙 [별표 26])
병 : 5점 감점

144 도로주행기능검정 과제 중 가속페달 조작 미숙 시 감점기준으로 옳은 것은?

갑. 지시속도 구간을 지시속도보다 약 10km/h 이상 느린 속도로 주행한 경우 3점 감점
을. 기어변속이 부적절한 채로 주행하여 가속이 붙지 아니한 경우 5점 감점
병. 통상 낼 수 있는 속도를 유지할 수 없는 경우 3점 감점
정. 통상 낼 수 있는 속도보다 낮은 경우 2점 감점

해설

도로주행시험의 시험항목 · 채점기준 및 합격기준(도로교통법 시행규칙 [별표 26])
주위의 교통상황으로 보아 가속을 하여야 함에도 가속하지 못하거나, 통상속도를 유지하지 못하거나 가속과 제동을 반복하는 경우 또는 기어변속이 적절하지 못하여 저속기어에서 가속만 하는 경우 5점 감점한다.

145 도로주행기능검정 과제 중 주행 중인 자기 차의 속도는 의식하지 않은 채 급격한 핸들 조작으로 자동차의 타이어가 옆으로 밀리는 현상을 보이는 경우의 감점 기준은?

갑. 3점　　을. 5점
병. 7점　　정. 10점

해설

도로주행시험의 시험항목 · 채점기준 및 합격기준(도로교통법 시행규칙 [별표 26])
주행 중 급격한 핸들 조작으로 인하여 자동차의 타이어가 옆으로 밀리는 현상이 발생한 경우에는 7점 감점한다.

146 도로주행기능검정 과제 중 차로 위반 또는 진입금지 위반 시 감점기준으로 맞는 것은?

갑. 안전지대 또는 출입금지부분에 들어가거나 들어가려고 한 경우 3점 감점
을. 차로가 구분된 도로에서 지정된 차로로 통행하지 아니한 경우 3점 감점
병. 직선도로 또는 커브를 돌 때 차로를 침범하여 통행한 경우 3점 감점
정. 직선도로를 통행하거나 구부러진 도로를 돌 때 차로를 침범하여 통행한 경우 5점 감점

해설

도로주행시험의 시험항목 · 채점기준 및 합격기준(도로교통법 시행규칙 [별표 26])
다른 차로를 함부로 침범하여 통행한 경우 5점 감점한다.

147 도로주행기능검정 과제 중 주변자동차 진행방해 시 감점기준으로 맞는 것은?

갑. 1점 감점　　을. 3점 감점
병. 7점 감점　　정. 10점 감점

해설

도로주행시험의 시험항목 · 채점기준 및 합격기준(도로교통법 시행규칙 [별표 26])
무리하게 진로를 변경함으로써 뒤쪽 차에게 위험을 느끼게 한 경우 또는 진로변경으로 뒤쪽 차에 차로를 양보할 수 있었음에도 시기를 놓쳐 뒤쪽 차의 교통을 방해한 경우에 7점 감점한다.

148 도로주행기능검정 과제 중 종료 후 주차방법 위반 시 감점기준이다. 잘못된 것은?

갑. 자동변속기는 선택레버를 P의 위치에 두지 아니한 경우 5점 감점
을. 기어를 1단 또는 후진으로 하지 아니한 경우 3점 감점
병. 엔진을 끄지 아니한 경우 5점 감점
정. 주차 브레이크를 당기지 아니한 경우 5점 감점

해설

도로주행시험의 시험항목 · 채점기준 및 합격기준(도로교통법 시행규칙 [별표 26])
시험을 종료하고 도로변에 주차 후 주차상태를 확보할 수 있는 조치를 하지 아니한 경우에 5점 감점한다.

143 병　144 을　145 병　146 정　147 병　148 을　정답

149 도로주행기능검정코스를 자연스럽게 세련된 형태로 정리하기 위하여 유의할 사항으로 적절하지 않은 것은?

갑. 코스의 선정은 경찰서장의 승인을 받아야 한다.

을. 기준 적용상 무리를 피하기 위하여 변형도로 등 일반적이지 않은 도로는 피한다.

병. 사고방지상 통학로, 학교 주변도로 등 사고발생 위험이 있는 도로는 피한다.

정. 가속, 속도유지, 제동 등 과제 적용에 필요한 적당한 교통량이 있어야 한다.

150 다음 중 교육생의 기능연습강평의 3대 목적이 아닌 것은?

갑. 다른 기능강사가 담당하면 새롭게 시작한다.

을. 불충분한 기능항목의 복습에 대해서는 주의사항을 구체적으로 설명한다.

병. 기능항목과 순서, 연습시간을 교육생에게 쉽게 확인시킨다.

정. 습득한 항목과 불충분한 항목을 정확히 구분해서 확인시킨다.

해설

필요한 기록 등을 해서 다른 기능강사가 담당하더라도 기능의 혼동이나 중복됨이 없이 다음 단계 기능교육이 이어질 수 있도록 한다.

149 갑 150 갑 정답

★★★

기능강사
기능검정원

★★★

제 4 과목

기능검정 실시요령

핵심이론 + 적중예상문제

★★★

기능강사
기능검정원

★★★

기출예상문제

제 4 과목 기능검정 실시요령

01 기능검정의 지도요령

1. 기능검정원

(1) 기능검정원의 의의

① 기능검정원이란 안전운전과 운전능력에 중점을 두고 선별하는 품질관리자로서의 역할을 하는 사람
② 자동차운전전문학원에서는 일정한 자격을 갖춘 사람을 선발해서 고용한다.
③ 자동차운전전문학원에서는 양질의 운전자를 엄격하고 공정하게 선별하도록 한다.
④ 기능검정 : 안전하고 원활한 운전능력을 가진 사람을 선별하는 데 있다.

(2) 기능검정원의 업무 · 요건 · 성격

① 강한 공공성을 가진다.
② 법적으로 업무부정을 예방하기 위하여 형법, 기타 법률에 의한 벌칙을 적용할 수 있도록 하며, 공무원에 준하여 처벌하도록 한다.
③ 일정한 법정요건을 갖추고 있고, 선발교육 후 자격증이 부여된 사람

(3) 기능검정원의 자격요건(도로교통법 제107조)

① 기능검정원이 되려는 사람은 행정안전부령으로 정하는 기능검정원 자격시험에 합격하고 경찰청장이 지정하는 전문기관에서 자동차운전 기능검정에 관한 연수교육을 수료하여야 한다.
② 경찰청장은 ①에 따른 연수교육을 수료한 사람에게 행정안전부령으로 정하는 바에 따라 기능검정원 자격증을 발급하여야 한다.
③ 기능검정원이 될 수 없는 사람
㉠ 「교통사고처리 특례법」 제3조제1항 또는 「특정범죄 가중처벌 등에 관한 법률」 제5조의3을 위반하여 금고 이상의 형을 선고받고 그 집행이 끝나거나 집행이 면제된 날부터 2년이 지나지 아니한 사람
㉡ 「교통사고처리 특례법」 제3조제1항 또는 「특정범죄 가중처벌 등에 관한 법률」 제5조의3을 위반하여 금고 이상의 형을 선고받고 그 집행유예기간 중에 있는 사람(㉡ 삭제, 시행일 : 2024.08.14.)
㉢ 기능검정원의 자격이 취소된 경우에는 그 자격이 취소된 날부터 3년이 지나지 아니한 사람
㉣ 기능검정에 사용되는 자동차를 운전할 수 있는 운전면허를 받지 아니하거나 운전면허를 받은 날부터 3년이 지나지 아니한 사람

(4) 기능검정의 중요성

① 안전운전상 필요한 운전기능을 갖고 있는지 여부를 판정하는 선별 기준
② 기능시험과 기능검정의 공정성 확보 및 객관적 판단 기준

(5) 기능검정의 목적

① 장내기능검정
㉠ 도로 축소형 연결식 코스에서 실시하는 기능검정으로, 정해진 조건에 따른 운전장치의 조작능력 검정
㉡ 교통법규를 준수하여 운전하는 능력 검정
㉢ 올바른 운전자세 및 자동차를 안전하게 운전하는 능력 검정
② 도로주행기능검정
㉠ 도로교통 상황을 읽고 올바른 판단을 할 수 있는지의 여부 검정
㉡ 교통흐름에 동조할 수 있고, 정확하고 민첩한 동작이 가능한지의 여부 검정
㉢ 주변의 교통이나 장애물과의 관계를 파악하고, 안전한 간격을 유지할 수 있는지의 여부 검정
㉣ 위험을 예측하고 대응할 행동을 취할 수 있는지의 여부 검정

(6) 기능검정의 평가항목(도로교통법 시행령 제48조 제1항)

① 운전장치를 조작하는 능력
㉠ 조작의 정확함
㉡ 조작순서의 정확함
② 교통법규에 따라 운전하는 능력
㉠ 훈련에 의한 습관화
㉡ 교통흐름에 동조할 수 있고 정확하고 민첩한 동작이 가능한지의 여부
③ 운전 중의 지각 및 판단 능력
㉠ 주변의 교통이나 장애물과의 관계를 파악하고, 안전한 간격을 유지할 수 있는지 여부
㉡ 위험을 예측하고 대응할 행동을 취할 수 있는지 여부

(7) 기능검정의 공정을 유지하기 위한 방법

① 학감은 기능검정을 정해진 방법으로 적절히 하고 있는지 관리·감독하여야 한다.
② 기능검정원은 재판관의 심판과 같이 양심에 따라 독립해서 판정해야 한다.
③ 공정한 기능검정을 위해서는 학감과 기능검정원이 일체가 되어야 한다.

(8) 기능검정원의 자세

① 올바른 방법에 의한 공정한 검정자세
② 자기계발과 검정에 필요한 지식의 배양
③ 채점기준의 적용에 관한 전문능력의 향상

02 기능검정의 실시요령

1. 기능검정의 실시요건 및 코스

(1) 기능검정의 실시요건

① 시험차량의 규격 : 법정규격에 적합한 기능검정용 차량의 확보
② 합격기준 : 기능검정 합격기준의 법정화
③ 주행거리 : 법정규격에 적합한 기능코스의 설치
④ 채점방법 : 기능검정 채점방법의 법정화

(2) 기능검정코스

① 기능검정코스에는 장내기능검정코스와 도로주행기능검정코스가 있다.
② 기능시험코스의 종류·형상 및 구조(도로교통법 시행규칙 제65조 관련 [별표 23])
※ 3과목 참조

(3) 도로주행시험을 실시하기 위한 도로 기준(도로교통법 시행규칙 [별표 25])

※ 3과목 참조

(4) 기능시험 또는 도로주행시험에 사용되는 자동차 등의 종별(도로교통법 시행규칙 제70조)

① 기능시험 또는 도로주행시험에 사용되는 자동차 등의 종별은 다음의 구분에 따른다.
㉠ 제1종 대형면허의 경우 : 다음의 기준을 모두 갖춘 승차정원 30명 이상의 승합자동차
• 차량길이 : 1,015cm 이상
• 차량너비 : 246cm 이상
• 축간거리 : 480cm 이상
• 최소회전반경 : 798cm 이상
㉡ 제1종 보통연습면허 및 제1종 보통면허의 경우 : 다음의 기준을 모두 갖춘 화물자동차
• 차량길이 : 465cm 이상
• 차량너비 : 169cm 이상
• 축간거리 : 249cm 이상
• 최소회전반경 : 520cm 이상
㉢ 제1종 소형면허의 경우 : 3륜화물자동차
㉣ 제1종 특수면허 중 대형견인차면허의 경우 : 다음의 구분에 따른 기준을 모두 갖춘 견인자동차 또는 피견인자동차
• 견인자동차 : 기준 없음
• 피견인자동차 : 다음의 기준을 모두 갖춘 피견인자동차
 – 차량길이 : 1,200cm 이상
 – 차량너비 : 240cm 이상
 – 축간거리 : 890cm 이상
㉤ 제1종 특수면허 중 소형견인차면허의 경우 : 다음의 구분에 따른 기준을 갖춘 견인자동차 또는 피견인자동차
• 견인자동차 : ㉡에 따른 자동차
• 피견인자동차 : 다음의 기준을 모두 갖춘 피견인자동차
 – 차량길이 : 385cm 이상
 – 차량너비 : 167cm 이상
 – 연결장치에서 바퀴까지 거리 : 200cm 이상
 – 차량무게 : 총중량 750kg 이상
㉥ 제1종 특수면허 중 구난차면허의 경우 : 다음의 구분에 따른 기준을 갖춘 견인자동차와 피견인자동차
• 견인자동차 : 다음의 기준을 모두 갖춘 견인자동차
 – 차량길이 : 643cm 이상
 – 차량너비 : 219cm 이상
 – 축간거리 : 379cm 이상
• 피견인자동차 : ㉡에 따른 자동차
㉦ 제2종 보통연습면허의 경우 : 다음의 기준을 모두 갖춘 승용자동차(일반형 또는 승용겸화물형으로 한정한다) 또는 3톤 이하의 화물자동차(외관이 일반형 승용자동차와 유사한 밴형으로 한정한다)
• 차량길이 : 397cm 이상
• 차량너비 : 156cm 이상
• 축간거리 : 234cm 이상
• 최소회전반경 : 420cm 이상
㉧ 제2종 보통면허의 경우 : ㉦의 기준을 모두 갖춘 일반형 승용자동차
㉨ 제2종 소형면허의 경우 : 이륜자동차(200cc 이상으로 한정한다)
㉩ 원동기장치자전거 면허의 경우 : 배기량 49cc 이상인 이륜의 원동기장치자전거(다륜형 원동기장치자전거만을 운전하는 조건의 면허의 경우에는 삼륜 또는 사륜의 원동기장치자전거로 한다)
② 제1종 보통연습면허 및 제2종 보통연습면허의 기능시험에 있어서 응시자가 소유하거나 타고 온 차가 자동차의 구조 및 성능이 ①에 따른 기준에 적합한 경우에는 그 차로 응시하게 할 수 있다.
③ 경찰서장 또는 도로교통공단은 조향장치나 그 밖의 장치를 뜻대로 조작할 수 없는 등 정상적인 운전을 할 수 없다고 인정되는 신체장애인에 대하여는 차의 구조 및 성능이 ①에 따른 기준에 적합하고, 자동변속기, 수동가속 페달, 수동 브레이크, 좌측 보조 엑셀러레이터, 우측 방향지시기 또는 핸들선회장치 등이 장착된 자동차 등이나 응시자의 신체장애 정도에 적합하게 제작·승인된 자동차 등으로 기능시험 또는 도로주행시험에 응시하게 할 수 있다.

(5) 도로주행시험에 사용되는 자동차의 요건(도로교통법 시행규칙 제71조)

도로주행시험에 사용되는 자동차는 다음의 요건을 갖추어야 한다.
① 시험관이 위험을 방지할 수 있는 별도의 제동장치 등 필요한 장치를 할 것
② 「교통사고처리 특례법」의 요건을 충족하는 보험에 가입되어 있을 것
③ 도로주행시험용 자동차의 도색과 표지를 할 것

2. 기능검정의 실시순서

(1) 기능검정원의 할당

① 수험생의 자동차별 배당, 기능검정원의 담당지시 및 배차 등은 학감 등이 기능검정 1시간 전에 발표

② 기능검정원과 담임할 수험생을 알지 못하도록 해서 공정함 유지 목적

(2) 수험자격 확인 및 승차 시 확인

기능검정원 또는 관계직원은 당일 수험생의 교육수료상황 등 수험자격을 확인

(3) 기능검정 실시 전

① 과제이행 조건
  ㉠ 탈선 시 조치사항
  ㉡ 지정속도
  ㉢ 안전확인 방법
  ㉣ 채점의 범위

② 기능검정 중의 사고예방 주의 : 수험생에 대해서 운전 중 또는 코스를 이탈하여 부상당하는 일이 발생하지 않도록 미리 사고예방에 주의를 준다.

③ 기능검정 중지사항에 대한 설명
  ㉠ 지시위반
  ㉡ 감점 초과
  ㉢ 기능검정원의 조언
  ㉣ 위험행위

④ 기능검정 실시 중 지시
  ㉠ 불필요한 언행을 금지
  ㉡ 기능검정 실시를 위한 것 또는 위험예방을 위한 것 이외에 불필요한 조언이나 지도를 해서는 안 된다.

⑤ 기능검정 종료 후의 지시
  ㉠ 기능검정 실시결과에 대하여 필요한 강평
  ㉡ 요점충고

3. 기능검정의 채점

(1) 채점대상

승차하려고 할 때부터 종료 후 하차할 때까지

(2) 채점내용

① 문의 개폐
② 좌석안전띠에 관한 안전조치
③ 운전자세
④ 하차 전의 주차조치

(3) 채점방식

컴퓨터를 이용한 전자채점방식을 채택

① 단점 : 단순한 운전기능의 몇 가지 구분만을 체크할 수밖에 없다.
② 장점 : 공정성에 대한 신뢰도를 가진다.

(4) 장내기능검정에서의 채점

운전기능시험장의 코스를 지정된 순서에 따라 진행, 전자채점기에 자동채점된다.

(5) 도로주행기능검정의 채점

① 일반교통의 흐름 가운데서 행해진다.
② 법규를 준수할 의무

4. 도로주행기능검정의 채점(감점)기준

(1) 채점기준의 구성

① 기준내용 자체를 나타내는 것
② 교통사고로 연결될 염려가 있는 위험한 조작의 중대한 법령위반은 감점수를 높게 한다.
③ 경미한 법령위반은 감점수를 낮게 하여 누계에 의해 배제할 수 있다.

(2) 감점적용기준 중 비교적 빈도가 높은 적용사항의 목적

① 안전조치 불이행 : 운전시작 전의 착오
② 운전자세의 불량 : 모든 사태에의 대응
③ 클러치와 가속페달의 부조화, 시동정지 : 가속페달과 클러치의 조화, 원활한 운전
④ 신호 불이행 : 올바른 행동의 예고
⑤ 안전확인 : 인지와 판단, 다른 교통에 대한 배려, 주의력 배분
⑥ 출발시간 지연, 가속불량 : 기민한 판단과 동작, 원활한 주행
⑦ 지시속도 도달불능 : 속도감각, 검정의 공정성
⑧ 엔진 브레이크의 사용 : 엔진 브레이크의 필요성 이해와 습관성
⑨ 제동조작 불량 : 구조, 단속 등 올바른 조작의 습관성
⑩ 속도위반 : 속도감각과 상황판단
⑪ 균형을 잃은 경우 : 속도와 조향의 밸런스
⑫ 정지위치의 불량 : 차체감각
⑬ 측방 등 간격 미확보 : 차체감각, 반응동작
⑭ 길가장자리 통행 : 보행자 보호의식과 차체감각
⑮ 통행차로 위반 : 법 이해와 차체감각
⑯ 진로변경위반 : 의지표시와 방어조치
⑰ 교차로 통행방법위반 : 교차로 내의 안전과 역할
⑱ 안전거리의 미확보 : 방어조치, 안전한 태도
⑲ 서행위반 : 안전속도의 판단

(3) 도로주행시험의 시험항목 · 채점기준 및 합격기준(시행규칙 [별표 26])

※ 3과목 참조

5. 기능시험의 채점기준 · 합격기준(시행규칙 [별표 24])

※ 3과목 참조

03 기능검정 시 주의점 및 기술연구

1. 운용 시 주의점

(1) 적절한 응대

① 상대방의 입장에서 공정하게 처리하는 것과 따뜻한 마음을 가진다.

② 응대는 기능검정원에게 중요한 기술이며 응시생을 배려하는 마음을 갖도록 한다.

(2) 기능검정 시 사고예방

① 기능검정 자동차의 철저한 정비

② 기능상황의 파악과 사전조치 필요

③ 사고 발생 시 검토

(3) 기능검정원의 준수사항

① 기능검정 자동차의 철저한 정비

② 기능상황의 파악과 사전조치 필요

③ 사고 발생 시 검토

④ 응시자에게 친절한 언어와 태도를 유지하며 정해진 순서에 따라 시험을 진행하되, 시험진행과 관련이 없는 대화를 하여서는 아니 된다.

⑤ 시험진행 중 교통사고가 발생하지 아니하도록 주의하고, 교통사고가 발생한 경우에는 즉시 학감에게 보고하여야 한다.

2. 기능검정의 기술연구

(1) 선별과 교육

① 기능검정이나 기능검정의 합격 수준 그 자체가 연습한 노력의 목표를 가리킨다.

② 불합격자에 대해서 잘못을 지적하고 구체적인 연습지침을 부여한다.

③ 합격자에 대해서도 조언함으로써 앞으로 운전상 유의해야 할 점을 인식시킨다.

(2) 객관성과 수치

① 사람의 감각을 측정하고자 하는 경우에는 수치화하여 판정하는 것이 필요하다.

② 수치화함으로써 객관성이 생겨 응시생의 이해도 얻을 수 있으며, 판정하기도 쉽다.

③ 수치 그 자체가 갖는 명확성이 사람의 심리를 모두 명확하게 결론지어 버린다고 생각하면 위험하다. → 수치이용효과의 한계

④ 10~20분의 짧은 시간의 기능검정으로 응시생의 운전능력 전부를 평가할 수 있는 것은 아니다.

⑤ 제한된 시간 내에 가능한 많은 응시생에 관한 자료를 모아 정확하게 그 운전형태를 파악해 혼잡한 교통환경에서 충분히 대처할 수 있는 능력을 가졌는지를 종합적으로 판정하는 중대한 책임이 있음을 기능검정원은 충분히 자각해야 할 것이다.

(3) 관찰의 기술

① 광배 효과

헤일로 효과라고도 하는 것으로 인물이나 사물을 평정(評定)할 때 대상의 특징적 선(악)이 눈에 띄면 그것을 그의 전부라고 보아 넘기는 오류를 말한다. 즉, 외적 특징을 잡으면 그 특징으로부터 연상되는 일정한 고정관념에 맞추어 대상을 완전히 이해한 것으로 짐작한다. 포장이 세련된 상품을 고급품으로 인식하는 것이나, 특히 인사고과(人事考課)에서 성격이 꼼꼼한 직원에게는 대체로 일처리의 정확성 면에서 높은 평점을 주는 것과 같다. 선입감·편견을 없애고 평정요소마다 분석·평가하며 한꺼번에 전체적인 평정을 하지 않아야 이를 방지할 수 있다.

② 관대화 경향

실제보다 훨씬 잘 보이는 경향을 말하는데, 잘 알고 있는 사람이나 친한 사람에 대해서는 이런 현상이 작용하기 쉬우며 반대로 이런 경향을 피하려 해서 실제보다도 나쁜 점수를 주는 사람도 있지만 심리적 메커니즘은 같다고 할 수 있다.

③ 중심화 경향

사람의 평가에 있어서 극단적인 평가를 피하려는 경향이 있기 때문에 평가자가 아닌 모두에게 똑같은 표준적인 평가를 하는 경향을 말한다.

④ 논리적 오차

광배 효과와 같은 성질로 좋은 대학을 나온 사람은 우수한 사람이므로 그 대학을 나온 사람은 모두 훌륭한 인물이라고 평가해 버리는 오류를 말한다.

⑤ 근접 오차

근접하고 있는 평가요소의 평가결과 또는 특정 평가시간 내에서의 평가요소 간의 평과결과가 유사하게 되는 경향을 말한다.

⑥ 대비 오차

자신이 갖고 있는 성질을 타인이 갖고 있을 경우 평가자는 무의식적으로 그것을 피해 반대방향으로 평가해 버리는 경향을 말한다.

제 4 과목 | 기능검정 실시요령

01 기능검정원 업무의 법적 성격으로 올바른 것은?

갑. 개인성 을. 일반성
병. 공공성 정. 특수성

해설
기능검정원의 업무는 강한 공공성을 가진다.

02 기능검정의 실시목적으로 바르지 못한 것은?

갑. 기초능력은 장내에서, 인지판단 등 응용능력은 도로에서 단순구분 평가한다.
을. 도로주행기능검정은 도로상에서 교통상황에 따라 운전하는 능력을 평가한다.
병. 장내기능검정은 장내에서 획일적인 코스에 따라 기본적인 운전능력을 평가한다.
정. 기능검정은 장내기능검정과 도로주행기능검정으로 구분 실시한다.

해설
기능교육이란 교육생의 운전기능이 일정한 목표 또는 수준에 도달할 때까지 가르치고 이해시켜 연습으로 몸에 익히는 것이며, 운전에 필요한 지식을 충분히 이해시키고, 이것을 기능에 반영시켜, 운전자가 일일이 의식하거나 생각하지 않아도 운전조작이 될 수 있도록 반복하는 교육을 말한다.

03 기능검정원의 의의를 설명한 것으로 적절하지 못한 것은?

갑. 업무의 성질상 기능검정원의 자격요건을 기능강사와 동일하게 규정
을. 강한 공공성을 가지므로 형법, 기타 벌칙적용에 있어서 공무원으로 의율
병. 전문학원은 일정한 자격 있는 사람을 고용하여 양질의 운전자를 엄정하게 선별
정. 안전운전과 운전능력에 중점을 두고 운전자를 선별하는 품질관리자 역할 담당

해설
기능검정원의 자격요건과 기능강사의 자격요건은 다르다.

04 기능검정 실시목적에 대한 설명으로 틀린 것은?

갑. 기능검정의 공정성 확보
을. 채점기준표에 의한 객관적 판단
병. 채점기준에 따른 채점을 위한 채점
정. 안전운전상 필요한 운전기능의 유무 판정

해설
운전기능 또는 도로상 운전능력이 있는지에 관하여 기능검정을 실시한다.

05 다음 중 장내기능시험에 대한 내용으로 잘못된 것은?

갑. 운전장치를 조작하는 능력을 시험한다.
을. 교통법규에 따라 운전하며, 운전 중 지각 및 판단을 하는 능력을 시험한다.
병. 장내기능시험에 사용되는 자동차 등의 종류는 행정안전부령으로 정한다.
정. 장내기능시험에 불합격한 사람은 불합격한 날부터 5일이 지난 후에 다시 장내기능시험에 응시할 수 있다.

해설
자동차 등의 운전에 필요한 기능에 관한 시험(도로교통법 시행령 제48조 제5항)
장내기능시험에 불합격한 사람은 불합격한 날부터 3일이 지난 후에 다시 장내기능시험에 응시할 수 있다.

06 도로주행기능검정의 목적에 대한 설명으로 맞는 것은?

갑. 운전면허시험 시 도로주행시험 면제혜택을 주고자 함에 있다.
을. 도로상에서 교통상황에 따라 인지, 판단, 조작능력만을 평가함에 있다.
병. 운전장치의 조작능력과 법규 이행능력 등의 기초는 평가하지 않는다.
정. 장내에서 요구할 수 없는 교통상황에 대처할 운전능력을 판정함에 있다.

해설
도로주행기능검정은 도로상 운전능력을 검정하기 위함이다.

07 기능검정의 실시상 어려움이라 볼 수 없는 것은?

갑. 사람의 행동을 관찰하고 평가해야 한다.
을. 움직임을 순간적으로 판단해야 한다.
병. 사고예방에 주의하여야 한다.
정. 주관적인 판단을 해야 한다.

해설
공정성을 확보하면서 많은 수험생을 처리하기 위해서는 객관적인 판단이 필요하다.

01 병 02 갑 03 갑 04 병 05 정 06 정 07 정 정답

08 **기능검정의 사회적 의의로 적절하지 못한 설명은?**

갑. 공공적 성격이 강한 업무이다.
을. 기능검정원의 자격 조건 등에 대해서는 법령상 엄격한 규정이 있다.
병. 엄정·공평한 기능검정 실시로 기능검정의 사회적 신뢰를 확보한다.
정. 기능교육의 효과를 확인하는 행위로 운전면허시험과는 별개이다.

해설
기능검정은 국가에서 행하는 운전면허 기능시험에 준하는 업무이며, 기능검정에 합격하면 자동차운전 전문학원의 기능검정 합격증과 수료증명서가 발급된다.

09 **기능검정원제도에 대한 설명으로 틀린 것은?**

갑. 기능검정원은 안전운전과 운전능력에 중점을 두고 선별하는 품질관리자이다.
을. 면허취득이 주목적이다.
병. 공정한 기능검정 실시가 기본이다.
정. 기능검정원에 대한 사회적인 신뢰성이 요구되고 있다.

해설
면허취득의 목적보다는 안전하고 명랑한 운전문화를 뿌리내리는 데 더 큰 의의가 있다.

10 **기능검정과 기능시험의 관계를 설명한 것이다. 옳지 않은 것은?**

갑. 기능검정은 사회적 신뢰성 확보를 위해 전문학원에서 경찰공무원이 실시한다.
을. 기능검정에 합격하고 전문학원 졸업증을 받은 자는 운전면허 기능시험이 면제된다.
병. 기능검정방법과 합격기준은 운전면허 기능시험과 동일하다.
정. 기능검정은 운전면허 기능시험에 상당한 업무로 공공적 성격이 강하다.

해설
전문학원의 학감은 자동차운전에 관한 학과교육 및 자동차 등의 운전에 관하여 필요한 기능을 익히기 위한 기능교육을 수료하거나, 도로상 운전능력을 익히기 위한 기능교육을 수료한 사람에 한하여 기능검정원으로 하여금 기능검정을 실시하게 하여야 한다.

11 **교통법규에 따라 운전하는 능력평가사항으로 바르지 않은 것은?**

갑. 운전조작은 교통법규에 따른 운전자의 의지와 행동의 예고임을 아는지 평가
을. 교통법규는 사고방지에 중요한 의미가 있다는 사실의 인식여부 평가
병. 교통법령을 얼마나 알고 있는가를 확인 평가
정. 교통법령에 따라 운전조작하고 있는지 확인 평가

해설
교통법령을 얼마나 알고 있는가가 중요한 것이 아니라 교통법령에 따라 운전·조작하고 있는지가 중요하다.

12 **기능검정원의 성격 및 임무, 요건에 대한 설명으로 옳지 못한 것은?**

갑. 기능검정업무상 강한 공공적 성격을 가진다.
을. 일정한 법정요건을 갖추고 선발교육 후 자격증이 부여된 사람이다.
병. 자동차운전전문학원에서 기능검정과 기능교육을 실시하는 사람이다.
정. 기능검정업무와 관련, 형법 및 벌칙 적용에 있어 공무원으로 본다.

해설
기능교육은 기능강사가 담당한다.

13 **운전장치 조작능력 평가사항으로 바르지 못한 것은?**

갑. 조작순서의 정확성 유무
을. 속도와 방향의 올바른 통제 가능성 유무
병. 조작의 정확성 유무
정. 교통법규에 따라 운전할 수 있는 능력 유무

해설
갑·을·병 : 장내기능교육
정 : 도로주행교육

14 **기능검정원으로서 갖추어야 할 자세로 옳지 못한 것은?**

갑. 채점기준의 적용에 관한 전문능력의 향상
을. 자기개발과 검정에 필요한 지식의 배양
병. 자신의 기준이 항상 정확하다는 자부심
정. 올바른 방법에 의한 공정한 검정자세

해설
자신의 기준이 틀릴 수 있다는 자세가 바람직하다.

정답 08 정 09 을 10 갑 11 병 12 병 13 정 14 병

15 **기능검정원에 대한 설명으로 부적절한 것은?**

갑. 업무성질상 그 자격을 법률로 엄격히 규정하고 있다.
을. 기능검정과 관련하여 형법, 기타 법률에 의한 벌칙을 적용한다.
병. 전문학원에서 초보운전교육과 기능검정을 담당한다.
정. 엄격하고 공정한 기능검정 실시에 최선의 노력을 다해야 한다.

해설
기능검정원은 안전운전과 운전능력에 중점을 두고 선별하는 관리자이다.

16 **기능검정에 대한 연구와 자기개발의 필요성으로 볼 수 없는 것은?**

갑. 기능검정에 필요한 폭넓은 능력은 수검자로부터 신뢰를 얻는 근원이 되므로
을. 기능검정원으로서의 독립적인 권리를 행사하기 위하여
병. 정신적 향상성, 밸런스 감각, 지도력 등 폭넓은 능력이 요구되므로
정. 기능검정은 채점기준의 적용에 관한 전문능력이 요구되므로

17 **기능검정의 공정성을 유지하기 위한 타당성으로 맞지 않는 것은?**

갑. 공정한 기능검정을 위해서는 학감과 기능검정원이 일체가 되어야 한다.
을. 기능검정원은 재판관의 심판과 같이 양심에 따라 독립해서 판정해야 한다.
병. 학감은 기능검정을 정해진 방법으로 적절히 하고 있는지 관리 감독해야 한다.
정. 학감은 기능검정업무에 대하여는 전적으로 기능검정원에 일임해야 한다.

해설
학감은 강사 또는 기능검정원의 선임 등 전문학원 학사업무에 대하여 적정하게 관리권을 행사할 수 있는 관리체계를 확보하여야 한다.

18 **기능검정에 관한 사회의 신뢰를 확보해야 하는 타당성으로 적합하지 않은 것은?**

갑. 기능검정은 안전운전자 선발이라는 공공적 성격이 강하기 때문이다.
을. 운전면허시험의 중심이 되는 기능시험을 전문학원에서 행하기 때문이다.
병. 기능검정은 기능교육의 효과를 확인하는 행위이므로 사회적 신뢰와는 무관하다.
정. 기능검정에 합격하고 전문학원 졸업증 소지자는 기능시험이 면제되기 때문이다.

19 **기능교육에 대한 다음 설명 중 틀린 것은?**

갑. 의식적 조작행동을 무의식적인 반사적 조작 행동으로 바꾸어 가는 교육과정을 의미한다.
을. 운전자가 일일이 의식하거나 생각하지 않아도 운전조작이 될 수 있도록 반복하는 교육이다.
병. 기능교육은 교육생의 면허취득을 위한 합격위주의 교육이 되어야 한다.
정. 기능교육은 교육생의 개인적인 차이를 파악하여 교육을 진행할 필요가 있다.

해설
병 : 자동차운전전문학원에서의 기능교육은 교육생의 면허취득이 그 목적이나, 더욱 중요한 것은 결코 면허취득만을 위한 합격위주의 교육이 아닌 안전하고 바람직한 운전자로서의 자격을 갖추어 도로 교통현장으로 내보내는 것이다.

20 **기능검정의 사회적 의의를 설명한 것으로 바르지 못한 것은?**

갑. 기능검정은 기능시험과 같은 성격이므로 사회적 신뢰성이 크게 요청된다.
을. 기능검정원 등의 자격조건을 법령상 엄격히 규정하여 사회적 책임을 명확히 했다.
병. 기능교육의 효과를 확인하는 행위로 운전면허시험과는 관련이 없다.
정. 엄정·공평한 기능검정 실시로 기능검정의 사회적 신뢰를 확보한다.

해설
기능검정은 기능검정원이 운전면허의 종류별로 시험의 기준에 따라 실시한다.

21 **기능검정원의 탄생배경을 설명한 것으로 볼 수 없는 것은?**

갑. 기능검정업무의 신뢰성 확보를 위하여 기능검정원의 지위는 경찰공무원에 준한다.
을. 전문학원의 기능검정업무를 엄정하게 실시하기 위하여 기능검정원제도가 탄생하였다.
병. 양질의 운전자 양성을 위해 기능검정 등 공공성이 부여된 자동차운전 전문학원제도가 도입되었다.
정. 교통사회인으로서 도덕심과 양보심이 몸에 밴 양질의 운전자 양성의 필요성이 대두되었다.

해설
전문학원의 학감·부학감은 기능검정 및 수강사실 확인업무에 관하여, 기능검정원은 기능검정업무에 관하여, 강사는 수강사실 확인업무에 관하여 형법 기타 법률에 의한 벌칙의 적용에 있어서 이를 공무원으로 본다.

15 병 16 을 17 정 18 병 19 병 20 병 21 갑 정답

22 기능검정 실시상의 기본적 유의사항으로 옳지 않은 것은?

갑. 공정・엄격한 기능검정
을. 주관적 채점
병. 연구와 자기개발
정. 신뢰성 확보

해설
기능검정은 공정함과 엄격함이 무엇보다 요구되므로 주관적인 채점은 있을 수 없다.

23 운전면허 기능검정 평가항목이 아닌 것은?

갑. 도로교통법령에 관한 지식
을. 운전자세와 안전운전 능력
병. 교통법규에 따라 운전하는 능력
정. 운전장치를 조작하는 능력

해설
도로교통법령에 관한 지식은 학과시험에 대한 평가항목이다.

24 기능검정에 있어서 신뢰성 확보 방법으로 바르지 않은 것은?

갑. 운전행동에 대한 정확한 판단과 기록
을. 채점기준에 대한 정확한 이해
병. 채점, 강평의 애매한 태도
정. 검정원이 확신을 갖는 태도

해설
채점, 강평에 확실한 태도가 중요하다.

25 다음 중 기능교육 시 유의할 사항으로 맞지 않는 것은?

갑. 개인차에 따른 교육
을. 남성운전자에 대한 교육
병. 기본원칙에 의한 교육
정. 정확하고 명확한 지도와 조언

해설
기능교육 시 유의할 사항
- 계획적인 교육
- 개인차에 따른 교육
- 여성운전자에 대한 교육
- 정확하고 명확한 지도와 조언
- 기본원칙에 의한 교육
- 반복적 교육

26 기능검정 평가 시 잘못을 범하기 쉬운 경우가 아닌 것은?

갑. 주관성과 객관성
을. 근접 오차와 대비 오차
병. 중심화 경향과 관대화 경향
정. 광배 효과와 논리적 오차

해설
갑 : 객관성과 수치화

27 다음 중 기능검정원의 자세로서 바람직하지 않은 행동은?

갑. 분석적인 관찰평가
을. 수험생의 신뢰 확보
병. 기능검정의 실시에 필요한 폭넓은 지식
정. 기능검정원의 권익 극대화

28 기능검정에 대하여 사회의 신뢰를 확보해야 하는 이유로 옳지 않은 것은?

갑. 기능검정에 합격하고 전문학원졸업증 소지자는 경찰공무원으로 임용되기 때문이다.
을. 기능검정은 기능교육의 효과를 확인하는 행위이므로 사회적 신뢰가 요청된다.
병. 운전면허시험의 중심이 되는 기능시험을 전문학원에서 행하기 때문이다.
정. 기능검정은 안전운전자 선발이라는 공공적 성격이 강하기 때문이다.

해설
갑 : 자동차운전전문학원의 기능검정졸업증과 수료증을 갖고 있는 사람은 운전면허 기능시험을 응시할 때 기능시험이 면제된다.

29 기능검정의 관찰평가에 임하는 기능검정원의 기본적인 관찰 태도로서 잘못된 것은?

갑. 항상 냉정함이 필요하다.
을. 항상 분석적인 관찰평가를 해야 한다.
병. 감상적이거나 기분이 고르지 못하면 객관적인 평가를 할 수 없다.
정. 광배 효과에 따라 판단한다.

해설
광배 효과에 따라 판단하면 객관적인 판단을 할 수 없게 된다.

정답 22 을 23 갑 24 병 25 을 26 갑 27 정 28 갑 29 정

30 **기능검정의 본질에 대하여 설명으로 옳은 것은?**

갑. 자동차 구조에 대한 지식이 있는 사람을 선별하는 데 있다.
을. 교통법령에 대한 지식이 있는 사람을 선별하는 데 있다.
병. 안전하고 원활한 운전능력을 가진 사람을 선별하는 데 있다.
정. 교통도덕과 예의범절을 갖춘 사람을 선별하는 데 있다.

해설
기능검정은 안전운전에 필요한 운전기능을 갖고 있는지 아닌지를 판별하기 위한 것이다.

31 **기능검정 시 관찰 기술 중 광배 효과에 대한 설명으로 잘못된 것은?**

갑. 광배 효과 방지책은 평가자의 평가내용을 다른 사람이 재평가하게 하는 것이다.
을. 수검자의 인상이 좋지 않으면 두세 가지 좋은 특성도 좋지 않게 평가해 버린다.
병. 수검자의 인상이 좋으면 다른 모든 특성도 좋은 것으로 평가해 버린다.
정. 사람이나 물체의 특징적인 인상이나 평가가 다른 전반적인 부분까지 미치는 효과이다.

해설
광배 효과 방지책은 평가자에게 분석적인 의견을 발견하도록 하는 훈련이 필요하다.

32 **기능검정원이 될 수 없는 사람이 아닌 것은?**

갑. 기능검정에 사용되는 자동차를 운전할 수 있는 운전면허를 받은 날부터 3년이 지난 사람
을. 금고 이상의 형을 선고 받고 그 집행이 끝나거나 집행이 면제된 날부터 2년이 지나지 않은 사람
병. 기능검정원의 자격이 취소된 경우에는 그 자격이 취소된 날부터 3년이 지나지 아니한 사람
정. 기능검정에 사용되는 자동차를 운전할 수 있는 운전면허를 받지 아니한 사람

해설
기능검정원(도로교통법 제107조 제3항)
갑 : 기능검정에 사용되는 자동차를 운전할 수 있는 운전면허를 받지 아니하거나 운전면허를 받은 날부터 3년이 지나지 아니한 사람은 기능검정원이 될 수 없다.

33 **다음 중 기능검정 실시 전의 지시사항으로 옳지 않은 것은?**

갑. 과제이행조건에 대하여 지시, 설명을 해야 한다.
을. 채점의 공정성을 갖기 위해 미리 수험생에게 과제이행조건을 설명한다.
병. 기능검정 중지사항에 대하여 설명할 필요는 없다.
정. 코스 이탈에 대한 것도 실시 전 지시사항에 포함된다.

해설
병 : 기능검정 중지사항에 대해서도 설명해 주어야 한다.

34 **1종 대형면허의 경우 실격사항으로 옳지 않은 것은?**

갑. 경사로 정지구간 이행 후 30초를 초과하여 통과하지 못한 때
을. 특별한 사유 없이 교차로 내에서 30초 이상 정차한 때
병. 단 1회라도 차로를 벗어난 때
정. 특별한 사유 없이 출발선에서 20초 이내 출발하지 못한 때

해설
기능시험 채점기준 · 합격기준(도로교통법 시행규칙 제66조 [별표 24])
정 : 특별한 사유 없이 출발선에서 30초 이내 출발하지 못한 때

35 **도로주행기능검정을 실시하기 위한 도로의 설정 기준으로 틀린 내용은?**

갑. 총 주행거리 – 5km 이상
을. 좌회전 또는 우회전 – 1회 이상
병. 횡단보도 일시정지 – 1회 이상
정. 차로변경 – 2회 이상

해설
도로주행시험을 실시하기 위한 도로의 기준(도로교통법 시행규칙 제67조 제1항 [별표 25])
차로변경 – 1회 이상

36 **도로주행기능검정을 실시할 때 지시속도(시속 40km 이상의 속도)로 주행할 수 있는 구간은 몇 m로 설정되어 있는가?**

갑. 100m　　을. 400m
병. 600m　　정. 700m

해설
도로주행시험을 실시하기 위한 도로의 기준(도로교통법 시행규칙 제67조 제1항 [별표 25])
지시속도에 따른 도로주행 구간은 1구간 400m이다.

37 **기능시험코스의 종류 · 형상 및 구조에 대한 설명으로 옳지 않은 것은?**

갑. 도로의 폭은 7m 이상으로 하고 3m부터 3.5m까지 너비의 2개 차로 이상을 설치한다.
을. 전문학원의 기능교육장은 부지의 형상에 따라 굴절 · 곡선 · 방향전환코스 등의 순서에 따라 반드시 설치한다.
병. 10~15cm 너비의 중앙선을 표시한다.
정. 중앙선으로부터 3m 되는 지점에 10~15cm 너비의 길가장자리선을 설치한다.

해설
기능시험코스의 종류 · 형상 및 구조(도로교통법 시행규칙 제65조 [별표 23])
을 : 전문학원의 기능교육장은 부지의 형상에 따라 굴절 · 곡선 · 방향전환코스 등의 순서에 관계없이 설치할 수 있다.

30 병 31 갑 32 갑 33 병 34 정 35 정 36 을 37 을 **정답**

38 장내기능검정 항목 제1종 대형면허 중 철길건널목 앞에서 일시정지 불이행 시 감점기준은?

갑. 1점　　을. 3점
병. 5점　　정. 10점

해설
기능시험 채점기준 · 합격기준(도로교통법 시행규칙 제66조 [별표 24])
철길건널목 앞에서 일시정지 불이행 시, 앞범퍼가 정지선으로부터 1m 이전 또는 정지선을 침범하여 정지 시 5점 감점한다.

39 기능검정 채점을 수치화해서 판단하는 데 있어 옳지 못한 것은?

갑. 수치화하면 기능검정 중에 수검자의 운전능력 전부를 평가할 수 있다.
을. 수치가 판정의 주된 대상으로 바뀌어 본래의 의미를 잃어버리기 쉽다.
병. 수치가 갖는 의미와 판정하려는 목적을 이해하지 못하면 잘못 판정하게 된다.
정. 기능검정원은 혼잡한 교통현장에서 대처능력 유무를 종합 판단해야 하는 책임이 있다.

해설
짧은 시간의 기능검정으로 응시생의 운전능력 전부를 평가할 수는 없다.

40 제1종 대형면허의 시험차 규격으로 틀린 것은?

갑. 차량길이 – 1,015cm 이상
을. 차량너비 – 246cm 이상
병. 축간거리 – 480cm 이상
정. 최소회전반경 – 520cm 이상

해설
기능시험 또는 도로주행시험에 사용되는 자동차 등의 종별(도로교통법 시행규칙 제70조)
최소회전반경 – 798cm 이상

41 다음 중 기능검정의 채점범위는?

갑. 승차하려고 할 때부터 종료 후 하차할 때까지
을. 승차한 후부터 안전띠를 해체할 때까지
병. 승차 후 안전띠 착용부터 안전띠를 해체할 때까지
정. 승차한 후부터 종료 후 하차할 때까지

해설
기능검정의 채점범위는 승차하려고 할 때부터 종료 후 하차할 때까지이다.

42 도로주행시험 중 출발 전 안전 미확인 시 감점사항으로 틀린 것은?

갑. 기어가 들어가 있는데 클러치를 밟지 않고 시동한 경우 5점 감점
을. 주차 브레이크를 해제하지 않고 출발한 경우 10점 감점
병. 후사경 조정 여부를 확인하지 아니한 경우 7점 감점
정. 자동차문을 완전히 닫지 아니한 경우 3점 감점

해설
도로주행시험의 시험항목 · 채점기준 및 합격기준(도로교통법 시행규칙 제68조 제1항 [별표 26])
정 : 자동차문을 완전히 닫지 아니한 경우 5점 감점

43 다음은 도로주행기능검정 항목 중 운전자세 불량에 대한 감점 기준이다. 맞는 것은?

갑. 신호대기 중 기어를 넣고 클러치와 브레이크 페달을 밟고 있어 자세가 불안정할 때 5점 감점
을. 핸들을 조작할 때마다 상체가 한쪽으로 쏠릴 때 3점 감점
병. 운전석을 조절하였지만 자세가 자연스럽지 못한 경우 3점 감점
정. 운전석을 체형에 맞게 조절하지 않은 경우 3점 감점

해설
도로주행시험의 시험항목 · 채점기준 및 합격기준(도로교통법 시행규칙 제68조 제1항 [별표 26])
핸들을 조작할 때마다 상체가 한쪽으로 쏠릴 때 7점 감점이며, 병과 정 항목은 법 개정으로 삭제된 내용이다.

44 도로주행시험 중 클러치와 가속페달의 부조화에 대한 감점 적용사항으로 타당하지 않은 것은?

갑. 주차 브레이크를 해제하지 않고 출발한 경우
을. 엔진의 지나친 공회전
병. 클러치의 급조작, 급출발
정. 클러치의 조작불량으로 인한 심한 차체의 진동

해설
도로주행시험의 시험항목 · 채점기준 및 합격기준(도로교통법 시행규칙 제68조 제1항 [별표 26])
갑 : 출발 전 준비 불이행 항목이다.

45 다음 중 안전조치에 대한 감점 적용사항으로 옳지 않은 것은?

갑. 기어가 들어가 있을 때 클러치를 밟지 않고 엔진을 시동할 때
을. 핸드 브레이크를 내렸을 때
병. 자동차문의 덜 닫힘
정. 안전띠의 미착용

해설
을 : 출발 전 핸드 브레이크를 완전히 내리는 행위는 타당하다.

정답 38 병 39 갑 40 정 41 갑 42 정 43 갑 44 갑 45 을

46 도로주행시험 중 출발 직전에 전·후·좌·우의 안전을 직접 눈으로 확인하지 아니한 경우의 감점은?

갑. 3점　　을. 5점
병. 7점　　정. 1점

해설
도로주행시험의 시험항목·채점기준 및 합격기준(도로교통법 시행규칙 제68조 제1항 [별표 26])
차량승차 전·후에 차량 주변의 안전을 직접 확인하지 않은 경우 7점 감점된다.

47 도로주행시험 중 출발신호 불이행에 대한 감점 적용사항으로 옳지 않은 것은?

갑. 방향지시등을 조작하지 않고 차로로 진입한 경우
을. 출발 후의 진로변경이 끝나기 전에 신호를 중지한 경우
병. 방향지시등이 작동하지 아니한 경우
정. 출발 후 진로변경이 끝났음에도 신호를 계속 하고 있을 경우

해설
도로주행시험의 시험항목·채점기준 및 합격기준(도로교통법 시행규칙 제68조 제1항 [별표 26])
도로 가장자리에 정지된 차를 운전하여 차로로 진입하는 경우에 방향지시등을 켜지 않거나 차로에 완전히 진입하기 전에 방향지시등을 소등한 경우 또는 차로에 진입이 완료되었음에도 방향지시등을 소등하지 않은 경우에 채점한다.

48 도로주행기능검정 항목 중 가속페달 조작 미숙 시 감점기준으로 틀린 것은?

갑. 통상 낼 수 있는 속도보다 낮은 경우 5점 감점
을. 통상 낼 수 있는 속도를 유지할 수 없을 경우 5점 감점
병. 기어변속이 부적절한 채로 주행하여 가속이 붙지 않은 경우 5점 감점
정. 통상 낼 수 있는 속도보다 높을 경우 3점 감점

해설
도로주행시험의 시험항목·채점기준 및 합격기준(도로교통법 시행규칙 제68조 제1항 [별표 26])
주위의 교통상황으로 보아 가속을 하여야 함에도 가속하지 못하거나 통상속도를 유지하지 못하고 가속과 제동을 반복하는 경우 또는 기어변속이 적절하지 못하여 저속기어에서 가속만 하는 경우에 채점한다.

49 엔진 브레이크 사용 미숙에 대한 감점 적용사항으로 맞는 것은?

갑. 정지하거나 제동할 때 급감속 또는 급제동 등으로 차 안에 있는 사람이 심히 요동할 정도의 강한 제동을 한 경우
을. 정지하기 위해 제동이 필요한 상황에서 클러치 페달로 동력을 끊어 주행하거나 미리 기어를 중립에 두는 경우
병. 교통상황에 따라 제동이 필요한 경우임에도 브레이크 페달에 발을 옮기고 제동준비를 하지 않은 경우
정. 신호대기 등으로 잠시 정지하고 있는 사이에 브레이크 페달을 밟고 있지 않은 경우

해설
도로주행시험의 시험항목·채점기준 및 합격기준(도로교통법 시행규칙 제68조 제1항 [별표 26])
을 : 브레이크 페달을 밟기 이전에 클러치 페달을 밟거나 기어를 중립에 위치시켜 엔진 브레이크 작동을 막고 타력주행을 한 경우(자동변속기의 경우에는 정지하기 전에 미리 변속레버를 중립에 둘 때를 말한다)에 채점한다.
갑 : 급브레이크 사용
병 : 제동 방법 미흡
정 : 정지 때 미제동

50 다음 중 도로주행시험 중 제동조작 불량 시 감점기준으로 옳은 것은?

갑. 신호대기 등으로 잠시 정지하는 사이에 브레이크를 밟고 있지 않은 경우 5점 감점
을. 교통상황에 여유가 있음에도 불구하고 단속조작(브레이크 페달을 가볍게 2~3회 나누어 밟는 것을 말한다)을 하지 않은 경우 5점 감점
병. 교통상황에 따라 제동이 필요한 경우임에도 브레이크 페달에 발을 옮기고 제동준비를 하지 않은 경우 5점 감점
정. 교통상황에 따라 제동이 필요한 경우임에도 브레이크 페달에 발을 옮기고 제동준비를 하지 않은 경우 1점 감점

해설
도로주행시험의 시험항목·채점기준 및 합격기준(도로교통법 시행규칙 제68조 제1항 [별표 26])
신호대기 등으로 잠시 정지하고 있는 사이에 브레이크를 밟고 있지 않은 경우(정지시 미제동) 5점 감점된다.

51 다음 중 기능검정의 항목으로 틀린 것은?

갑. 자동차관리 능력
을. 운전장치를 조작하는 능력
병. 교통법규준수 능력
정. 운전판단 능력

해설
자동차 등의 운전에 관하여 필요한 기능에 관한 시험(도로교통법 시행령 제48조 제1항)
• 운전장치를 조작하는 능력
• 교통법규에 따라 운전하는 능력
• 운전 중의 지각 및 판단 능력

46 병　47 병　48 정　49 을　50 갑　51 갑　정답

52 **도로주행기능검정 항목 중 조향장치의 균형을 잃은 경우 감점하는 이유는?**

갑. 조작의 숙련도
을. 반응동작
병. 속도와 조향의 밸런스
정. 차체감각

해설
도로주행시험의 시험항목 · 채점기준 및 합격기준(도로교통법 시행규칙 제68조 제1항 [별표 26])
급격한 핸들 조작으로 자동차의 타이어가 옆으로 밀린 경우, 핸들 복원을 하는 시기가 늦은 경우, 운전조작의 잘못으로 차체가 균형을 잃은 경우, 주행 중에 핸들의 아래 부분만을 잡거나 한 손으로 잡은 경우 또는 조향장치의 조작불량 등으로 차량의 안전운전 위험 요인이 발생할 경우 7점 감점된다.

53 **엔진 브레이크를 사용하여 제동이 필요한 상황에서 클러치 페달로 동력을 끊어 주행한 경우 몇 점 감점되는가?**

갑. 1점 을. 3점
병. 5점 정. 10점

해설
도로주행시험의 시험항목 · 채점기준 및 합격기준(도로교통법 시행규칙 제68조 제1항 [별표 26])
엔진 브레이크를 사용하여 제동이 필요한 상황에서 클러치 페달로 동력을 끊어 주행한 경우 5점 감점된다.

54 **기능검정 단계의 '조작과 순서의 정확함'을 확인하는 기능검정 항목은?**

갑. 운전장치를 조작하는 능력
을. 교통법규준수 능력
병. 운전자세
정. 안전운전 능력

해설
운전장치조작은 자동차를 운전하기 위한 기본이다.

55 **도로주행기능검정의 목적에 대한 설명으로 가장 적절한 것은?**

갑. 교통법규를 준수하여 운전하는 능력
을. 운전장치의 조작 능력
병. 도로주행시험의 면제 혜택
정. 장내에서 요구할 수 없는 교통상황에 대처할 능력

해설
도로주행기능검정의 목적
- 도로교통의 상황을 읽고 올바른 판단을 할 수 있는지 여부
- 교통흐름에 동조할 수 있고, 정확하고 민첩한 동작이 가능한지 여부
- 주변의 교통이나 장애물과의 관계를 파악하고, 안전한 간격을 유지할 수 있는지 여부
- 위험을 예측하고 대응할 행동을 취할 수 있는지 여부

56 **기능검정의 채점원칙으로 틀린 것은?**

갑. 도로주행검정 중 위험이 예측된 때에는 시험을 중지하고 시정한다.
을. 잘못이 생기려고 하는 시점에서 조치하고 감점해야 한다.
병. 잘못을 방치 후 지킨 것으로 채점해서는 안 된다.
정. 채점범위는 승차하려고 할 때부터 하차가 끝나기까지이다.

해설
도로주행시험의 시험항목 · 채점기준 및 합격기준(도로교통법 시행규칙 제68조 제1항 [별표 26])
운전능력 부족으로 교통사고를 일으킬 위험이 현저한 경우 또는 교통사고를 야기한 경우 시험을 중단하고 "실격"으로 한다.

57 **기능검정의 공정을 유지하기 위한 방법으로 적절하지 못한 것은?**

갑. 기능검정원은 재판관의 심판과 같이 양심에 따라 독립해서 판정해야 한다.
을. 공정한 기능검정을 위해서는 학감과 기능검정원이 일체가 되어야 한다.
병. 학감은 기능검정 업무에 대하여는 전적으로 기능검정원에 일임해야 한다.
정. 학감은 기능검정을 정해진 방법으로 적절히 하고 있는지 관리 감독해야 한다.

해설
병 : 기능검정 업무에 대해 완전히 기능검정원에게 맡기는 것은 올바른 방법이 아니다.

58 **도로주행기능검정의 주요 평가사항으로 바르지 못한 것은?**

갑. 위험을 예측하고 이에 대응하는 행동의 적부
을. 안전운전에 필요한 지식
병. 교통흐름에 따라 정확하고 민첩한 동작 여부
정. 도로교통의 상황에 따른 올바른 판단능력 유무

해설
도로주행기능검정은 도로상 운전능력에 관한 검정이다.

59 **기능검정 실시목적에 대한 설명으로 가장 적절한 것은?**

갑. 안전운전기능보다 채점기준에 우선하여 채점
을. 안전운전상 필요한 운전기능 유무를 채점기준표에 의거 객관적으로 채점
병. 채점기준 없이 숙련된 기능검정원의 주관적 판단에 의거 판정
정. 채점기준에 따른 채점을 위한 채점

해설
기능시험과 기능검정의 공정성을 확보하면서 많은 수험생을 처리하기 위해서는 판단이 필요하다. 이것이 기능시험의 채점기준이다.

정답 52 병 53 병 54 갑 55 갑 56 갑 57 병 58 을 59 을

60 **도로주행기능검정 코스를 자연스럽게 세련된 형태로 정리하기 위하여 유의할 사항으로 적절하지 않은 것은?**

갑. 코스의 선정은 경찰서장의 승인을 받아야 한다.
을. 기준 적용상 무리를 피하기 위하여 변형도로 등 일반적이지 않은 도로는 피한다.
병. 사고방지상 통학로, 학교 주변도로 등 사고발생 위험이 있는 도로는 피한다.
정. 가속, 속도유지, 제동 등 과제 적용에 필요한 적당한 교통량이 있어야 한다.

해설
도로주행시험은 연습운전면허를 받은 사람에 대하여 기준에 적합한 도로 중 운전면허시험장장이 지정한 도로를 운행하게 함으로써 행한다.

61 **교통법규에 따라 운전하는 능력 평가사항으로 적절하지 못한 것은?**

갑. 교통법규는 사고방지에 중요한 의미가 있다는 사실의 인식 여부 평가
을. 운전조작은 교통법규에 따른 운전자의 의지와 행동의 예고임을 아는지 평가
병. 교통법령에 따라 운전조작하고 있는지 확인 평가
정. 교통법령을 얼마나 알고 있는가를 확인 평가

해설
교통법령을 단순히 알기만 하고, 지키지 않으면 아무 소용이 없다.

62 **다음 중 수험생의 자동차별 배당은 기능검정 실시 얼마 전에 통보하게 되어 있는가?**

갑. 30분 전 을. 1시간 전
병. 2시간 전 정. 3시간 전

해설
공정을 기하기 위해 수험생들이 담당 검정원과 코스를 사전에 알지 못하게끔 1시간 전에 공포한다.

63 **도로주행기능검정을 실시하기 위한 도로의 기준으로 틀린 내용은?**

갑. 주행 여건이 양호한 도로
을. 교통량에 비해 폭이 좁은 도로
병. 보행자 및 차마의 통행량이 비교적 일정한 도로
정. 교통안전시설이 정비된 도로

해설
을 : 교통량에 비해 폭이 넓은 도로이어야 한다(도로교통법 시행규칙 제67조 제1항 [별표 25]).

64 **기능검정 실시요건으로 적절하지 않은 것은?**

갑. 기능검정 채점방법과 합격기준의 법정화
을. 법정규격에 적합한 기능검정용 차량의 확보
병. 법정규격에 적합한 기능검정코스의 설치
정. 기능검정원과 응시자의 확보

65 **기능검정코스에 대한 설명으로 틀린 것은?**

갑. 도로주행기능검정코스는 법령에 규정된 기준에 따라 설치한다.
을. 장내기능검정코스는 부지의 형상에 따라 배치 순서는 다를 수 있다.
병. 도로주행기능검정코스는 전문학원마다 1개 이내 설치한다.
정. 기능검정코스에는 장내기능검정코스와 도로주행기능검정코스가 있다.

해설
기능검정의 실시(도로교통법 시행규칙 제124조 제3항)
전문학원의 설립 · 운영자는 도로주행기능검정을 실시하고자 하는 경우에는 2개소 이상의 도로를 선정한 후 도로주행기능검정 실시도로지정신청서에 도로주행기능검정 실시도로가 표시된 축척 1만분의 1의 지도를 첨부하여 시 · 도경찰청장에게 제출하여야 한다.

66 **도로주행기능검정을 실시할 때 총 주행거리는 몇 km 이상인가?**

갑. 3km 을. 5km
병. 10km 정. 20km

해설
도로주행시험을 실시하기 위한 도로의 기준(도로교통법 시행규칙 제67조 제1항 [별표 25])
총 주행거리는 5km 이상이다.

67 **기능검정의 실시순서로서 바르지 않은 것은?**

갑. 기능검정 종료 후 지시는 불필요
을. 기능검정 실시 전과 실시 중의 지식
병. 수험자격의 확인 및 승차시 본인 여부 확인
정. 기능검정원의 배치와 기능검정코스의 결정과 공표

해설
기능검정원은 기능검정 종료 후 요점충고를 실시할 수 있다.

60 갑 61 정 62 을 63 을 64 정 65 병 66 을 67 갑 정답

68 도로주행기능검정 시 주의하여야 할 사항으로 볼 수 없는 것은?

갑. 사고예방을 위해 통학로 및 학교 주변의 도로, 교통사고가 발생할 우려가 있는 도로는 피해야 한다.
을. 사고예방을 위해 변형된 도로 등 일반적이지 않은 도로는 피해야 한다.
병. 정확한 도로주행능력 측정을 위해 보행자가 많은 도로를 선택한다.
정. 가속, 속도유지, 제동 등의 적용사항을 판단할 수 있는 적당한 교통량이 있어야 한다.

해설
병 : 자전거 및 보행자가 많은 도로를 피해야 한다.

69 기능검정용 차량에 대한 설명으로 적절하지 못한 것은?

갑. 기능검정용 차량의 사용연한은 제한이 없다.
을. 기능검정 개시 전 사전점검이나 안전운전을 통해 결함을 보완한다.
병. 기능검정용 차량은 완벽하게 정비되어 있어야 한다.
정. 운전면허기능시험용 차량의 규격과 동일하다.

해설
기능검정용 차량은 기능교육용 차량과 같이 사용연수에 제한이 있다.

70 제1종 보통연습면허 및 제2종 보통연습면허 기능시험의 점검사항으로 틀린 것은?

갑. 점검이 시작될 때부터 종료될 때까지 차바퀴 중 어느 하나라도 중앙선, 차선 또는 길가장자리구역선을 접촉하는지 여부
을. 돌발등이 켜지면 2초 이내에 급정지하는지의 여부
병. 차가 출발할 때부터 멈출 때까지 좌석안전띠를 정확하게 착용하고 운행하는지 여부
정. 정지 후 5초 이내에 비상점멸등을 켜고 대기 후 운행하는지 여부

해설
기능시험 채점기준 · 합격기준(도로교통법 시행규칙 제66조 [별표 24])
정 : 정지 후 3초 이내에 비상점멸등을 켜고 대기 후 운행하는지 여부

71 장내기능검정 항목 제1종 대형면허 중 곡선코스의 전진 · 통과 시 채점기준으로 옳은 것은?

갑. 지정시간(2분) 초과 시마다, 검지선 접촉 시마다 3점 감점
을. 지정시간(2분) 초과 시마다, 검지선 접촉 시마다 5점 감점
병. 지정시간(3분) 초과 시마다, 검지선 접촉 시마다 10점 감점
정. 지정시간(3분) 초과 시마다, 검지선 접촉 시마다 5점 감점

해설
기능시험 채점기준 · 합격기준(도로교통법 시행규칙 제66조 [별표 24])
곡선코스의 전진 · 통과시 지정시간(2분) 초과 시마다, 검지선 접촉 시마다 5점 감점한다.

72 기능검정원이 기능검정 종료 후 실시하는 요점충고(One Point Advice)에 대한 설명으로 옳지 못한 것은?

갑. 충고는 간결하고 정중하게 해야 한다.
을. 불합격자에 대해서는 주된 운전결함에 대한 연습지침을 조언한다.
병. 합격자에 대해서는 이후 운전상 유의점에 대한 조언을 한다.
정. 불합격에게는 불합격한 이유만을 설명해 준다.

73 제1종 대형면허 기능시험의 채점기준으로 틀린 것은?

갑. 지정속도 매시 20km 초과 시마다 3점 감점
을. 출발지시가 있는 때부터 20초 이내 출발하지 못한 때 5점 감점
병. 교차로 내에서 20초 이상 이유 없이 정차한 때 5점 감점
정. 시동을 꺼뜨릴 때마다 4,000RPM 이상 엔진 회전 시마다 5점 감점

해설
기능시험 채점기준 · 합격기준(도로교통법 시행규칙 제66조 [별표 24])
갑 : 지정속도 20km/h 초과 시마다 1점 감점

74 도로주행검정 과제 중 출발에 대한 감점기준으로 옳지 않은 것은?

갑. 엔진시동 정지 후 약 10초 이내에 시동을 걸지 못하는 경우 7점 감점
을. 통상적으로 출발하여야 할 상황인데도 20초 이내에 출발하지 않은 경우 10점 감점
병. 엔진의 지나친 공회전 또는 기기 등을 급조작하여 급출발하는 경우 7점 감점
정. 클러치의 조작불량으로 엔진이 정지된 경우 5점 감점

해설
도로주행시험의 시험항목 · 채점기준 및 합격기준(도로교통법 시행규칙 제68조 제1항 [별표 26])
엔진시동 상태에서 기기조작 미숙으로 엔진이 정지된 경우 7점 감점

75 장내기능검정 항목 제1종 대형면허 중 돌발사고 시 급정지 및 출발 채점기준이다. 틀린 것은?

갑. 돌발등이 켜짐과 동시에 2초 이내 정지하지 못한 때 10점 감점
을. 정지 후 3초 이내 비상점멸등을 작동하지 아니한 때 10점 감점
병. 정지 시 비상점멸등을 끄지 아니한 때 10점 감점
정. 출발 시 비상점멸등을 끄지 아니한 때 10점 감점

해설
기능시험 채점기준 · 합격기준(도로교통법 시행규칙 제66조 [별표 24])
돌발등이 켜짐과 동시에 2초 이내 정지하지 못하거나 정지 후 3초 이내에 비상점멸등을 작동하지 아니한 때 또는 출발 시 비상점멸등을 끄지 아니한 때 10점 감점된다.

68 병 69 갑 70 정 71 을 72 정 73 갑 74 정 75 병 정답

76 **기능시험에 사용되는 제1종 대형면허의 차종은?**

갑. 승차정원 15인 이상 승합자동차
을. 승차정원 20인 이상 승합자동차
병. 승차정원 25인 이상 승합자동차
정. 승차정원 30인 이상 승합자동차

해설
제1종 대형면허 : 승차정원 30인 이상 승합자동차(도로교통법 시행규칙 제70조 제1항 제1호)

77 **제1종 보통면허에 사용되는 시험자동차의 종류는?**

갑. 승합자동차 을. 화물자동차
병. 승용자동차 정. 3륜자동차

해설
제1종 보통면허 : 다음의 기준을 모두 갖춘 화물자동차(도로교통법 시행규칙 제70조 제1항 제2호)
• 차량길이 : 465cm 이상
• 차량너비 : 169cm 이상
• 축간거리 : 249cm 이상
• 최소회전반경 : 520cm 이상

78 **기능검정의 채점 및 합격기준으로 적합하지 못한 것은?**

갑. 기능검정의 채점 및 합격기준은 운전면허기능시험 합격기준에 준한다.
을. 채점은 100점을 기준으로 하여 각 시험과제 위반 시마다 가점방식으로 채점한다.
병. 장내기능검정의 1·2종 보통연습면허의 합격기준은 각각 80점 이상이다.
정. 도로주행시험의 합격기준은 70점 이상이다.

해설
기능시험 채점기준 · 합격기준(도로교통법 시행규칙 제66조 [별표 24])
채점은 100점을 기준으로 하여 각 시험과제 위반 시마다 감점방식으로 채점한다.

79 **다음 중 운전자세 불량에 대한 감점 적용사항으로 타당하지 않은 것은?**

갑. 핸들을 조작할 때마다 상체가 한쪽으로 쏠릴 때
을. 직진 중에 핸들의 아래 부분만을 잡고 있을 때
병. 두 손으로 핸들을 잡고 진행하고 있는 때
정. 도로의 구부러진 부분을 도는 경우에 양팔을 교차한 채 핸들을 유지하고 있을 때

해설
도로주행시험의 시험항목 · 채점기준 및 합격기준(도로교통법 시행규칙 제68조 제1항 [별표 26])
병 : 한 손으로 핸들을 잡고 진행하고 있는 때 7점 감점한다.

80 **도로주행기능시험 실격에 해당하는 사항이 아닌 것은?**

갑. 교통안전과 소통을 위한 시험관의 지시 및 통제에 불응한 경우
을. 5회 이상 출발 불능한 때
병. 감점기준 초과로 합격점수에 미달함이 명백한 때
정. 교통사고 야기 또는 사고위험이 현저한 때

해설
도로주행시험의 시험항목 · 채점기준 및 합격기준(도로교통법 시행규칙 제68조 제1항 [별표 26])
을 : 3회 이상 출발 불능한 때

81 **도로주행시험 중 엔진시동 상태에서 기기조작 미숙으로 엔진이 정지된 경우 감점은?**

갑. 1점 을. 3점
병. 7점 정. 10점

해설
도로주행시험의 시험항목 · 채점기준 및 합격기준(도로교통법 시행규칙 제68조 제1항 [별표 26])
엔진시동 상태에서 기기의 조작 미숙으로 엔진이 정지(위험을 방지하기 위하여 부득이 급정지하거나 차량 고장으로 엔진시동이 정지된 경우 제외)된 경우 7점 감점된다.

82 **도로주행기능검정 항목 중 출발시간 지연 시 감점기준이다. 맞는 것은?**

갑. 통상적으로 출발하여야 할 상황인데도 20초 이내에 출발하지 않은 경우 5점 감점
을. 불필요하게 정지하여 주위의 교통에 방해를 준 경우 3점 감점
병. 엔진 정지 후 약 10초 이내에 시동을 걸지 않은 경우 3점 감점
정. 진행신호로 출발하려고 하였다가 조작불량으로 그 진행신호 중 정지한 경우 7점 감점

해설
도로주행시험의 시험항목 · 채점기준 및 합격기준(도로교통법 시행규칙 제68조 제1항 [별표 26])
갑 : 20초 이내 미출발 – 10점 감점
을 : 불필요하게 정지하여 주위의 교통에 방해를 준 경우 – 7점 감점
병 : 엔진 정지 후 약 10초 이내에 시동을 걸지 않은 경우 – 7점 감점

83 **시험용 자동차를 앞지르기 하고 있는 자동차 등의 앞지르기가 끝나기 전에 시험용 자동차가 가속을 한 경우 감점기준은?**

갑. 1점 을. 3점
병. 7점 정. 10점

76 정 77 을 78 을 79 병 80 을 81 병 82 정 83 병 정답

84 도로주행시험 중 차체의 균형을 잃은 경우의 감점기준으로 옳지 않은 것은?

갑. 핸들을 지나치게 조작하여 균형을 잃은 경우
을. 핸들 복원이 늦어 균형을 잃은 경우
병. 운전장치 조작 시 균형을 잃은 경우
정. 바닥이 고르지 못한 곳에서 균형을 잃은 경우

해설
도로주행시험의 시험항목 · 채점기준 및 합격기준(도로교통법 시행규칙 제68조 제1항 [별표 26])
핸들 조작을 지나치게 하거나 핸들 복원이 늦은 경우 또는 운전장치를 조작할 때 차체의 진동 또는 흔들림으로 불균형 상태가 발생한 경우 7점 감점된다.

85 종료 후 주차방법위반으로 옳지 않은 것은?

갑. 주차 브레이크를 당기지 않은 경우
을. 엔진을 끄지 않은 경우
병. 기어를 1단 또는 후진으로 하지 않은 경우(자동변속기 자동차의 경우는 선택레버를 P의 위치로 두지 않은 때)
정. 주차 브레이크를 해제하지 않고 출발한 경우

해설
도로주행시험의 시험항목 · 채점기준 및 합격기준(도로교통법 시행규칙 제68조 제1항 [별표 26])
정 : 출발 전 준비의 주차 브레이크 미해제에 해당된다.

86 신호등의 신호에 따라 정지하고 있는 상태에서 기어를 중립으로 놓지 아니한 경우의 감점기준은?

갑. 1점　　을. 3점
병. 5점　　정. 10점

해설
도로주행시험의 시험항목 · 채점기준 및 합격기준(도로교통법 시행규칙 제68조 제1항 [별표 26])
자동변속기 차량으로 도로주행시험을 볼 때에는 신호 또는 차량정체 등으로 10초 이상 정차할 때에 변속레버를 중립위치로 두지 아니한 경우 5점 감점된다.

87 도로주행기능검정 항목 중 감점이 다른 하나는?

갑. 길가장자리구역 통행
을. 앞지르기 위반
병. 차로위반
정. 통행 우선 자동차에 양보 불이행

해설
도로주행시험의 시험항목 · 채점기준 및 합격기준(도로교통법 시행규칙 제68조 제1항 [별표 26])
갑 : 5점 감점
을 · 병 · 정 : 7점 감점

88 진로변경 시 안전확인방법 불이행 시 감점기준으로 맞는 것은?

갑. 유턴 시 안전확인 불이행 5점 감점
을. 진로변경 시 안전확인 불이행 3점 감점
병. 유턴 시 안전확인 불이행 3점 감점
정. 진로변경 시 안전확인 불이행 10점 감점

해설
도로주행시험의 시험항목 · 채점기준 및 합격기준(도로교통법 시행규칙 제68조 제1항 [별표 26])
진로를 변경하려는 경우(유턴을 포함한다)에 고개를 돌리는 등 적극적으로 안전을 확인하지 않은 경우 10점 감점된다.

89 도로주행시험 중 교차로 통행방법위반에 대한 감점 적용사항으로 옳지 않은 것은?

갑. 교차로에서 우회전 시 미리 도로의 우측 가장자리로 서행하지 아니한 때
을. 교통정리가 행하여지고 있지 않은 교차로에서 다른 도로로부터 이미 그 교차로에 들어가고 있는 차가 있는 경우에 그 차의 진행을 방해한 때
병. 교통정리가 행하여지지 않는 교차로에서 통행우선순위에 따라 통행한 때
정. 교차로에서 좌 · 우회전하려고 손이나 방향지시등 또는 등화로써 신호를 하는 차가 있는 경우에 그 차의 진행을 방해한 때

해설
도로주행시험의 시험항목 · 채점기준 및 합격기준(도로교통법 시행규칙 제68조 제1항 [별표 26])
병 : 교통정리가 행하여지고 있지 않은 교차로에서 시험용 자동차와 동시에 교차로에 들어가려고 하는 우측도로의 차에 진로를 양보하지 않은 경우 7점 감점된다.

90 도로주행시험 중 안전지대 또는 출입금지부분에 들어가거나 들어가려고 한 경우 감점은?

갑. 10점　　을. 5점
병. 3점　　정. 1점

해설
도로주행시험의 시험항목 · 채점기준 및 합격기준(도로교통법 시행규칙 제68조 제1항 [별표 26])
진입이 금지된 장소를 침범하여 운전한 경우 5점 감점된다.

정답 84 정 85 정 86 병 87 갑 88 정 89 병 90 을

91 도로주행기능검정 항목 중 급핸들 조작 시 감점기준으로 옳은 것은?

갑. 1점 감점　　을. 3점 감점
병. 7점 감점　　정. 10점 감점

해설
도로주행시험의 시험항목 · 채점기준 및 합격기준(도로교통법 시행규칙 제68조 제1항 [별표 26])
급격한 핸들 조작으로 자동차의 타이어가 옆으로 밀린 경우 7점 감점된다.

92 법령 또는 안전표지 등으로 지정되어 있는 최고속도를 10km/h 초과한 경우 감점기준은?

갑. 1점 감점　　을. 3점 감점
병. 5점 감점　　정. 실 격

해설
도로주행시험의 시험항목 · 채점기준 및 합격기준(도로교통법 시행규칙 제68조 제1항 [별표 26])
법령 또는 안전표지 등으로 지정되어 있는 최고 속도를 시속 10km 초과한 경우 실격처리한다.

93 도로주행시험 중 진로변경 시 신호는 몇 m 전부터 계속해야 하는가?

갑. 15m　　을. 20m
병. 30m　　정. 50m

해설
도로주행시험의 시험항목 · 채점기준 및 합격기준(도로교통법 시행규칙 제68조 제1항 [별표 26])
진로변경 30m 앞쪽 지점부터 변경 신호를 하지 않은 경우 7점 감점된다.

94 위험방지를 위하여 부득이하게 급정지해야 하는 상황이 아닌데도 뒤따르던 차에 위험을 주거나 차 내 탑승자가 심하게 요동할 정도로 급정지한 경우의 감점 기준은?

갑. 1점 감점　　을. 3점 감점
병. 5점 감점　　정. 7점 감점

해설
도로주행시험의 시험항목 · 채점기준 및 합격기준(도로교통법 시행규칙 제68조 제1항 [별표 26])
위험방지를 위하여 부득이하게 급정지해야 하는 상황이 아닌데도 뒤따르던 차에 위험을 주거나 차 내 탑승자가 심하게 요동할 정도로 급정지한 경우 7점 감점한다.

95 도로주행기능검정 항목 중 급브레이크 사용으로 급정지한 경우 중복감점 횟수로 올바른 것은?

갑. 1회　　을. 2회
병. 3회　　정. 급정지할 때마다

해설
도로주행시험의 시험항목 · 채점기준 및 합격기준(도로교통법 시행규칙 제68조 제1항 [별표 26])
뒤따르던 차가 위험을 느끼거나 차내 탑승자가 심히 요동할 정도로 급정지한 경우마다 채점한다.

96 다음 중 종료 후 주차조치방법위반에 대한 감점 적용사항으로 옳지 않은 것은?

갑. 주차 브레이크를 당기지 않은 경우
을. 엔진을 끄지 아니한 경우
병. 기어를 1단 또는 후진에 두지 아니한 경우
정. 자동변속기 자동차의 경우는 선택레버를 P의 위치에 두었을 때

해설
도로주행시험의 시험항목 · 채점기준 및 합격기준(도로교통법 시행규칙 제68조 제1항 [별표 26])
정 : 자동변속기가 있는 자동차의 경우는 선택레버를 P의 위치에 두지 않은 경우 5점 감점된다.

97 도로주행기능검정 항목 중 안전거리 미확보 시 감점기준으로 맞는 것은?

갑. 1점　　을. 실 격
병. 5점　　정. 10점

해설
도로주행시험의 시험항목 · 채점기준 및 합격기준(도로교통법 시행규칙 제68조 제1항 [별표 26])
안전거리 미확보 시 실격된다.

98 도로주행기능검정 항목 중 감점기준이 올바르게 연결된 것은?

갑. 차로유지 미숙 – 3점
을. 급브레이크 사용 – 5점
병. 서행위반 – 10점
정. 끼어들기금지 위반 – 5점

해설
도로주행시험의 시험항목 · 채점기준 및 합격기준(도로교통법 시행규칙 제68조 제1항 [별표 26])
갑 : 5점 감점
을 : 7점 감점
정 : 7점 감점

91 병　92 정　93 병　94 정　95 정　96 정　97 을　98 병 **정답**

99 **다음 중 평가의 착안점에 대한 설명 중 틀린 것은?**

갑. 각 기능강사 간의 판정에 따른 격차와 마찰을 최소화한다.
을. 개인적인 감정에 이끌려 안이한 판정을 하거나 반대로 너무 엄격한 판정이 되지 않도록 한다.
병. 교육생으로 하여금 시험이라는 정신적 부담을 주지 않도록 신경 쓴다.
정. 평가기준에 정해져 있는 사항은 필요하면 생략하거나 그냥 지나쳐도 무방하다.

해설
평가기준에 정해져 있는 사항은 생략하거나 그냥 지나치지 않도록 전 항목에 걸쳐 확실하게 점검 기록해야 한다.

100 **제1종 보통연습면허 및 제2종 보통연습면허의 장내기능시험에서 감점기준으로 옳지 않은 것은?**

갑. 정지상태에서 시험관의 지시를 받고 전조등을 조작하지 못한 경우 5점 감점
을. 돌발등이 켜짐과 동시에 2초 이내에 정지하지 못할 경우 15점 감점
병. 정지 후 3초 이내에 비상점멸등을 작동하지 않은 경우 10점 감점
정. 정지상태에서 시험관의 지시를 받고 앞유리창닦이기(와이퍼)를 조작하지 못한 경우 5점 감점

해설
기능시험 채점기준 · 합격기준(도로교통법 시행규칙 제66조 [별표 24])
을 : 돌발등이 켜짐과 동시에 2초 이내에 정지하지 못한 경우 10점 감점

101 **기능검정의 실시요령으로 가장 적절한 것은?**

갑. 안전운전기능보다 채점기준에 우선하여 채점
을. 채점기준에 따른 채점을 위한 채점
병. 채점기준 없이 숙련된 기능검정원의 주관적 판단에 의한 채점
정. 채점기준표에 의한 객관적 채점

해설
기능검정의 실시방법이나 채점요령 등에 관해서는 법령에 정해진 기준이 있다.

102 **도로주행기능검정 과제 중 길가장자리구역에 차체의 일부가 들어가 통행하거나 통행하려고 한 경우 감점기준으로 맞는 것은?**

갑. 1점 감점　　을. 3점 감점
병. 5점 감점　　정. 10점 감점

해설
도로주행시험의 시험항목 · 채점기준 및 합격기준(도로교통법 시행규칙 제68조 제1항 [별표 26])
보행자 통행을 위한 길가장자리구역을 차체가 침범한 상태로 통행한 경우 5점 감점한다.

103 **도로주행기능검정의 내용으로 틀린 것은?**

갑. 도로교통의 상황을 읽고 올바른 판단을 할 수 있는지의 여부
을. 교통흐름에 동조할 수 있고, 정확하고 민첩한 동작이 가능한지의 여부
병. 자동차를 안전하게 운전하는지의 여부
정. 안전한 간격을 유지할 수 있는지의 여부

해설
병 : 장내기능검정의 목적에 해당한다.

104 **기능검정 채점기준을 구성함에 있어 고려할 사항으로 잘못된 것은?**

갑. 사고의 위험이 없는 법령 위반은 감점하지 않는다.
을. 사고의 위험이 없는 조작은 감점수를 낮게 한다.
병. 사고의 위험이 있는 중요 법령 위반은 감점수를 높게 한다.
정. 교통사고 위험이 있는 조작은 감점수를 높게 한다.

해설
갑 : 사고의 위험이 없더라도 법령 위반은 감점한다.

105 **도로교통법에 의거한 기능검정 실시에 대한 설명으로 맞지 않는 것은?**

갑. 기능검정과 그에 사용되는 자동차의 종별 기준에 관하여 이를 준용한다.
을. 전문학원의 설립 · 운영자는 도로주행기능검정을 실시하고자 하는 경우에는 2개소 이상의 도로를 선정한 후 도로주행기능검정 실시도로지정신청서에 도로주행기능검정 실시도로가 표시된 축척 3만분의 1의 지도를 첨부하여 시 · 도경찰청장에게 제출하여야 한다.
병. 그 밖에 기능검정의 실시방법에 관하여 이 규칙에 정하지 아니한 사항은 경찰청장이 정한다.
정. 시 · 도경찰청장은 신청서를 받아 도로주행기능검정을 실시하는 도로를 지정한 때에는 도로주행기능검정 실시도로지정서에 의하여 통지하여야 한다.

해설
기능검정의 실시(도로교통법 시행규칙 제124조 제3항)
전문학원의 설립 · 운영자는 도로주행기능검정을 실시하고자 하는 경우에는 2개소 이상의 도로를 선정한 후 도로주행기능검정 실시도로지정신청서에 도로주행기능검정 실시도로가 표시된 축척 1만분의 1의 지도를 첨부하여 시 · 도경찰청장에게 제출하여야 한다.

정답 99 정 100 을 101 정 102 병 103 병 104 갑 105 을

106 **운전자세와 안전운전 능력평가의 의미로 가장 적절한 것은?**

갑. 운전장치를 조작하는 능력과는 별개의 항목이다.
을. 교통법규에 따라 운전하는 능력과는 무관하다.
병. 운전장치를 조작하는 능력과 교통법규에 따라 운전하는 능력을 확인한다.
정. 필요한 사항은 모두 기능검정의 대상으로 한다.

해설
운전장치를 조작할 능력 및 교통법규에 따라 운전할 능력의 각종 대상에 필요한 사항은 모두 기능검정의 대상으로 한다는 취지이다.

107 **장내기능검정 항목 제1종 대형면허 중 시동상태 유지에 대한 채점기준으로 옳은 것은?**

갑. 시동을 꺼트릴 때마다 10점 감점
을. 시동을 꺼트릴 때마다 5점 감점
병. 4,000RPM 이상 엔진 회전 시마다 3점 감점
정. 4,000RPM 이상 엔진 회전 시마다 10점 감점

해설
기능시험 채점기준·합격기준(도로교통법 시행규칙 제66조 [별표 24])
시동을 꺼트릴 때마다, 4,000RPM 이상 엔진 회전 시마다 5점 감점

108 **기능검정원이 기능검정 실시 중 지시사항으로 적절치 않은 것은?**

갑. 수검자의 인사에 답하거나 수검자의 기분을 부드럽게 하는 잡담은 해도 된다.
을. 위험방지 이외의 불필요한 조언이나 지도를 해서는 안 된다.
병. 검정 실시 전에 안내운전 등에 의해 주행순로를 지시했으면 다시 할 필요가 없다.
정. 주행순로의 지시는 기능검정 중에도 운전에 여유를 갖도록 확실하게 해야 한다.

해설
기능검정원은 기능검정 실시 전에 수험자에게 검정도로 및 통행순서·방법 등에 대해 설명하여 수험생이 기능검정 도로 등에 대한 착오를 일으키지 않도록 한다.

109 **장내기능검정 중 실격 사유로 맞지 않는 것은?**

갑. 단 1회라도 차로를 벗어난 때
을. 특별한 사유 없이 교차로 내에서 30초 이상 정차한 때
병. 특별한 사유 없이 출발선에서 20초 이내 출발하지 못한 때
정. 평행주차코스를 이행하지 아니한 때

해설
기능시험 채점기준·합격기준(도로교통법 시행규칙 제66조 [별표 24])
병 : 특별한 사유 없이 출발선에서 30초 이내 출발하지 못한 때

110 **도로주행기능검정 항목 중 운전자세 불량을 감점하는 이유로 올바른 것은?**

갑. 기민한 판단과 동작
을. 올바른 행동의 예고
병. 운전개시 시의 각오
정. 나쁜 운전습관 유무의 평가

해설
운전자세 불량 항목은 나쁜 운전습관 유무를 평가하기 위한 것으로 주행시험을 시작한 때부터 종료한 때까지 적용한다.

111 **장내기능검정 전자채점방식의 장점은?**

갑. 교통법규와 안전규칙에 따라 운전하는지 여부를 평가할 수 있다.
을. 안전운전에 관한 배려와 태도를 평가할 수 있다.
병. 공정성에 대한 신뢰도가 높다.
정. 운전자세와 위급 시 대처능력 등 전반적인 채점이 가능하다.

해설
전자채점방식은 단순한 운전기능의 몇 가지 부분만을 체크할 수밖에 없는 단점이 있으나, 공정성에 대한 신뢰도를 가지는 장점 때문에 현재의 채점방식으로 적용하고 있다.

112 **도로주행기능검정 항목 중 제동조작 불량을 감점하는 이유로 올바른 것은?**

갑. 구조단속 등 올바른 조작의 습관성
을. 주의력의 배분
병. 모든 사태에의 대응
정. 인지와 판단

해설
제동조작 불량
- 교통상황에 따라 제동이 필요한 경우임에도 브레이크 페달에 발을 옮기고 제동준비를 하지 않은 경우(제동 방법 미흡)
- 신호대기 등으로 잠시 정지하고 있는 사이에 브레이크를 밟고 있지 않은 경우(정지 때 미제동)

113 **도로주행시험의 채점 요령 중 시험관이 응시생에게 구두로 지시한 후 채점하는 항목은?**

갑. 안전 여부 확인 불이행
을. 기기조작 요령 숙지 여부 확인
병. 수신호 요령 숙지 여부 확인
정. 운전자세 불량

해설
좌회전, 우회전, 정지, 후진, 서행, 뒤차 앞지르기를 허용할 때 수신호를 하지 못하는 경우 시험관이 응시생에게 구두로 지시한 후 채점한다.

106 정 107 을 108 병 109 병 110 정 111 병 112 갑 113 병 정답

114 **도로주행기능검정 항목 중 안전확인 불이행을 감점하는 목적으로 잘못된 것은?**

갑. 올바른 행동의 예고　　을. 주의력의 배분
병. 다른 교통에의 배려　　정. 인지와 판단

해설
도로주행시험의 시험항목 · 채점기준 및 합격기준(도로교통법 시행규칙 제68조 제1항 [별표 26])
차량 승차 전에 주변의 안전을 확인하고 승차 후에는 운전석에서 후사경 등을 이용하여 전·후·좌·우의 안전을 직접 고개를 숙이거나 돌려서 눈으로 확인하지 않은 경우 7점 감점된다.

115 **도로주행기능검정 항목 중 지정속도 도달 불능을 감점하는 이유로 적절한 것은?**

갑. 안전한 태도
을. 속도와 조향의 밸런스
병. 속도감각과 검정의 공정성
정. 원활한 주행

해설
도로주행시험의 시험항목 · 채점기준 및 합격기준(도로교통법 시행규칙 제68조 제1항 [별표 26])
교통상황에 따른 통상속도보다 낮은 경우 5점 감점된다.

116 **도로주행기능검정 과제 중 급브레이크 사용 시 감점기준이다. 맞는 것은?**

갑. 7점 감점　　을. 5점 감점
병. 3점 감점　　정. 1점 감점

해설
도로주행시험의 시험항목 · 채점기준 및 합격기준(도로교통법 시행규칙 제68조 제1항 [별표 26])
정지하거나 제동할 때 급감속 또는 급제동 등으로 차 안에 있는 사람이 심히 요동할 정도의 강한 제동을 한 경우 7점 감점된다.

117 **도로주행기능검정 과제 중 출발시간 지연 시 감점기준으로 틀린 것은?**

갑. 통상적으로 출발하여야 할 상황인데도 20초 이내에 출발하지 않은 경우 10점 감점
을. 불필요한 지연출발로 주위의 교통에 방해를 준 경우 3점 감점
병. 엔진 정지 후 약 10초 이내에 시동을 걸지 않은 경우 7점 감점
정. 진행신호로 출발하려고 하였다가 조작불량으로 그 진행신호 중 정지한 경우 7점 감점

해설
도로주행시험의 시험항목 · 채점기준 및 합격기준(도로교통법 시행규칙 제68조 제1항 [별표 26])
을 : 진행신호 중에 기기조작 미숙으로 출발하지 못하거나 불필요한 지연출발로 다른 차의 교통을 방해한 경우 7점 감점된다.

118 **도로주행기능검정 항목 중 출발 전 준비로 감점하는 이유가 아닌 것은?**

갑. 차문 닫힘 미확인
을. 출발 전 차량점검 및 안전 미확인
병. 시동장치 조작 미숙
정. 주차 브레이크 미해제

해설
시동장치 조작 미숙은 출발 항목에 포함된 내용이다.

119 **도로주행기능검정 과제에서 출발전 확인 중 안전 여부 확인 불이행시 감점사항으로 틀린 것은?**

갑. 차량 승차 전에 주변의 안전을 확인하지 않은 경우 5점 감점
을. 자동차문을 완전히 닫지 않은 경우 5점 감점
병. 출발점에서 후사경이 제대로 조정되어 있는지 여부를 확인하지 않은 경우 7점 감점
정. 주차 브레이크를 해제하지 않고 출발한 경우 10점 감점

해설
도로주행시험의 시험항목 · 채점기준 및 합격기준(도로교통법 시행규칙 제68조 제1항 [별표 26])
갑 : 7점 감점

120 **도로주행기능검정 코스에 대한 설치기준으로 잘못된 것은?**

갑. 차로변경이 가능한 편도 2차로 이상 구간이 있어야 한다.
을. 좌회전만 할 수 있는 교차로가 한 곳 또는 여러 곳이 있어야 한다.
병. 시속 40km 이상 속도로 주행가능한 지시속도구간이 300~500m 이상 있어야 한다.
정. 총 주행거리가 5km 이상이어야 한다.

해설
도로주행시험을 실시하기 위한 도로의 기준(도로교통법 시행규칙 제67조 제1항 [별표 25])
을 : 좌회전 또는 우회전할 수 있는 교차로가 한 곳 또는 여러 곳이 있어야 한다.

121 **도로주행기능검정 과제 중 통상적으로 출발하여야 할 상황인데도 기기조작 미숙 등으로 20초 이내에 출발하지 아니한 경우 감점으로 옳은 것은?**

갑. 10점 감점　　을. 7점 감점
병. 5점 감점　　정. 3점 감점

해설
도로주행시험의 시험항목 · 채점기준 및 합격기준(도로교통법 시행규칙 제68조 제1항 [별표 26])
통상적으로 출발하여야 할 상황인데도 기기조작 미숙 등으로 20초 이내에 출발하지 아니한 경우 10점 감점

정답 114 갑 115 병 116 갑 117 을 118 병 119 갑 120 을 121 갑

122 도로에서 자동차를 운전할 능력이 있는지에 대한 시험에 관한 설명 중 틀린 것은?

갑. 도로주행시험에 불합격한 사람은 불합격한 날부터 2일이 지난 후에 다시 도로주행시험에 응시할 수 있다.

을. 도로에서 운전장치를 조작하는 능력과 도로에서 교통법규에 따라 운전하는 능력을 검증하기 위해 실시한다.

병. 도로주행시험은 연습운전면허를 받은 사람에 대하여 실시한다.

정. 도로주행시험을 실시하는 도로의 기준 및 도로주행시험에 사용되는 자동차의 종류는 행정안전부령으로 정한다.

해설

도로에서 자동차를 운전할 능력이 있는지에 대한 시험(도로교통법 시행령 제49조 제4항)

도로주행시험에 불합격한 사람은 불합격한 날부터 3일이 지난 후에 다시 도로주행시험에 응시할 수 있다.

123 도로주행기능검정 과제 중 핸들 조작 미숙 또는 불량의 감점 기준으로 잘못된 것은?

갑. 핸들 조작을 지나치게 하거나 핸들 복원이 늦은 경우 5점 감점

을. 주행 중에 핸들의 아래 부분만을 잡고 있는 경우 7점 감점

병. 한 손으로 핸들을 잡고 진행하는 경우 7점 감점

정. 핸들을 조작할 때마다 상체가 한쪽으로 쏠릴 때 7점 감점

해설

도로주행시험의 시험항목 · 채점기준 및 합격기준(도로교통법 시행규칙 제68조 제1항 [별표 26])

갑 : 핸들 조작을 지나치게 하거나 핸들 복원이 늦은 경우 7점 감점

124 도로주행기능검정 항목 중 출발시간 지연과 가속불량을 감점하는 이유로 적절한 것은?

갑. 안전한 태도

을. 모든 사태에의 대응

병. 주의력의 배분

정. 기민한 판단 및 조작과 원활한 주행

해설

출발시간 지연과 가속불량을 감정하는 이유는 기민한 판단 및 조작과 원활한 주행을 평가하기 위해서이다.

125 도로주행기능검정 항목 중 서행위반을 감점하는 이유로 올바른 것은?

갑. 다른 교통에의 배려

을. 안전속도의 판단

병. 주의력의 배분

정. 의지표시와 방위조치

해설

도로주행시험의 시험항목 · 채점기준 및 합격기준(도로교통법 시행규칙 제68조 제1항 [별표 26])

서행을 하도록 규정한 경우와 서행장소에서 서행을 하지 않은 경우 10점 감점된다.

126 제1종 보통연습면허에 사용되는 자동차의 규격으로 틀린 것은?

갑. 차량길이 – 465cm 이상

을. 차량너비 – 156cm 이상

병. 축간거리 – 249cm 이상

정. 최소회전반경 – 520cm 이상

해설

기능시험 또는 도로주행시험에 사용되는 자동차 등의 종별(도로교통법 시행규칙 제70조)

차량너비 – 169cm 이상

127 도로주행시험 중 가속페달 조작 미숙에 대한 감점 적용사항으로 옳지 않은 것은?

갑. 엔진의 지나친 공회전 또는 기기 등을 급조작하여 급출발하는 경우 5점 감점

을. 통상 낼 수 있는 속도를 유지할 수 없는 경우 5점 감점

병. 통상 낼 수 있는 속도보다 낮은 경우 5점 감점

정. 기어변속이 부적절한 채로 주행을 계속하여 가속이 붙지 않은 경우 5점 감점

해설

도로주행시험의 시험항목 · 채점기준 및 합격기준(도로교통법 시행규칙 제68조 제1항 [별표 26])

갑 : 엔진의 지나친 공회전 또는 기기 등을 급조작하여 급출발하는 경우 7점 감점

122 갑 123 갑 124 정 125 을 126 을 127 갑 정답

128 **도로주행기능검정 항목 중 타력주행을 감점하는 목적은?**

갑. 속도감각
을. 원활한 주행
병. 엔진 브레이크의 필요성 이해와 습관성 평가
정. 모든 사태에의 대응

해설
도로주행시험의 시험항목 · 채점기준 및 합격기준(도로교통법 시행규칙 제68조 제1항 [별표 26])
브레이크 페달을 밟기 이전에 클러치 페달을 밟거나 기어를 중립에 위치시켜 엔진브레이크 작동을 막고 타력주행을 한 경우(자동변속기의 경우에는 정지하기 전에 미리 변속레버를 중립에 둘 때를 말한다) 5점 감점된다.

129 **도로주행기능검정 항목 중 차체의 균형을 잃은 경우의 감점기준으로 틀린 것은?**

갑. 운전장치 조작 시 균형을 잃은 때
을. 핸들 조작불량으로 인하여 차로를 이탈한 때
병. 핸들 복원이 늦어 균형을 잃은 때
정. 핸들 조작을 지나치게 하여 균형을 잃은 때

해설
도로주행시험의 시험항목 · 채점기준 및 합격기준(도로교통법 시행규칙 제68조 제1항 [별표 26])
급격한 핸들 조작으로 자동차의 타이어가 옆으로 밀린 경우, 핸들 복원을 하는 시기가 늦은 경우, 운전조작의 잘못으로 차체가 균형을 잃은 경우, 주행 중에 핸들의 아래 부분을 잡거나 한 손으로 잡은 경우 또는 조향장치의 조작불량 등으로 차량의 안전운전 위험 요인이 발생할 경우 7점 감점한다.

130 **도로주행기능검정 항목 중 앞지르기 위반 시 감점기준이다. 틀린 것은?**

갑. 앞차의 좌측으로 앞지르기한 경우 5점 감점
을. 교차로, 터널 안 또는 다리 위에서 앞지르기한 경우 7점 감점
병. 철길건널목 또는 횡단보도 등의 앞가장자리에서 차량진행 방향으로 30m 이내의 부분에서 앞지르기한 경우 7점 감점
정. 앞차의 좌측에 다른 차가 나란히 하고 있는 경우에 앞지르기를 시작하거나 시작하려고 한 경우 7점 감점

해설
도로주행시험의 시험항목 · 채점기준 및 합격기준(도로교통법 시행규칙 제68조 제1항 [별표 26])
갑 : 자동차 등을 앞지르기하기 위하여 그 우측을 통행하거나 통행하려고 한 경우(우측추월) 7점 감점이다.

131 **도로주행기능검정 항목 중 교차로 통행방법위반 시 감점기준으로 옳은 것은?**

갑. 교차로 안에 진입 · 정차하여 다른 차의 교통을 방해한 경우 7점 감점
을. 교차로에서 좌 · 우회전하려고 손이나 방향지시기 또는 등화로써 신호를 하는 차가 있는 경우에 그 차의 진행을 방해한 때 3점 감점
병. 좌회전 또는 우회전이 필요한 도로에서 서행하지 아니한 경우 3점 감점
정. 우회전 시 미리 도로의 우측 가장자리로 서행하지 아니한 경우 3점 감점

해설
도로주행시험의 시험항목 · 채점기준 및 합격기준(도로교통법 시행규칙 제68조 제1항 [별표 26])
교차로 통행방법을 위반하였거나 교차로 안에 진입 · 정차하여 다른 차의 교통을 방해한 경우에 7점 감점된다.
을 · 정 : 7점, 병 : 10점 감점

132 **보행자 보호의무를 소홀히 한 경우 감점기준은?**

갑. 5점 감점 을. 10점 감점
병. 15점 감점 정. 실 격

해설
도로주행시험의 시험항목 · 채점기준 및 합격기준(도로교통법 시행규칙 제68조 제1항 [별표 26])
보행자 보호의무 등을 소홀히 한 경우 실격처리된다.

133 **도로주행기능검정 항목 중 우회전 시 안전 미확인에 대한 감점기준이다. 옳은 것은?**

갑. 진행방향의 교차로 바로 앞에서 이륜차 등이 있거나 이륜차 등과 병진하는 경우에 이륜차 등을 먼저 출발시키지 않은 경우 7점 감점
을. 우회전 직전에 직접 눈으로 또는 후사경으로 오른쪽 옆의 안전을 확인하지 않은 경우 3점 감점
병. 교차로에서 우회전 시 미리 도로의 우측 가장자리를, 좌회전 시 미리 도로의 중앙선을 따라 교차로의 중심 안쪽을 각각 서행하지 않은 경우 5점 감점
정. 교차로에서 우회전하려고 손이나 방향지시기 또는 등화로써 신호를 하는 차가 있는 때에 그 차의 진행을 방해한 경우 5점 감점

해설
도로주행시험의 시험항목 · 채점기준 및 합격기준(도로교통법 시행규칙 제68조 제1항 [별표 26])
을, 병, 정 : 7점 감점

128 병 129 을 130 갑 131 갑 132 정 133 갑 정답

134 도로주행기능검정 항목 중 진로변경신호 불이행 시 감점기준으로 옳은 것은?

갑. 진로를 변경하려는 경우(유턴을 포함)에 고개를 돌리는 등 적극적으로 안전을 확인하지 않은 경우 7점 감점한다.
을. 진로변경 때 변경신호를 하지 않은 경우 7점 감점한다.
병. 진로변경 30m 앞쪽 지점부터 변경신호를 하지 않은 경우 5점 감점한다.
정. 진로변경이 끝날 때까지 변경신호를 계속하지 않을 경우 5점 감점한다.

해설
도로주행시험의 시험항목 · 채점기준 및 합격기준(도로교통법 시행규칙 제68조 제1항 [별표 26])
갑 : 10점 감점, 병 · 정 : 7점 감점

135 다음 중 진로변경신호 불이행에 대한 감점 적용사항으로 옳지 않은 것은?

갑. 진로변경 시 변경신호를 전혀 하지 않은 경우
을. 진로변경 30m 앞쪽 지점부터 신호를 하지 않은 경우
병. 진로를 변경하려는 경우(유턴을 포함한다)에 안전을 확인하지 않은 경우
정. 진로변경이 끝날 때까지 신호를 계속하지 않은 경우

해설
도로주행시험의 시험항목 · 채점기준 및 합격기준(도로교통법 시행규칙 제68조 제1항 [별표 26])
병 : 진로변경 시 안전 미확인에 관한 항목이다.

136 다음 중 초보운전자의 법규 위반 경향을 설명한 것으로 적당하지 않은 것을 고르면?

갑. 차간거리 미확보
을. 무리한 앞지르기
병. 돌발사태에 대한 조치 미흡
정. 핸들 조작 불확실

해설
무리한 앞지르기는 운전에 자신감이 붙은 경력운전자에서 나타나는 법규 위반 경향이다.

137 도로주행기능검정 항목 중 길가장자리구역 통행 위반 시 감점기준으로 옳은 것은?

갑. 3점　　을. 5점
병. 2점　　정. 10점

해설
도로주행시험의 시험항목 · 채점기준 및 합격기준(도로교통법 시행규칙 제68조 제1항 [별표 26])
보행자 통행을 위한 길가장자리구역을 차체가 침범한 상태로 통행한 경우 5점 감점된다.

138 도로주행기능검정 항목 중 급브레이크 사용금지 위반 시 감점기준으로 맞는 것은?

갑. 급정지해야 하는 상황이 아닌데도 뒤따르던 차에 위험을 준 경우 7점 감점
을. 차 안에 있는 사람이 심히 요동할 정도의 강한 제동을 한 경우 5점 감점
병. 차 안에 있는 사람이 심히 요동할 정도의 강한 제동을 한 경우 1점 감점
정. 급정지해야 하는 상황이 아닌데도 뒤따르던 차에 위험을 준 경우 10점 감점

해설
도로주행시험의 시험항목 · 채점기준 및 합격기준(도로교통법 시행규칙 제68조 제1항 [별표 26])
위험방지를 위하여 부득이하게 급정지해야 하는 상황이 아닌데도 뒤따르던 차에 위험을 주거나 차 내 탑승자가 심하게 요동할 정도로 급정지한 경우 7점 감점된다.

139 도로주행기능검정 항목 중 긴급자동차의 우선통행 시 진로를 양보하지 않은 경우의 감점기준으로 옳은 것은?

갑. 2점　　을. 3점
병. 5점　　정. 실 격

해설
도로주행시험의 시험항목 · 채점기준 및 합격기준(도로교통법 시행규칙 제68조 제1항 [별표 26])
긴급자동차의 우선통행 시 일시정지하거나 진로를 양보하지 않은 경우 실격된다.

140 다음 중 도로주행기능검정 항목 중 감점기준이 다른 하나는?

갑. 서행위반
을. 진로변경 시 안전 미확인
병. 일시정지 위반
정. 지정차로 준수 위반

해설
도로주행시험의 시험항목 · 채점기준 및 합격기준(도로교통법 시행규칙 제68조 제1항 [별표 26])
갑 · 을 · 병 : 10점 감점
정 : 7점 감점

134 을　135 병　136 을　137 을　138 갑　139 정　140 정 **정답**

141 도로주행기능검정 중 정지하거나 제동할 때 급감속 또는 급제동 등으로 차 안에 있는 사람이 심하게 요동할 정도의 강한 제동을 한 경우의 감점기준으로 옳은 것은?

갑. 7점 을. 10범
병. 5점 정. 실 격

해설
도로주행시험의 시험항목 · 채점기준 및 합격기준(도로교통법 시행규칙 제68조 제1항 [별표 26])
정지하거나 제동할 때 급감속 또는 급제동 등으로 차 안에 있는 사람이 심히 요동할 정도의 강한 제동을 한 경우 7점 감점된다.

142 도로주행기능검정 항목 중 출발 전 안전 미확인 시 감점기준으로 옳은 것은?

갑. 7점 을. 5점
병. 3점 정. 감점 없다.

해설
도로주행시험의 시험항목 · 채점기준 및 합격기준(도로교통법 시행규칙 제68조 제1항 [별표 26])
차량 승차 전에 주변의 안전을 확인하고 승차 후에는 운전석에서 후사경 등을 이용하여 전 · 후 · 좌 · 우의 안전을 직접 고개를 숙이거나 돌려서 눈으로 확인하지 않은 경우 7점 감점된다.

143 도로주행기능검정 중 검정을 중단하고 실격처리해야 할 사항으로 옳지 않은 것은?

갑. 3회 이상 출발 불능 또는 좌석안전띠를 착용하지 않은 경우
을. 교통사고를 야기한 경우 또는 운전능력 부족으로 교통사고를 일으킬 위험이 현저한 경우
병. 교통안전과 소통을 위한 시험관의 지시 및 통제에 불응한 경우
정. 감점 결과 100점 만점 기준으로 80점에 미달한 때

해설
도로주행시험의 시험항목 · 채점기준 및 합격기준(도로교통법 시행규칙 제68조 제1항 [별표 26])
도로주행시험의 합격기준은 70점이다.

144 도로주행기능검정의 채점기록 방법이다. 적절하지 못한 것은?

갑. 도로주행기능검정 채점표에 감점표시한다.
을. 감점 적용란에 체크마크(Check Mark)에 의해 감점을 기록한다.
병. 실격에 해당하는 경우에는 실격란에 그 사유를 기록한다.
정. 채점 종료 시는 감점점수의 누계기록 없이 합격 · 불합격의 판정만 한다.

해설
정 : 채점 종료 시는 감점점수의 누계기록를 통보하고 합격 · 불합격을 판정한다.

145 도로주행기능검정코스 설치상 고려해야 할 사항으로 적절하지 못한 것은?

갑. 어려운 과제는 가능한 코스의 시작부분에 설치한다.
을. 주행순로 전체를 자연스럽고 세련된 형태로 정리한다.
병. 검정의 목적을 충분히 달성할 수 있도록 과제를 구성한다.
정. 2개 코스 이상 설치 시는 각각의 코스에 난이도의 밸런스를 유지한다.

해설
검정자가 우선적으로 코스에 적응할 수 있도록 쉬운 과제 부분을 코스의 앞부분에 배치한다.

146 장내기능검정 제1종 보통면허 중 실격처리가 아닌 것은?

갑. 점검이 시작될 때부터 종료될 때까지 좌석안전띠를 착용하지 않은 경우
을. 특별한 사유 없이 출발지시 후 출발선에서 30초 이내 출발하지 못한 경우
병. 경사로 정지구간에서 후방으로 1m 미만 밀린 경우
정. 신호 교차로에서 신호위반을 하거나 앞범퍼가 정지선을 넘어간 경우

해설
기능시험 채점기준 · 합격기준(도로교통법 시행규칙 제66조 [별표 24])
병 : 경사로 정지구간에서 후방으로 1m 이상 밀린 경우 실격된다.

141 갑 142 갑 143 정 144 정 145 갑 146 병 **정답**

도로교통공단 시행 자격검정답안지

주의	
	올바른 표기 : ●
	잘못된 표기 : ⓥ⊗○◍

성 명

수검자 기재 ※문제지의 형별을 마킹	문제지 형별	Ⓐ Ⓑ Ⓒ Ⓓ

감독위원 확인	
인	인

수검번호									
0	⓪	⓪	⓪	⓪	⓪	⓪	⓪	⓪	⓪
1	①	①	①	①	①	①	①	①	①
2	②	②	②	②	②	②	②	②	②
3	③	③	③	③	③	③	③	③	③
4	④	④	④	④	④	④	④	④	④
5	⑤	⑤	⑤	⑤	⑤	⑤	⑤	⑤	⑤
6	⑥	⑥	⑥	⑥	⑥	⑥	⑥	⑥	⑥
7	⑦	⑦	⑦	⑦	⑦	⑦	⑦	⑦	⑦
8	⑧	⑧	⑧	⑧	⑧	⑧	⑧	⑧	⑧
9	⑨	⑨	⑨	⑨	⑨	⑨	⑨	⑨	⑨

1	갑 을 병 정	11	갑 을 병 정	21	갑 을 병 정	31	갑 을 병 정	41	갑 을 병 정	51	갑 을 병 정	61	갑 을 병 정
2	갑 을 병 정	12	갑 을 병 정	22	갑 을 병 정	32	갑 을 병 정	42	갑 을 병 정	52	갑 을 병 정	62	갑 을 병 정
3	갑 을 병 정	13	갑 을 병 정	23	갑 을 병 정	33	갑 을 병 정	43	갑 을 병 정	53	갑 을 병 정	63	갑 을 병 정
4	갑 을 병 정	14	갑 을 병 정	24	갑 을 병 정	34	갑 을 병 정	44	갑 을 병 정	54	갑 을 병 정	64	갑 을 병 정
5	갑 을 병 정	15	갑 을 병 정	25	갑 을 병 정	35	갑 을 병 정	45	갑 을 병 정	55	갑 을 병 정	65	갑 을 병 정
6	갑 을 병 정	16	갑 을 병 정	26	갑 을 병 정	36	갑 을 병 정	46	갑 을 병 정	56	갑 을 병 정	66	갑 을 병 정
7	갑 을 병 정	17	갑 을 병 정	27	갑 을 병 정	37	갑 을 병 정	47	갑 을 병 정	57	갑 을 병 정	67	갑 을 병 정
8	갑 을 병 정	18	갑 을 병 정	28	갑 을 병 정	38	갑 을 병 정	48	갑 을 병 정	58	갑 을 병 정	68	갑 을 병 정
9	갑 을 병 정	19	갑 을 병 정	29	갑 을 병 정	39	갑 을 병 정	49	갑 을 병 정	59	갑 을 병 정	69	갑 을 병 정
10	갑 을 병 정	20	갑 을 병 정	30	갑 을 병 정	40	갑 을 병 정	50	갑 을 병 정	60	갑 을 병 정	70	갑 을 병 정

71	갑 을 병 정	81	갑 을 병 정	91	갑 을 병 정	101	갑 을 병 정	111	갑 을 병 정	121	갑 을 병 정	131	갑 을 병 정	141	갑 을 병 정
72	갑 을 병 정	82	갑 을 병 정	92	갑 을 병 정	102	갑 을 병 정	112	갑 을 병 정	122	갑 을 병 정	132	갑 을 병 정	142	갑 을 병 정
73	갑 을 병 정	83	갑 을 병 정	93	갑 을 병 정	103	갑 을 병 정	113	갑 을 병 정	123	갑 을 병 정	133	갑 을 병 정	143	갑 을 병 정
74	갑 을 병 정	84	갑 을 병 정	94	갑 을 병 정	104	갑 을 병 정	114	갑 을 병 정	124	갑 을 병 정	134	갑 을 병 정	144	갑 을 병 정
75	갑 을 병 정	85	갑 을 병 정	95	갑 을 병 정	105	갑 을 병 정	115	갑 을 병 정	125	갑 을 병 정	135	갑 을 병 정	145	갑 을 병 정
76	갑 을 병 정	86	갑 을 병 정	96	갑 을 병 정	106	갑 을 병 정	116	갑 을 병 정	126	갑 을 병 정	136	갑 을 병 정	146	갑 을 병 정
77	갑 을 병 정	87	갑 을 병 정	97	갑 을 병 정	107	갑 을 병 정	117	갑 을 병 정	127	갑 을 병 정	137	갑 을 병 정	147	갑 을 병 정
78	갑 을 병 정	88	갑 을 병 정	98	갑 을 병 정	108	갑 을 병 정	118	갑 을 병 정	128	갑 을 병 정	138	갑 을 병 정	148	갑 을 병 정
79	갑 을 병 정	89	갑 을 병 정	99	갑 을 병 정	109	갑 을 병 정	119	갑 을 병 정	129	갑 을 병 정	139	갑 을 병 정	149	갑 을 병 정
80	갑 을 병 정	90	갑 을 병 정	100	갑 을 병 정	110	갑 을 병 정	120	갑 을 병 정	130	갑 을 병 정	140	갑 을 병 정	150	갑 을 병 정

수검자 유의사항

1. 답안지 작성 필기구는 반드시 흑백 사인펜을 사용하여야 함
2. 문제지 유형을 답안지 형별 표기란에 정확히 표기하지 않은 답안지는 무효 처리됨
3. 수검번호는 상단에 아라비아 숫자로 기재하고 하단에 정확히 표기하여야 함
4. 감독위원 날인이 없는 답안지는 무효 처리됨
5. 답안지는 시험종료 후 일체 공개하지 않음

※ 본 답안지는 마킹연습용 모의 답안지입니다.

자르는 선

도로교통공단 시행 자격검정답안지

주의	
	올바른 표기 : ●
	잘못된 표기 : ⓥ⊗○◍

성 명

수검자 기재 ※문제지의 형별을 마킹	문제지 형별	Ⓐ Ⓑ Ⓒ Ⓓ

감독위원 확인	
인	인

수검번호									
0	⓪	⓪	⓪	⓪	⓪	⓪	⓪	⓪	⓪
1	①	①	①	①	①	①	①	①	①
2	②	②	②	②	②	②	②	②	②
3	③	③	③	③	③	③	③	③	③
4	④	④	④	④	④	④	④	④	④
5	⑤	⑤	⑤	⑤	⑤	⑤	⑤	⑤	⑤
6	⑥	⑥	⑥	⑥	⑥	⑥	⑥	⑥	⑥
7	⑦	⑦	⑦	⑦	⑦	⑦	⑦	⑦	⑦
8	⑧	⑧	⑧	⑧	⑧	⑧	⑧	⑧	⑧
9	⑨	⑨	⑨	⑨	⑨	⑨	⑨	⑨	⑨

1	갑 을 병 정	11	갑 을 병 정	21	갑 을 병 정	31	갑 을 병 정	41	갑 을 병 정	51	갑 을 병 정	61	갑 을 병 정
2	갑 을 병 정	12	갑 을 병 정	22	갑 을 병 정	32	갑 을 병 정	42	갑 을 병 정	52	갑 을 병 정	62	갑 을 병 정
3	갑 을 병 정	13	갑 을 병 정	23	갑 을 병 정	33	갑 을 병 정	43	갑 을 병 정	53	갑 을 병 정	63	갑 을 병 정
4	갑 을 병 정	14	갑 을 병 정	24	갑 을 병 정	34	갑 을 병 정	44	갑 을 병 정	54	갑 을 병 정	64	갑 을 병 정
5	갑 을 병 정	15	갑 을 병 정	25	갑 을 병 정	35	갑 을 병 정	45	갑 을 병 정	55	갑 을 병 정	65	갑 을 병 정
6	갑 을 병 정	16	갑 을 병 정	26	갑 을 병 정	36	갑 을 병 정	46	갑 을 병 정	56	갑 을 병 정	66	갑 을 병 정
7	갑 을 병 정	17	갑 을 병 정	27	갑 을 병 정	37	갑 을 병 정	47	갑 을 병 정	57	갑 을 병 정	67	갑 을 병 정
8	갑 을 병 정	18	갑 을 병 정	28	갑 을 병 정	38	갑 을 병 정	48	갑 을 병 정	58	갑 을 병 정	68	갑 을 병 정
9	갑 을 병 정	19	갑 을 병 정	29	갑 을 병 정	39	갑 을 병 정	49	갑 을 병 정	59	갑 을 병 정	69	갑 을 병 정
10	갑 을 병 정	20	갑 을 병 정	30	갑 을 병 정	40	갑 을 병 정	50	갑 을 병 정	60	갑 을 병 정	70	갑 을 병 정

71	갑 을 병 정	81	갑 을 병 정	91	갑 을 병 정	101	갑 을 병 정	111	갑 을 병 정	121	갑 을 병 정	131	갑 을 병 정	141	갑 을 병 정
72	갑 을 병 정	82	갑 을 병 정	92	갑 을 병 정	102	갑 을 병 정	112	갑 을 병 정	122	갑 을 병 정	132	갑 을 병 정	142	갑 을 병 정
73	갑 을 병 정	83	갑 을 병 정	93	갑 을 병 정	103	갑 을 병 정	113	갑 을 병 정	123	갑 을 병 정	133	갑 을 병 정	143	갑 을 병 정
74	갑 을 병 정	84	갑 을 병 정	94	갑 을 병 정	104	갑 을 병 정	114	갑 을 병 정	124	갑 을 병 정	134	갑 을 병 정	144	갑 을 병 정
75	갑 을 병 정	85	갑 을 병 정	95	갑 을 병 정	105	갑 을 병 정	115	갑 을 병 정	125	갑 을 병 정	135	갑 을 병 정	145	갑 을 병 정
76	갑 을 병 정	86	갑 을 병 정	96	갑 을 병 정	106	갑 을 병 정	116	갑 을 병 정	126	갑 을 병 정	136	갑 을 병 정	146	갑 을 병 정
77	갑 을 병 정	87	갑 을 병 정	97	갑 을 병 정	107	갑 을 병 정	117	갑 을 병 정	127	갑 을 병 정	137	갑 을 병 정	147	갑 을 병 정
78	갑 을 병 정	88	갑 을 병 정	98	갑 을 병 정	108	갑 을 병 정	118	갑 을 병 정	128	갑 을 병 정	138	갑 을 병 정	148	갑 을 병 정
79	갑 을 병 정	89	갑 을 병 정	99	갑 을 병 정	109	갑 을 병 정	119	갑 을 병 정	129	갑 을 병 정	139	갑 을 병 정	149	갑 을 병 정
80	갑 을 병 정	90	갑 을 병 정	100	갑 을 병 정	110	갑 을 병 정	120	갑 을 병 정	130	갑 을 병 정	140	갑 을 병 정	150	갑 을 병 정

수검자 유의사항

1. 답안지 작성 필기구는 반드시 흑백 사인펜을 사용하여야 함
2. 문제지 유형을 답안지 형별 표기란에 정확히 표기하지 않은 답안지는 무효 처리됨
3. 수검번호는 상단에 아라비아 숫자로 기재하고 하단에 정확히 표기하여야 함
4. 감독위원 날인이 없는 답안지는 무효 처리됨
5. 답안지는 시험종료 후 일체 공개하지 않음

※ 본 답안지는 마킹연습용 모의 답안지입니다.

도로교통공단 시행 자격검정답안지

주의	
올바른 표기 : ●	
잘못된 표기 : ⓥ⊗○◍	

수검번호								
0	⓪	⓪	⓪	⓪	⓪	⓪	⓪	⓪
1	①	①	①	①	①	①	①	①
2	②	②	②	②	②	②	②	②
3	③	③	③	③	③	③	③	③
4	④	④	④	④	④	④	④	④
5	⑤	⑤	⑤	⑤	⑤	⑤	⑤	⑤
6	⑥	⑥	⑥	⑥	⑥	⑥	⑥	⑥
7	⑦	⑦	⑦	⑦	⑦	⑦	⑦	⑦
8	⑧	⑧	⑧	⑧	⑧	⑧	⑧	⑧
9	⑨	⑨	⑨	⑨	⑨	⑨	⑨	⑨

성 명

수검자 기재 ※문제지의 형별을 마킹	문제지 형별	Ⓐ Ⓑ Ⓒ Ⓓ

감독위원 확인

인 인

1	갑 을 병 정	11	갑 을 병 정	21	갑 을 병 정	31	갑 을 병 정	41	갑 을 병 정	51	갑 을 병 정	61	갑 을 병 정
2	갑 을 병 정	12	갑 을 병 정	22	갑 을 병 정	32	갑 을 병 정	42	갑 을 병 정	52	갑 을 병 정	62	갑 을 병 정
3	갑 을 병 정	13	갑 을 병 정	23	갑 을 병 정	33	갑 을 병 정	43	갑 을 병 정	53	갑 을 병 정	63	갑 을 병 정
4	갑 을 병 정	14	갑 을 병 정	24	갑 을 병 정	34	갑 을 병 정	44	갑 을 병 정	54	갑 을 병 정	64	갑 을 병 정
5	갑 을 병 정	15	갑 을 병 정	25	갑 을 병 정	35	갑 을 병 정	45	갑 을 병 정	55	갑 을 병 정	65	갑 을 병 정
6	갑 을 병 정	16	갑 을 병 정	26	갑 을 병 정	36	갑 을 병 정	46	갑 을 병 정	56	갑 을 병 정	66	갑 을 병 정
7	갑 을 병 정	17	갑 을 병 정	27	갑 을 병 정	37	갑 을 병 정	47	갑 을 병 정	57	갑 을 병 정	67	갑 을 병 정
8	갑 을 병 정	18	갑 을 병 정	28	갑 을 병 정	38	갑 을 병 정	48	갑 을 병 정	58	갑 을 병 정	68	갑 을 병 정
9	갑 을 병 정	19	갑 을 병 정	29	갑 을 병 정	39	갑 을 병 정	49	갑 을 병 정	59	갑 을 병 정	69	갑 을 병 정
10	갑 을 병 정	20	갑 을 병 정	30	갑 을 병 정	40	갑 을 병 정	50	갑 을 병 정	60	갑 을 병 정	70	갑 을 병 정

71	갑 을 병 정	81	갑 을 병 정	91	갑 을 병 정	101	갑 을 병 정	111	갑 을 병 정	121	갑 을 병 정	131	갑 을 병 정	141	갑 을 병 정
72	갑 을 병 정	82	갑 을 병 정	92	갑 을 병 정	102	갑 을 병 정	112	갑 을 병 정	122	갑 을 병 정	132	갑 을 병 정	142	갑 을 병 정
73	갑 을 병 정	83	갑 을 병 정	93	갑 을 병 정	103	갑 을 병 정	113	갑 을 병 정	123	갑 을 병 정	133	갑 을 병 정	143	갑 을 병 정
74	갑 을 병 정	84	갑 을 병 정	94	갑 을 병 정	104	갑 을 병 정	114	갑 을 병 정	124	갑 을 병 정	134	갑 을 병 정	144	갑 을 병 정
75	갑 을 병 정	85	갑 을 병 정	95	갑 을 병 정	105	갑 을 병 정	115	갑 을 병 정	125	갑 을 병 정	135	갑 을 병 정	145	갑 을 병 정
76	갑 을 병 정	86	갑 을 병 정	96	갑 을 병 정	106	갑 을 병 정	116	갑 을 병 정	126	갑 을 병 정	136	갑 을 병 정	146	갑 을 병 정
77	갑 을 병 정	87	갑 을 병 정	97	갑 을 병 정	107	갑 을 병 정	117	갑 을 병 정	127	갑 을 병 정	137	갑 을 병 정	147	갑 을 병 정
78	갑 을 병 정	88	갑 을 병 정	98	갑 을 병 정	108	갑 을 병 정	118	갑 을 병 정	128	갑 을 병 정	138	갑 을 병 정	148	갑 을 병 정
79	갑 을 병 정	89	갑 을 병 정	99	갑 을 병 정	109	갑 을 병 정	119	갑 을 병 정	129	갑 을 병 정	139	갑 을 병 정	149	갑 을 병 정
80	갑 을 병 정	90	갑 을 병 정	100	갑 을 병 정	110	갑 을 병 정	120	갑 을 병 정	130	갑 을 병 정	140	갑 을 병 정	150	갑 을 병 정

수검자 유의사항

1. 답안지 작성 필기구는 반드시 흑백 사인펜을 사용하여야 함
2. 문제지 유형을 답안지 형별 표기란에 정확히 표기하지 않은 답안지는 무효 처리됨
3. 수검번호는 상단에 아라비아 숫자로 기재하고 하단에 정확히 표기하여야 함
4. 감독위원 날인이 없는 답안지는 무효 처리됨
5. 답안지는 시험종료 후 일체 공개하지 않음

※ 본 답안지는 마킹연습용 모의 답안지입니다.

자르는 선

도로교통공단 시행 자격검정답안지

주의	
올바른 표기 : ●	
잘못된 표기 : ⓥ⊗○◍	

수검번호								
0	⓪	⓪	⓪	⓪	⓪	⓪	⓪	⓪
1	①	①	①	①	①	①	①	①
2	②	②	②	②	②	②	②	②
3	③	③	③	③	③	③	③	③
4	④	④	④	④	④	④	④	④
5	⑤	⑤	⑤	⑤	⑤	⑤	⑤	⑤
6	⑥	⑥	⑥	⑥	⑥	⑥	⑥	⑥
7	⑦	⑦	⑦	⑦	⑦	⑦	⑦	⑦
8	⑧	⑧	⑧	⑧	⑧	⑧	⑧	⑧
9	⑨	⑨	⑨	⑨	⑨	⑨	⑨	⑨

성 명

수검자 기재 ※문제지의 형별을 마킹	문제지 형별	Ⓐ Ⓑ Ⓒ Ⓓ

감독위원 확인

인 인

1	갑 을 병 정	11	갑 을 병 정	21	갑 을 병 정	31	갑 을 병 정	41	갑 을 병 정	51	갑 을 병 정	61	갑 을 병 정
2	갑 을 병 정	12	갑 을 병 정	22	갑 을 병 정	32	갑 을 병 정	42	갑 을 병 정	52	갑 을 병 정	62	갑 을 병 정
3	갑 을 병 정	13	갑 을 병 정	23	갑 을 병 정	33	갑 을 병 정	43	갑 을 병 정	53	갑 을 병 정	63	갑 을 병 정
4	갑 을 병 정	14	갑 을 병 정	24	갑 을 병 정	34	갑 을 병 정	44	갑 을 병 정	54	갑 을 병 정	64	갑 을 병 정
5	갑 을 병 정	15	갑 을 병 정	25	갑 을 병 정	35	갑 을 병 정	45	갑 을 병 정	55	갑 을 병 정	65	갑 을 병 정
6	갑 을 병 정	16	갑 을 병 정	26	갑 을 병 정	36	갑 을 병 정	46	갑 을 병 정	56	갑 을 병 정	66	갑 을 병 정
7	갑 을 병 정	17	갑 을 병 정	27	갑 을 병 정	37	갑 을 병 정	47	갑 을 병 정	57	갑 을 병 정	67	갑 을 병 정
8	갑 을 병 정	18	갑 을 병 정	28	갑 을 병 정	38	갑 을 병 정	48	갑 을 병 정	58	갑 을 병 정	68	갑 을 병 정
9	갑 을 병 정	19	갑 을 병 정	29	갑 을 병 정	39	갑 을 병 정	49	갑 을 병 정	59	갑 을 병 정	69	갑 을 병 정
10	갑 을 병 정	20	갑 을 병 정	30	갑 을 병 정	40	갑 을 병 정	50	갑 을 병 정	60	갑 을 병 정	70	갑 을 병 정

71	갑 을 병 정	81	갑 을 병 정	91	갑 을 병 정	101	갑 을 병 정	111	갑 을 병 정	121	갑 을 병 정	131	갑 을 병 정	141	갑 을 병 정
72	갑 을 병 정	82	갑 을 병 정	92	갑 을 병 정	102	갑 을 병 정	112	갑 을 병 정	122	갑 을 병 정	132	갑 을 병 정	142	갑 을 병 정
73	갑 을 병 정	83	갑 을 병 정	93	갑 을 병 정	103	갑 을 병 정	113	갑 을 병 정	123	갑 을 병 정	133	갑 을 병 정	143	갑 을 병 정
74	갑 을 병 정	84	갑 을 병 정	94	갑 을 병 정	104	갑 을 병 정	114	갑 을 병 정	124	갑 을 병 정	134	갑 을 병 정	144	갑 을 병 정
75	갑 을 병 정	85	갑 을 병 정	95	갑 을 병 정	105	갑 을 병 정	115	갑 을 병 정	125	갑 을 병 정	135	갑 을 병 정	145	갑 을 병 정
76	갑 을 병 정	86	갑 을 병 정	96	갑 을 병 정	106	갑 을 병 정	116	갑 을 병 정	126	갑 을 병 정	136	갑 을 병 정	146	갑 을 병 정
77	갑 을 병 정	87	갑 을 병 정	97	갑 을 병 정	107	갑 을 병 정	117	갑 을 병 정	127	갑 을 병 정	137	갑 을 병 정	147	갑 을 병 정
78	갑 을 병 정	88	갑 을 병 정	98	갑 을 병 정	108	갑 을 병 정	118	갑 을 병 정	128	갑 을 병 정	138	갑 을 병 정	148	갑 을 병 정
79	갑 을 병 정	89	갑 을 병 정	99	갑 을 병 정	109	갑 을 병 정	119	갑 을 병 정	129	갑 을 병 정	139	갑 을 병 정	149	갑 을 병 정
80	갑 을 병 정	90	갑 을 병 정	100	갑 을 병 정	110	갑 을 병 정	120	갑 을 병 정	130	갑 을 병 정	140	갑 을 병 정	150	갑 을 병 정

수검자 유의사항

1. 답안지 작성 필기구는 반드시 흑백 사인펜을 사용하여야 함
2. 문제지 유형을 답안지 형별 표기란에 정확히 표기하지 않은 답안지는 무효 처리됨
3. 수검번호는 상단에 아라비아 숫자로 기재하고 하단에 정확히 표기하여야 함
4. 감독위원 날인이 없는 답안지는 무효 처리됨
5. 답안지는 시험종료 후 일체 공개하지 않음

※ 본 답안지는 마킹연습용 모의 답안지입니다.